高等教育艺术设计精编教材

方　慧 /编著

After Effects 影视特效制作

清華大学出版社
·北京·

内容简介

本书是一本专门为使用 After Effects 进行影视特效制作的用户所编写的学习用书。

本书以基础知识解说和案例操作的形式讲解 After Effects 在影视特效制作中的应用。本书详细地介绍了影视特效制作的核心内容，如蒙版与遮罩、三维合成、跟踪、抠像、调色、插件运用等知识。全书将理论知识和实际操作相结合，读者能够全方位地掌握和运用该软件制作影视特效的流程及方法。

本书可作为高等院校相关专业的教材及培训用书，也适合对制作影视特效作品感兴趣的读者，还可作为业内同行的参考资料。

本书封面贴有清华大学出版社防伪标签，无标签者不得销售。

版权所有，侵权必究。举报：010-62782989，beiqinquan@tup.tsinghua.edu.cn。

图书在版编目（CIP）数据

After Effects 影视特效制作/方慧编著. —北京：清华大学出版社，2022.3(2025.1重印)
高等教育艺术设计精编教材
ISBN 978-7-302-58052-2

Ⅰ. ①A… Ⅱ. ①方… Ⅲ. ①图像处理软件－高等学校－教材 Ⅳ. ①TP391.413

中国版本图书馆 CIP 数据核字(2021)第 079021 号

责任编辑：张龙卿
封面设计：范春燕
责任校对：李 梅
责任印制：沈 露

出版发行：清华大学出版社
网 址：https://www.tup.com.cn, https://www.wqxuetang.com
地 址：北京清华大学学研大厦 A 座 **邮 编**：100084
社 总 机：010-83470000 **邮 购**：010-62786544
投稿与读者服务：010-62776969，c-service@tup.tsinghua.edu.cn
质量反馈：010-62772015，zhiliang@tup.tsinghua.edu.cn
印 装 者：三河市君旺印务有限公司
经 销：全国新华书店
开 本：185mm×260mm **印 张**：17.5 **字 数**：401 千字
版 次：2022 年 3 月第 1 版 **印 次**：2025 年 1 月第 4 次印刷
定 价：69.00 元

产品编号：085710-01

前　言

Adobe After Effects 是 Adobe 公司出品的一款侧重于影片合成与特效制作的非线性编辑软件，是动态影像设计不可或缺的后期合成软件。本书专为 After Effects 初学者设计，在内容编排上从基本知识点和命令开始讲解，逐渐上升到综合案例。希望读者能够循序渐进地进行学习，并达到熟练掌握 After Effects 基本操作的目的。

本书围绕 After Effects 在动态影像设计中的实际应用和操作，全面讲解 After Effects 的使用方法。

本书共分 11 章，包括影视特效简介、After Effects 基本操作流程、图层与关键帧、时间轴特效、蒙版与遮罩、文字动画、影视三维合成特效、影视跟踪特效、影视抠像、调色、After Effects 特效插件等内容。

本书内容充实实用，注重实践操作。本书采用图文并茂的方式对影视后期特效基础知识和 After Effects 基本操作进行讲解，步骤完整清晰，读者按照步骤进行操作，能够快速掌握 After Effects 的基本操作。

本书花费了大量精力确定教材的大纲，目的是帮助读者能够更好地学习 After Effects。

本书编著者是常年从事影视特效制作授课的高校专业教师，具有丰富的实践经验和较高的实操能力，本书凝结了编著者多年的教学经验和实际项目经验。

为了帮助读者更加直观地学习本书内容，本书配套资源包括了所有案例运用的素材、最终效果文件及案例讲解视频，供读者参考使用。

由于编者水平有限，书中难免有不足之处，敬请读者批评指正。

编著者

2021 年 8 月

目　录

第1章 影视特效简介

【学习目标】

1. 掌握影视特效概念及行业制作规范。
2. 掌握 After Effects 界面操作。

【技能要求 / 学习重点】

1. 掌握播放制式的分类。
2. 掌握合成概念。
3. 掌握 After Effects 界面组成。
4. 掌握 After Effects 合成基本工作流程相关知识点。

【核心概念】

播放制式　帧速率　场　层　合成　After Effects 工作界面

After Effects 是一款影视后期处理软件，运用 After Effects 对图像、视频、序列帧进行后期处理，可以使图像画面更加完美。另外，使用 After Effects 制作动画特效可以提高工作效率。在深入学习 After Effects 之前，必须掌握影视后期相关概念、After Effects 界面组成及 After Effects 工作流程。本章对影视后期处理的基础知识进行详细的讲解，包括播放制式、帧速率、场的概念、层的概念、合成的概念，然后讲解 After Effects 工作界面的组成。

1.1 影视特效的概念

在影视作品中，由人工通过 CG 软件或者实体模型制作出来的听觉、视觉的假象和幻觉称为影视特效或特技效果。

影视特效出现的原因有以下两种。

一是作品中虚构的场景或是角色因为在现实中不存在，所以需要通过特效的方式创作出来并呈现在画面中，如怪兽、孙悟空大闹的天宫。

二是场景和角色是存在的，但是在实际拍摄过程中，演员的人身安全有极大的隐患，如动作影片中跳伞、跳楼等镜头；或是在实际拍摄中需要花费极高的制作成本的镜头。这些情况下就必须使用特效完成，如动作影片中的爆炸镜头。

据此可以知道，影视特效可以降低影视制作中演员的危险系数，同时可以降低影视制作的成本，同时给予观看者强烈的视听感受。

影视特效可分为视觉特效和声音特效。视觉特效从其发展过程看，分为传统影视特效和 CG 影视特效。传统影视特效包括化妆、搭景、烟火特效、早期胶片特效等，制

作过程烦琐复杂；CG 影视特效随着计算机软硬件的发展而逐步兴起，用 CG 影视特效可以创作出所有情节画面中的效果。

1.2 影视行业制作规范

1.2.1 模拟化与数字化

传统的模拟录像机是把影像录制下来，制作成为模拟格式。视频数字化是在视频模拟化的基础上发展而来的，是将视频信号通过视频集采卡转换成数字视频文件，并在硬盘中存放或在计算机中编辑制作。

用于视频数字化制作的软件有很多，如 Premiere、After Effects 等。将视频导入这些软件中进行编辑，编辑完成后既可以输出为模拟格式，也可以输出为数字格式。

1.2.2 逐行扫描与隔行扫描

视频显示技术分为两种，即逐行扫描和隔行扫描。选取哪一种显示技术，取决于视频的用途。

隔行扫描的图像使用的是基于阴极射线管 CRT 的 TV 监视器开发的技术，一个标准的TV屏幕由576条可视水平线组成。隔行扫描将水平线划分为奇数行和偶数行，然后以 30 帧 / 秒或是 25 帧 / 秒的速度进行轮流刷新。隔行扫描示意图如图 1-1 所示。

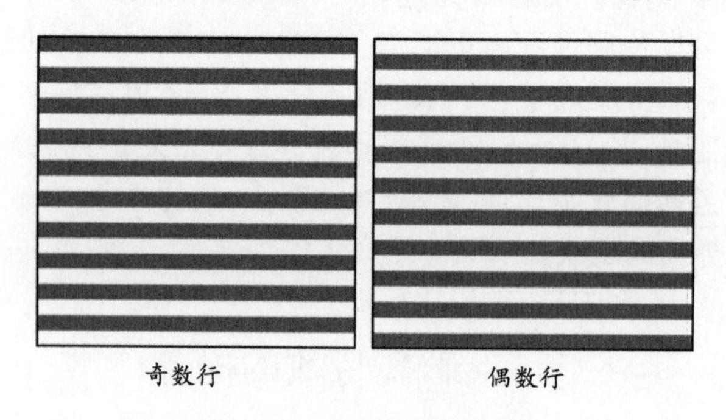

图 1-1 隔行扫描示意图

下面以 1080 像素、每秒显示 30 个画面为例进行说明。隔行扫描会出现 60 个场，奇数场 30 个，偶数场 30 个。每一个场在 1/60s 内显示，第一场（奇数场）和第二场（偶数场）组成一帧内容。隔行扫描显示原理如图 1-2 所示。

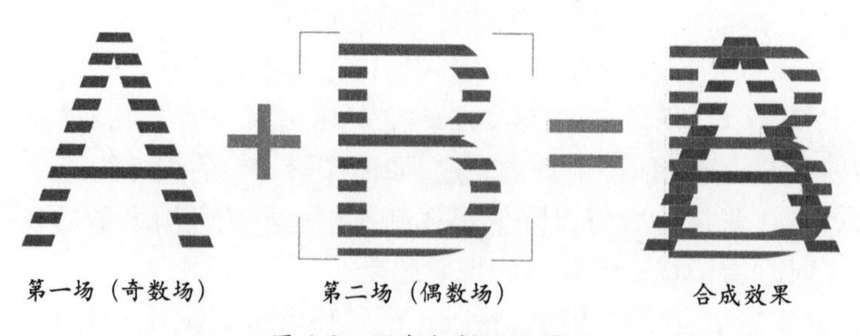

图 1-2 隔行扫描显示原理

逐行扫描与隔行扫描不同，每一帧图像由电子束按顺序一行一行扫描，不分割奇数场和偶数场。在数字时代，逐行扫描技术被广泛应用，该技术克服了隔行扫描行间闪烁的缺点，画面无闪烁。逐行扫描一帧的原理如图 1-3 所示。

图 1-3　逐行扫描一帧的原理

1.2.3　播放制式

电视广播制式有 PAL、NTSC、SECAM 三种。播放制式依据制定的标准存在一定的差异，所以在选择视频编辑时，需要考虑播放制式。播放制式与使用国家或地区见表 1-1。

表 1-1　播放制式与使用国家或地区

播放制式	帧速率	使 用 国 家
NTSC	30 帧 / 秒	美国、加拿大等大部分西半球国家以及日本、韩国、菲律宾等国家和地区采用
PAL	25 帧 / 秒	德国、中国、英国、意大利、荷兰和中东等国家和地区采用
SECAM	25 帧 / 秒	法国、东欧和中东等国家和地区采用

1.2.4　像素比

像素比指的是一个像素的宽度和高度之比。

像素比数值根据所选择播放制式的不同而有所不同，如 PAL D1/DV 的像素比为 1.09，NTSC DV 的像素比为 0.91。像素比依据视频处理的实际参数进行设置，视频在计算机中播放时，使用方形像素。在中国电视上播放时，使用 D1/DV PAL（1.09）的像素比制作视频，保证视频播放时不出现变形。

1.2.5　分辨率

分辨率指的是图像每单位面积中所含的像素个数。单位面积中像素越多，分辨率越高，图像越清晰，显示效果越好。在视频中常见的分辨率有 720 像素 ×480 像素、1280 像素 ×720 像素、1980 像素 ×1080 像素、2K、4K 等。

1.2.6　帧和帧速率

帧是构成影像动画的最小单位，即影像动画中的单张画面。一帧就是一幅静止的画面，连续的帧就组成了影像动画。

帧速率指的是 1 秒内播放的帧数，即 1 秒内播放多少张画面。PAL 制的帧速率是 25 帧 / 秒，即 1 秒内播放 25 张画面；NTSC 制的帧速率是 29.97 帧 / 秒，即 1 秒内播放 29.97 张画面；电影的帧速率是 24 帧 / 秒，即 1 秒内播放 24 张画面。

1.3 After Effects 工作界面

启动 After Effects 后，首先出现的是 After Effects 主页界面，如图 1-4 所示。

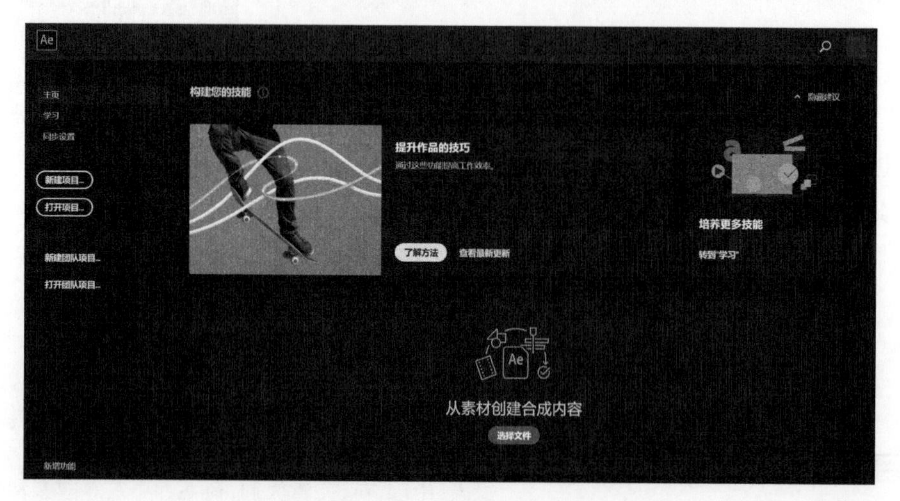

图 1-4 After Effects 主页界面

在该界面中，可以新建项目，打开项目，新建团队项目，打开团队项目，进行同步设置等。

关闭主页界面后，进入 After Effects 工作界面，该工作界面由菜单栏、【工具】面板、【项目】面板、【合成】面板、【时间轴】面板、【效果控件】面板、【信息】面板、【音频】面板、【预览】面板、【效果和预设】面板、【字符】面板、【段落】面板等构成，如图 1-5 所示。

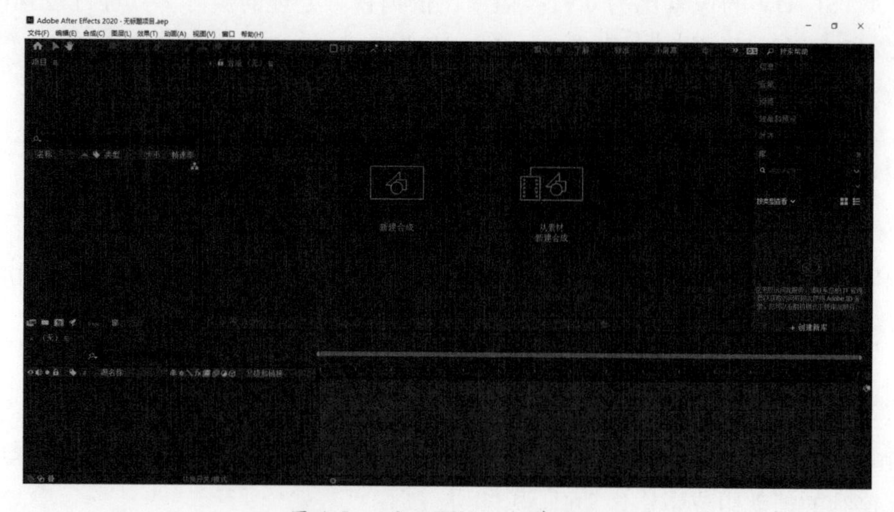

图 1-5 After Effects 工作界面

1.3.1 菜单栏

菜单栏中包括 9 项菜单，如图 1-6 所示。

文件(F)　编辑(E)　合成(C)　图层(L)　效果(T)　动画(A)　视图(V)　窗口　帮助(H)

图 1-6　菜单栏

1.3.2 【工具】面板

【工具】面板中提供了 14 类工具命令。需要使用某个工具时，只需要在【工具】面板相应工具处单击即可。工具图标右下角黑色小三角就表示有部分工具被隐藏，只需用光标指向当前工具并按住鼠标左键不放，即可调出隐藏工具。将光标移动到相应工具图标上时，将会显示出该工具图标的工具名称和快捷键。

【工具】面板如图 1-7 所示。

图 1-7　【工具】面板

选取工具：用于在【合成】面板或【图层】面板中选择、移动素材图像或图层。

手形工具：当素材图像超出【合成】面板显示范围时，使用手形工具可以查看面板显示范围之外的素材图像画面。

缩放工具：放大或缩小视图。

旋转工具：对素材图像进行旋转操作。

摄像机工具：在【合成】面板中对摄像机进行旋转、位移操作。单击按钮右下角的小三角，将弹出其他摄像机工具，包括轨道摄像机工具、跟踪 XY 摄像机工具、跟踪 Z 摄像机工具。摄像机工具列表如图 1-8 所示。

向后平移（锚点）工具：改变图像素材轴心点的位置。

矩形工具：可以创建矩形形状图层和矩形蒙版。单击按钮右下角的小三角，将弹出下拉面板，其中包括圆角矩形工具、椭圆工具、多边形工具和星形工具。形状工具列表，如图 1-9 所示。

当需要创建矩形形状时，选择矩形工具，在【时间轴】面板中不选取任何图层，直接在【合成】面板中绘制，即可创建出一个矩形形状，并在【时间轴】面板中生成一个矩形形状图层。

钢笔工具：创建不规则的形状和蒙版。单击按钮右下角的小三角，将弹出下拉列表，其中包括添加“顶点”工具、删除“顶点”工具、转换“顶点”工具和蒙版羽化工具。钢笔工具列表如图 1-10 所示。

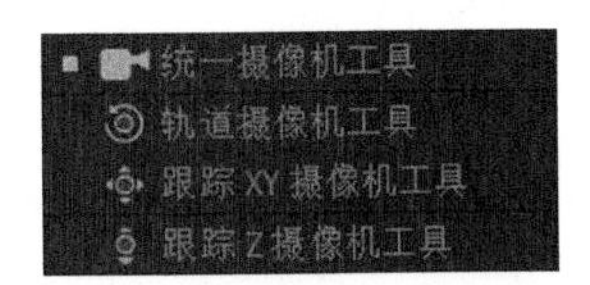

图 1-8　摄像机工具列表

图 1-9　形状工具列表

图 1-10　钢笔工具列表

横排文字工具：创建横排文字。单击按钮右下角的小三角，可以切换成直排文字工具，创建直排文字。文字工具列表如图 1-11 所示。

画笔工具：运用此工具，可以在【图层】面板中绘制图形图像。

仿制图章工具：对图像局部进行采样，然后将采样部分复制到其他位置或其他文件上。

橡皮擦工具：擦除多余的像素。

Roto 笔刷工具：用于在视频中独立出动态移动的画面元素。单击按钮右下角的小三角，可以切换成调整边缘工具，用于调整独立出的动态元素边缘。Roto 笔刷工具列表如图 1-12 所示。

人偶位置控点工具：用于设定木偶动画中关节点位置。单击按钮右下角的小三角，可以切换成人偶固化控点工具、人偶弯曲控点工具、人偶高级控点工具和人偶重叠控点工具。人偶工具列表如图 1-13 所示。

图 1-11　文字工具列表

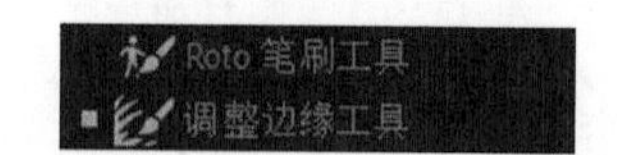

图 1-12　Roto 笔刷工具列表

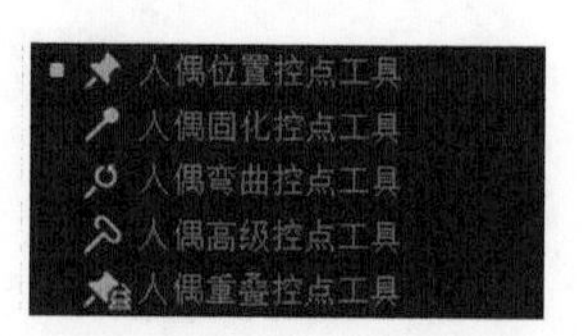

图 1-13　人偶工具列表

1.3.3 【项目】面板

【项目】面板如图 1-14 所示。

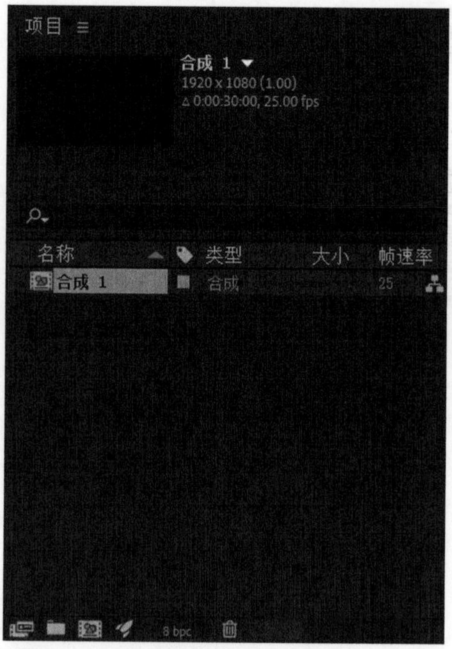

【项目】面板的作用是管理各项素材和合成。在【项目】面板中，可以导入素材，移动、删除素材与创建合成等操作。

素材预览区：在该区域可以预览素材，在其右侧为素材的基本信息。

搜索文件按钮：可以在右侧输入素材的名称，快速查找素材。

解释素材按钮：用来设置选择素材的 Alpha 通道、帧速率、开始时间码、场和 Pulldown 等参数。

新建文件夹按钮：单击此按钮，可以在项目面板中创建一个文件夹，对素材文件进行分类管理。

新建合成按钮：单击此按钮，可以在项目面板中创建一个合成；也可以选择素材，然后将素材拖曳到此按钮上，系统会自动创建一个与此素材相同参数的合成。

图 1-14　【项目】面板

打开项目设置按钮：单击此按钮，打开【项目设置】面板。

8bpc 按钮：此按钮为项目颜色深度管理按钮，用来切换项目的颜色深度。按 Alt 键然后单击此按钮，可以在 8bpc、16bpc 和 32bpc 之间切换。

删除所选项目项按钮：选择需要删除的项目素材，然后单击此按钮，该项目素材即被删除。也可以选择项目素材，然后将项目素材拖曳到此按钮上进行删除。

1.3.4 【合成】面板

【合成】面板是视频图像的预览区域，可以在此面板上对视频图像进行编辑操作。【合成】面板如图 1-15 所示。

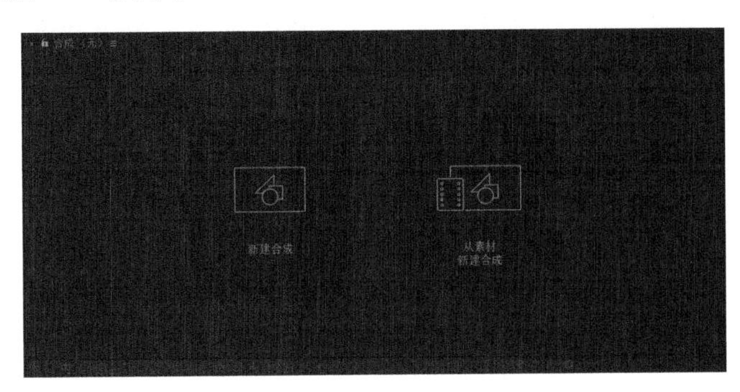

图 1-15 【合成】面板

新建合成：单击该区域，即调出【合成设置】对话框，在该对话框中设置合成参数，创建合成。

从素材新建合成：单击该区域，即调出【导入文件】对话框，在该对话框中选择文件，之后以该文件参数创建合成。

始终预览此视图：当合成面板中有多个视图时，选择其中一个视图然后单击此按钮，预览画面中只播放该视图中的视频画面。

主查看器：使用此查看器进行音频和外部视频预览。

Adobe 沉浸式环境：可进行沉浸式环境模式选择，包括【剧场模式(直线运动)】、【360 单像】、【360 上 / 下】、【360 并排】、【180 上 / 下】、【180 并排】、【"视频预览"首选项】。

放大率弹出式菜单：单击此按钮，可以在弹出的下拉式菜单中选择视频画面显示的缩放比例。

选择网格和参考线选项：单击此按钮，可以在弹出的下拉式菜单中选择标题 / 动作安全、对称网格、网格、参考线、标尺、3D 参考轴。借助这些工具，一方面可以保证影片输出的准确性；另一方面在视频编辑阶段，有助于精确操作。

切换蒙版和形状路径可见性：显示或隐藏蒙版和形状路径。

预览时间：显示当前合成播放时的时间点。单击此按钮，可以在弹出的【转到时间】对话框中输入需要跳转的时间，然后时间指示器会自动跳转到设置的时间，方便精准定位时间。

拍摄快照：捕获合成项目中的画面。

显示快照：显示最近一张快照画面。

显示通道及色彩管理设置：显示相对应的通道模式。单击此按钮，可以选择不同的通道，查看视频画面通道效果。

分辨率 / 向下采样系数弹出式菜单：用于设置合成显示的分辨率。单击此按钮，可以在其下拉式菜单中选择或自定义显示分辨率。分辨率越高，视频图像画面质量越好，但是播放时所占系统资源高；分辨率越低，视频图像画面质量越差，但

是播放加速。

目标区域▣：单击此按钮，然后在合成面板中绘制一个矩形，此时播放，在合成面板中只会显示该矩形区域中的视频画面内容，这样可以节省系统资源，提高工作效率。

切换透明网格▣：单击此按钮，背景会在系统默认背景色和透明棋盘格背景之间切换。

3D视图弹出式菜单 活动摄像机 ：图层为3D图层时，单击此按钮，在弹出的下拉式菜单中选择操作此图层的3D显示视图。

选择视图布局 1个... ：设置合成面板视图布局。单击此按钮，在弹出的下拉式菜单中选择合成面板的视图显示模式。当图层为3D图层时，使用此按钮中的不同视图，方便查看三维空间实际情况。

切换像素长宽比校正▣：校正长宽比。

快速预览▣：单击此按钮，选择预览方式，快速预览合成画面。

时间轴▣：单击此按钮，打开对应的【时间轴】面板。

合成流程图▣：单击此按钮，打开对应的【流程图】面板。

重置曝光度▣：单击此按钮，重置曝光度。

调整曝光度 +0.0 ：将光标移动至该参数上，按住鼠标左键左右拖动，调整曝光度。

1.3.5 【时间轴】面板

【时间轴】面板是重要的工作面板。在没有创建合成时，【时间轴】面板内容为空。每当创建一个合成，系统就会自动为该合成生成对应的【时间轴】面板。在【时间轴】面板中，可以完成动画关键帧设置，管理图层素材顺序和连接，合成效果，剪辑素材和叠加图层等。

【时间轴】面板可以分为三个区域：控制面板区域、时间线区域和图层控制区域，如图1-16所示。

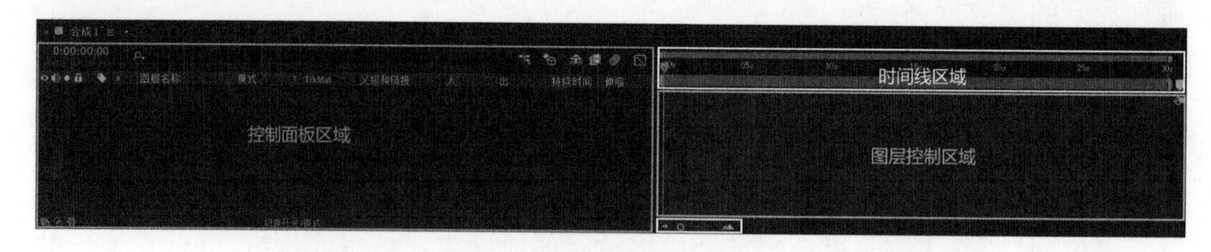

图1-16 【时间轴】面板

1. 控制面板区域

（1）当前时间 0:00:00:00 ：显示合成中当前播放的时间和帧速率。单击该区域，然后输入需要跳转的时间，时间指示器▣会跳转到设置的时间点上。

（2）图层搜索按钮 ：用于图层查询及图层属性快速选择。

（3）开关功能按钮 ：控制整个合成项目的效果。

- 合成微型流程图开关▣：单击此按钮，显示合成流程图示，方便查看合成项目关系。

- 草图 3D 开关：单击此按钮，系统会在 3D 草图模式下工作。
- 隐藏开关：该开关是系统隐藏图层的总开关，要与消隐图标结合使用。打开此开关，然后单击图层的消隐图标，图层自动隐藏。关闭此开关，隐藏的图层会显示出来。
- 帧混合开关：该开关是帧混合的总开关，要与帧混合图标结合使用。单击此按钮，并打开图层的帧混合图标，系统会自动在对应图层的帧与帧之间添加过渡帧，保证画面的流畅。
- 运动模糊开关：该开关是运动模糊效果的总开关，要与运动模糊图标结合使用。打开此开关，然后开启图层的运动模糊图标，图层中的运动具有了运动模糊效果。关闭此开关，运动模糊效果失效。
- 图表编辑器开关：单击此按钮，显示关键帧的曲线图。

(4) A/V 功能栏：控制图层的显示、锁定。

- 视频图标：显示和隐藏对应图层画面。
- 音频图标：开启或关闭音频效果。
- 独奏图标：单击此按钮，打开该图标，可以单独显示对应图层画面，方便单独对该图层进行编辑操作，其他图层不显示。
- 锁定图标：单击此按钮，将对应图层锁定，此时对应图层不能编辑。再次单击此按钮，对应图层解锁，可以对该图层进行编辑。

(5) 标签栏：设置图层的不同显示颜色，对图层进行分类管理。

(6) 图层编号栏：显示图层编号。

(7) 源名称 / 图层名称栏 源名称 ：显示图层的名称。默认情况下，文件素材导入合成中，系统显示的是源文件名称，但是后期对图层进行了重命名操作后，该图层就会有图层名称和源名称之分。重命名后的文件没有括号，未重命名的文件名用括号框住。重命名的方式是选择图层的名称，按 Enter 键，然后输出名称后，再按 Enter 键退出即可。

(8) 父级和链接栏 父级和链接 ：设置图层之间的父子关系及链接。创建完父子关系后，父子栏如图 1-17 所示。

图 1-17　父子栏

(9) 展开 / 折叠按钮：分别展开或折叠“图层开关”窗格、“转换控制”窗格、“入点”/“出点”/“持续时间”/“伸缩”窗格。

(10)“图层开关”窗格：包括的工具为。

- 消隐图标：隐藏图层，结合隐藏开关使用。
- 连续栅格化图标：对合成图层折叠变换；对矢量图层栅格化。
- 质量和采样图标：控制【合成】面板中素材的显示质量。也可执行【图层】→【品质】命令，切换相应图层的质量和采样。
- 效果图标：打开或关闭对应图层的特效。

- 帧混合图标：对对应图层应用帧混合技术。
- 运动模糊图标：模拟快门持续时间，对对应图层应用运动模糊效果。
- 调整图层图标：创建一个调整图层，将本图层的特效效果应用于该图层之下的全部图层上。
- 3D 图层图标：将当前 2D 图层转换成 3D 图层，对图层进行 3D 图层操作。

(11) "转换控制"窗格：包括的内容有模式和轨道遮罩图标 模式 T TrkMat 。

- 模式图标 模式 ：设置图层的混合模式。
- 轨道遮罩图标 T TrkMat ：用于设置上级图层对下级图层的遮罩关系。

(12) "入点"/"出点"/"持续时间"/"伸缩"窗格：包括的图标为 入 出 持续时间 伸缩 。

- 入点图标 入 ：查看和设置图层的入点时间。单击该图标，会弹出【图层入点时间】对话框，在该框中可设置新的入点时间，如图 1-18 所示。
- 出点图标 出 ：查看和设置图层的出点时间。单击该图标，会弹出【图层出点时间】对话框，在该框中可设置新的出点时间，如图 1-19 所示。
- 持续时间图标 持续时间 ：修改图层的持续时间。单击该图标，会弹出【时间伸缩】对话框，可设置新的持续时间。
- 伸缩图标 伸缩 ：控制图层的时间长度。单击该图标，会弹出【时间伸缩】对话框，可以设置【拉伸因素】数值及图层的时间长度，如图 1-20 所示。

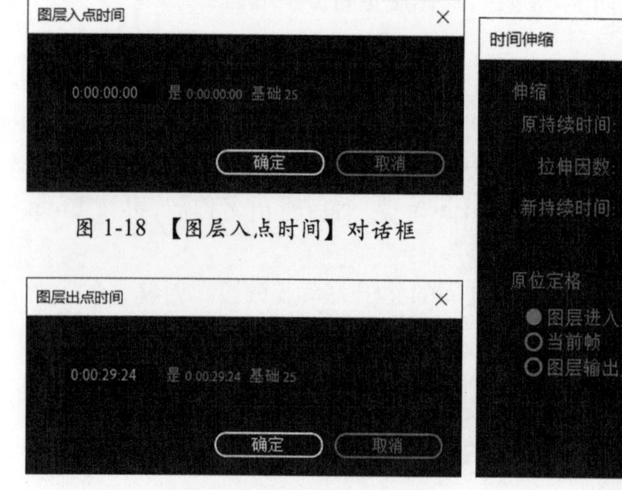

图 1-18 【图层入点时间】对话框

图 1-19 【图层出点时间】对话框

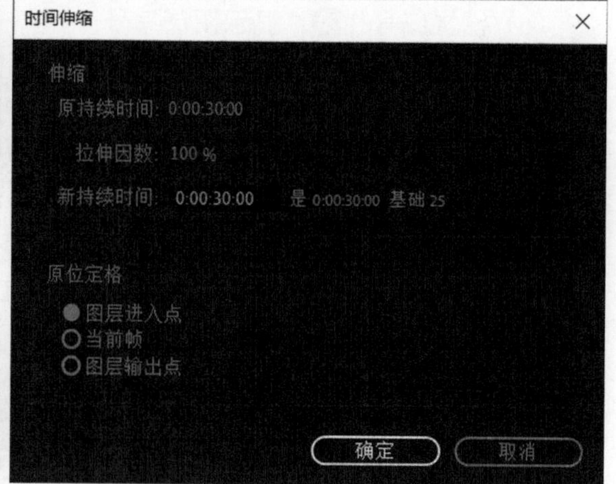

图 1-20 【时间伸缩】对话框

2. 时间线区域

(1) 时间标尺：显示合成时间信息。

(2) 时间指示器：显示当前播放时间节点。可以拖动该时间指示器到对应的时间节点上，同时【合成】面板中同步显示该时间节点上的画面。

(3) 时间范围区域：放大到帧级别或缩小到整个合成（时间）。可以通过标记和标记控制，也可以通过缩小时间和放大时间工具控制。

(4) 工作区域：设定预演和渲染的时间范围区域。可以拖动标记和标记设定预演和渲染的开始时间和结束时间。

(5) 合成标记素材箱：对素材添加标记。

3. 图层控制区域

在该区域中，可以调整图层素材的入点和出点，设定图层素材的时间长度，还可以调整图层素材的上下顺序和前后位置。合成按钮可以将与此窗口相关的合成前移一层。

1.3.6 【效果控件】面板

当图层添加【效果】菜单中的滤镜后，在【效果控件】面板中会出现该滤镜的属性参数。调节对应的滤镜属性参数，并对对应参数进行动画关键帧设置，即可实现特效动画效果。【效果控件】面板如图 1-21 所示。

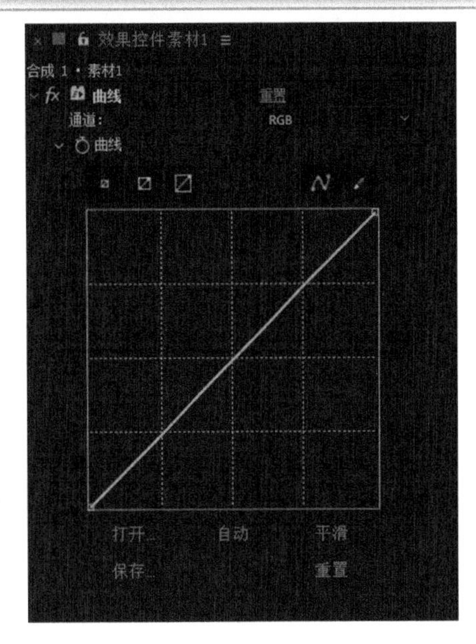

图 1-21　【效果控件】面板

1.3.7 【图层】面板

【图层】面板显示的是素材画面，在该面板中可以对素材进行编辑操作，如设置中心点，运用笔刷工具修改素材画面效果等。在【时间轴】面板中，双击对应的图层，即可切换至该图层的【图层】面板。【图层】面板如图 1-22 所示。

1.3.8 【信息】面板

该面板提供合成项目的 6 个参数的信息，分别是 R、G、B、A、X 和 Y。R 为红色通道信息，G 为绿色通道信息，B 为蓝色通道信息，A 为 Alpha 通道信息，X 为 X 坐标信息，Y 为 Y 坐标信息。同时还提供所选图层名称、持续时间、入点和出点信息。【信息】面板如图 1-23 所示。

图 1-22　【图层】面板

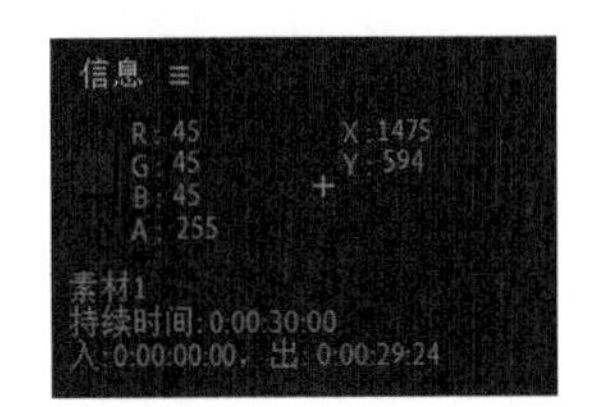

图 1-23　【信息】面板

1.3.9 【音频】面板

项目合成中有音频文件时，播放该项目合成，【音频】面板中会出现本项目合成中音频左右声道音量大小和振幅图形，如图 1-24 所示。

1.3.10 【预览】面板

运用该面板控制合成项目的播放状态、合成预览等相关设置。【预览】面板如图 1-25 所示。

1.3.11 【效果和预设】面板

在该面板中可以快速查询所需滤镜和预设命令。找到相应滤镜或预设命令后，直接选择该命令，然后拖入相应的图层上，即可对该图层添加此效果或预设命令。也可选择图层后，直接双击该命令，完成滤镜或预设命令的添加。【效果和预设】面板如图 1-26 所示。

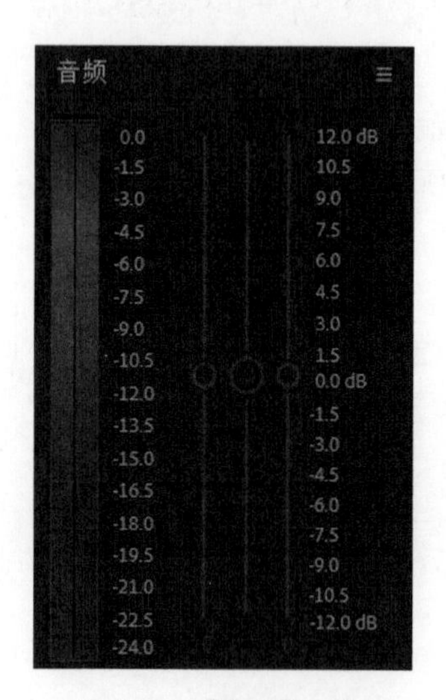

图 1-24 【音频】面板

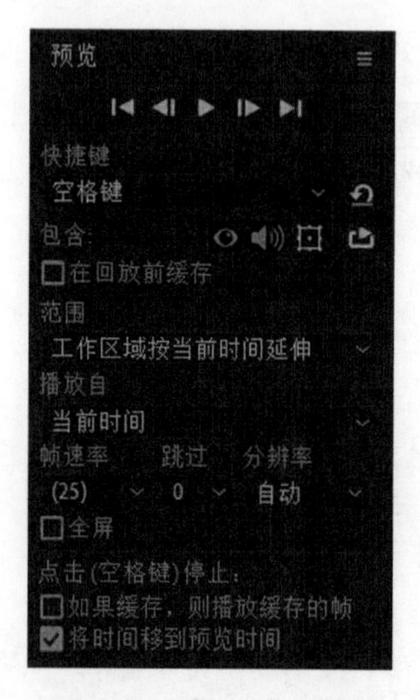

图 1-25 【预览】面板

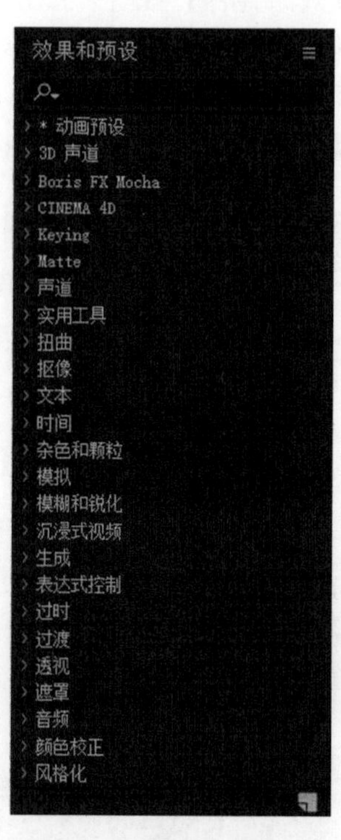

图 1-26 【效果和预设】面板

1.3.12 【对齐】面板

【对齐】面板用于对合成中的图层进行对齐操作，如图 1-27 所示。

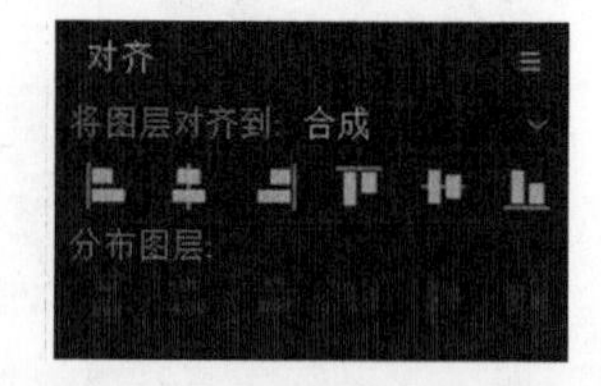

图 1-27 【对齐】面板

1.3.13 【动态草图】面板

选择当前图层，单击【动态草图】面板中的【开始捕捉】命令，按住鼠标左键不放并移动光标，系统会自动记录光标移动的路径、速率，并自动在当前图层的【位置】属性上生成关键帧。播放时会发现，图层的移动路径、速率和之前光标的移动路径、速率一致。【动态草图】面板如图 1-28 所示。

1.3.14 【摇摆器】面板

【摇摆器】面板可以对选定的图层添加随机运动的效果，如图 1-29 所示。

1.3.15 【平滑器】面板

【平滑器】面板通过删除多余关键帧的方法平滑动画曲线。如果动画运动效果不平滑，可以使用【平滑器】面板平滑运动曲线，从而使动画效果平滑。此面板经常配合【动态草图】面板使用。【平滑器】面板如图 1-30 所示。

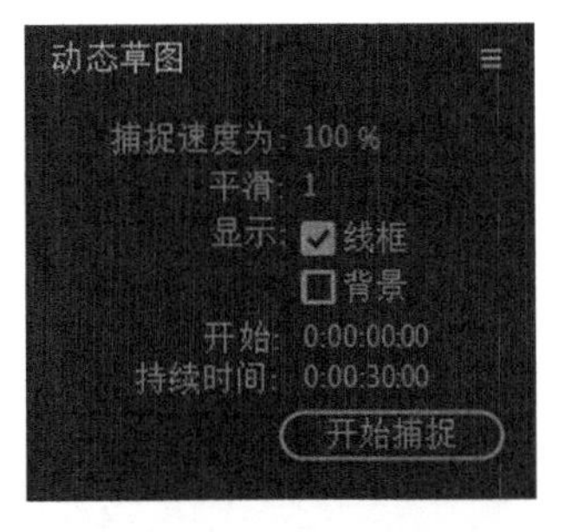

图 1-28 【动态草图】面板

图 1-29 【摇摆器】面板

图 1-30 【平滑器】面板

1.3.16 【画笔】面板

【画笔】面板提供各种笔刷，可以设置笔刷类型、直径、角度、圆度、硬度、间距、不透明度、流量等属性，如图 1-31 所示。

1.3.17 【绘画】面板

【绘画】面板设置画笔的颜色、不透明度、流量、模式和颜色通道，如图 1-32 所示。

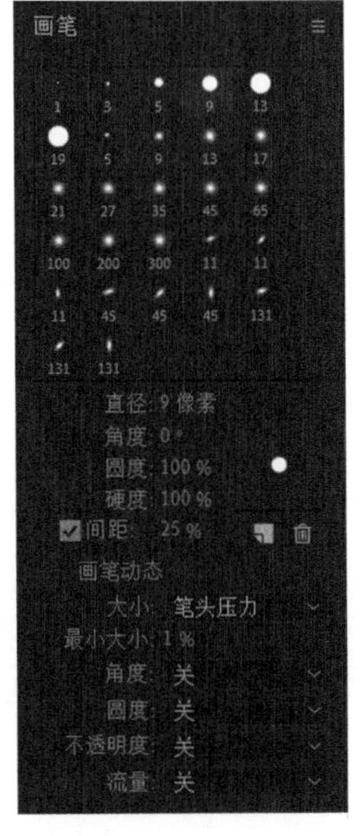

图 1-31 【画笔】面板

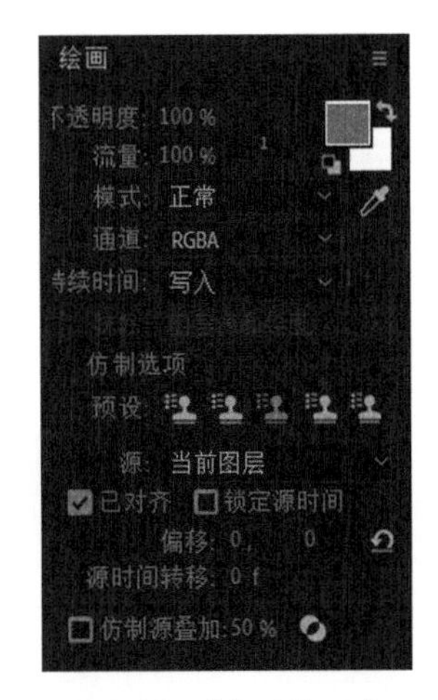

图 1-32 【绘画】面板

1.3.18 【段落】面板

【段落】面板设置文本段落排列形式、缩进等，如图 1-33 所示。

1.3.19 【字符】面板

在 After Effects 中创建文字图层后，可以通过【字符】面板修改创建文字的字体、字号、字间距、填充颜色、描边颜色等属性，如图 1-34 所示。

1.3.20 【跟踪器】面板

在后期处理时，需要制作一个物体跟踪另一个物体运动的动画效果，可以使用【跟踪器】面板。【跟踪器】面板通过跟踪视频图像中选定像素的移动路径，将移动路径赋予跟踪图层，完成跟踪动画效果。在【跟踪器】面板中还可以完成镜头稳定。【跟踪器】面板如图 1-35 所示。

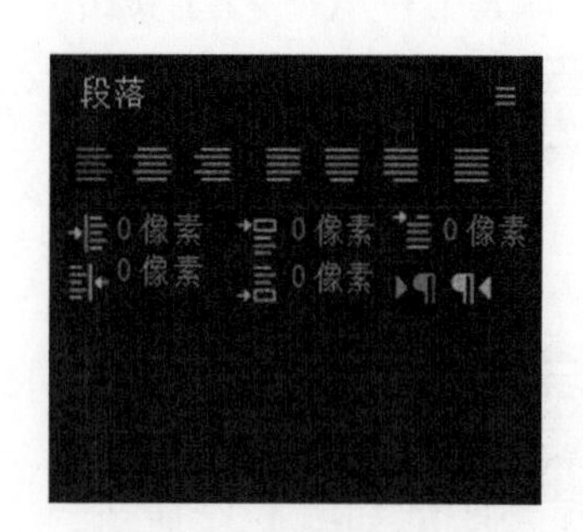

图 1-33 【段落】面板

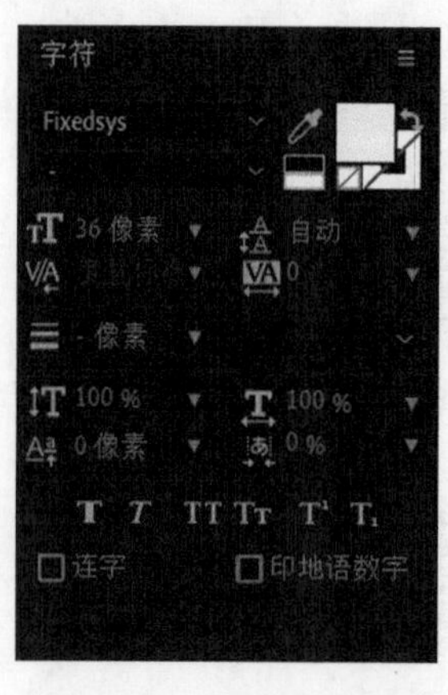

图 1-34 【字符】面板

图 1-35 【跟踪器】面板

第2章　After Effects基本操作流程

【学习目标】

掌握 After Effects 基本操作流程。

【技能要求 / 学习重点】

1．掌握新建项目的方法。

2．掌握素材导入的方法。

3．掌握新建合成的方法。

4．掌握视频渲染设置及视频导出的方法。

5．掌握整理工程文件的方法。

【核心概念】

项目　素材　合成　渲染　整理工程文件　基本操作流程

运用 After Effects 进行视频制作时，基本的制作流程大致相同。基本的流程是：首先新建项目文件，然后导入素材并创建合成，之后对素材进行编辑或制作特效并预览效果，待效果确定后输出视频。保存文件，并对所制作的工程进行项目管理，将该工程进行打包。下面讲解 After Effects 的基础工作流程。

2.1 基础设置

2.1.1 新建项目

启动 After Effects，After Effects 的当前状态即为一个项目。如果需要重新新建项目，可选择【文件】→【新建】→【新建项目】命令，或使用快捷键 Ctrl+Alt+N。

2.1.2 导入素材

After Effects 作为一款后期合成软件，合成所需的素材大部分是在视频合成之前准备好的，如拍摄的影片、绘制的图片序列等。After Effects 兼容性很强大，可以导入单张图片素材、视频素材、图片序列、PSD 文件、C4D 文件、音频文件等。

1．多种素材导入方法

方法一：菜单命令导入素材。选择【文件】→【导入】→【文件】命令导入单个文件，如图 2-1 所示；或使用快捷键 Ctrl+I 导入单个文件。在弹出的【导入文件】对话框中选择需要导入的素材，如图 2-2 所示。然后单击【导入】按钮，即可导入单个文件。

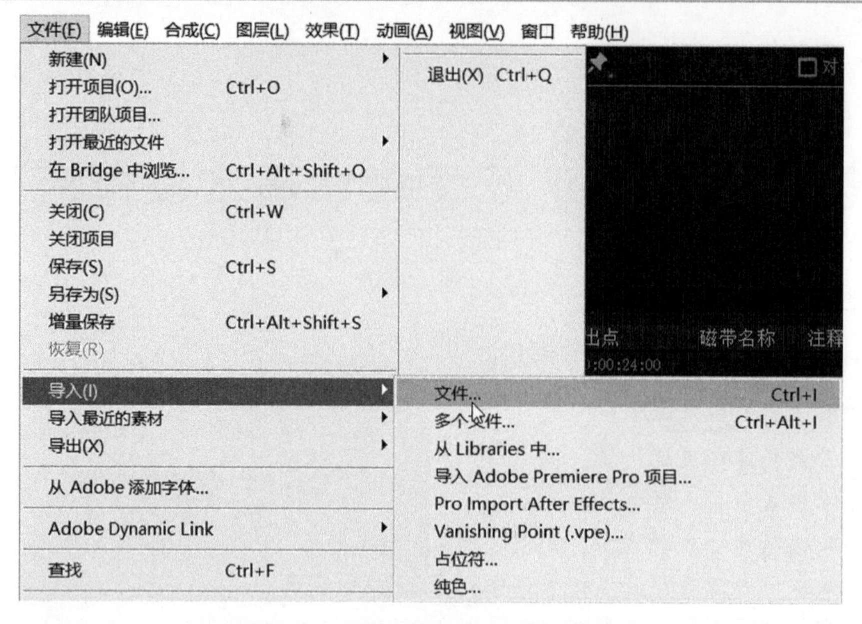

图 2-1 用菜单命令导入单个文件

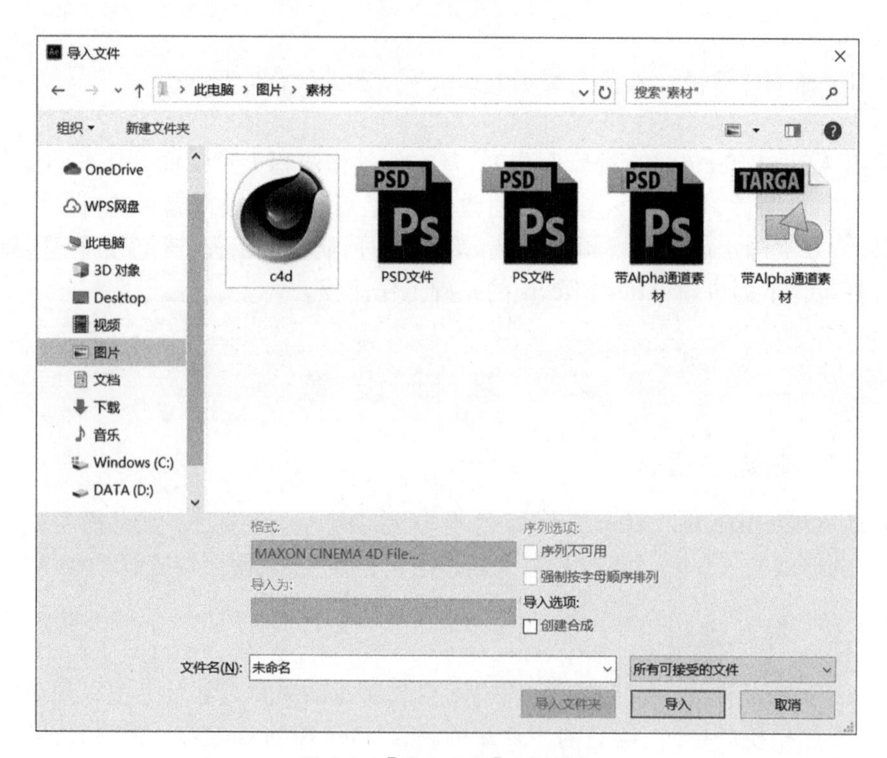

图 2-2 【导入文件】对话框

选择【文件】→【导入】→【多个文件】命令可以导入多个文件，如图 2-3 所示；或使用快捷键 Ctrl+Alt+I 导入多个文件。在弹出的【导入多个文件】对话框中，配合 Ctrl 键选择需要导入的多个素材，然后单击【导入】按钮，即可导入多个文件。

方法二：在【项目】面板的空白处右击，在弹出的快捷菜单中选择【导入】→【文件】命令或【导入】→【多个文件】命令，如图 2-4 所示，在弹出的【导入文件】

或【导入多个文件】对话框中选择需要导入的文件，再单击【导入】按钮，完成素材的导入。

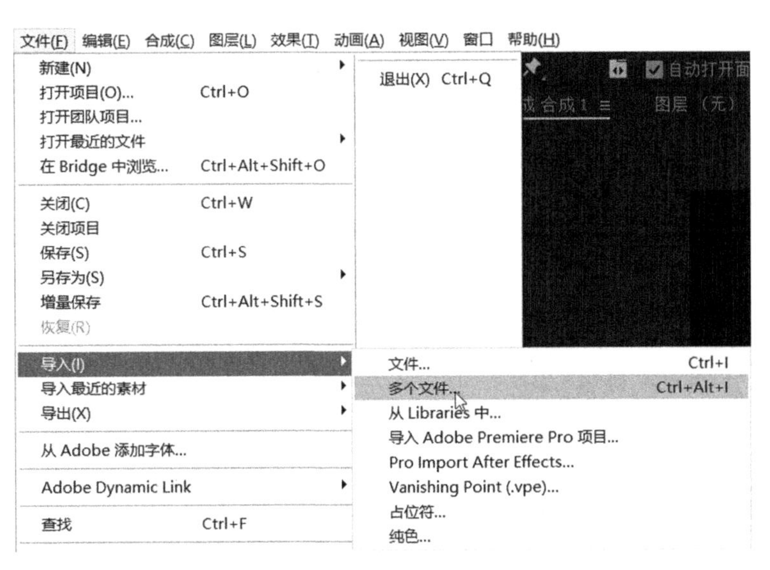

图 2-3 用菜单命令导入多个文件

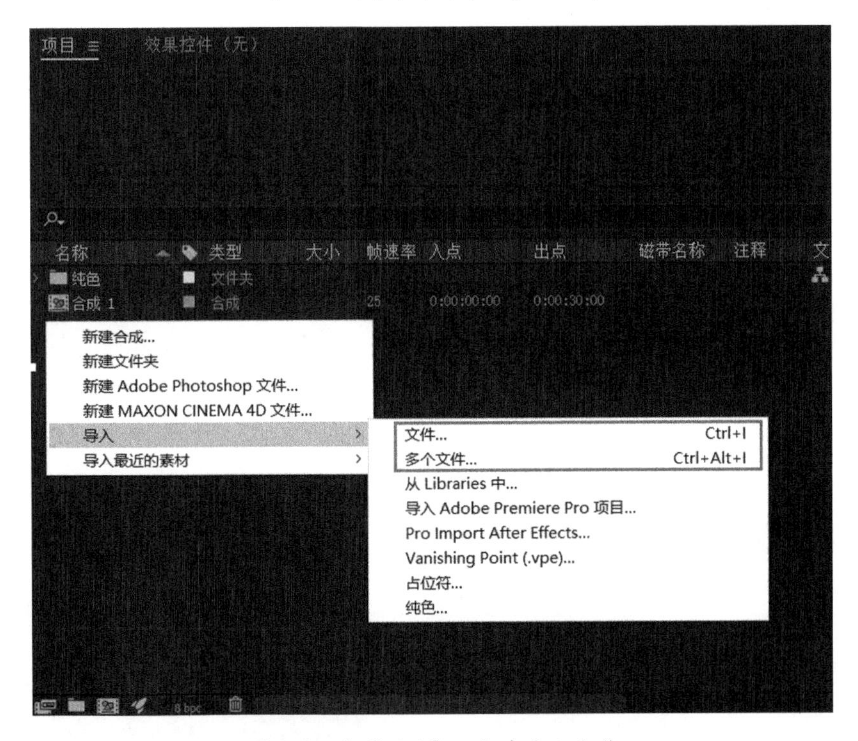

图 2-4 在【项目】面板中导入文件

方法三：在【项目】面板的空白处双击，即会弹出【导入文件】对话框，在该对话框中选择需要导入的文件，再单击【导入】按钮，完成素材的导入。

2. 导入不同的素材类型

导入的素材类型不同，其导入时的参数设置也会有所不同，在此对导入单张图

片 / 单个视频 / 单个音频、图片序列、PSD/AI 分层文件、带 Alpha 通道信息文件分别进行说明。

（1）单张图片 / 单个视频 / 单个音频。只要是 After Effects 支持的图片、视频、音频格式文件均可导入。使用以上任意一种方法导入文件，在【导入文件】对话框中选择需要导入的一个素材文件，然后单击【导入】按钮，即可将所选择的文件导入【项目】面板。

（2）导入图片序列。图片序列是指由若干张连续图像画面组成的图片序列，这些图片序列播放时是一个连续的动态画面。

使用任意一种方法打开【导入文件】对话框，从中选择图片序列中的任何一张图片素材，然后选中【ImporterJPEG 序列】选项（此处文件格式会因导入的图片格式不同而不同），如图 2-5 所示，再单击【导入】按钮，即可导入图片序列。

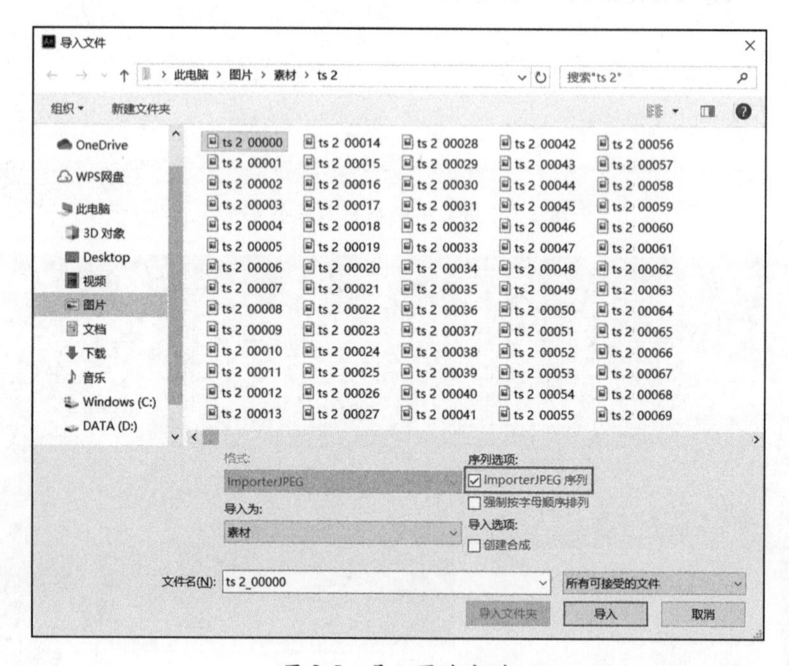

图 2-5　导入图片序列

（3）导入 PSD/AI 分层文件。使用任意一种方法打开【导入文件】对话框，从中选择 PSD/AI 分层文件，单击【导入】按钮，此时会弹出一个以素材名命名的对话框，如图 2-6 所示。

在该对话框中，导入种类有三种，分别为“素材”“合成”“合成 - 保持图层大小”。

以“素材”形式导入时，在【图层选项】中如果选择导入的方式为【合并的图层】，系统会将 PSD 文件中的所有图层合并，然后导入为一个图层；如果选择【选择图层】，在下拉菜单中选择需要导入的 PSD 图层，系统会单独将该图层导入。

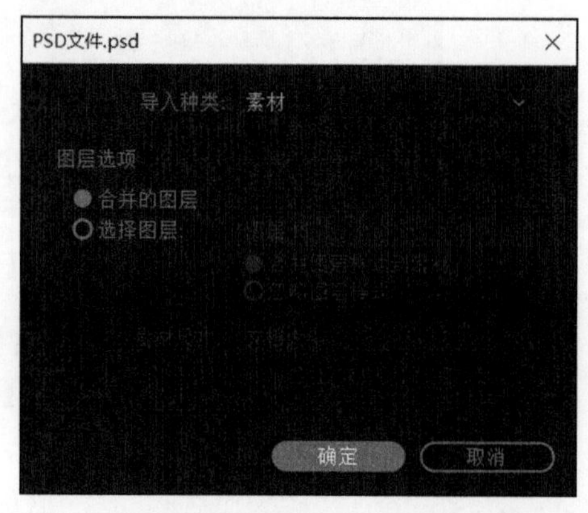

图 2-6　导入 PSD 分层文件

以“合成”形式导入，After Effects会生成一个与PSD文件同名的合成。在此合成中，每一个图层即为PSD文件中的一个层。导入之后的每一个图层尺寸会发生改变，改变后的尺寸为合成尺寸。

以“合成 - 保持图层大小”形式导入与以“合成”形式导入的方法相同，所不同的是，导入之后的图层尺寸是原始图层尺寸。

(4) 导入带有Alpha通道信息文件。通常情况下，影像包括R（红色）、G（绿色）、B（蓝色）3个色彩信息通道；有的影像文件有4个通道，多包含一个Alpha通道。Alpha通道记录了影像的透明度信息，如PSD文件、TGA文件、TIFF文件和PNG文件。

使用任意一种方法打开【导入文件】对话框，从中选择带Alpha通道信息的文件，单击【导入】按钮，此时会弹出【解释素材】对话框，如图2-7所示。

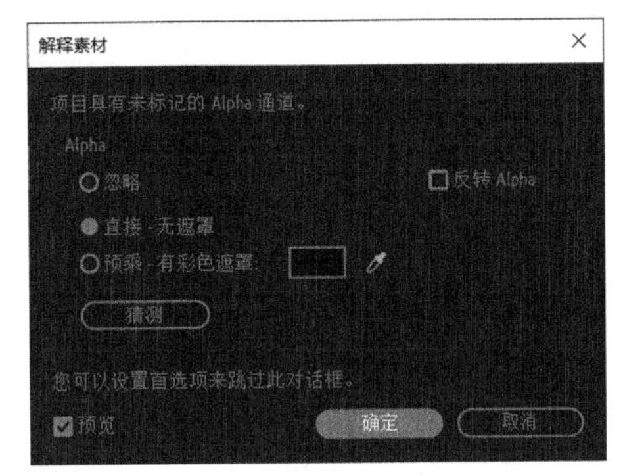

图2-7 【解释素材】对话框

该对话框中信息表示系统无法识别影像中的Alpha通道信息，需要设置。

【忽略】单选按钮：表示忽略此图层的Alpha通道信息。

【直接 - 无遮罩】单选按钮：表示此图层的透明度信息仅包含在Alpha通道内。

【预乘 - 有彩色遮罩】单选按钮：表示此图层的R、G、B颜色通道内存在透明度信息。

【反转Alpha】复选框：Alpha通道反向，即透明度和不透明度区域调换。

【猜测】按钮：由系统自动定义透明度。

2.1.3 新建合成

素材导入后，需要有存放素材进行处理操作的“容器”，此“容器”就是合成。After Effects中新建合成的方法有三种。

方法一：选择【合成】→【新建合成】命令，如图2-8所示，新建合成；或使用快捷键Ctrl+N新建合成。

图2-8 菜单栏新建合成命令

方法二：在【项目】面板的空白处右击，在弹出的快捷菜单中选择【新建合成】命令，如图2-9所示，即可新建合成。

方法三：在【项目】面板中选择某一素材，按住鼠标左键不放，将此素材拖曳到【项目】面板中的“新建合成”按钮上，After Effects自动创建一个与素材各项参数（名称、宽度、高度、像素长宽比、帧速率等）相同的合成项目，同时，素材会直接放置到【时间轴】面板上。

方法一和方法二执行完“新建合成”命令后，会弹出【合成设置】对话框，如图2-10所示。

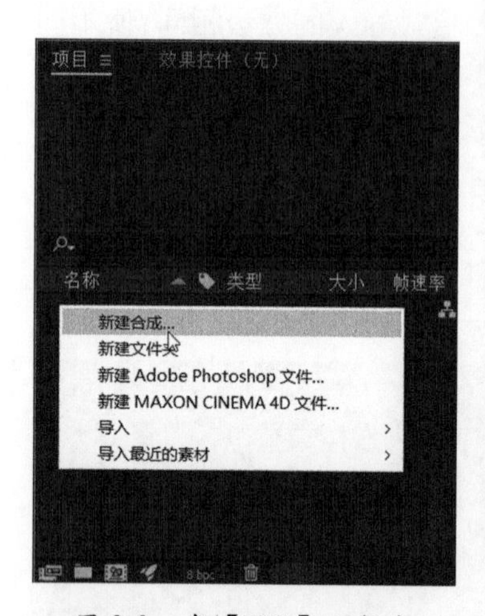

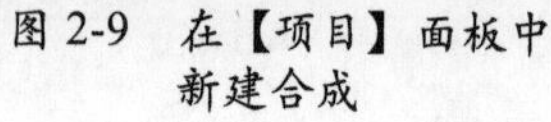
图 2-9　在【项目】面板中新建合成

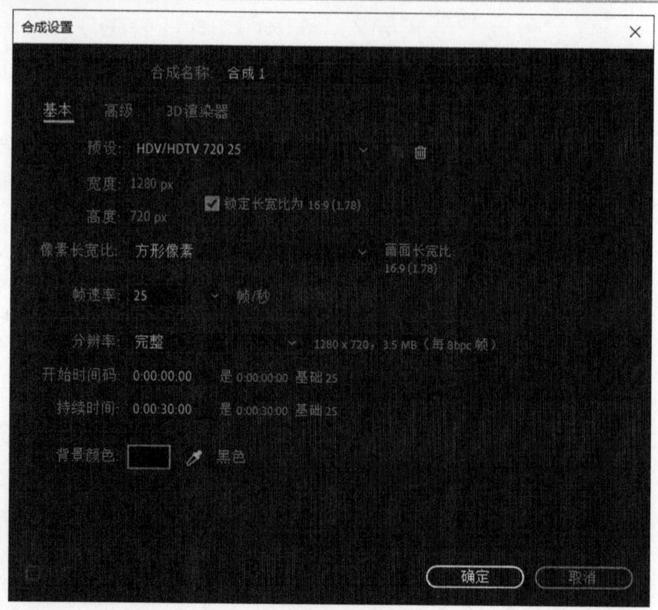

图 2-10　【合成设置】对话框

在此对话框中设置合成名称、宽度、高度、像素长宽比、帧速率、分辨率、开始时间码、持续时间、背景颜色等参数。参数设置完成后，单击【确定】按钮，即可创建一个合成。

2.1.4　编辑素材

使用上述方法一和方法二创建合成后，在【时间轴】面板中无素材，所以需要将待编辑的素材拖入其中。

方法一：在【项目】面板中选择素材，然后按住鼠标左键不放，直接将其拖入【时间轴】面板中，此时，【时间轴】面板将会生成该素材的图层。

方法二：在【项目】面板中选择素材，然后按住鼠标左键不放，直接拖入【合成】面板中，此时，【时间轴】面板将会生成该素材的图层。

素材添加之后，可以对该素材进行编辑和添加滤镜。如在【效果】菜单或【效果和预设】菜单中选择滤镜，然后作用于素材图层或纯色层上，完成滤镜的添加。之后在【效果控件】面板中设置关键帧，完成特效的制作。

当不需要某个素材时，可以直接选择对应素材，按 Delete 键将其删除。

2.1.5　预览

合成效果制作完成后，需要检查画面效果，可以按空格键对合成画面进行预览。也可以单击【预览】面板中的播放按钮▶，预览合成画面。

2.1.6　保存项目

需要保存当前文件项目时，按快捷键 Ctrl+S 保存文件。当首次保存文件时，会弹出【另存为】对话框，如图 2-11 所示。

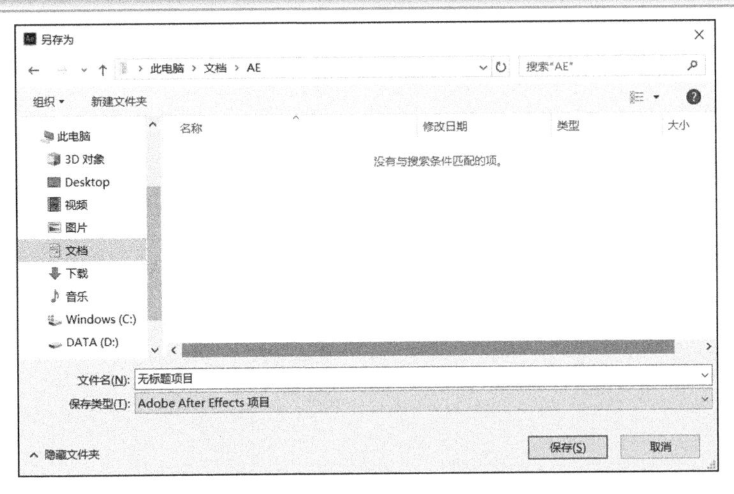

图 2-11　【另存为】对话框

在弹出的【另存为】对话框中输入保存的路径和文件名称，单击【保存】按钮，即可保存项目文件。

也可选择【文件】→【另存为】→【另存为】命令（快捷键为 Ctrl+Shift+S），保存项目文件。

2.1.7　整理工程文件

仅保存工程源文件不保存素材，当再次打开工程源文件时会出现素材丢失问题。所以 After Effects 中的每一个项目都需要整理工程文件，将工程源文件和素材进行整理，放置在同一个文件夹内，这样即使换了计算机设备，也不会出现素材丢失的问题。

选择【文件】→【整理工程(文件)】→【收集文件】命令，如果文件没有保存过，即会弹出询问对话框，询问是否保存项目，如图 2-12 所示。

单击【保存】按钮，在弹出的【另存为】对话框中设置保存的文件路径和文件名称，然后单击【保存】按钮，保存文件。

保存完文件后，弹出【收集文件】对话框，如图 2-13 所示。

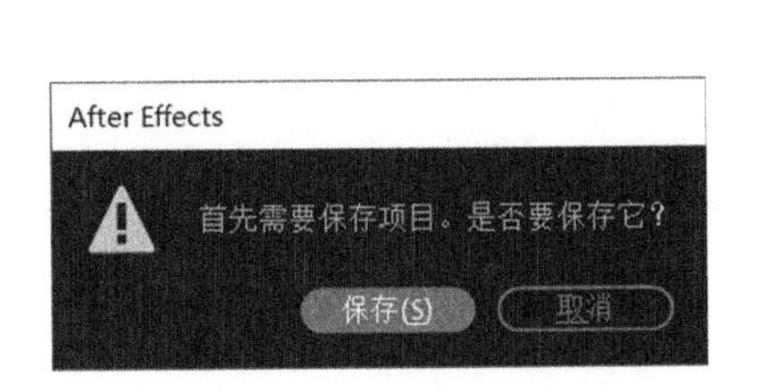

图 2-12　询问对话框

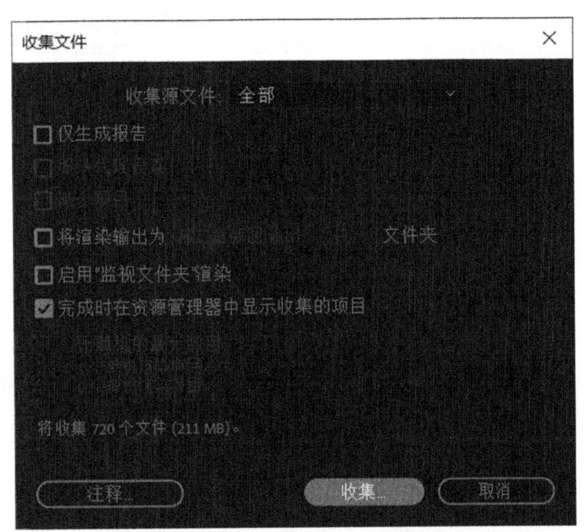

图 2-13　【收集文件】对话框

在【收集文件】对话框中设置【收集源文件】选项，单击【收集】按钮后，会弹出【将文件收集到文件夹中】对话框，如图 2-14 所示。

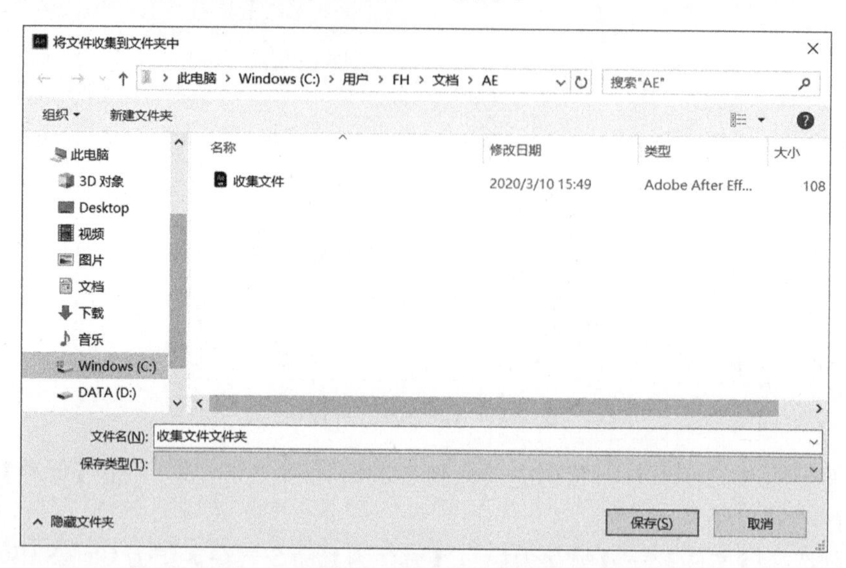

图 2-14 【将文件收集到文件夹中】对话框

在该对话框中设置文件名和存放路径，然后单击【保存】按钮，系统将会自动收集当前项目中的所有文件，即完成收集文件的操作。

2.1.8 渲染输出

合成项目制作满意后，需要将合成项目输出为视频或图片序列，此时可以执行【合成】→【添加到渲染队列】命令（快捷键为 Ctrl+M），直接跳转到【渲染队列】面板，如图 2-15 所示。

图 2-15 【渲染队列】面板

在【渲染队列】面板中设置“渲染设置”“输出模块”和“输出到”等选项，然后单击【渲染】按钮，即可开始渲染合成项目。

渲染设置：单击该按钮，可弹出【渲染设置】面板，如图 2-16 所示。在该面板中可以设置品质、分辨率大小、帧速率等参数。

输出模块：单击该按钮，可弹出【输出模块设置】面板，如图 2-17 所示。在该面板中设置输出的格式、音视频输出、色彩管理等相关参数。

输出到：单击该按钮，在弹出的【将影片输出到 :】对话框中设置输出文件的路径和文件名。

当渲染设置完成之后，单击【渲染队列】面板中的【渲染】按钮，即开始渲染视频，如图 2-18 所示。

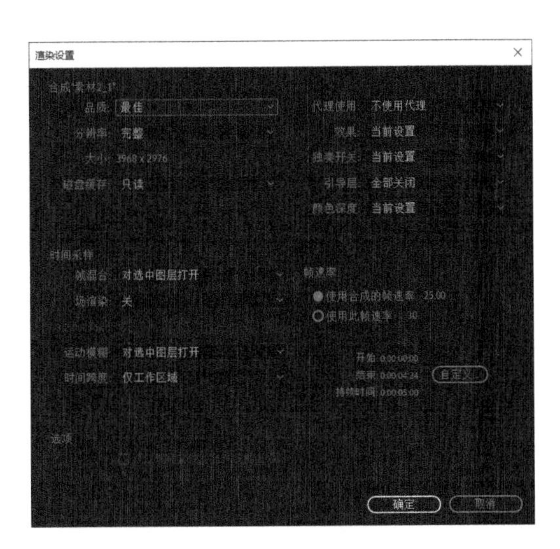

图 2-16　【渲染设置】面板

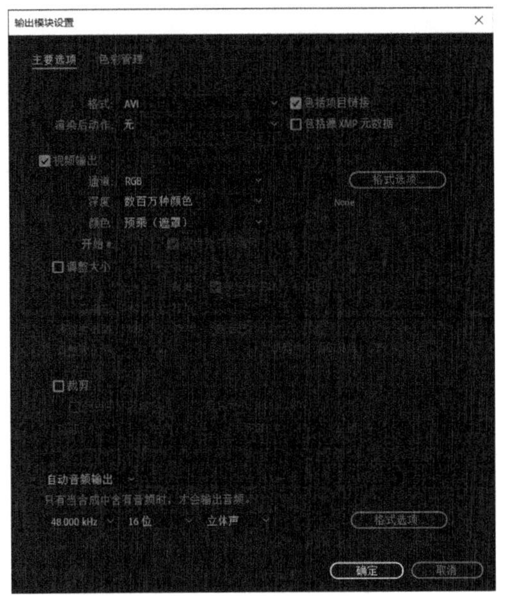

图 2-17　【输出模块设置】面板

图 2-18　视频渲染中

视频渲染完成后，可在存放的路径下找到渲染完成的视频。

2.2　下雪案例制作

本案例的完成效果如图 2-19 所示。

图 2-19　下雪效果

制作步骤如下。

步骤 1 新建项目。启动 After Effects CC，执行【文件】→【新建】→【新建项目】命令，创建新项目。快捷键为 Ctrl+Alt+N。

步骤 2 导入素材。在【项目】面板的空白处双击，在弹出【导入文件】对话框中选择“晨景.jpg”文件，然后单击【导入】按钮，导入素材文件，如图 2-20 所示。

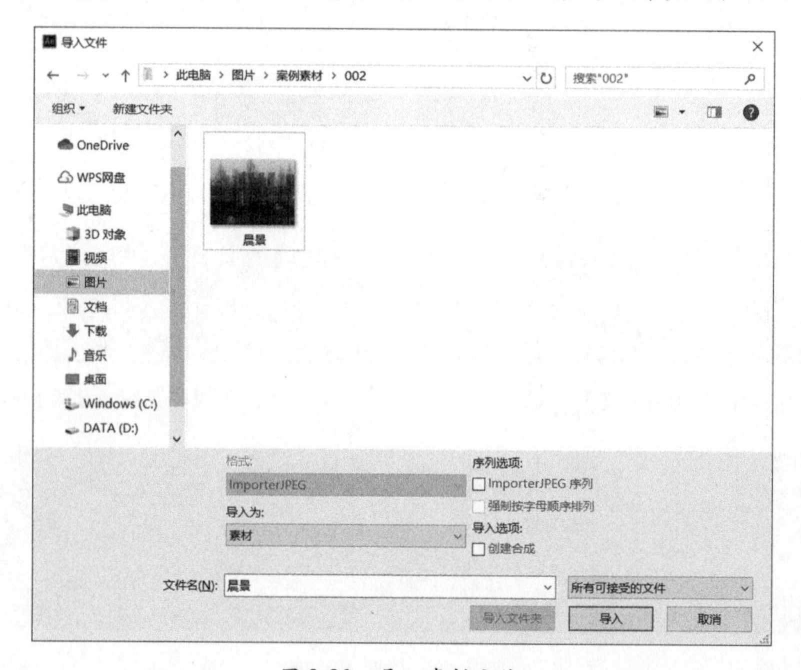

图 2-20 导入素材文件

步骤 3 新建合成。在【项目】面板中选择刚导入的素材文件，按住鼠标左键不放，将此素材拖曳到【项目】面板中的“新建合成”按钮上新建合成，如图 2-21 所示。

之后松开鼠标左键，After Effects 自动创建一个与素材各项参数（名称、宽度、高度、像素长宽比、帧速率等）相同的合成项目，同时，素材“晨景.jpg”文件会直接放置到【时间轴】面板上。

步骤 4 编辑素材。打开【效果和预设】面板，在该面板中搜索【色阶】滤镜，如图 2-22 所示。

然后选择【色阶】滤镜，按住鼠标左键不放，将该滤镜拖曳到【合成】面板中，将【色阶】滤镜赋予素材“晨景.jpg”，如图 2-23 所示。

在【效果控件】面板中设置【色阶】滤镜参数，【通道】为 RGB，【输入白色】设置为 220.0，如图 2-24 所示。

运用相同的方法，在【效果和预设】面板中搜索 CC Snowfall 滤镜，如图 2-25 所示。

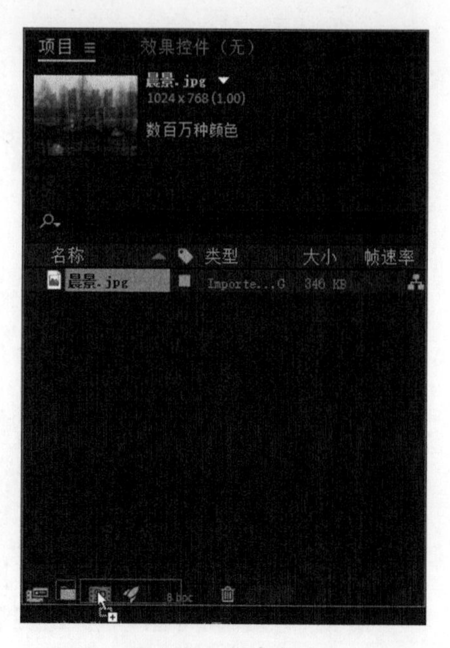

图 2-21 新建合成

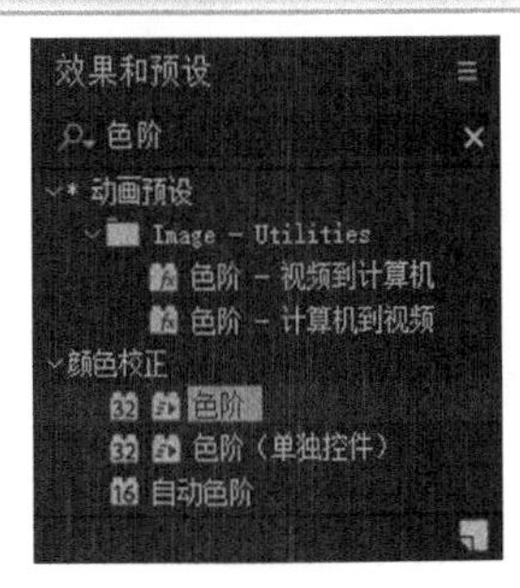

图 2-22　搜索【色阶】滤镜

图 2-23　添加【色阶】滤镜

然后将 CC Snowfall 滤镜赋予素材“晨景.jpg”。在【效果控件】面板中设置 CC Snowfall 滤镜参数，Size 设置为 15.00，Scene Depth 设置为 7000.0，Opacity 设置为 90.0，如图 2-26 所示。

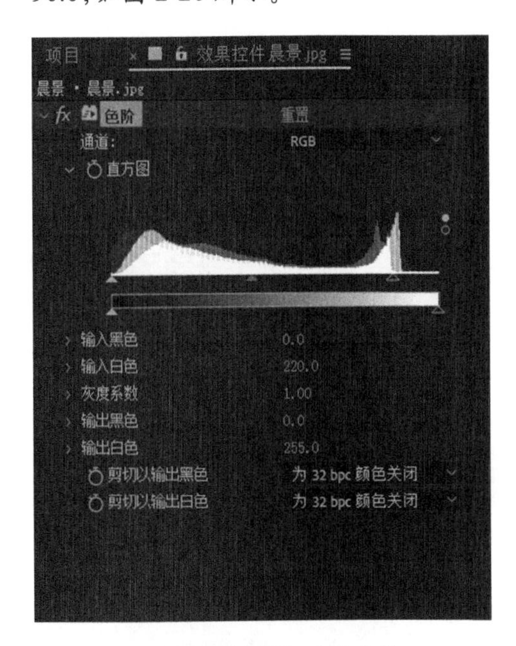

图 2-24　【色阶】滤镜参数

图 2-25　搜索 CC Snowfall 滤镜

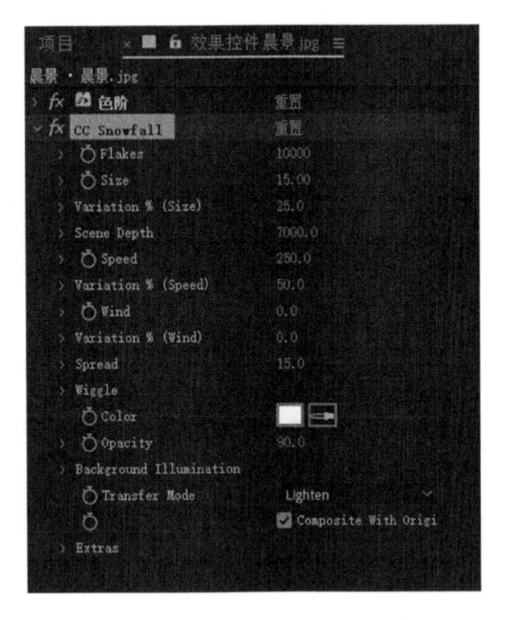

图 2-26　CC Snowfall 滤镜参数

运用相同的方法，在【效果和预设】面板中搜索【曲线】滤镜，如图 2-27 所示。

然后将【曲线】滤镜赋予素材“晨景.jpg”。在【效果控件】面板中设置【曲线】滤镜参数，如图 2-28 所示，RGB 模式下将整体画面提亮。

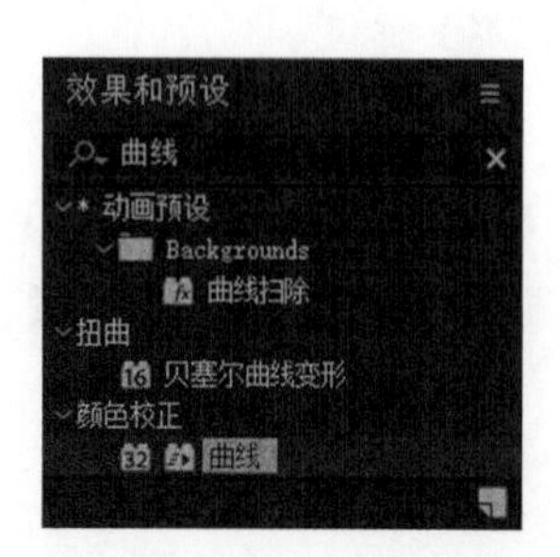

图 2-27 搜索【曲线】滤镜

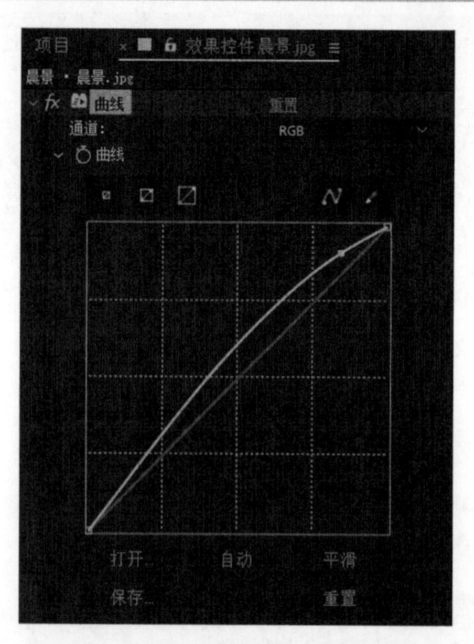

图 2-28 【曲线】滤镜参数

步骤 5 预览效果。当视频在 After Effects 中设置完成后，按空格键进行预览，预览效果如图 2-29 所示。

图 2-29 预览效果

步骤 6 保存文件。按快捷键 Ctrl+S，保存当前编辑文件，在弹出的【另存为】对话框中设置文件名称与保存路径，如图 2-30 所示。

步骤 7 收集文件。选择【文件】→【整理工程（文件）】→【收集文件】命令，如图 2-31 所示。

在弹出的【收集文件】对话框中，【收集源文件】设置为全部，然后单击【收集】按钮。

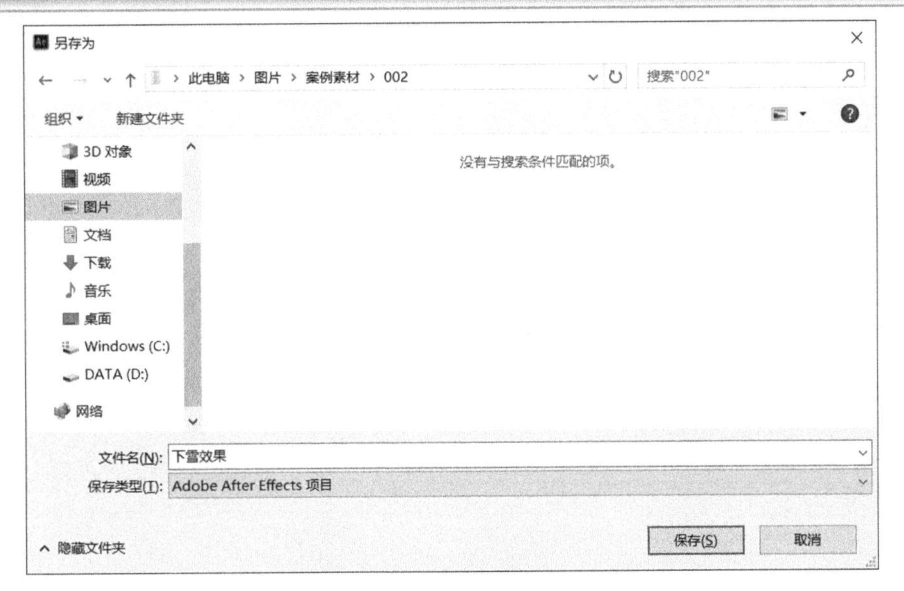

图 2-30　保存文件

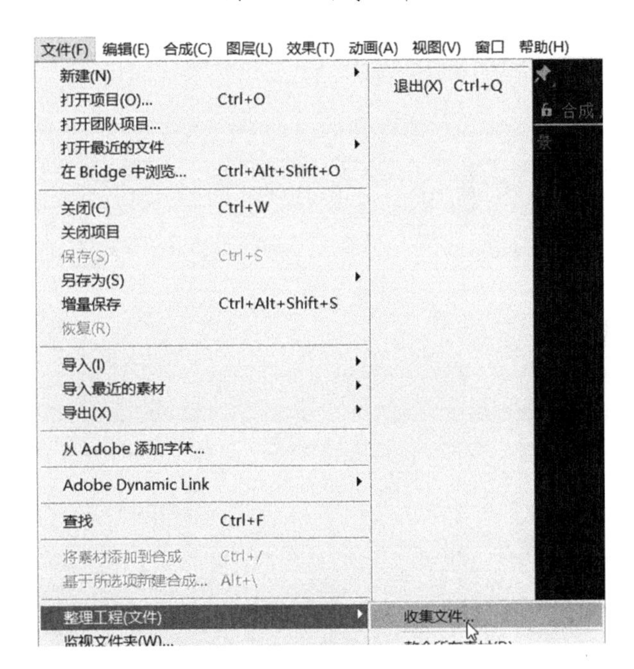

图 2-31　【收集文件】命令

在弹出的【将文件收集到文件夹中】对话框中选择收集文件存放的路径，如图 2-32 所示。然后单击【保存】按钮，完成文件的收集操作。

步骤 8　渲染输出。按快捷键 Ctrl+M，打开【渲染队列】面板。

单击【输出到】，在弹出的【将影片输出到:】对话框中设置输出视频存放路径和文件名，如图 2-33 所示。

【渲染设置】和【输出模块】参数用默认值，然后单击【渲染队列】面板中的【渲染】按钮，即开始渲染视频。渲染完成后，即可在存放路径下找到渲染完成的视频。至此完成本案例制作。

图 2-32　选择收集文件的存放路径

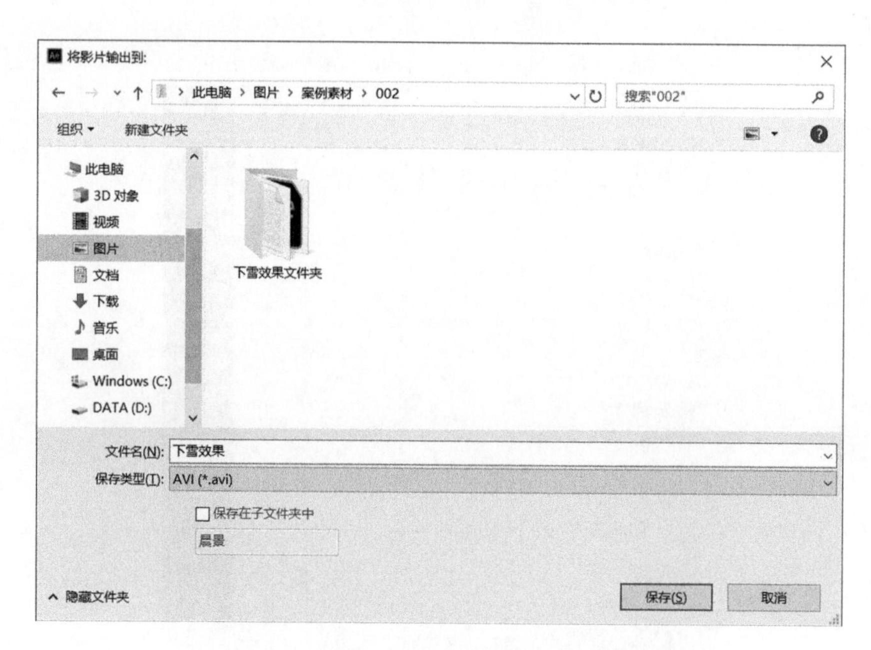

图 2-33　设置输出视频存放路径和视频名称

第3章　图层与关键帧

【学习目标】

1．掌握图层的概念。

2．掌握图层的基本编辑方法。

3．掌握 After Effects 中关键帧的设置方法。

【技能要求 / 学习重点】

1．掌握 After Effects 中图层的分类。

2．掌握 After Effects 中不同图层的功能。

3．掌握 After Effects 中关键帧的创建、修改等操作。

4．掌握关键帧插值运算。

【核心概念】

图层　图层分类　图层编辑　关键帧　关键帧插值运算

运用 After Effects 进行视频制作时需要使用不同的层，如制作文字时会运用到文字层。并且制作特效画面时需要对图层添加特效，同时进行关键帧设置。下面讲解 After Effects 中层的分类、各类层的功能、图层编辑、关键帧设置、关键帧插值运算。

3.1　图层的概念

图层是构成合成图像的基础，After Effects 中的基本操作都是基于图层进行。由 After Effects 生成的视频，其实可以看作是多张透明胶片叠加而成的，而每一张透明胶片就是一个图层，上层有画面内容的部分将下层图层遮盖，而上层没有画面内容的部分将显示下层图层内容。

3.2　After Effects 图层

After Effects 的工作原理是运用图层之间的叠加关系进行合成，从而组成最终视频效果。在 After Effects 中提供了 10 种图层，如图 3-1 所示，分别是【文本】、【纯色】、【灯光】、【摄像机】、【空对象】、【形状图层】、【调整图层】、【内容识别填充图层】、【Adobe Photoshop 文件】和【MAXON CIMEMA 4D 文件】。

文本(T)
纯色(S)...
灯光(L)...
摄像机(C)...
空对象(N)
形状图层
调整图层(A)
内容识别填充图层...
Adobe Photoshop 文件(H)...
MAXON CINEMA 4D 文件(C)...

图 3-1　After Effects 中的图层类型

3.2.1 文本

文本层主要是创建影片中的文字字幕、对白等文字。在 After Effects 中的所用文字可以通过创建文本层来使用。在文本图层中，可以为文本层添加各种效果，制作出文字特效。

选择【图层】→【新建】→【文本】命令，如图 3-2 所示，或使用【工具栏】面板中的横排文字工具T或竖排文字工具IT，可创建文本层。

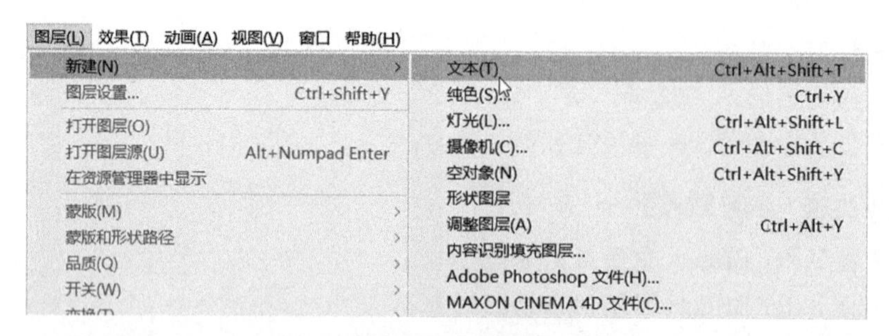

图 3-2 用菜单命令创建文本层

或在【时间轴】面板中右击，在弹出的快捷菜单中执行【新建】→【文本】命令，创建文本图层，如图 3-3 所示。

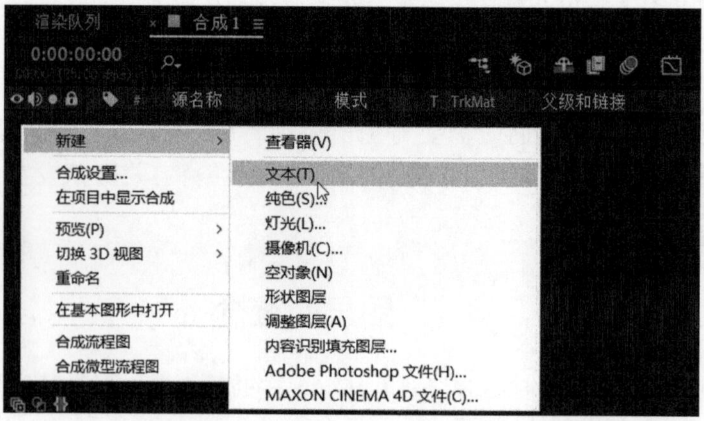

图 3-3 在【时间轴】面板创建文本层

当【文本】图层创建完成后，可以配合【字符】面板对创建的文本进行修改字体、颜色、大小等操作。

3.2.2 纯色

纯色层是 After Effects 中最基本的图层，可以用该层制作遮罩、背景，同时它也是滤镜的载体。选择【图层】→【新建】→【纯色】命令，会弹出【纯色设置】对话框，如图 3-4 所示。在该对话框中设置纯色层的名称、宽高尺寸、像素纵横比、颜色等信息之后，单击【确定】按钮，即可创建一个纯色层。

或在【时间轴】面板中右击，在弹出的快捷菜单中选择【新建】→【纯色】命令，创建纯色层。

3.2.3 灯光

选择【图层】→【新建】→【灯光】命令，会弹出【灯光设置】对话框，如图 3-5 所示。在该对话框中设置灯光层的名称、灯光类型、灯光颜色、灯光强度、投影等信息之后，单击【确定】按钮，即可创建一个灯光层。

或在【时间轴】面板中右击，在弹出的快捷菜单中选择【新建】→【灯光】命令，创建灯光层。

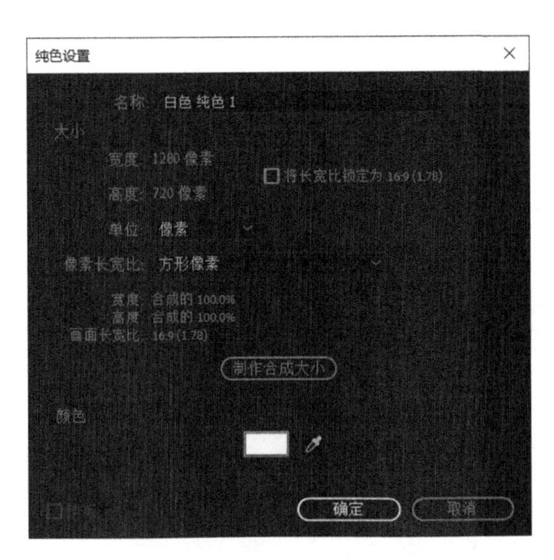

图 3-4 【纯色设置】对话框

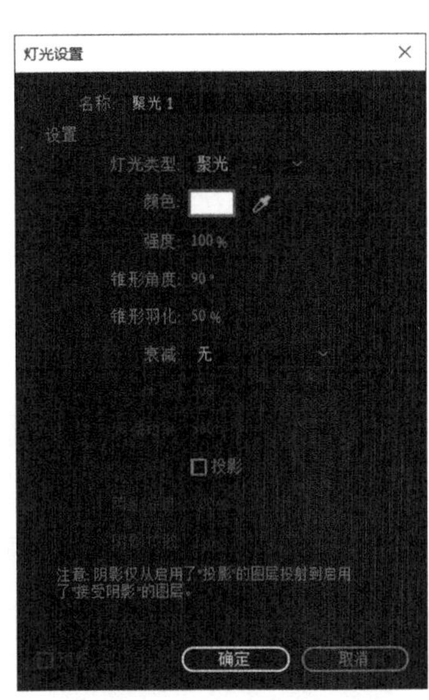

图 3-5 【灯光设置】对话框

3.2.4 摄像机

选择【图层】→【新建】→【摄像机】命令，会弹出【摄像机设置】对话框，如图 3-6 所示。

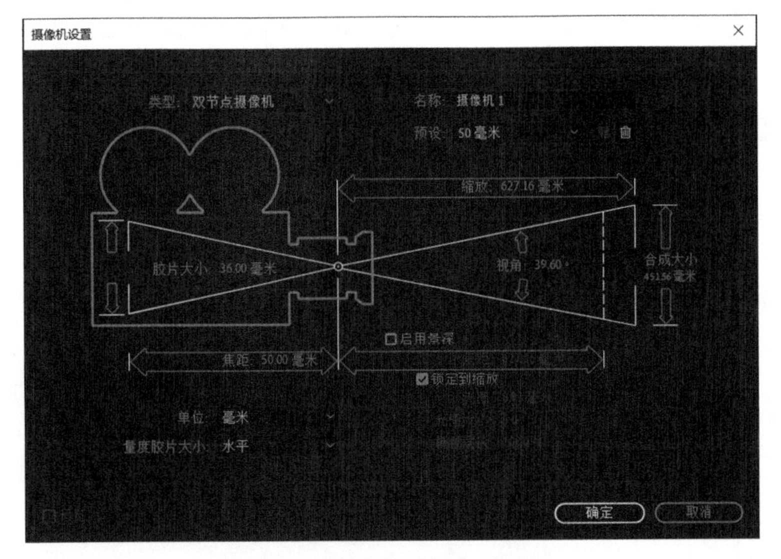

图 3-6 【摄像机设置】对话框

在该对话框中设置摄像机层的名称、镜头类型、变焦、视角位置、焦距长度等信息之后，单击【确定】按钮，即可创建一个摄像机层。

或在【时间轴】面板中右击，在弹出的快捷菜单中选择【新建】→【摄像机】命令，创建摄像机层。

3.2.5 空对象

选择【图层】→【新建】→【空对象】命令，即可创建一个空对象层。这个层内部没有任何物体，它是一个不会被渲染出来的空层，主要在图层链接，如父子关系中使用。创建空对象后，在【合成】面板中显示为一个红色的方框。空对象具有图层的基本属性。空对象及其属性如图 3-7 所示。

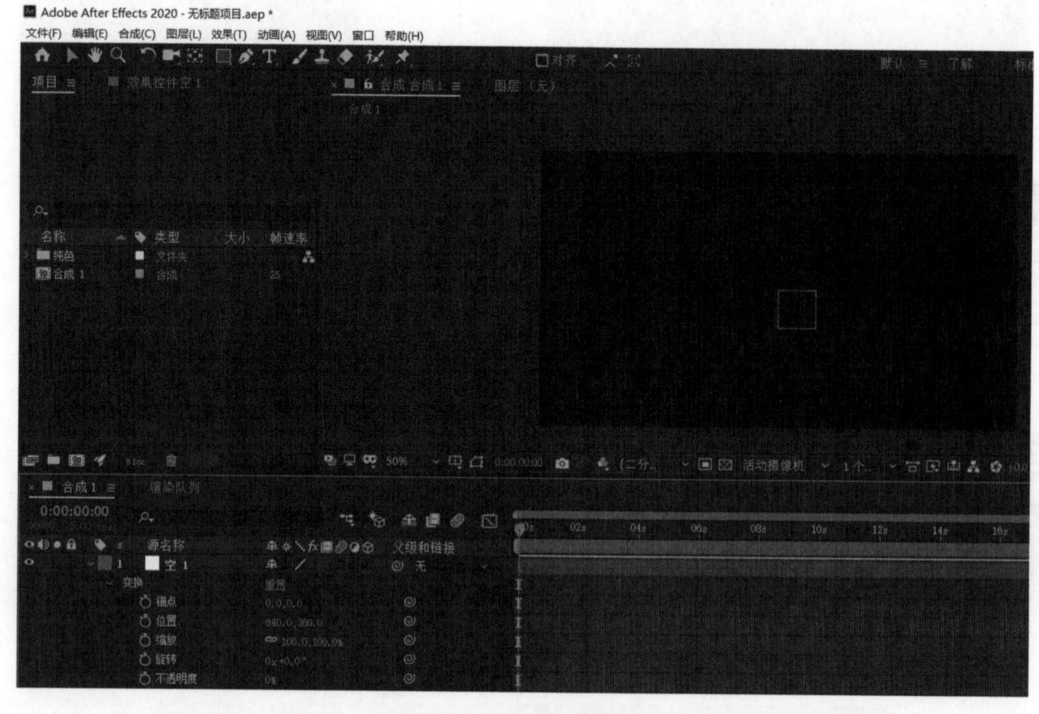

图 3-7 空对象及其属性

或在【时间轴】面板中右击，在弹出的快捷菜单中选择【新建】→【空对象】命令，创建空对象层。

3.2.6 形状图层

选择【图层】→【新建】→【形状图层】命令，即可创建一个形状图层，在该形状图层中添加内容，完成形状图层的创建。也可直接使用【工具】面板中的形状工具，绘制出规则的形状，包括矩形、圆角矩形、椭圆形、多边形和五角星形；或者使用钢笔工具绘制出不规则形状物体。创建的形状图层如图 3-8 所示。

或在【时间轴】面板中右击，在弹出的快捷菜单中选择【新建】→【形状图层】命令，创建形状图层，然后在【添加】中添加形状图层的相关属性，如颜色、描边等，完成形状的设置。

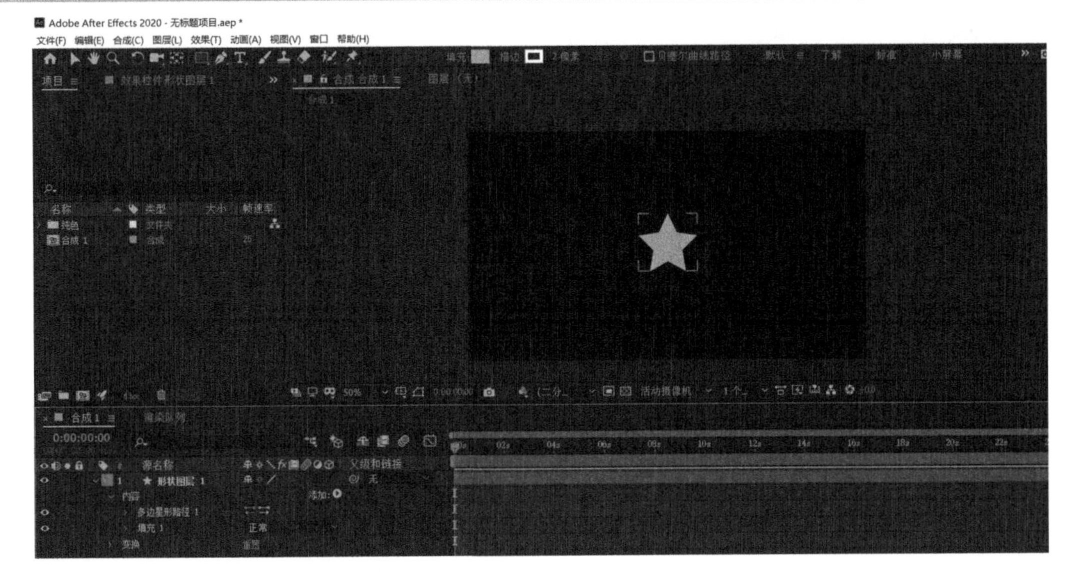

图 3-8　创建形状图层

3.2.7　调整图层

给调整图层添加特效，该图层之下的图层将会整体地应用该特效。

选择【图层】→【新建】→【调整图层】命令，即可创建一个调整图层，如图 3-9 所示。

或在【时间轴】面板中右击，在弹出的快捷菜单中选择【新建】→【调整图层】命令，即可创建调整图层。

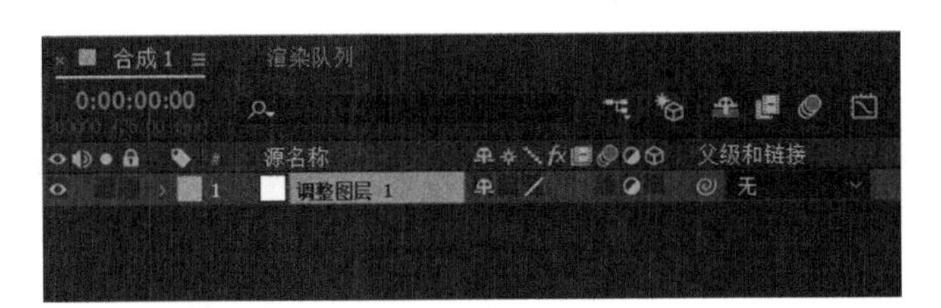

图 3-9　创建调整图层

3.2.8　内容识别填充图层

选择【图层】→【新建】→【内容识别填充图层】命令，即可调出【内容识别填充】面板，如图 3-10 所示。该图层的主要功能是从视频中移除不要的对象或区域。

或在【时间轴】面板中右击，在弹出的快捷菜单中选择【新建】→【内容识别填充图层】命令，可创建内容识别填充图层。

图 3-10　【内容识别填充】面板

3.2.9 Adobe Photoshop 文件

选择【图层】→【新建】→【Adobe Photoshop 文件】命令，弹出【另存为】对话框，在该对话框中设置新建的 Photoshop 文件名称和存放路径，然后单击【保存】按钮，即可创建一个 Photoshop 文件图层。同时系统自动启动 Adobe Photoshop 软件，之后可以对该文件进行编辑，编辑完成后进行保存。在 After Effects 中，对应的 Photoshop 文件层将会同步更新显示其内容。

或在【时间轴】面板中右击，在弹出的快捷菜单中选择【新建】→【Adobe Photoshop 文件】命令，可创建 Adobe Photoshop 文件图层。

3.2.10 MAXON CINEMA 4D 文件

选择【图层】→【新建】→【MAXON CIMEMA 4D 文件】命令，弹出【另存为】对话框。在该对话框中设置新建的 MAXON CIMEMA 4D 文件名称和存放路径，然后单击【保存】按钮，即可创建一个 MAXON CIMEMA 4D 文件图层。同时系统自动启动 MAXON CIMEMA 4D 软件，之后可以对该文件进行编辑，编辑完成后再保存。在 After Effects 中，对应的 MAXON CIMEMA 4D 文件图层将会同步更新显示其内容。

或在【时间轴】面板中右击，在弹出的快捷菜单中选择【新建】→【MAXON CIMEMA 4D 文件】命令，可创建 MAXON CIMEMA 4D 文件图层。

3.3 图层编辑

3.3.1 图层基本属性

图层创建后，在【时间轴】面板中打开对应图层文件名前面的按钮，即可以看到图层的变换属性。将其展开，其中有 5 种属性是当前图层的基本属性，如图 3-11 所示（以纯色层为例）。

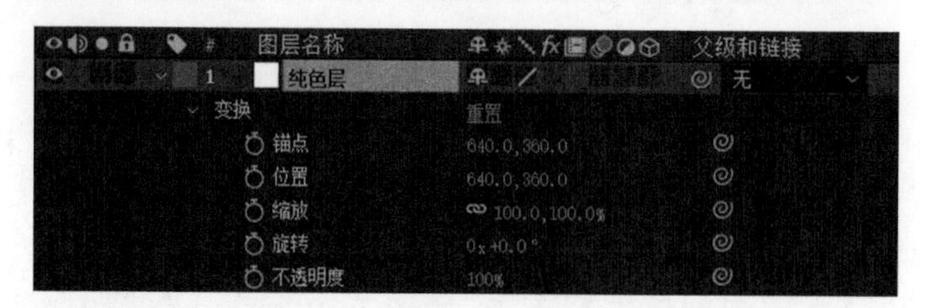

图 3-11 图层 5 种基本变换属性

【锚点】属性：用于控制图层的中心点位置。在默认情况下，中心点在图层的中心。可以使用【工具】面板中的向后平移（锚点）工具修改轴心点位置。快捷键为 A。

【位置】属性：用于控制图层的位置。通过修改此属性，二维图层可以在 X、Y 轴上移动；三维图层可以在 X、Y、Z 轴上移动。快捷键为 P。

【缩放】属性：用于控制图层的放大和缩小。快捷键为 S。

【旋转】属性：用于控制图层的旋转。快捷键为 R。

【不透明度】属性：用于控制图层的透明度。快捷键为 T。

3.3.2　图层基本操作

调整图层顺序：在【时间轴】面板中选择需要调整顺序的图层，按住鼠标左键不放，在【时间轴】面板中将其拖动到需要调整的位置，如图 3-12 所示。

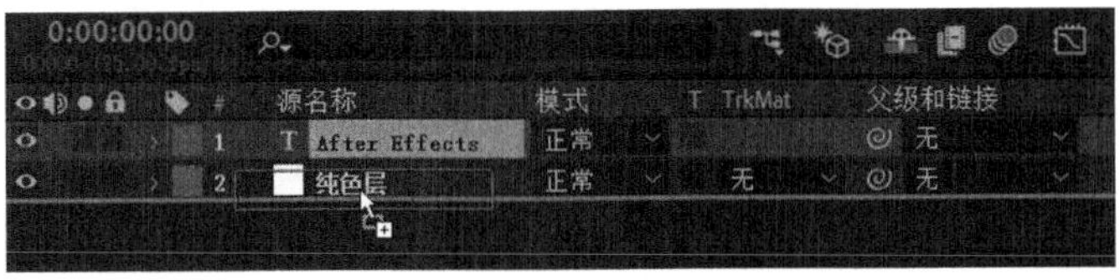

图 3-12　调整图层顺序

复制图层：选择需要复制的图层，按快捷键 Ctrl+D，即可复制图层。

拆分图层：将时间指示器拖动到需要分割的时间处，按快捷键 Ctrl+Shift+D，即可拆分图层，如图 3-13 所示。

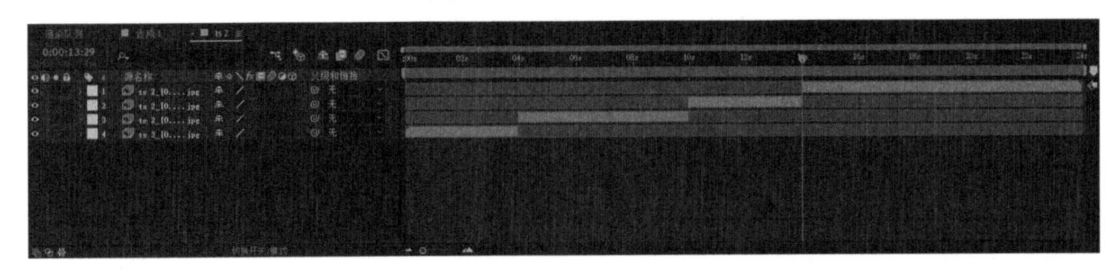

图 3-13　拆分图层

删除图层：选择需要删除的图层，按 Delete 键即可删除该图层。

3.3.3　创建预合成

当制作多个图层后，发现需要将多个图层合并为一个合成时，就需要设置预合成。选择需要制作预合成的多个图层，如图 3-14 所示。按快捷键 Ctrl+Shift+C，在弹出的【预合成】对话框中设置新合成名称，选择类型，如图 3-15 所示。单击【确定】按钮后，即可创建预合成，结果如图 3-16 所示。

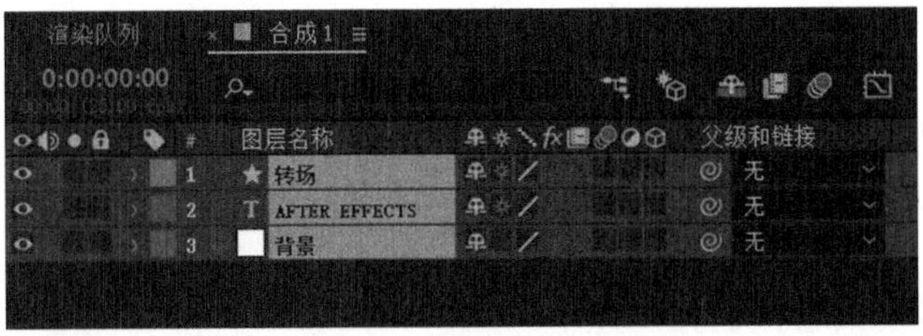

图 3-14　选择多个图层

使用预合成，可以解决一些在一般图层中不能处理的问题，同时也可以让合成的结构更有条理。但需要注意的是，预合成自身不能被嵌套到自身中。

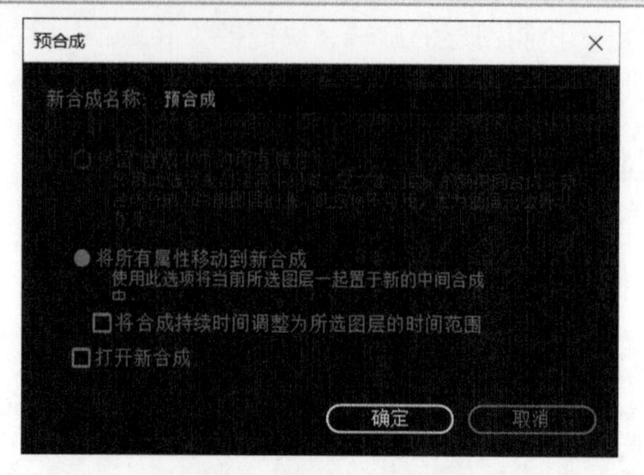

图 3-15 【预合成】对话框

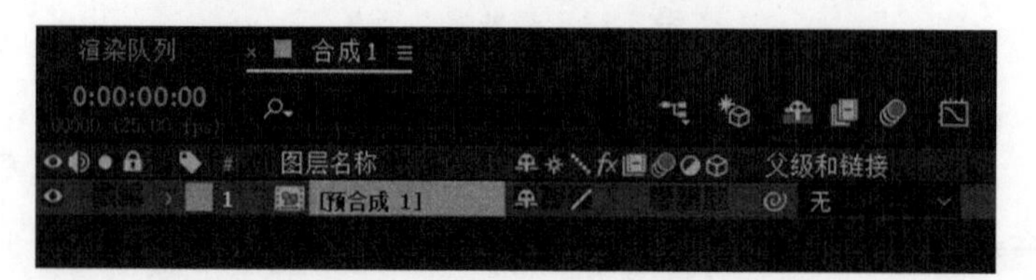

图 3-16 创建【预合成】

3.3.4 图层混合模式

在【时间轴】面板中单击【转换控制】按钮，即展开【模式】面板。在该面板中单击【正常】模式，即可调出 After Effects 中提供的不同图层混合模式，如图 3-17 所示。

After Effects 中的图层混合模式可以分成 8 组，具体说明如下。

（1）组合型模式组：包括“正常”“溶解”和“动态抖动溶解”混合模式。需要降低图层的不透明度才能产生混合效果。

（2）加深型模式组：包括“变暗”“相乘”“颜色加深”“经典颜色加深”“线性加深”和“较深的颜色”混合模式。能将当前图像与底层图像进行比较，使底层图像变暗。

（3）减淡型模式组：包括“相加”“变亮”“屏幕”“颜色减淡”“经典颜色减淡”“线性减淡”和“较浅的颜色”混合模式。能将当前图像与底层图像进行比较，使底层图像变亮。

（4）对比型模式组：包括“叠加”“柔光”“强光”“线性光”“亮光”“点光”和“纯色混合”混合模式。该模式可以增强图像的反差，结合了“加深”模式和“减淡”模式的特点。

（5）比较型模式组：包括“差值”“经典差值”“排除”“相减”和“相除”混合模式。该模式将当前图像与底层图像进行对比，相同区域显示为黑色，不同区域显示为灰度层次或彩色。

（6）色彩型模式组：包括“色相”“饱和度”“颜色”和“发光度”混合模式。使用“色彩”混合模式时，会将色相、饱和度和

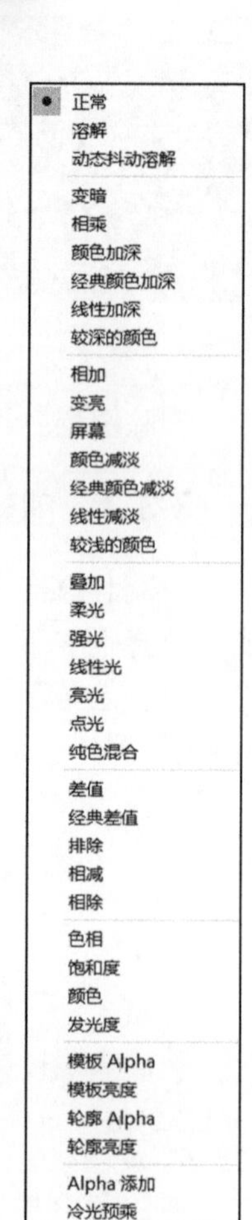

图 3-17 图层混合模式

亮度中的一种或两种应用于图像中。

(7) 遮罩模式组：包括“模板 Alpha”“模板亮度”“轮廓 Alpha”和“轮廓亮度”混合模式。功能是将源图层转换为所有基础图层的遮罩。

(8) Alpha 混合模式组：包括“Alpha 添加”和“冷色预乘”。用于专门的实用工具函数。

3.3.5　图层工作区域设置

在【时间轴】面板中，按下鼠标左键拖动和，即可设置图层的工作区域，如图 3-18 所示。

图 3-18　设置图层工作区域

3.3.6　图层时间位置设置

图层创建之后，开始的时间一般都是从第 0 帧开始的。但是在实际制作过程中，图层的显示有时不需要在第 0 帧处开始，这时就需要设置图层时间位置。

方法一：在【时间轴】面板中，首先选择对应的图层，然后按住鼠标左键拖动图层到相应的时间点即可，这样可以自由地设置图层时间位置，如图 3-19 所示。

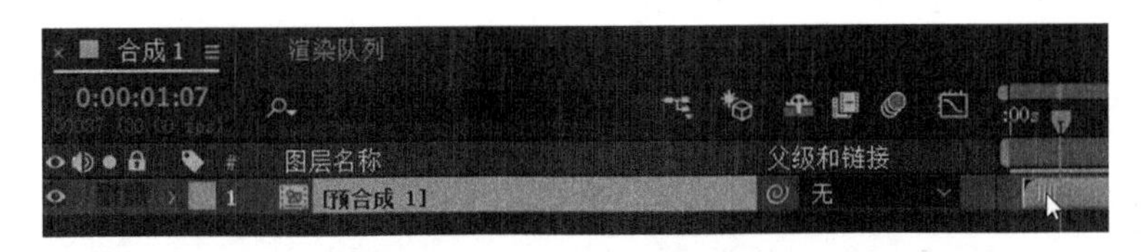

图 3-19　拖动图层设置时间位置

方法二：首先将时间指示器移动到图层需要放置的时间处，然后按“[”键，图层就对齐到时间指示器所在位置；按“]”键，图层的结尾处就对齐到时间指示器所在位置。

3.4　After Effects 关键帧操作

帧是构成影像动画的最小单位，即影像动画中的单张画面，一帧就是一副静止的画面，连续的帧就组成了影像动画。关键帧指的是物体或角色运动或变化中关键动作所处的那一帧。在 After Effects 中设置关键帧后，在关键帧与关键帧之间自动形成关键帧动画。

3.4.1　创建关键帧

After Effects 中创建关键帧大部分是在【时间轴】面板中进行。

在此以【位置】属性讲解关键帧的创建。

新建合成，在合成中创建一个尺寸为 100 × 100 像素的白色纯色层。选择图层，

展开图层的【变换】属性，设置图层的【位置】属性，将该纯色层放置在【位置】为“200.0,360.0”处。

选择图层，展开图层的【变换】属性，或是按P键调出【位置】属性。将时间指示器移动到0:00:01:00秒处，单击【位置】属性左侧的时间变化钟表图标，此时就在0:00:01:00秒处创建了第一个关键帧，此时观看【时间轴】面板，菱形图标就是关键帧。继续将时间指示器移动到0:00:03:00秒处，将【位置】参数设置为“1000.0,360.0”，此时After Effects自动在0:00:03:00秒处生成关键帧。设置的关键帧如图3-20所示。

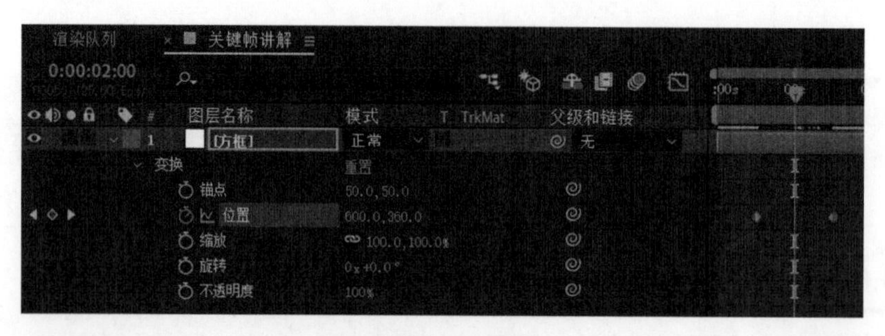

图3-20　关键帧

菱形图标关键帧为After Effects中的【线性】关键帧。

在【合成】面板中，物体会形成一条控制线，如图3-21所示。按空格键预览动画，会发现物体在【位置】属性上有移动。

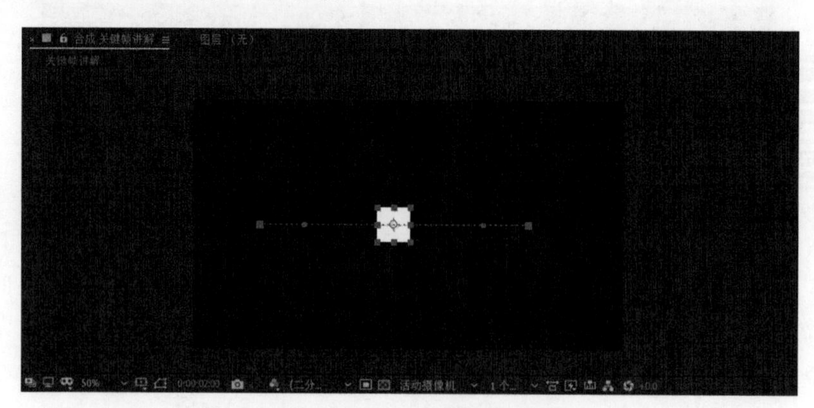

图3-21　【合成】面板中效果

除了在【时间轴】面板中输入数值设置关键帧外，还可以在【合成】面板中对当前图层进行拖动、旋转、缩放，系统自动修改参数值，自动创建关键帧。

3.4.2　关键帧编辑操作

选择关键帧：按V键，鼠标光标转换成选择工具，单击关键帧，即可选择一个关键帧。按Shift键并单击选择，或是直接按下鼠标左键进行框选，即可选择多个关键帧。关键帧被选择状态下为蓝色，未选择状态下为灰色。

移动关键帧：按V键，选择需要移动的关键帧，直接拖动关键帧至对应的时间，即完成关键帧移动。

复制关键帧：按V键，选择需要复制的关键帧；按快捷键Ctrl+C，即可复制关键帧。

粘贴关键帧：关键帧复制完成后，将时间指示器拖动到需要粘贴的时间节点，然后按快捷键Ctrl+V，即可粘贴关键帧。关键帧的粘贴可以在同一层中，也可以在不同层或是不同合成中完成。

剪切关键帧：按V键，选择需要剪切的关键帧；按快捷键Ctrl+X，即可剪切关键帧。

删除关键帧：按V键，选择需要删除的关键帧；按Delete键，即可删除关键帧。也可以将时间指示器拖动到需要删除的关键帧的时间节点上，单击在当前时间添加或移除关键帧按钮，删除当前关键帧。

添加关键帧：将时间指示器拖动到需要添加关键帧的时间节点，然后单击在当前时间添加或移除关键帧的按钮，即可在当前时间添加关键帧。

3.4.3 关键帧属性修改

修改某一关键帧：将时间指示器移动到需要修改参数的关键帧上，或转到上一个关键帧按钮或转到下一个关键帧按钮，系统自动将时间指示器移动到对应关键帧处，然后修改对应属性参数值，即可完成关键帧属性的修改。或是双击关键帧，此时会弹出一个参数对话框，在该对话框中修改参数数值，即可完成关键帧属性的修改，如图3-22所示。

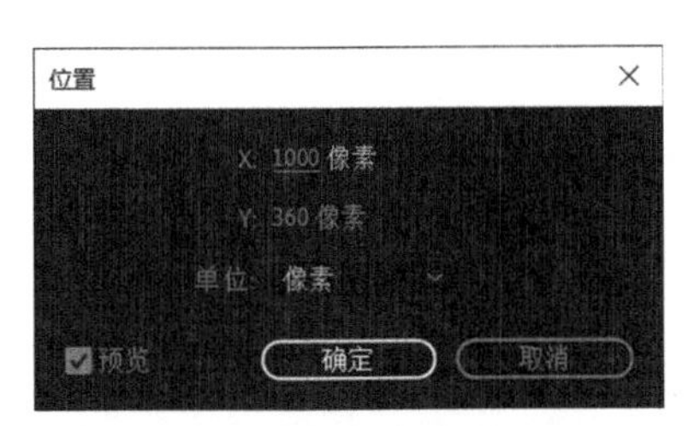

图3-22 双击关键帧并修改参数

修改同一属性的所有关键帧：将时间指示器移动到0:00:00:00处，按Ctrl或Shift键并选择所有关键帧，或是将所有关键帧框选，然后将鼠标光标移动到对应的属性上，当光标变为时，左右滑动，修改属性数值，即可对同一属性的所有关键帧数值进行修改。

3.5 关键帧分类

After Effects中除【线性】关键帧外，还提供了多种不同形态的关键帧，包括【贝塞尔】关键帧、【连续贝塞尔】关键帧、【自动贝塞尔】关键帧、【定格】关键帧等。

选择关键帧，右击，在弹出的快捷菜单中选择【关键帧插值】命令，即弹出【关键帧插值】对话框，如图3-23所示。在该对话框中单击临时插值，可以进行关键帧插值的选择，将关键帧设置为【线性】关键帧、【贝塞尔】关键帧、【连续贝塞尔】关键帧、【自动贝塞尔】关键帧、【定格】关键帧。

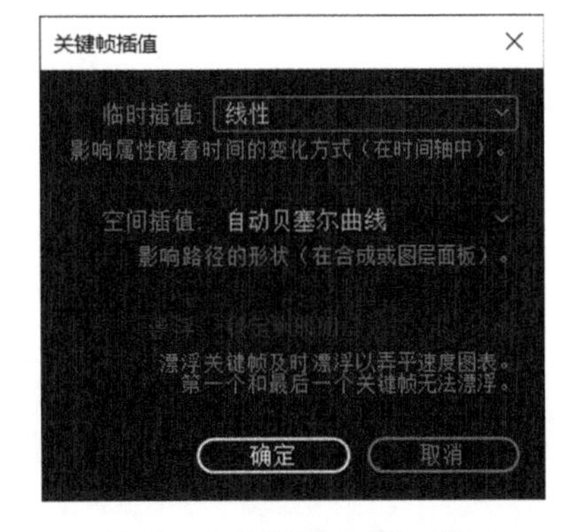

图3-23 【关键帧插值】对话框

3.5.1 【线性】关键帧

创建关键帧时，默认的关键帧类型为【线性】关键帧，其图标为菱形，它表示关键帧之间为直线的线性连接。单击图表编辑器开关按钮，打开图表编辑器。【线性】关键帧的曲线如图 3-24 所示。

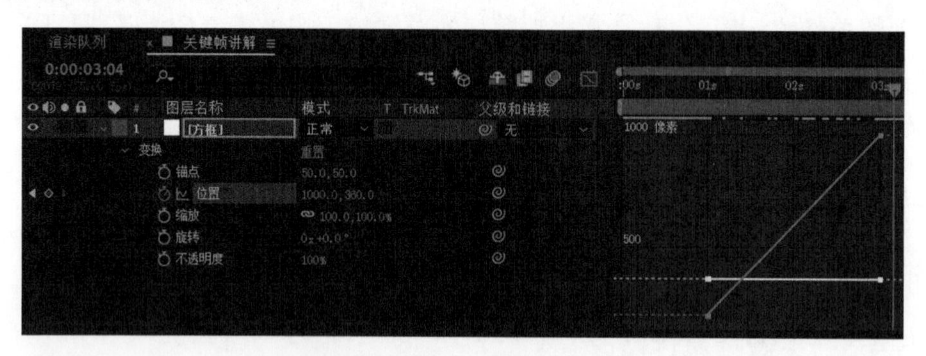

图 3-24 【线性】关键帧的曲线

3.5.2 【贝塞尔】关键帧

【贝塞尔】关键帧的图标为沙漏状。

当关键帧为【贝塞尔】关键帧时，单击图表编辑器开关按钮，打开图表编辑器，此时发现【贝塞尔】关键帧有控制手柄。调整控制手柄，可以调整关键帧的运动曲线的曲率，以此调整动画的节奏。【贝塞尔】关键帧的曲线如图 3-25 所示。

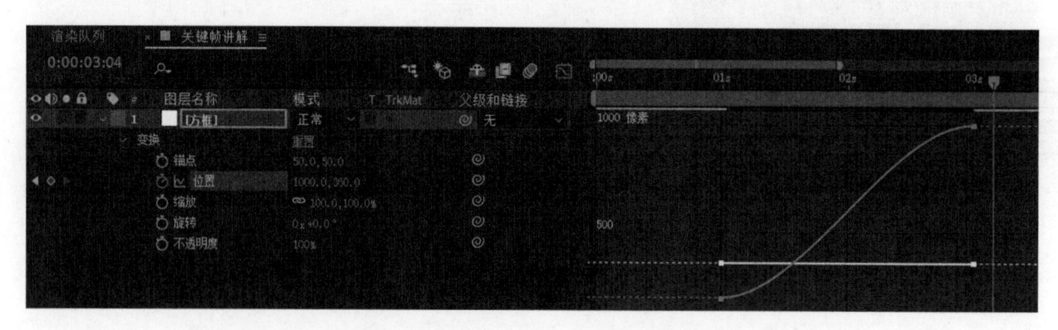

图 3-25 【贝塞尔】关键帧的曲线

3.5.3 【连续贝塞尔】关键帧

【连续贝塞尔】关键帧的图标为沙漏状。它与【贝塞尔】关键帧相似，不同之处在于它可以控制手柄的长度。

3.5.4 【自动贝塞尔】关键帧

【自动贝塞尔】关键帧的图标为圆形，它可以缓解动画突然加快速度的现象。

3.5.5 【定格】关键帧

【定格】关键帧的图标为。【定格】关键帧的曲线如图 3-26 所示。

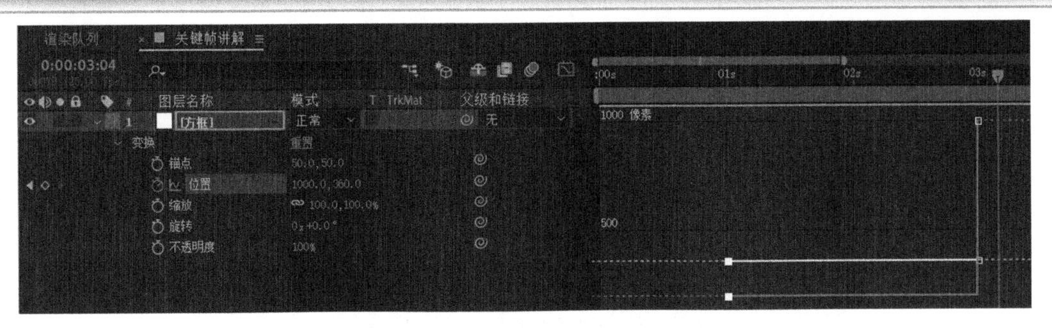

图 3-26 【定格】关键帧的曲线

【定格】关键帧表示关键帧处于锁定状态，在关键帧之间没有渐变动画效果，直到下一个关键帧才发生变化。

3.6　案例：LOGO 动画

本案例完成效果如图 3-27 所示。

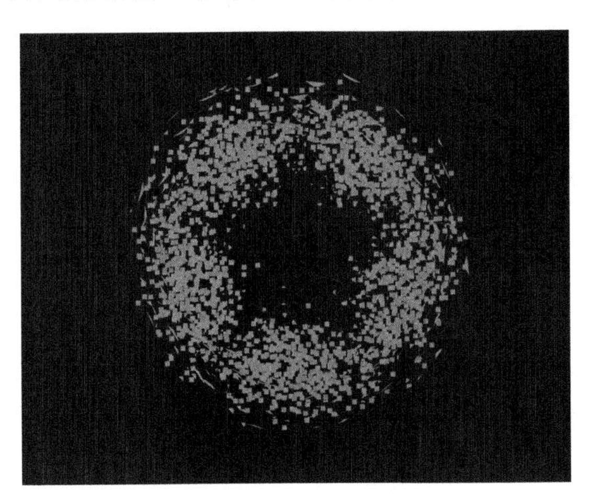

图 3-27　案例完成效果

制作步骤如下。

步骤 1　新建项目。启动 After Effects CC，选择【文件】→【新建】→【新项目】命令，创建新项目。

步骤 2　创建合成。在【项目】面板的空白处右击，在弹出的快捷菜单中执行【新建合成】命令，在弹出的【合成设置】对话框中，设置【合成名称】为 LOGO、【宽度】为 720px、【高度】为 576px、【像素长宽比】为“方形像素”、【帧速率】为“25 帧 / 秒”、【持续时间】为 5 秒，单击【确定】按钮，如图 3-28 所示。

步骤 3　新建“背景”层。在【时间轴】面板空白处右击，选择【新建】→【纯色】命令，如图 3-29 所示。

在弹出的【纯色设置】对话框中设置【名称】为“背景”，单击【制作合成大小】按钮，【颜色】设为“黑色 (#000000)”，如图 3-30 所示。然后单击【确定】按钮，创建“背景”层。

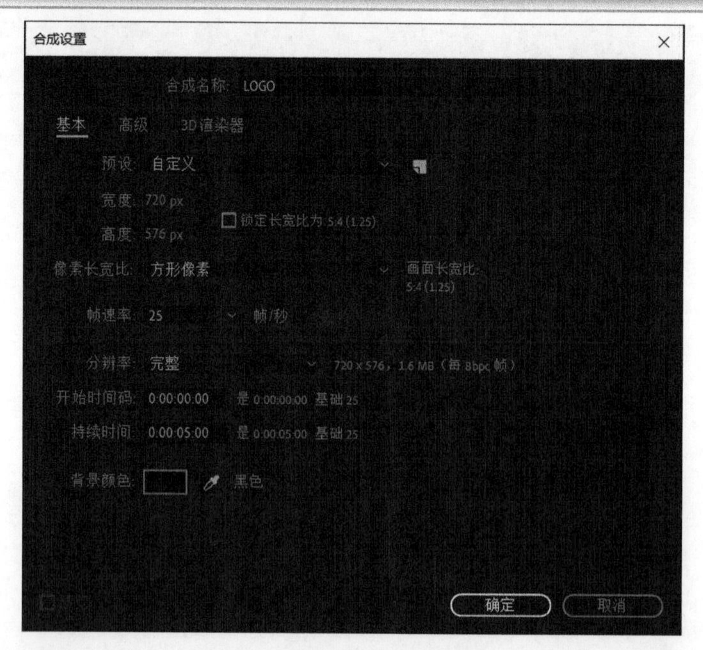

图 3-28 【合成设置】对话框

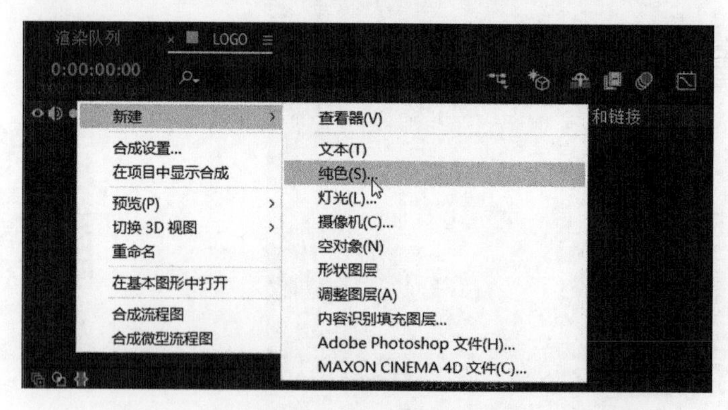

图 3-29 新建纯色层

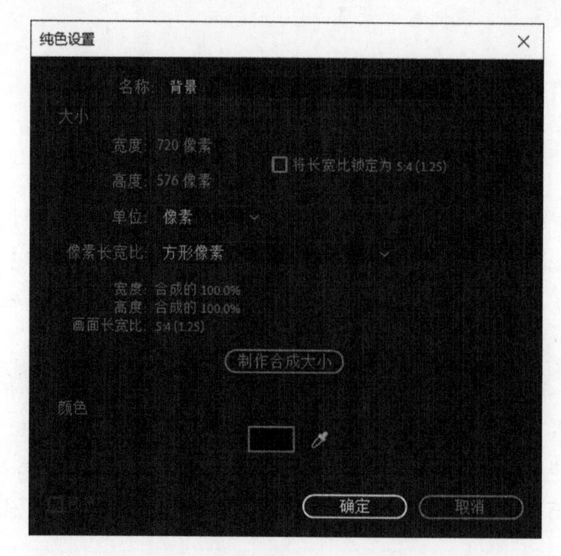

图 3-30 创建“背景”层

步骤 4　新建 c4d 层。在【时间轴】面板空白处右击，选择【新建】→【MAXON CIMEMA 4D 文件】命令，如图 3-31 所示。

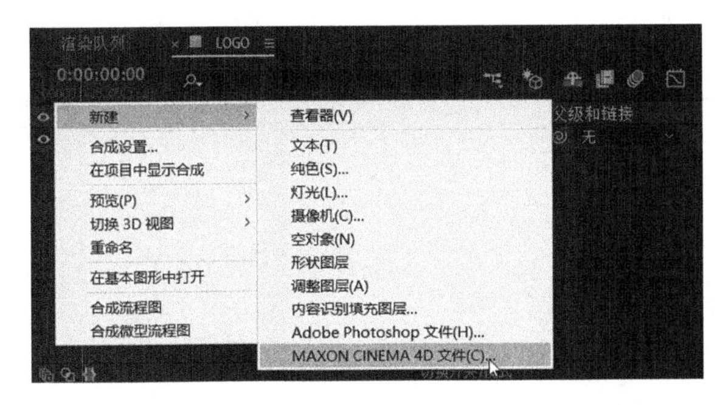

图 3-31　新建 MAXON CIMEMA 4D 文件层

在弹出的【新建 MAXON CIMEMA 4D 文件】对话框中设置文件名和路径，如图 3-32 所示。

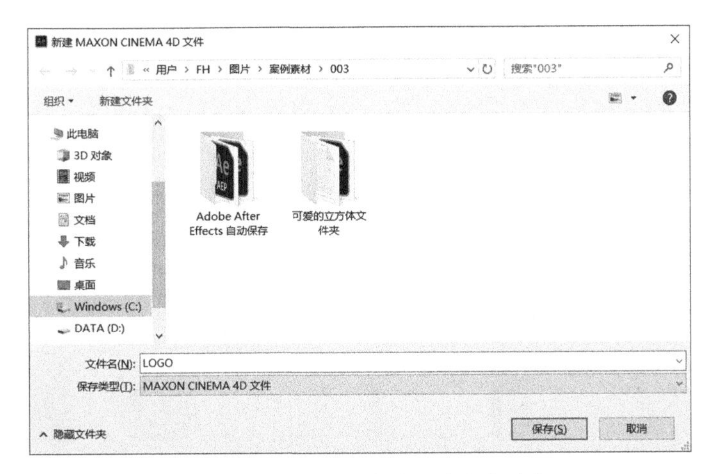

图 3-32　设置 c4d 层的文件名和路径

单击【保存】按钮，在【时间轴】面板中自动生成一个同名的 c4d 文件层，同时系统自动启动 MAXON CIMEMA 4D 软件。此时，After Effects 界面如图 3-33 所示。MAXON CIMEMA 4D 软件启动后，界面如图 3-34 所示。

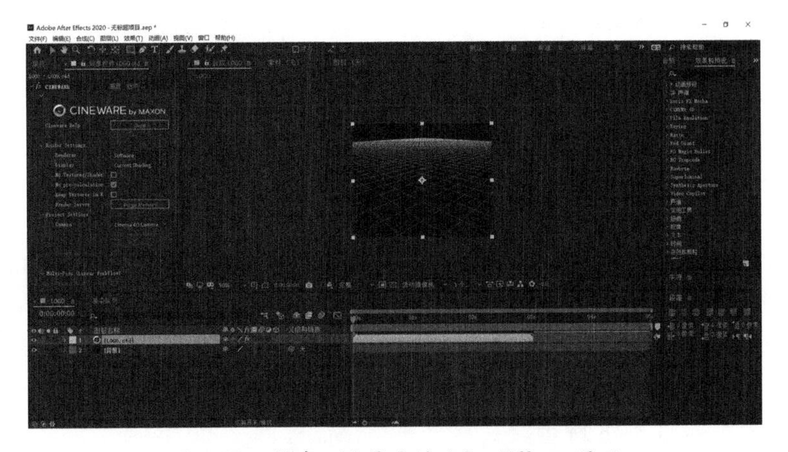

图 3-33　创建 c4d 层后的 After Effects 界面

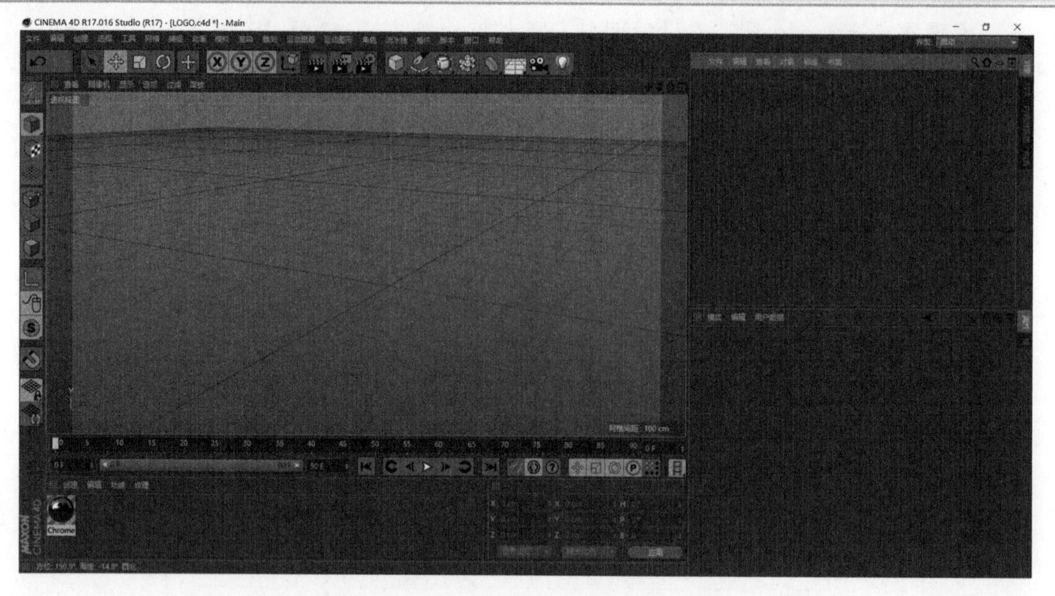

图 3-34 MAXON CIMEMA 4D 界面

步骤 5 在 MAXON CIMEMA 4D 软件中导入 LOGO 曲线。选择【文件】→【合并】命令，在弹出的【打开文件】对话框中选择 logo.ai 文件，然后单击【打开】按钮，导入素材，如图 3-35 所示。

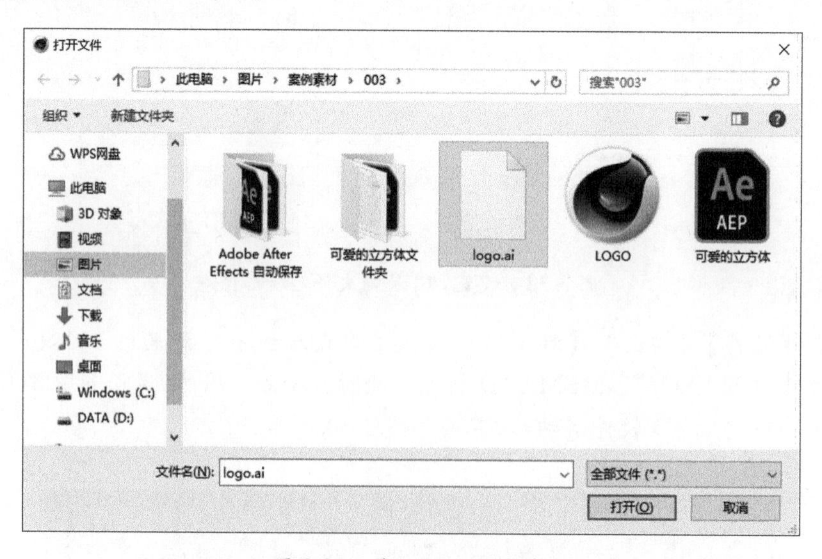

图 3-35 导入 logo.ai 文件

之后弹出【Adobe Illustrator 导入】对话框，单击【确定】按钮，完成素材文件的导入。

步骤 6 LOGO 模型制作。单击生成器按钮，创建【挤压】生成器，如图 3-36 所示。

在【对象】面板中选择 logo 路径，然后按住鼠标左键将 logo 路径拖曳至【挤压】生成器命令下，将 logo 路径作为其子级，如图 3-37 所示。

生成的模型如图 3-38 所示。

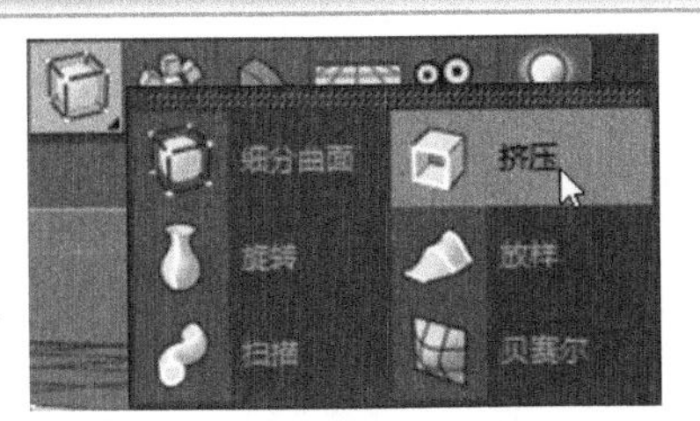

图 3-36　创建【挤压】生成器

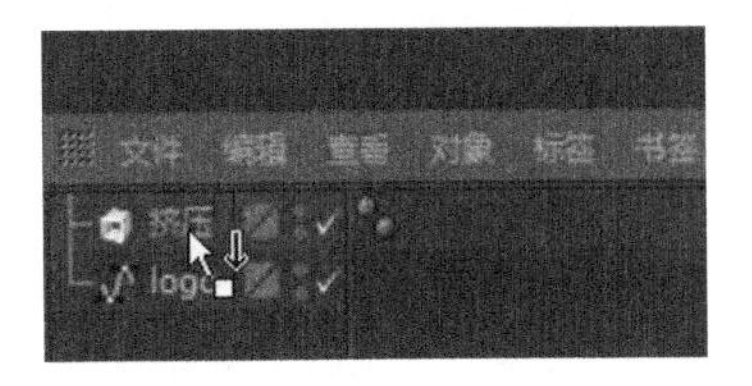

图 3-37　将路径拖曳到【挤压】命令下

图 3-38　LOGO 模型

步骤 7　调整 LOGO 模型。首先调整视图显示模式，选择【视图】→【光影着色(线条)】命令，如图 3-39 所示。

此时模型显示其布线效果，如图 3-40 所示。

图 3-39　调整显示模式

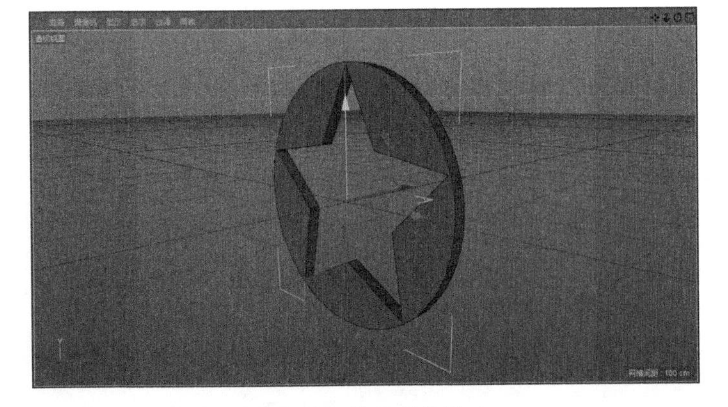

图 3-40　模型布线情况

在【对象】面板中选择 logo 路径，在【属性】面板中将【点插值方式】设置为“统一”，如图 3-41 所示。

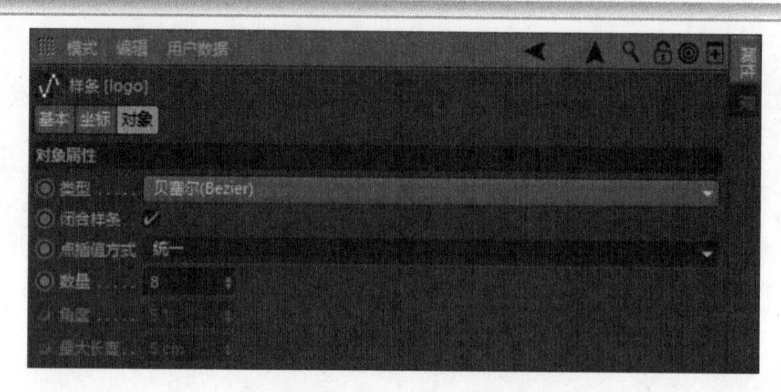

图 3-41 设置 logo 路径的属性

在【对象】面板中选择【挤压】命令,在【属性】面板中选择【封顶】,将【类型】设置为“四边形”,选中【标准网格】选项,【宽度】设置为 8cm,如图 3-42 所示。

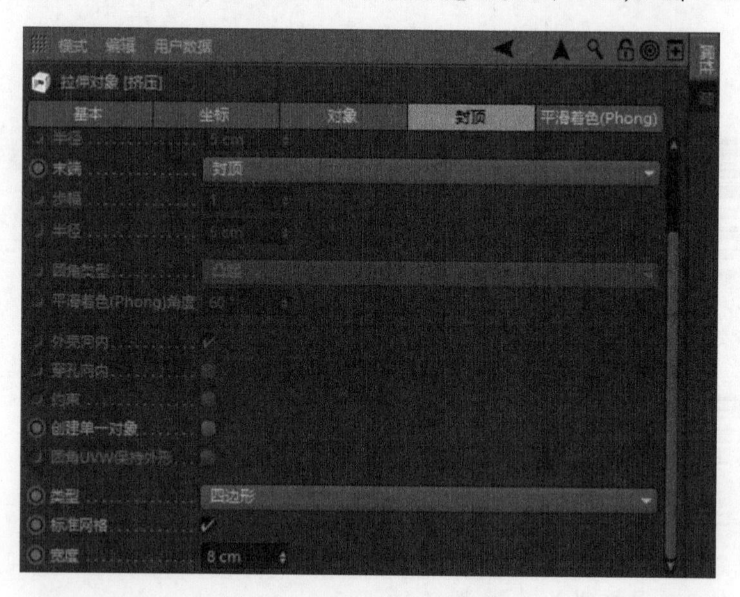

图 3-42 设置【封顶】属性

选择【对象】,将【细分数】设置为 3,属性设置效果如图 3-43 所示。

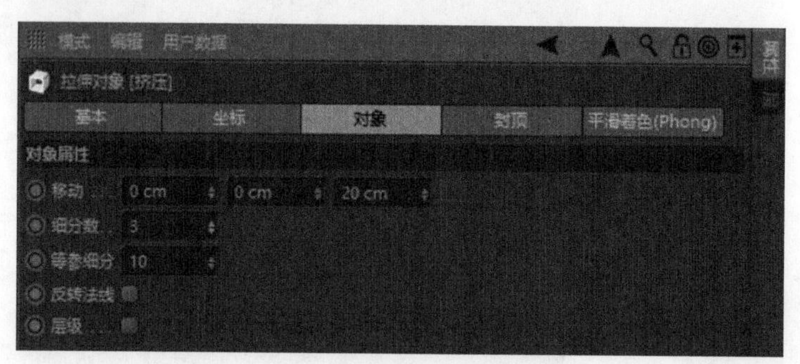

图 3-43 设置【对象】属性

完成 LOGO 模型设置后,如图 3-44 所示。

步骤 8 制作动画。单击变形器按钮,创建【爆炸】变形器,如图 3-45 所示。

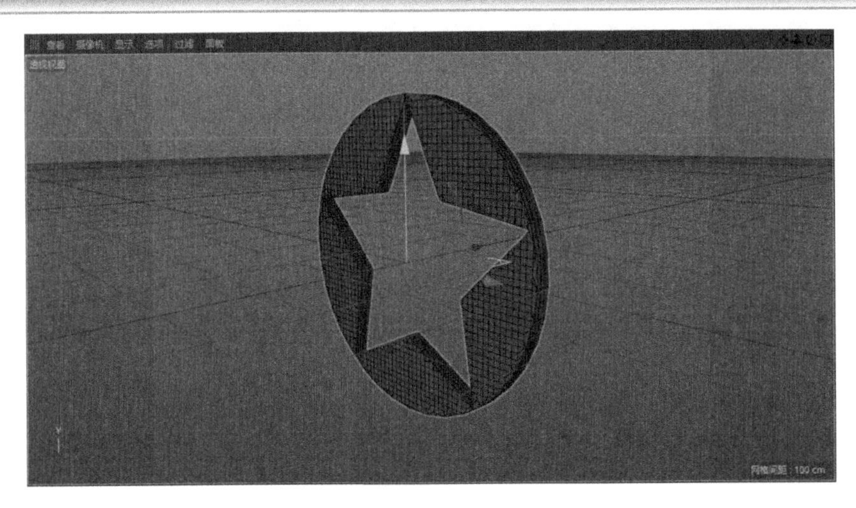

图 3-44 完成 LOGO 模型设置

在【对象】面板中选择【爆炸】变形器并按 Shift 键加选【挤压】变形器，然后按 Alt+G 组合键，将它们打组。打组后生成一个名为“空白”的组。展开“空白”组，可以看到打组后物体之间的层级关系如图 3-46 所示。

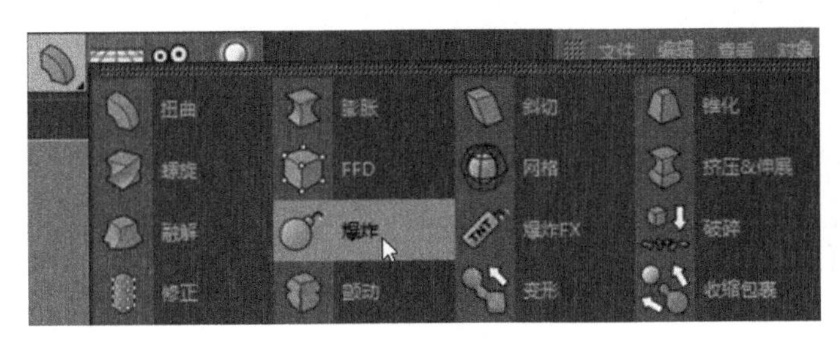

图 3-45 创建爆炸变形器

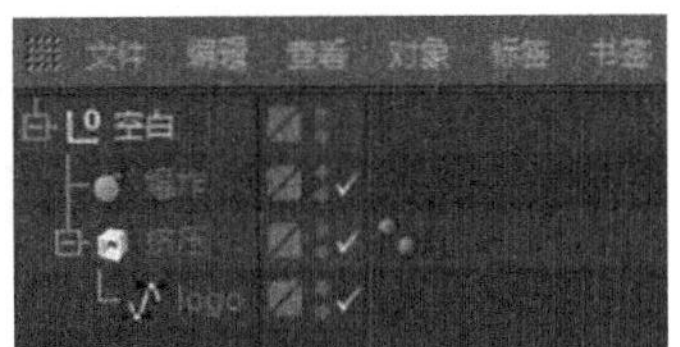

图 3-46 打组效果

在【对象】面板中选择【爆炸】变形器，将时间指示器设置在 0F 处，在【属性】面板中选择【对象】，将【强度】设置为 0，并单击该属性前面的圆环，使其变为红色圆环，此时在第 0F 处创建了关键帧，如图 3-47 所示。

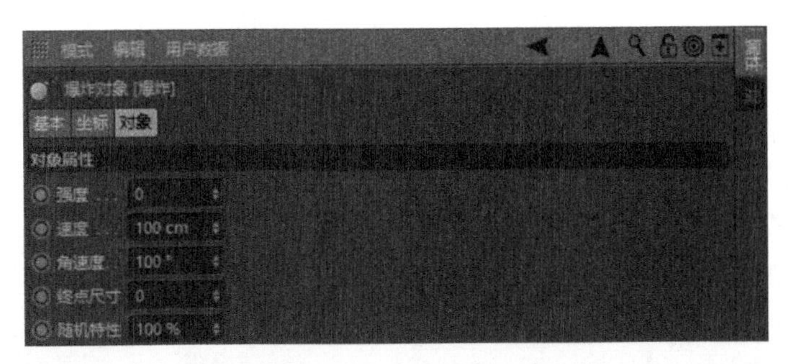

图 3-47 0F 处【强度】属性的设置

将时间指示器设置在 90F 处，在【爆炸】变形器的【对象】中将【强度】设置为 100%，并单击该属性前面的圆环，使其变为红色圆环，此时在第 90F 处创建了关键帧，如图 3-48 所示。

图 3-48 90F 时【强调】属性的设置

至此动画设置完成。再设置摄像机位置，然后单击“播放”按钮▶观看动画效果，如图 3-49 所示。

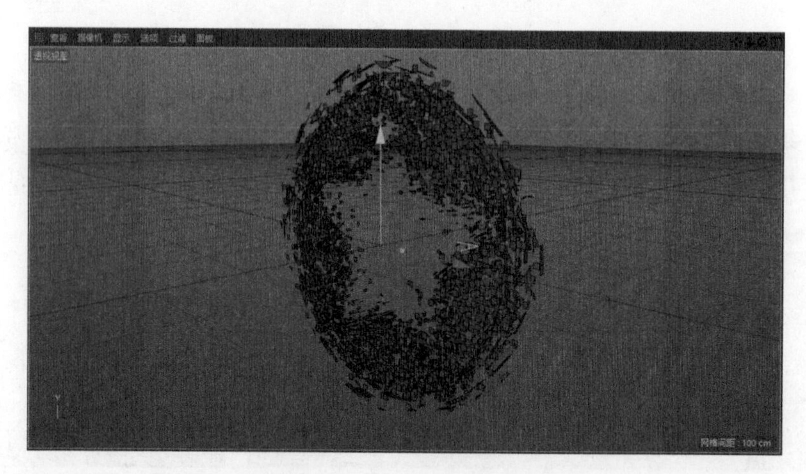

图 3-49 LOGO 动画效果

步骤 9 设置材质。按快捷键 Shift+F8 打开【内容浏览器】面板，在该面板中单击【预置】→ Broadcast → Materials → Metal，选择 Metal 中的 Metal - Chrome 材质球，如图 3-50 所示。

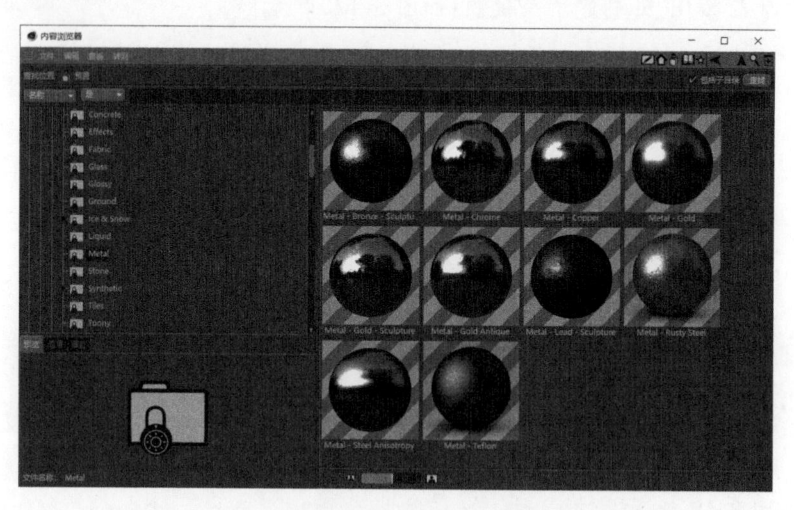

图 3-50 Metal - Chrome 材质球

双击 Metal - Chrome 材质球，并关闭【内容浏览器】面板。然后在【材质球】区域单击 Metal - Chrome 材质球，按住鼠标左键不放并拖曳到 LOGO 模型上，如图 3-51 所示。

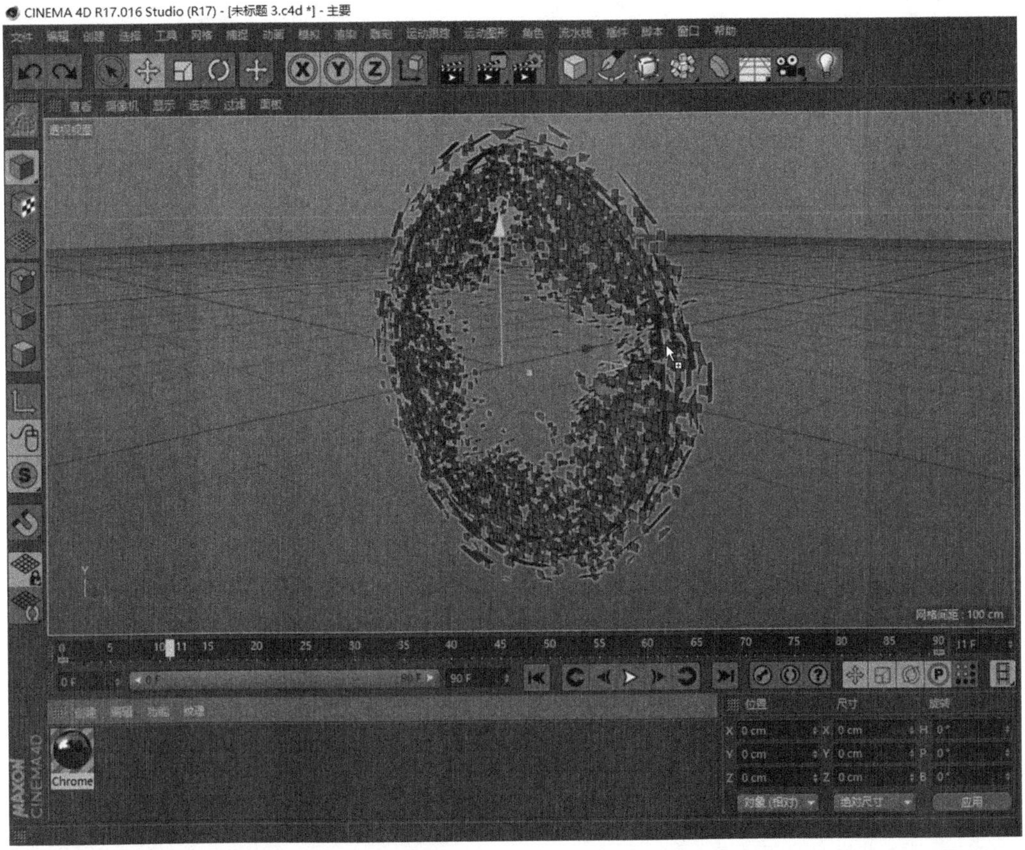

CINEMA 4D R17.016 Studio (R17) - [未标题 3.c4d *] - 主要

图 3-51　赋予材质

步骤 10　单击按钮创建物理天空，如图 3-52 所示。

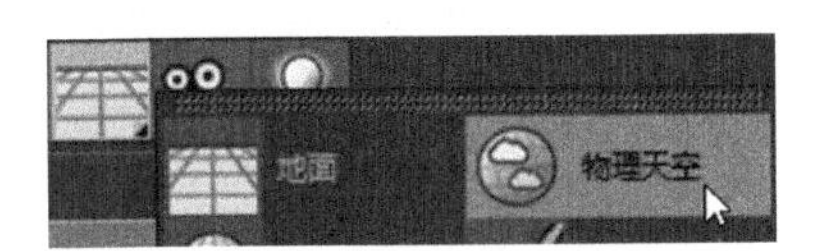

图 3-52　创建物理天空

步骤 11　按快捷键 Ctrl+S 保存 LOGO.c4d 文件。之后切换到 After Effects，此时 After Effects 界面如图 3-53 所示。

步骤 12　在【时间轴】面板中选择 LOGO.c4d 层，进入该图层的【效果控件】，然后设置 CINEWARE 滤镜中的 Render Settings 的 Renderer 为 Standard(Final)，如图 3-54 所示。

步骤 13　摄像机的创建及设置。选择【图层】→【新建】→【摄像机】命令，在弹出的【摄像机设置】对话框中设置相关参数，此处用默认值，然后单击【确定】按钮。

在【时间轴】面板中选择 LOGO.c4d 层，进入该图层的【效果控件】，然后设置 Project Settings → Camera 为 Comp Camera，如图 3-55 所示。

按 C 键切换轨道摄像机工具、跟踪 XY 摄像机工具、跟踪 Z 摄像机工具，调整摄像机角度。使 LOGO 正对屏幕。摄像机调整完的效果如图 3-56 所示。

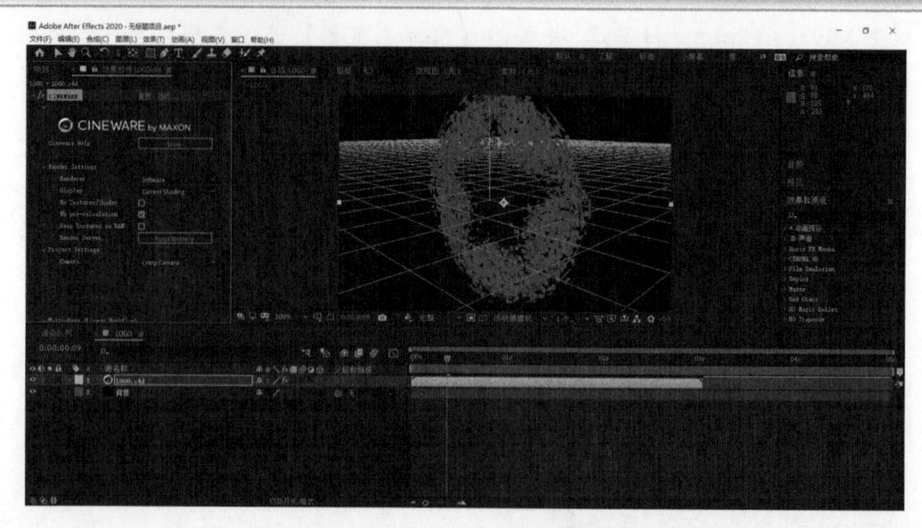

图 3-53　c4d 文件更新到 After Effects 界面

图 3-54　CINEWARE 的设置

图 3-55　摄像机设置

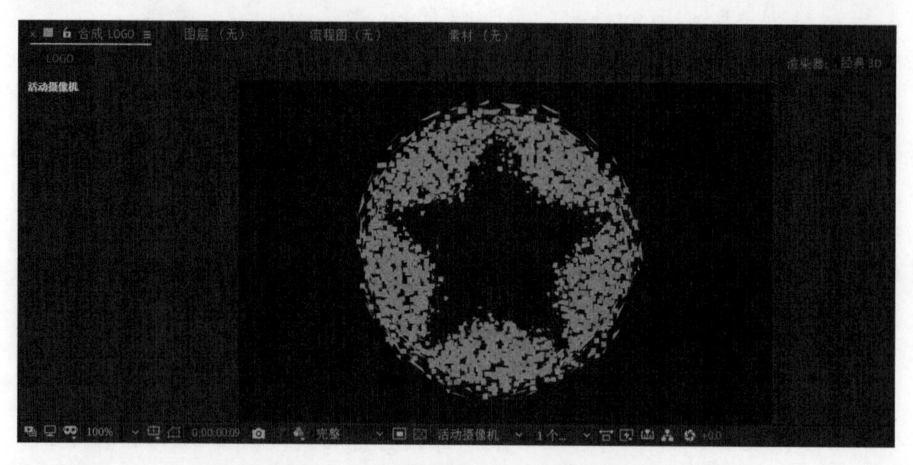

图 3-56　调整摄像机位置后的画面效果

步骤 14　按空格键进行预览，预览效果如图 3-57 所示。

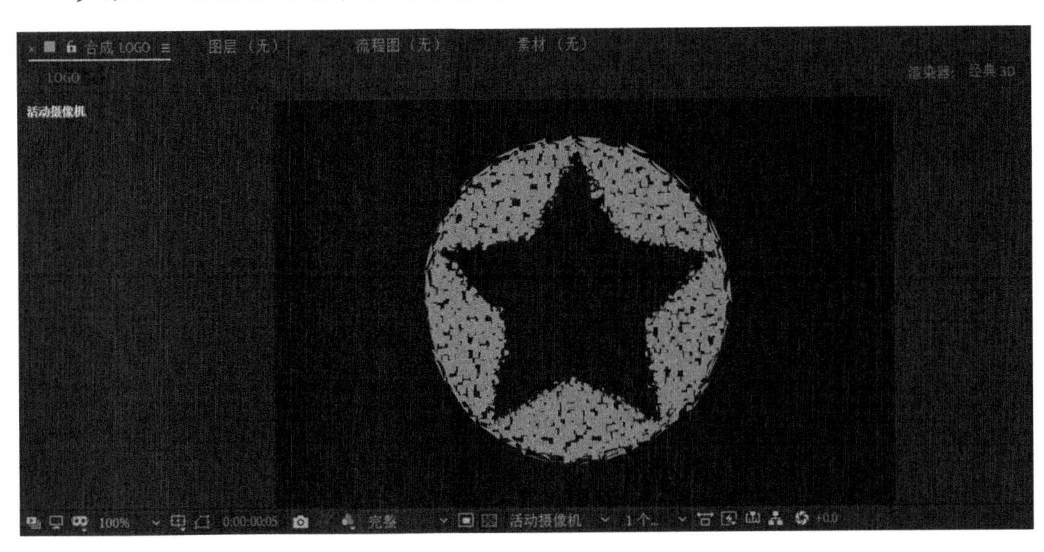

图 3-57　预览效果

步骤 15　按快捷键 Ctrl+S 保存当前编辑文件，在弹出的【另存为】对话框中设置文件名称与保存路径，如图 3-58 所示。

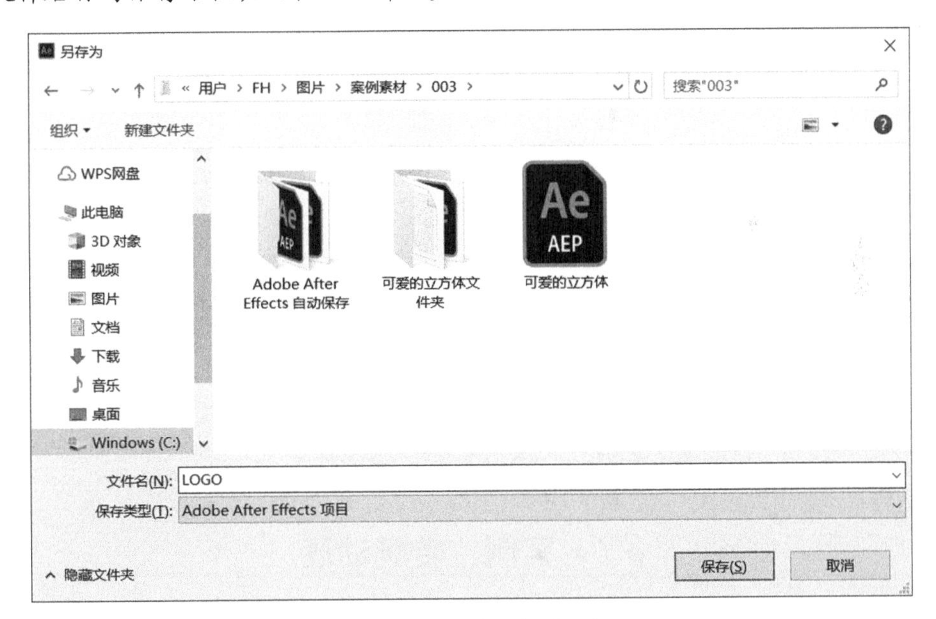

图 3-58　“另存为”对话框

步骤 16　选择【文件】→【整理工程（文件）】→【收集文件】命令，收集文件，如图 3-59 所示。

在弹出的【收集文件】对话框中，【收集源文件】设置为“对于所有合成”，然后单击【收集】按钮，如图 3-60 所示。

在弹出的【将文件收集到文件夹中】对话框中，选择收集文件存放的路径，如图 3-61 所示，然后单击【保存】按钮，完成文件的收集操作。

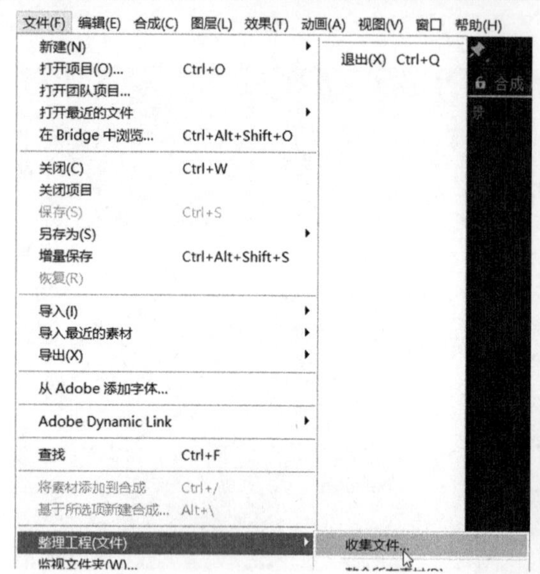

图 3-59 【收集文件】命令

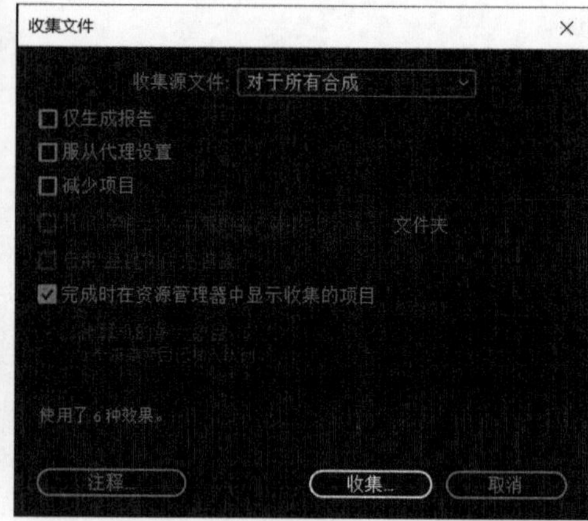

图 3-60 【收集文件】对话框

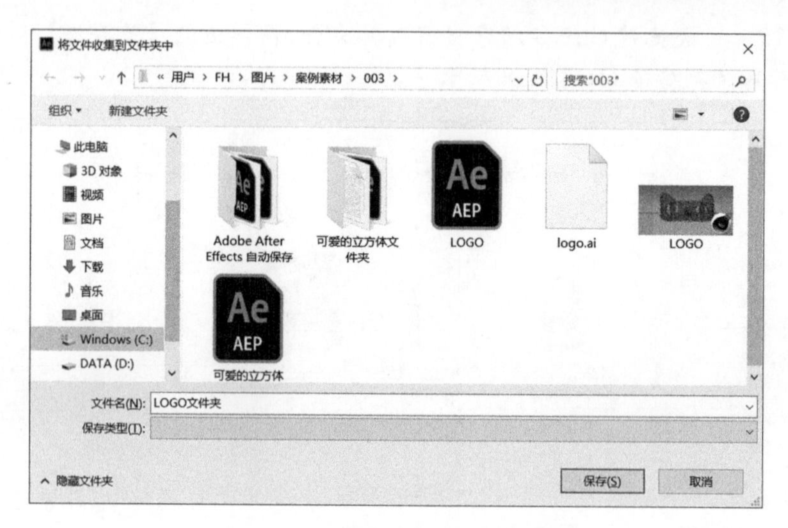

图 3-61 选择收集文件的存放路径

3.7 案例：转场动画

本案例完成效果如图 3-62 所示。

图 3-62 转场动画完成效果

制作步骤如下。

步骤 1　启动 After Effects CC，选择【文件】→【新建】→【新项目】命令，创建新项目。

步骤 2　在【项目】面板的空白处右击，在弹出的快捷菜单中选择【新建合成】命令，在弹出的【合成设置】对话框中【合成名称】设置为“转场动画”，【预设】设置为 HDV/HDTV 720 25，【持续时间】设置为 5 秒，单击【确定】按钮，如图 3-63 所示。

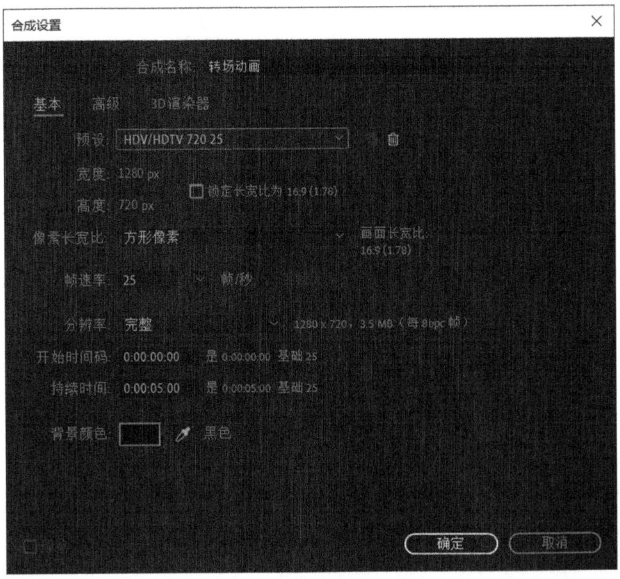

图 3-63　【合成设置】对话框

步骤 3　在【时间轴】面板空白处右击，选择【新建】→【纯色】命令。

在弹出的【纯色设置】对话框中，【名称】设置为“背景”；单击【制作合成大小】按钮，【颜色】为“粉色（#FFC5C5）”，然后单击【确定】按钮，创建“背景”层。

步骤 4　在【项目】面板的空白处双击，在弹出的【导入文件】对话框中选择 Alogo.psd 文件，然后单击【导入】按钮，导入素材，如图 3-64 所示。

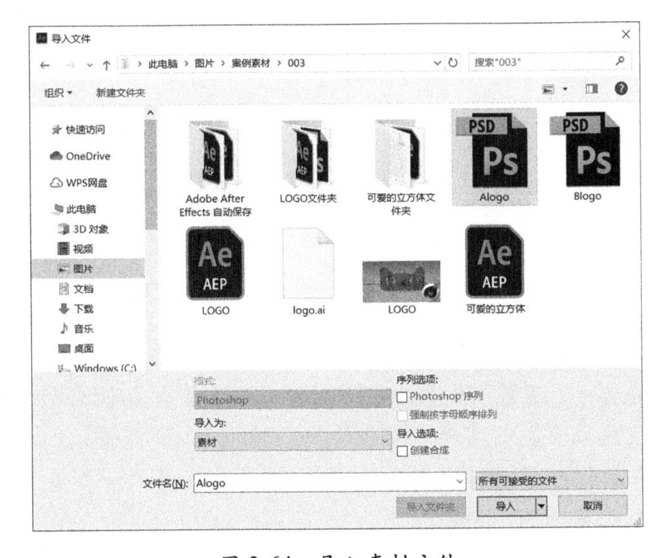

图 3-64　导入素材文件

在弹出的【解释素材】对话框中，选择【直接-无遮罩】，然后单击【确定】按钮，如图3-65所示。

运用相同方法将Blogo.psd文件导入项目。

步骤5　将素材放入【转场动画】合成中。按Shift键，在【项目】面板中选择Alogo.psd文件和Blogo.psd文件，然后将Alogo.psd文件和Blogo.psd文件拖曳到“转场动画”合成的【时间轴】面板内，如图3-66所示。

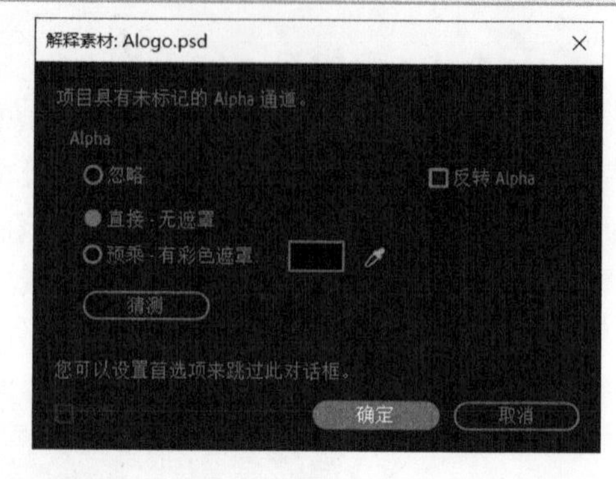

图3-65　【解释素材：Alogo.psd】对话框

步骤6　创建转场形状图层。在【工具】面板中选择钢笔工具，然后在【合成】面板中绘制路径，如图3-67所示。

此时需要注意的是，使用钢笔工具绘制形状图层路径时，【时间轴】面板中不选择任何图层。

在【时间轴】面板中单击按钮，将新创建的形状图层属性展开，如图3-68所示。

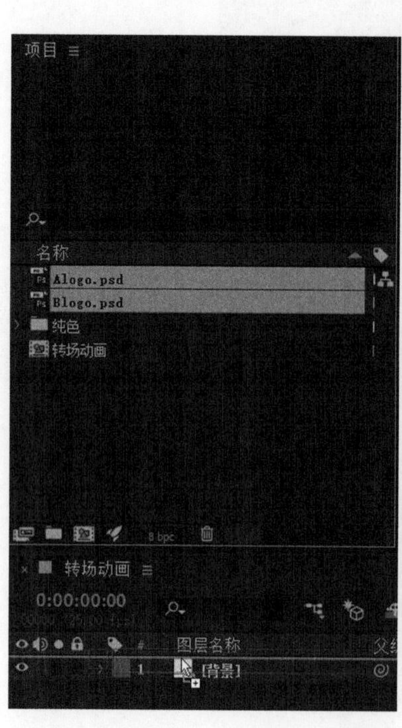

图3-66　素材放入【时间轴】面板

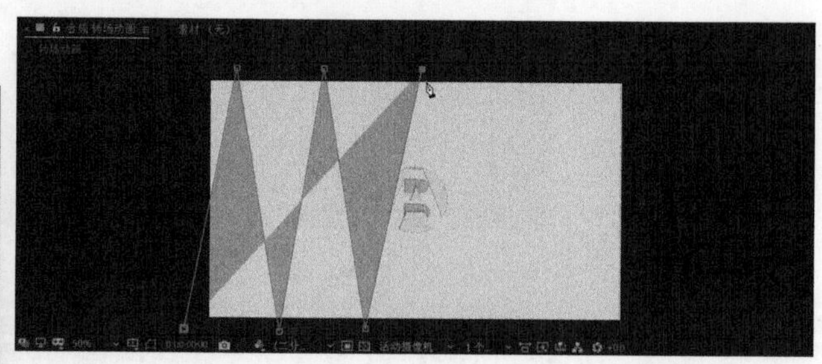

图3-67　绘制转场形状

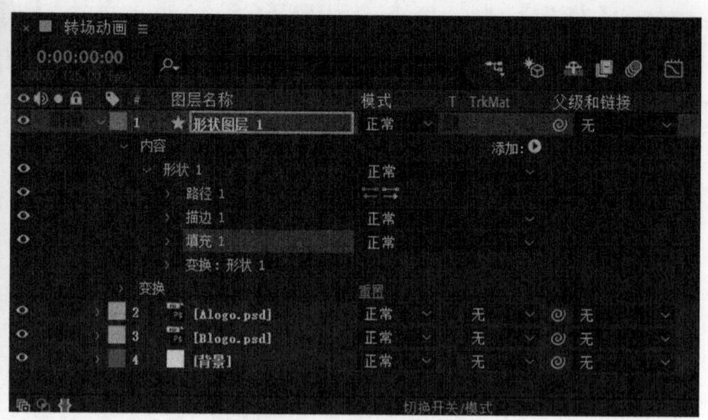

图3-68　“形状1”属性

选中“填充1”属性，然后按Delete键将其删除。

之后展开“描边1”属性，将【颜色】设置为“淡蓝色(#BDE9FF)”，【描边宽度】设置为100.0，【线段端点】设置为“圆头端点”，如图3-69所示。

步骤7　设置形状图层【修剪路径】属性动画。在【内容】属性中单击按钮，添加【修剪路径】，如图3-70所示。

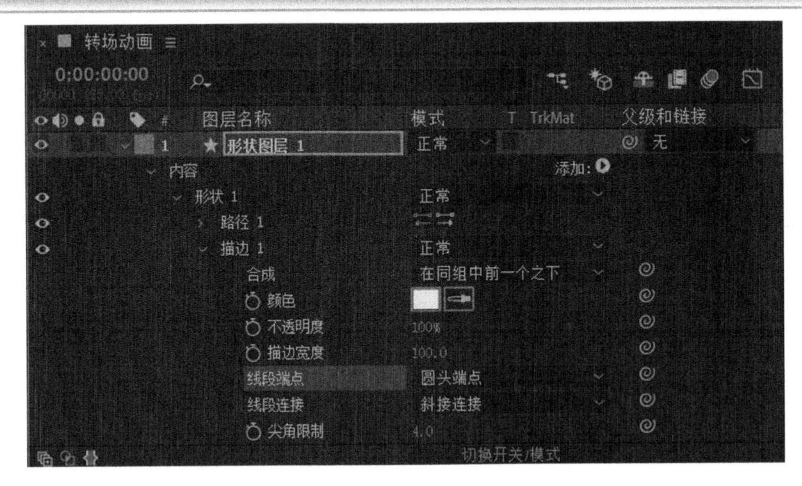

图 3-69　“描边 1”属性参数的设置

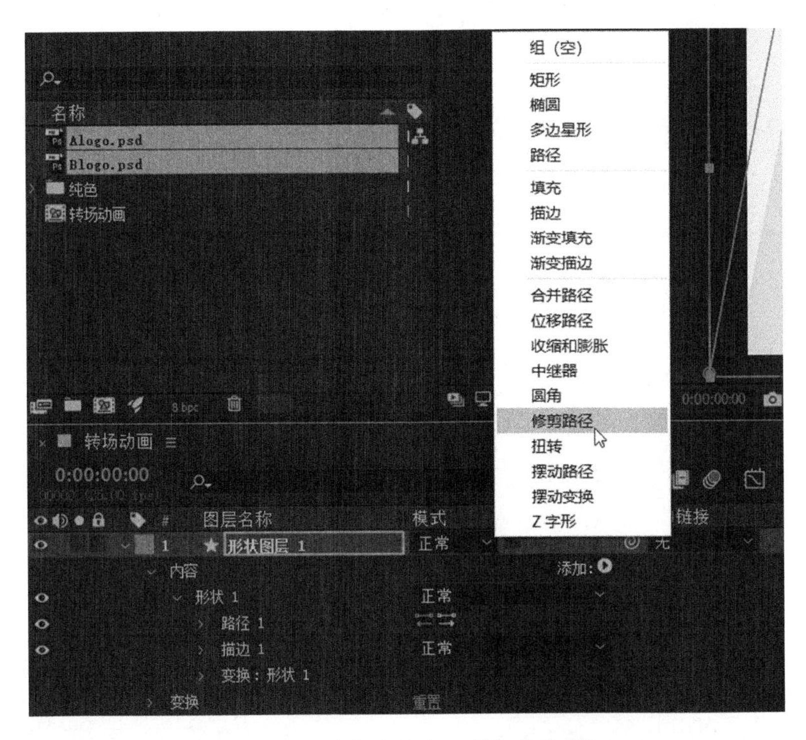

图 3-70　形状图层添加【修剪路径】

展开“修剪路径 1”，对【结束】属性设置关键帧，制作关键帧动画。

将时间指示器设置在 0:00:00:00 处，单击【结束】属性前时间变化秒表，将【结束】设置为 0.0%。

将时间指示器设置在 0:00:00:20 处，将【结束】设置为 100.0%。

将时间指示器设置在 0:00:01:10 处，单击在当前时间添加或移除关键帧，在 0:00:01:10 处添加一个【结束】属性值为 100.0% 的关键帧。

将时间指示器设置在 0:00:02:05 处，将【结束】设置为 0.0%。完成后“形状图层 1”关键帧的设置如图 3-71 所示。

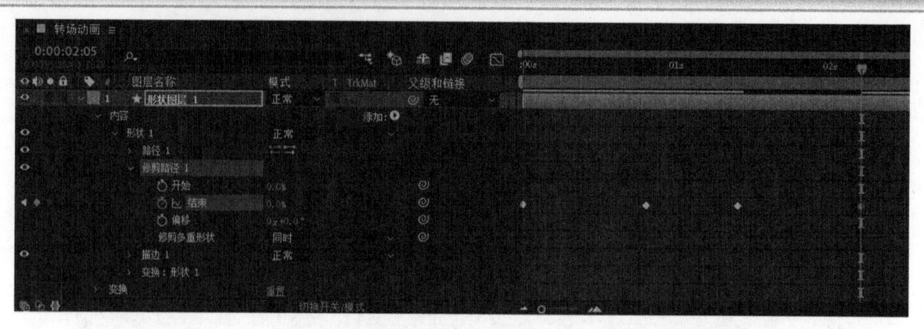

图 3-71 【结束】属性关键帧的设置

步骤 8 设置形状图层的【收缩和膨胀】属性。在【内容】属性中单击按钮，添加【收缩和膨胀】属性，如图 3-72 所示。

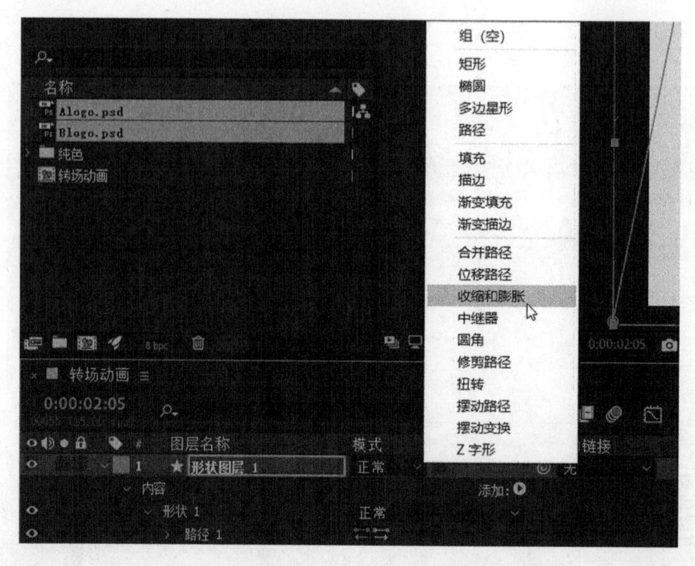

图 3-72 形状图层添加【收缩和膨胀】属性

展开“收缩和膨胀 1”，将【数量】设置为 -50.0，效果如图 3-73 所示。

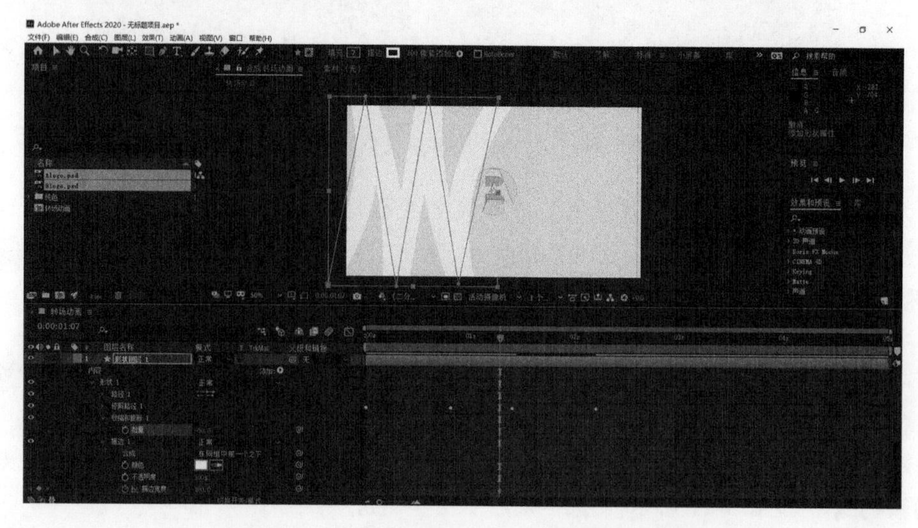

图 3-73 “收缩和膨胀 1”设置完成后的效果

步骤9 设置形状图层【Z字形】属性。在【内容】属性中单击按钮，添加【Z字形】属性，如图3-74所示。

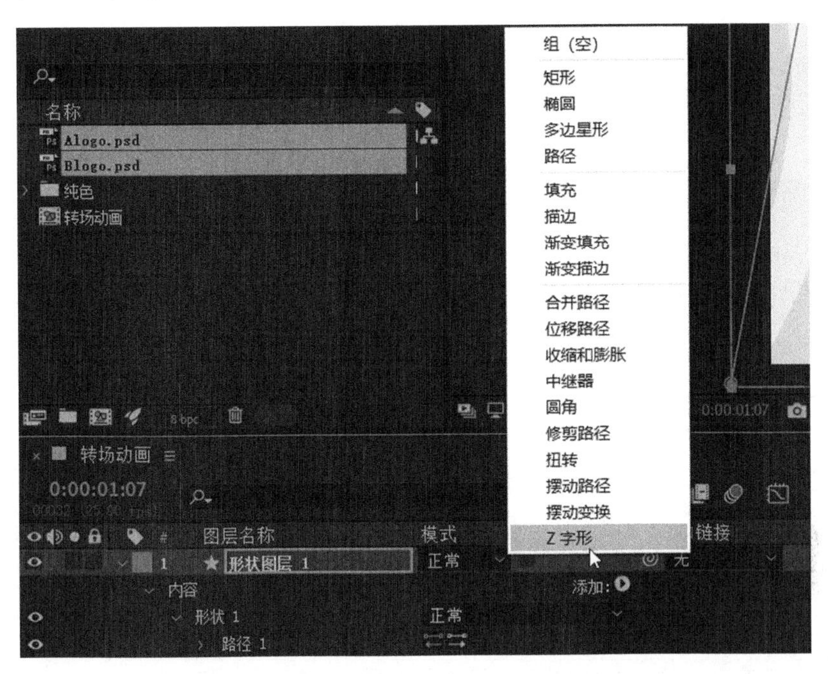

图3-74 形状图层添加【Z字形】属性

展开“锯齿1”，将【大小】设置为6.0，【每段的背脊】设置为60.0，如图3-75所示。

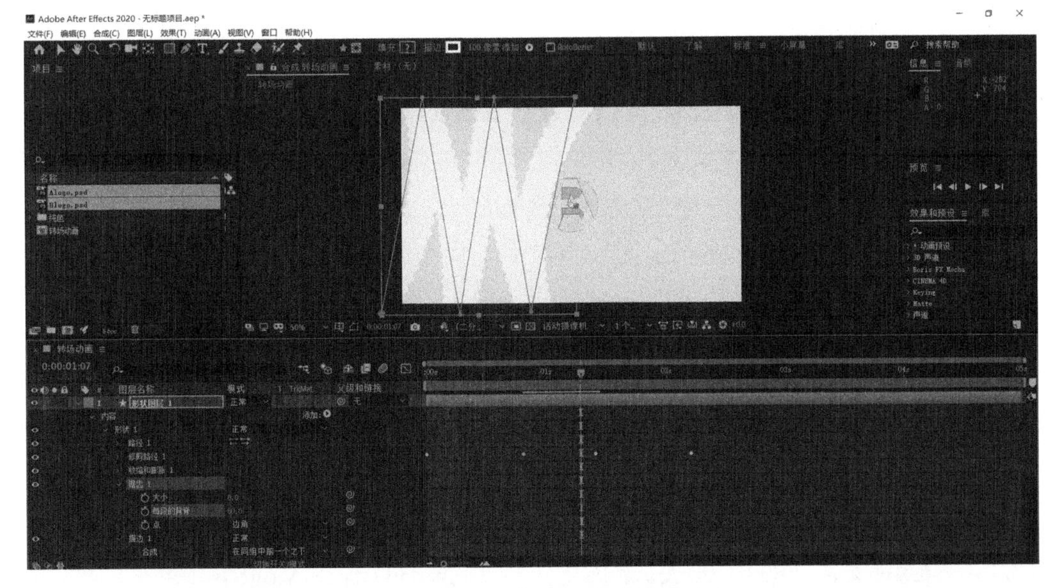

图3-75 “锯齿1”设置完成后的效果

步骤10 设置形状图层【描边】属性动画。展开“描边1”，对【描边宽度】属性设置关键帧，制作关键帧动画。

将时间指示器设置在0:00:00:00处，单击【描边宽度】属性前时间变化秒表，将【描边宽度】设置为100.0%。

将时间指示器设置在 0:00:00:20 处，将【描边宽度】设置为 240.0%。

将时间指示器设置在 0:00:01:10 处，单击在当前时间添加或移除关键帧按钮，在 0:00:01:10 处添加一个【描边宽度】属性值为 240.0% 的关键帧。

将时间指示器设置在 0:00:02:05 处，将【描边宽度】设置为 100.0%。完成后，“形状图层 1”的关键帧设置如图 3-76 所示。

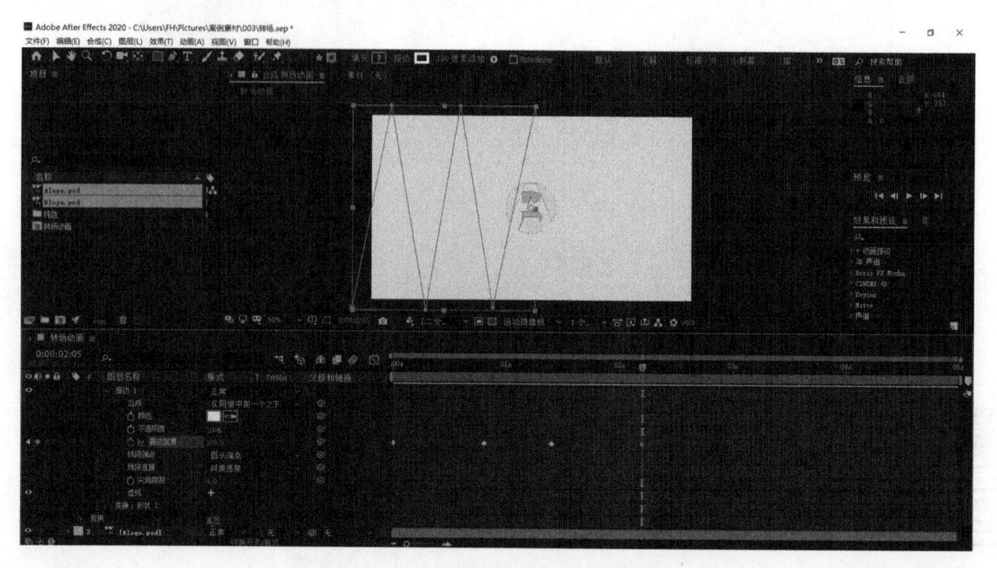

图 3-76 【描边宽度】属性关键帧设置

步骤 11 制作另一边转场。在【时间轴】面板中选择“形状图层 1”，按快捷键 Ctrl+D 键复制此图层。并分别对两个形状图层进行重命名。选择“形状图层 1”，按 Enter 键，重命名为“转场左”；选择“形状图层 2”，按 Enter 键，重命名为“转场右”。

选择【转场右】层，按 S 键，将【缩放】属性设置为“-100.0,-100.0%”，对复制的图层进行镜像，如图 3-77 所示。

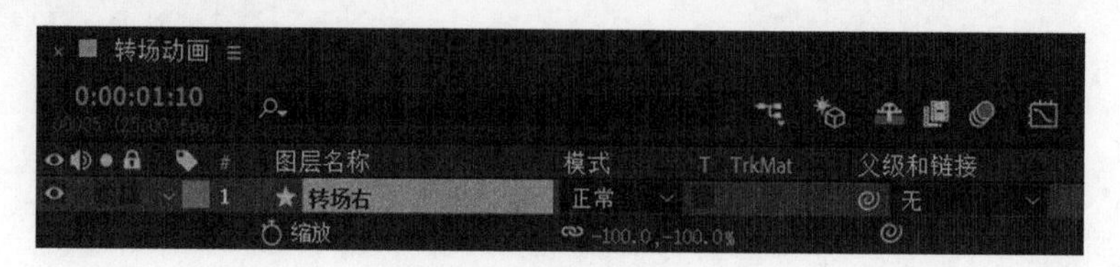

图 3-77 镜像图层

将【内容】→【形状 1】→【描边 1】中的【颜色】设置为“淡紫色 (#CFBDFF)”。

此时，左右两边转场完成效果如图 3-78 所示。

步骤 12 调整素材图层的时间。在【时间轴】面板中选择 Alogo.psd 图层，将时间指示器设置在 0:00:01:00 处，按快捷键 Ctrl+Shift+D 拆分 Alogo.psd 图层，Alogo.psd 图层拆分效果如图 3-79 所示。

拆分完后，按 Delete 键，将 0:00:01:00 之后的 Alogo.psd 图层删除，即 Alogo.psd 图层只在【合成】视图中存在 1 秒。

选择 Blogo.psd 图层，使用【移动工具】，将 Blogo.psd 图层移动到 0:00:01:00 处。最终【时间轴】中的图层关系如图 3-80 所示。

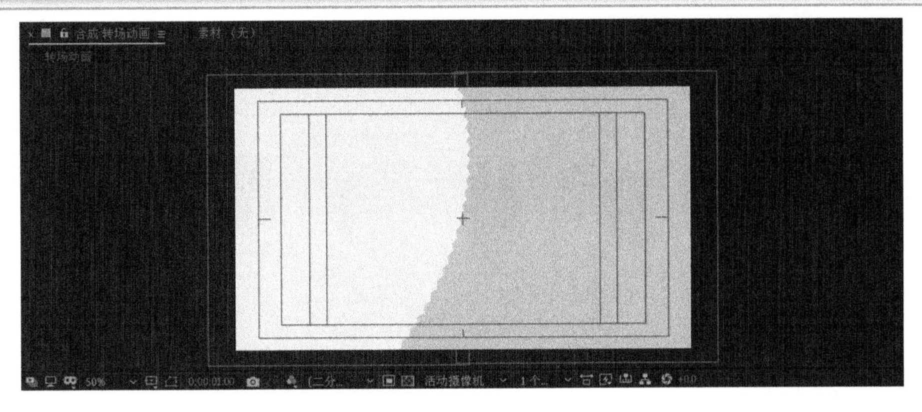

图 3-78 左右两边转场完成效果

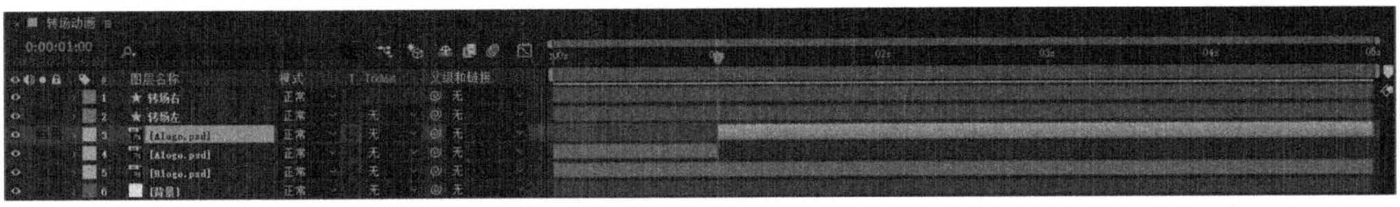

图 3-79 Alogo.psd 图层拆分效果

图 3-80 最终【时间轴】中的图层关系

步骤 13 按空格键进行预览，预览效果如图 3-81 所示。

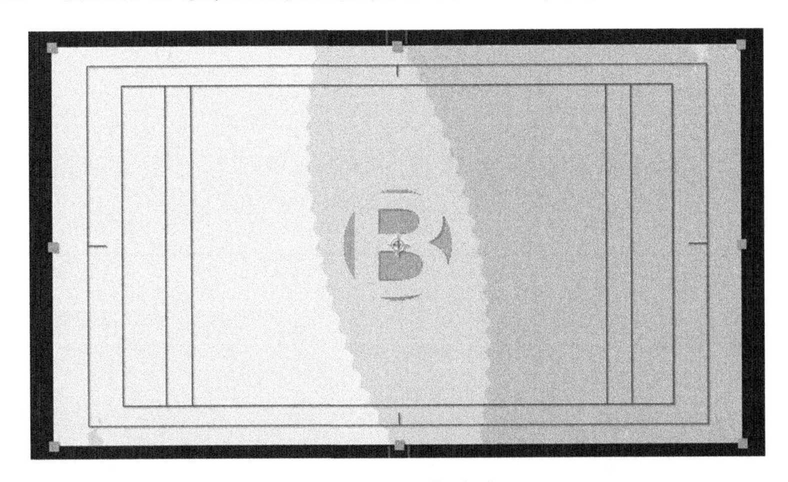

图 3-81 预览效果

步骤 14 按快捷键 Ctrl+S，保存当前编辑文件。在弹出的【另存为】对话框中设置文件名称与保存路径，如图 3-82 所示。

图 3-82 保存文件

步骤 15 选择【文件】→【整理工程(文件)】→【收集文件】命令。

在弹出的【收集文件】对话框中,【收集源文件】设置为“对于所有合成”,然后单击【收集】按钮。

在弹出的【将文件收集到文件夹中】对话框中,选择收集文件存放的路径,然后单击【保存】按钮,完成文件的收集操作。

第4章　时间轴特效

【学习目标】

1．掌握时间轴特效运用的范围。

2．掌握时间轴特效的分类。

【技能要求 / 学习重点】

1．掌握时间重映射命令。

2．掌握反向图层命令。

3．掌握时间伸缩命令。

4．掌握冻结帧命令。

【核心概念】

时间重映射　反向图层　时间伸缩　冻结帧

After Effects 中提供了控制视频画面或动画效果播放速度的命令，该命令即为时间轴特效，包括时间重映射、时间反向图层、时间伸缩和冻结帧等。时间轴特效使用的范围非常广泛，可以制作慢镜头，可以倒放视频影像等效果。同时在 After Effects 中提供了【动态草图】面板，该面板可以记录鼠标光标运动的路径，实现动画效果。本章将讲解 After Effects 中时间轴特效的分类和使用方法。

4.1　时间轴特效的概念

在 After Effects 中，拍摄的视频或是制作的动画都是按照正常速率播放的，但是在实际要求中可能需要制作特写慢镜头，或是制作出时间倒转的特殊效果。这些效果在实际的拍摄或是动画制作的过程中实现起来较为困难或是基本不能实现，所以借助 After Effects 的时间轴特效进行处理，达到所需要的效果。

After Effects 的时间轴特效，可以选择【图层】→【时间】命令调出；也可以在【时间轴】面板中选择需要控制播放速率的图层，然后右击，在弹出的快捷菜单中选择【时间】命令调出。调出的【时间】命令有 6 个，根据实际操作需求选择需要的命令即可，如图 4-1 所示。

此外，在 After Effects 中提供了【动态草图】面板，可以实现图层动画的设置。若在 After Effects 界面中无【动态草图】面板，选择【窗口】→【动态草图】命令，如图 4-2 所示，即可调出【动态草图】面板。

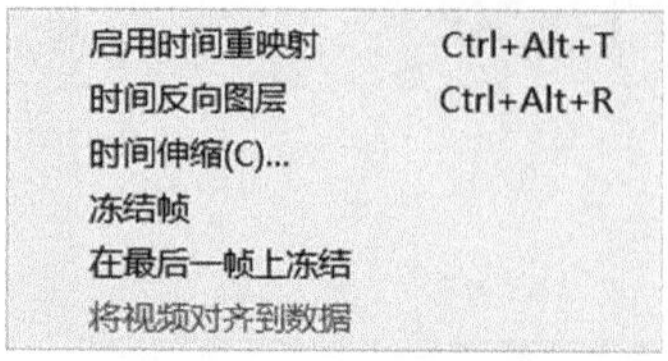

启用时间重映射 Ctrl+Alt+T
时间反向图层 Ctrl+Alt+R
时间伸缩(C)...
冻结帧
在最后一帧上冻结
将视频对齐到数据

图 4-1 【时间】命令

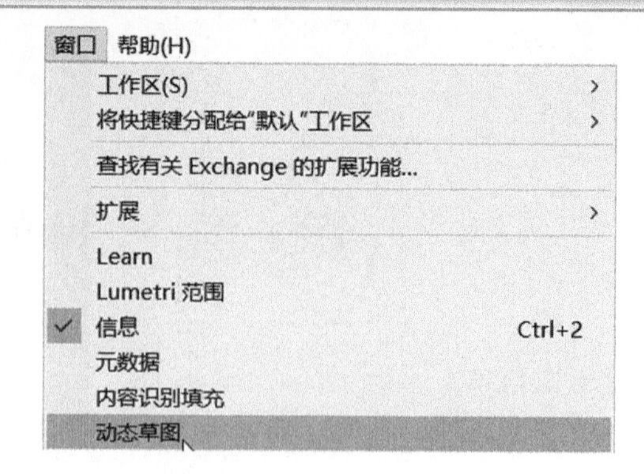

图 4-2 【动态草图】命令

4.2 时 间 命 令

4.2.1 时间反向图层

需要制作视频倒放的效果，可以使用【时间反向图层】命令。

在【时间轴】面板中选择需要制作倒放的图层，右击，在快捷菜单中选择【时间】→【时间反向层】命令，如图 4-3 所示。可以是按快捷键 Ctrl+Alt+R，也可以将图层的时间反向，产生倒放的效果。

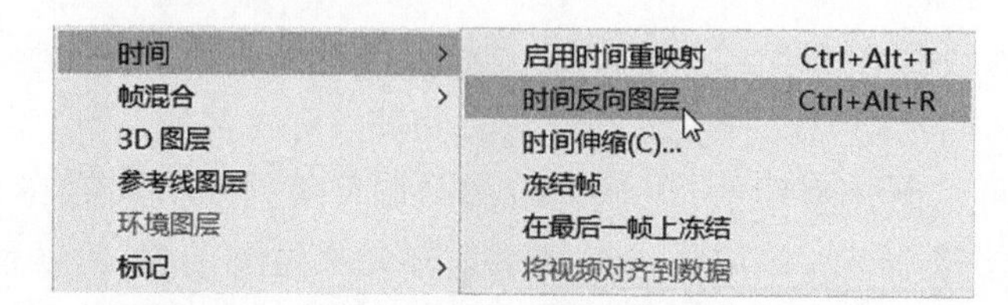

图 4-3 选择【时间】→【时间反向层】命令

此时【时间轴】面板中对应图层下面会出现相间的斜纹，如图 4-4 所示。这样的标志说明该图层的播放进行了时间反向，即播放效果为倒放。

图 4-4 【时间反向层】命令后的图层

4.2.2 时间伸缩

有时在制作视频时，需要制作快速播放或是慢速播放的效果，此时就可以使用【时间伸缩】命令。该命令控制的是整个视频的快速播放或是慢速播放。

在【时间轴】面板中，选择需要制作快速播放或是慢速播放的图层，右击，在快捷菜单中选择【时间】→【时间伸缩】命令，如图 4-5 所示。

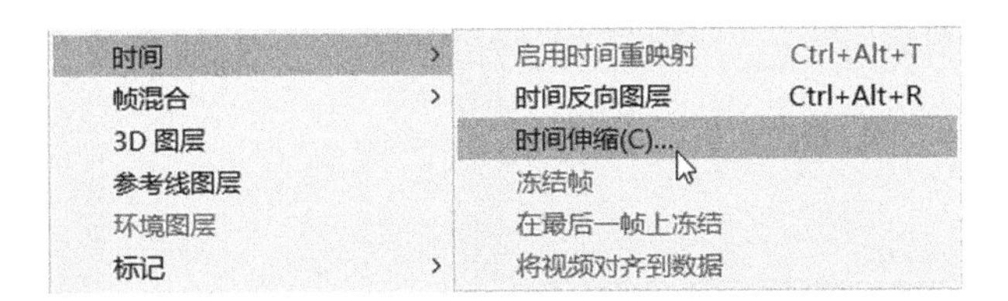

图 4-5 【时间】→【时间伸缩】命令

接着会弹出【时间伸缩】对话框,如图 4-6 所示。

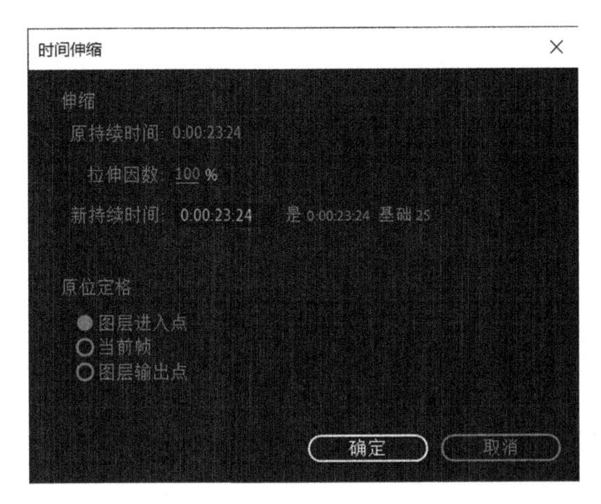

图 4-6 【时间伸缩】对话框

拉伸因数：控制图层播放的速率,默认数值为 100%。当该数值大于 100% 时,播放为慢放效果；当数值小于 100% 但大于 0% 时,播放为快放效果；当数值为负数时,播放的是倒放效果。

新持续时间：该属性为灰色不可修改状态,只可以查看设置完【时间伸缩】参数后新的图层持续时间。当【拉伸因数】设置数值为 100% 时,显示的时间为正常播放视频的持续时间。当【拉伸因数】设置数值大于 100% 时,显示的时间将比正常播放视频的持续时间长,即为慢放效果,慢放效果对应的图层时间将会延长。当【拉伸因数】设置数值小于 100% 时,显示的时间将比正常播放视频的持续时间短,即为快放效果,快放效果对应的图层时间将会缩短。

图层进入点：执行完【时间伸缩】命令的图层,图层入点时间位置不变,只是会延长或缩短一部分时间,移动的是图层出点。

当前帧：执行完【时间伸缩】命令的图层,该图层时间滑块的时间位置不变,移动的是图层入点和图层出点。

图层输出点：图层执行完【时间伸缩】命令,图层出点时间位置不变,移动的是图层入点。

4.2.3 冻结帧

如果需要将整个素材定格在某一时间点上,可以使用【冻结帧】命令。

选择对应视频图层,将时间指示器移动到需要冻结的时间点处,在【时间轴】面板中右击,在快捷菜单中选择【时间】→【冻结帧】命令,如图 4-7 所示。

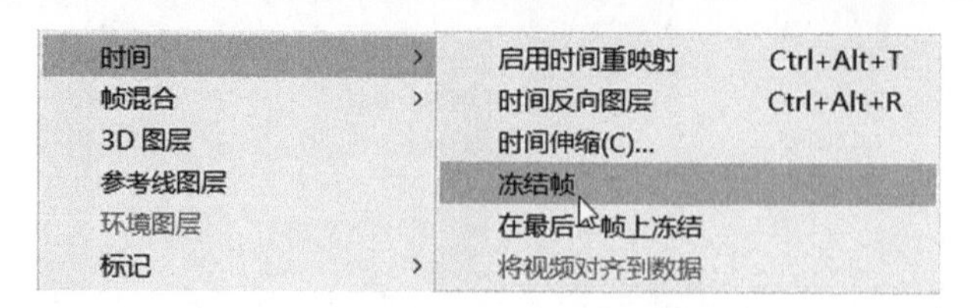

图 4-7 选择【时间】→【冻结帧】命令

执行完【时间】→【冻结帧】命令后,相应的视频图层会出现【时间重映射】属性,并且该属性设置了关键帧,关键帧为方块状■。视频定格的时间点就是【时间重映射】属性显示的时间点。执行完【冻结帧】命令后的图层如图 4-8 所示。

图 4-8 执行完【冻结帧】命令后的图层

执行完【冻结帧】命令后,按空格键观看视频预览效果,发现整个画面都是【时间重映射】时间点上的画面。

4.2.4 启用时间重映射

选择【时间反向图层】命令可以对整个视频素材进行倒放。选择【时间伸缩】命令可以对整个视频素材进行慢放和快放速率控制。但是如果需要对一个视频素材里不同的时段进行时间控制,即实现倒放、慢放或是快放效果,使用上述命令完成比较困难,此时可以选择【启用时间重映射】命令完成相应的效果。

在【时间轴】面板中选择对应视频图层,右击,在快捷菜单中选择【时间】→【启用时间重映射】命令,快捷键为 Ctrl+Alt+T,如图 4-9 所示。

时间 >	启用时间重映射	Ctrl+Alt+T
帧混合 >	时间反向图层	Ctrl+Alt+R
3D 图层	时间伸缩(C)...	
参考线图层	冻结帧	
环境图层	在最后一帧上冻结	
标记 >	将视频对齐到数据	

图 4-9 选择【启用时间重映射】命令

接下来相应的视频图层会出现【时间重映射】属性,并且该属性在视频图层的第一帧和最后一帧处设置了两个关键帧,关键帧均为菱形◆,如图 4-10 所示。为方便以下的讲解,在此将该两个关键帧标注为 A 和 B。

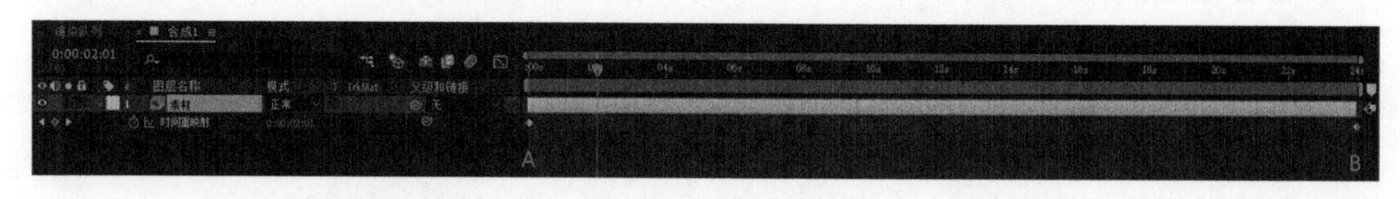

图 4-10 选择【启用时间重映射】命令后的图层

移动时间指示器▼到 0:00:04:00 处,在【时间重映射】属性上单击,在当前时间

点添加关键帧，即在时间 0:00:04:00 处添加了一个关键帧，在此标注为 C。使用相同的操作，在时间 0:00:10:00 处添加 D 关键帧，时间 0:00:16:00 处添加 E 关键帧。完成后的效果如图 4-11 所示。

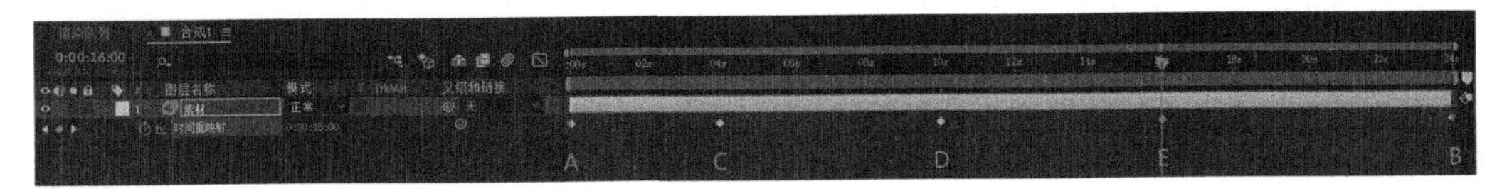

图 4-11　添加关键帧

选择 C 关键帧，将该关键帧往 A 关键帧方向靠近，将 C 关键帧拖动到 0:00:01:00 处，那么 A 和 C 关键帧之间的视频播放速度变快。因为 C 关键帧偏移了 D 关键帧，它们之间的距离拉远，所以 C 和 D 关键帧之间的视频播放速度变慢。此时将鼠标光标移至 C 关键帧处，会发现 C 关键帧有两个时间，如图 4-12 所示。

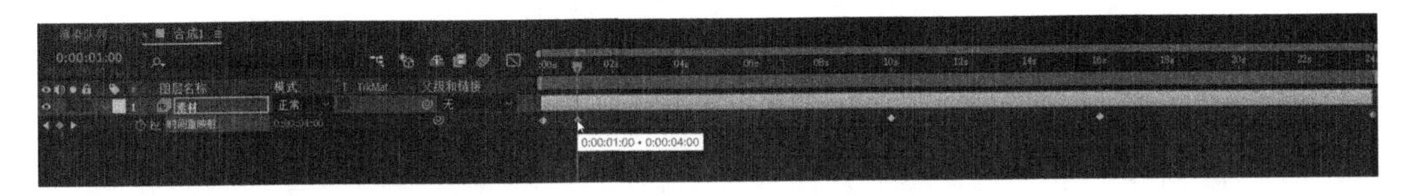

图 4-12　移动位置后 C 关键帧显示时间

前一个时间显示的是时间重映射之后的当前时间，后一个时间显示的是时间重映射之前原始的时间。因为 C 关键帧向 A 关键帧拉近了，所以时间重映射之后的时间要比时间重映射之前的时间短，即用 4 秒播放完成的视频画面用了 1 秒播放完毕，自然播放速率加快。同时 C 关键帧远离 D 关键帧，所以 C 和 D 关键帧之间的播放速率较未修改前慢，即原本 6 秒播放的视频画面需要 9 秒才能播放完毕。

选择【时间重映射】属性，单击图形编辑器按钮，调出曲线，如图 4-13 所示。此时会发现 A 和 C 关键帧之间的曲线斜率比 D 和 B 关键帧之间的曲线斜率陡峭，说明 A 和 C 关键帧内画面播放速度较快。同时由于 C 关键帧的移动，C 和 D 关键帧之间的时间拉长，所以 C 和 D 关键帧之间的曲线斜率比 D 和 B 关键帧之间的曲线斜率平缓，说明 C 和 D 关键帧内画面播放速度变慢。

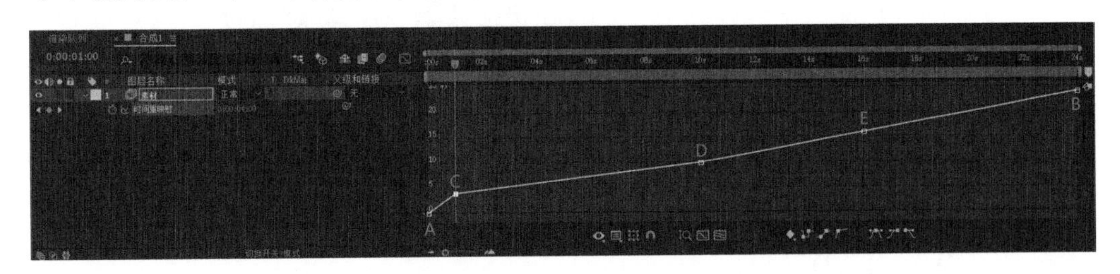

图 4-13　移动 C 关键帧后曲线

选择 E 关键帧，然后将其移动到与 D 关键帧持平，如图 4-14 所示，预览 D 和 E 关键帧之间的视频画面，此时画面是静止效果。

继续选择 E 关键帧，将其移动到 D 关键帧之下，如图 4-15 所示，预览 D 和 E 关键帧之间视频画面，此时画面是倒放效果。

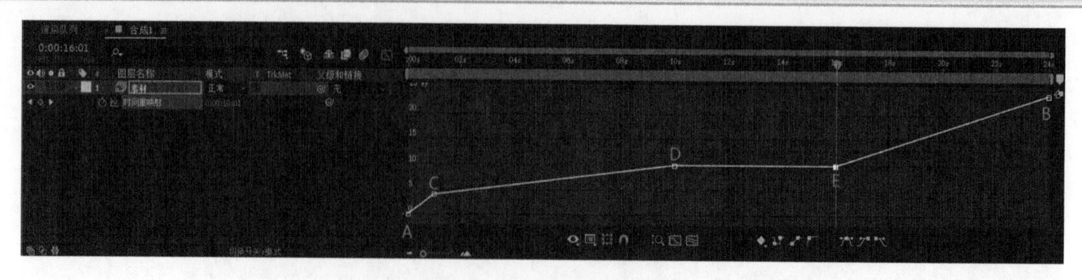

图 4-14　静止画面曲线

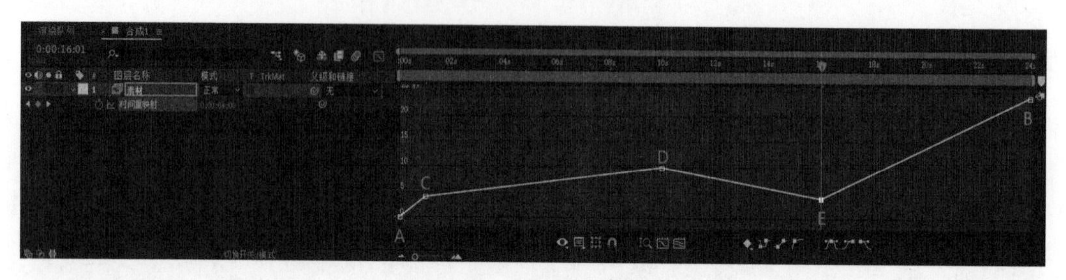

图 4-15　倒放画面曲线

这样使用【启用时间重映射】命令，即可在同一视频素材中设置不同播放速率、倒放和静帧效果。

4.2.5　在最后一帧上冻结

在正常播放完视频后，需要将整个画面的最后一帧持续显示多秒，此时就可以使用【在最后一帧冻结】命令。在此需要说明的是，因为最后一张画面需要持续多秒，所以合成时长要比视频时长还要长，如图 4-16 所示。

图 4-16　执行【在最后一帧冻结】命令前时间轴状态

在【时间轴】面板中选择图层，右击，在快捷菜单中选择【时间】→【在最后一帧冻结】命令，如图 4-17 所示。

时间 >	启用时间重映射	Ctrl+Alt+T
帧混合 >	时间反向图层	Ctrl+Alt+R
3D 图层	时间伸缩(C)...	
参考线图层	冻结帧	
环境图层	在最后一帧上冻结	
标记 >	将视频对齐到数据	

图 4-17　选择【时间】→【在最后一帧冻结】命令

接下来相应的视频图层会出现【时间重映射】属性，并且该属性在视频图层的第一帧和最后一帧处设置了两个关键帧，第一帧形状为◆，最后一帧形状为◀，同时视频时长自动拉伸至合成时长。执行完【在最后一帧冻结】命令后，图层状态如图 4-18 所示。

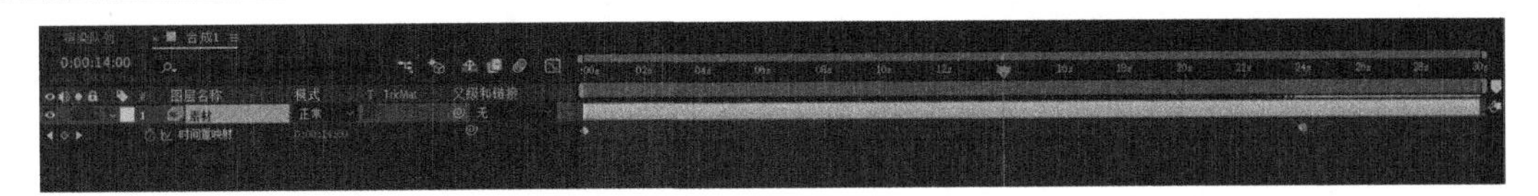

图 4-18 执行【在最后一帧冻结】命令后的图层状态

4.2.6 将视频对齐到数据

用于使用数据驱动动画使用。

首先将 .mgJSON 文件添加到也包含目标图层的合成,然后选择 .mgJSON 图层和目标图层。选择【图层】→【时间】→【将视频对齐到数据】命令,之后目标图层中的视频偏移为 .mgJSON 文件中指定的偏移帧数。可以使用此命令将视频按时间对齐到匹配的 .mgJSON 文件中存储的数据示例。例如视频开始时间与所捕获数据的开始时间不匹配,则可以指定偏移,以使数据自动对齐。

4.3 用【动态草图】面板记录运动路径

在 After Effects 中制作路径动画可以使用蒙版,也可以使用【动态草图】面板。【动态草图】面板的功能是在【合成】面板中捕捉光标的运动轨迹,然后将其运动轨迹传递给对应的图层,从而实现层动画效果。【动态草图】面板如图 4-19 所示。

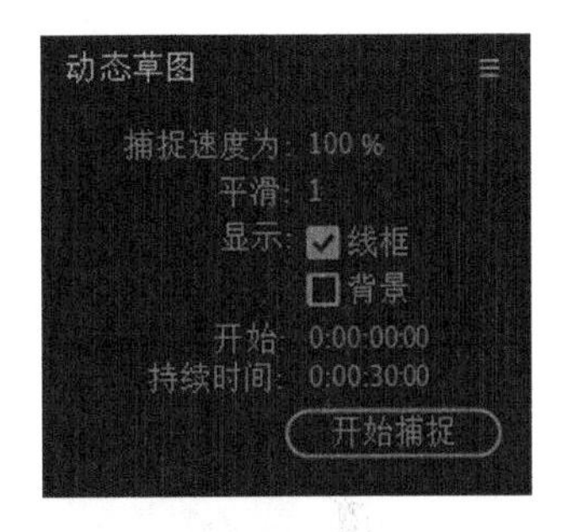

图 4-19 【动态草图】面板

捕捉速度为:设置为 100% 表示图层播放速度和光标的运动速度一致;大于 100% 表示图层播放速度大于光标的运动速度;小于 100% 表示图层播放速度小于光标的运动速度。

平滑:设置路径的平滑程度。

显示:有线框和背景两个选项。线框表示在【合成】面板中记录光标的运动路径时,图层在【合成】面板中的显示是以线框形式显示的。背景表示在【合成】面板中记录光标的运动路径(以下简称运动路径)时,图层在【合成】面板中的显示是背景画面。

开始:显示的是绘制运动路径的开始时间,即【时间轴】面板中的开始时间。

持续时间:显示的是绘制运动路径的持续时间,即【时间轴】面板工作区域的总时间。

开始捕捉:单击该按钮之后,就开始记录鼠标光标的运动。

在 After Effects 中,运用【动态草图】面板记录运动路径的操作步骤如下。

(1)在【时间轴】面板中选定记录运动的图层。

(2)在【时间轴】面板中设置好运动的区域范围。

(3)在【动态草图】面板中设置好需要的参数。

(4)单击【开始捕捉】按钮,开始在【合成】面板中绘制运动路径。

4.4 案例：雪花路径动画

本案例完成效果如图 4-20 所示。

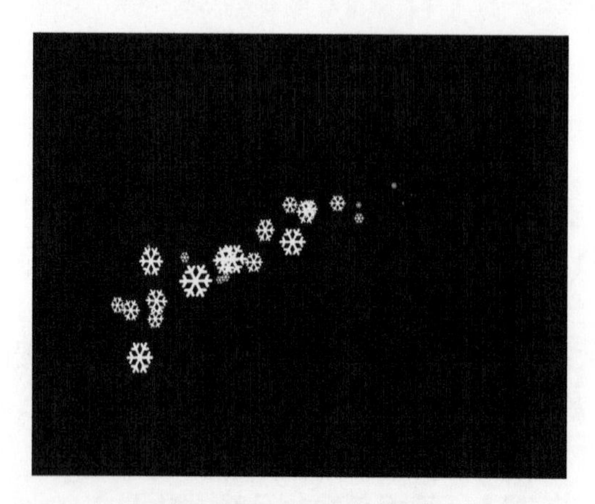

图 4-20 案例完成效果

制作步骤如下。

步骤 1 在【项目】面板的空白处右击，在弹出的快捷菜单中选择【新建合成】命令，在弹出的【合成设置】对话框中，设置【合成名称】为“雪花路径动画”，【宽度】为 720px，【高度】为 576px，【像素长宽比】为“方形像素”，【帧速率】为 25 帧 / 秒，【持续时间】为 5 秒，单击【确定】按钮，创建合成。【合成设置】对话框如图 4-21 所示。

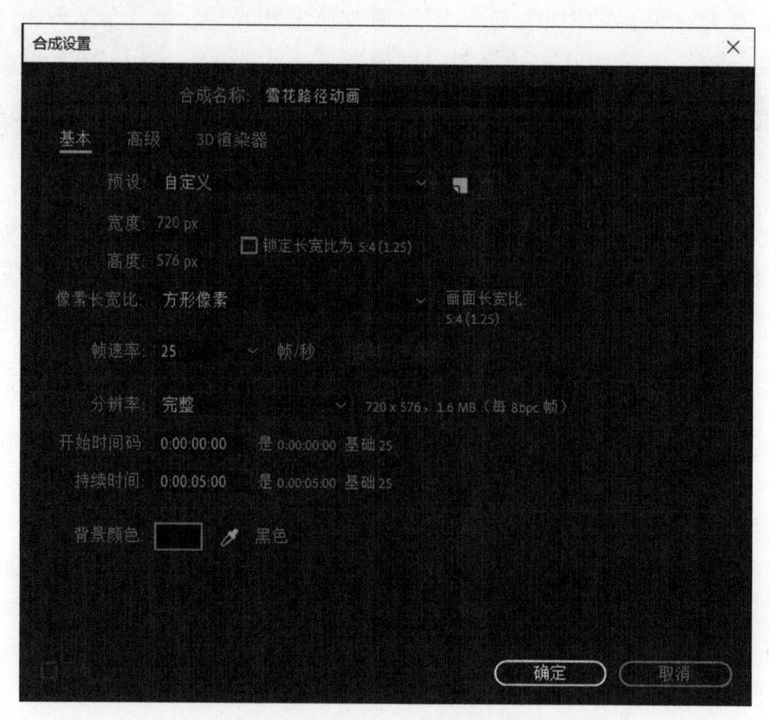

图 4-21 【合成设置】对话框

步骤 2　在【项目】面板的空白处双击，在弹出【导入文件】对话框中选择 snow.psd 文件，如图 4-22 所示。

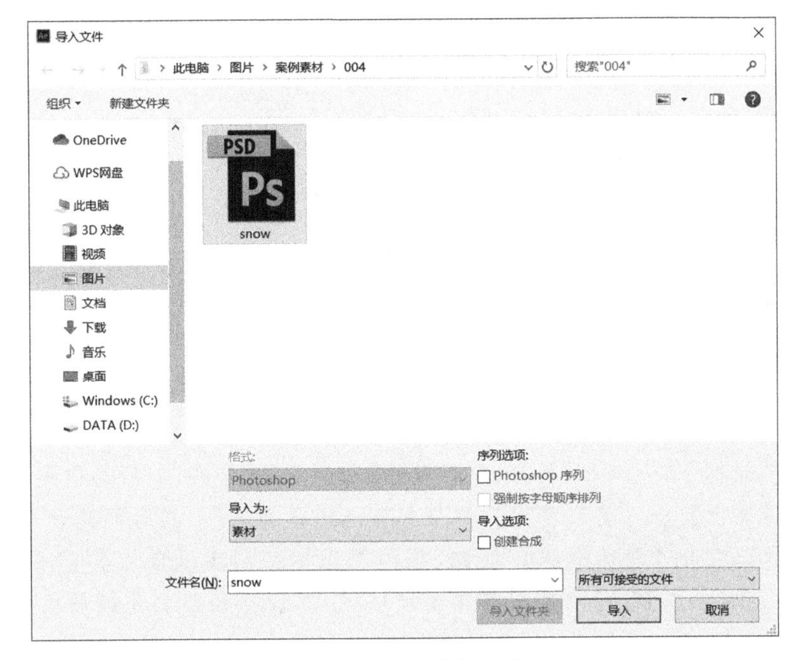

图 4-22　导入素材文件

在弹出的 snow.psd 对话框中，【导入种类】设置为“素材”，【图层选项】为“合并的图层”，然后单击【确定】按钮，如图 4-23 所示。

步骤 3　在【时间轴】面板空白处右击，选择【新建】→【纯色】命令，如图 4-24 所示。

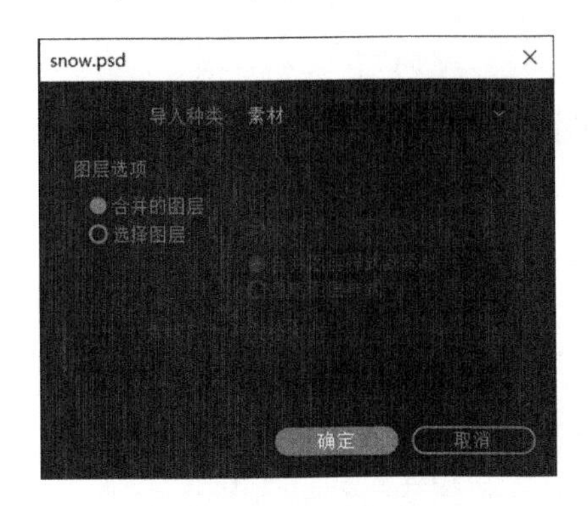

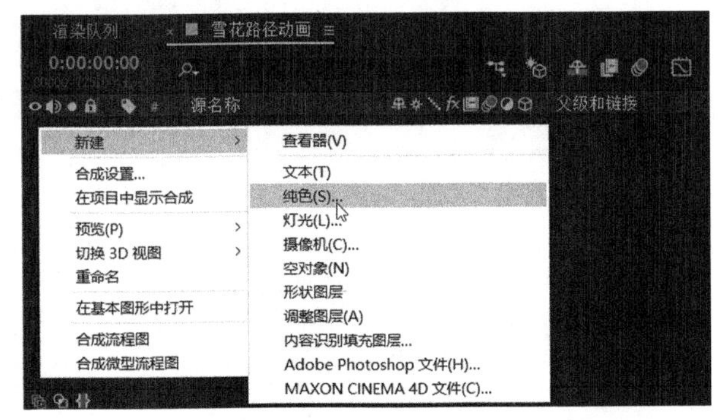

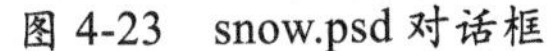

图 4-23　snow.psd 对话框

图 4-24　新建纯色层

在弹出的【纯色设置】对话框中，设置【名称】为“背景”，单击【制作合成大小】按钮，【颜色】设为“黑色 (#000000)”，如图 4-25 所示。然后单击【确定】按钮，创建“背景”层。

步骤 4　在【时间轴】面板空白处右击，选择【新建】→【空对象】命令，如图 4-26 所示。

在【时间轴】面板中选择创建的“空 1”层，按 Enter 键，输入“雪花路径”，对空对象层进行重命名。

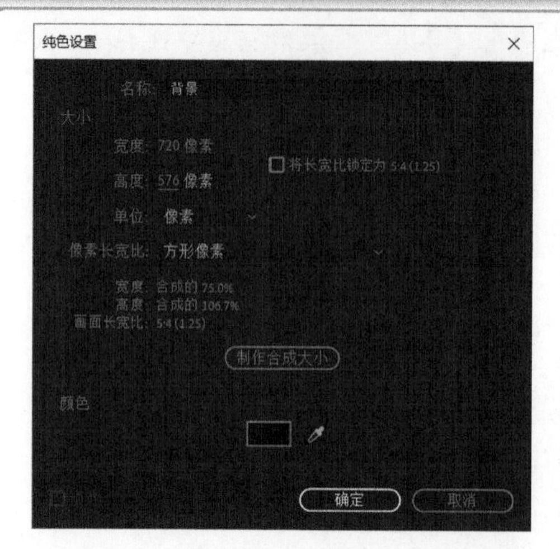

图 4-25 创建“背景”层

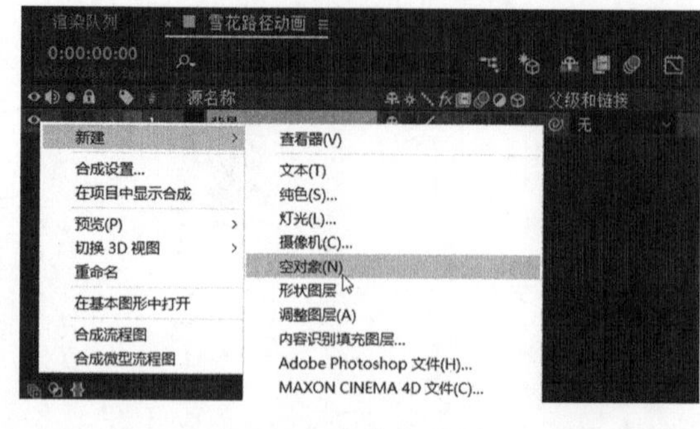

图 4-26 新建空对象层

步骤 5 选择“雪花路径”图层，然后展开【动态草图】面板（若界面中无【动态草图】面板，选择【窗口】→【动态草图】命令即可调出该面板）。将时间指示器设置在0:00:00:00 处，单击【开始捕捉】按钮，然后将光标移动至【合成】窗口中，按住鼠标左键不放，在【合成】窗口中绘制雪花运动路径。雪花路径绘制完成的效果如图 4-27 所示。

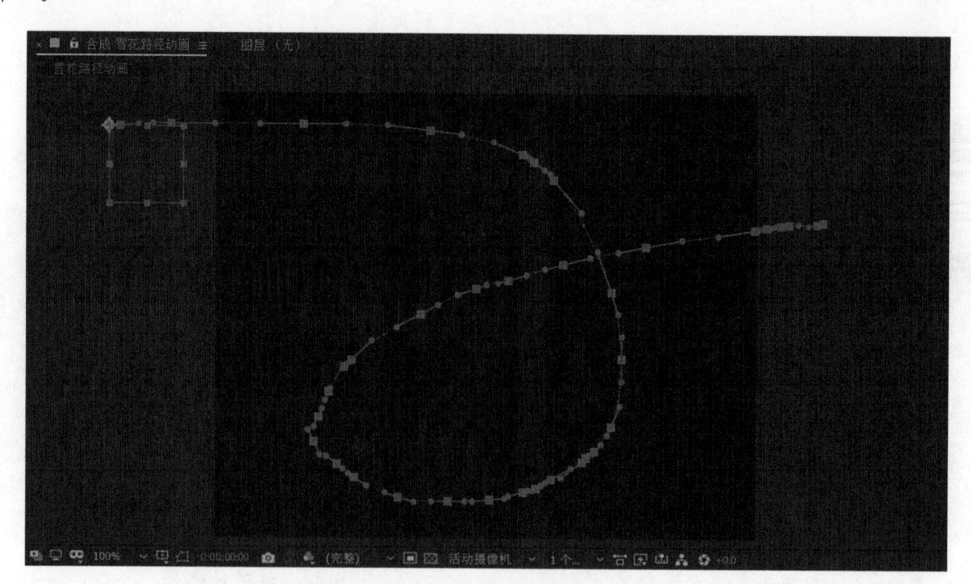

图 4-27 雪花路径

步骤 6 将时间指示器设置在 0:00:00:00 处，选择“雪花路径”图层，按 U 键打开此图层的关键帧。单击【位置】属性，全选【位置】属性所有关键帧，如图 4-28 所示。

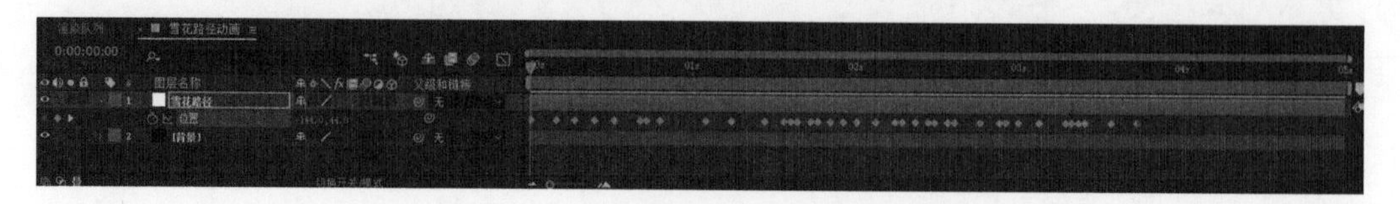

图 4-28 全选【位置】属性所有关键帧

然后展开【平滑器】面板（若界面中无【平滑器】面板，选择【窗口】→【平滑器】命令即可调出该面板），单击【应用】按钮，如图 4-29 所示。

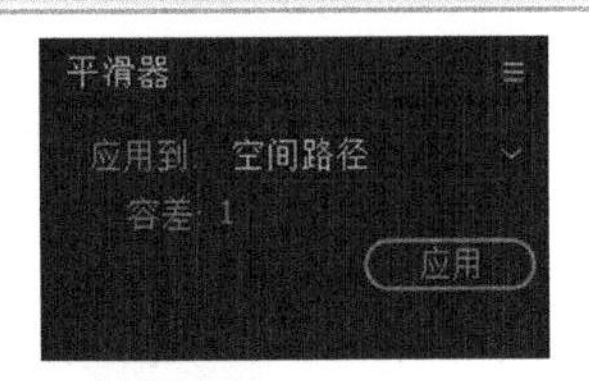

图 4-29　【平滑器】面板设置

此时平滑雪花路径的效果如图 4-30 所示。

现在的路径效果不理想，所以再次单击【平滑器】面板中【应用】按钮 2 次，此时平滑路径效果如图 4-31 所示。

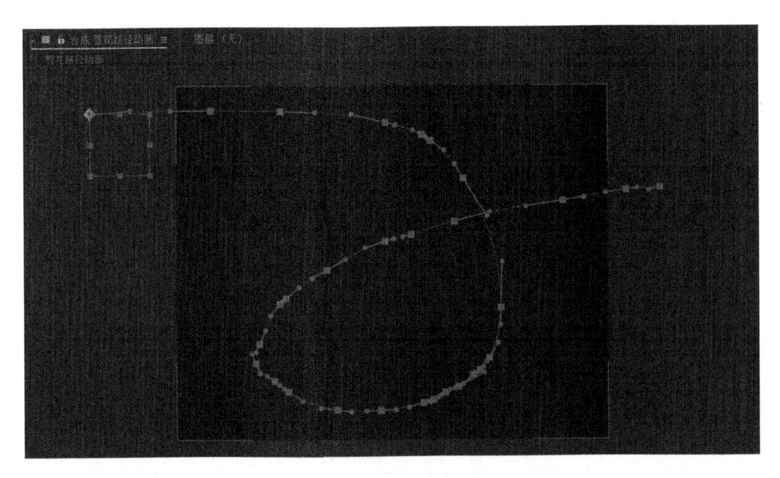

图 4-30　第一次平滑路径的效果

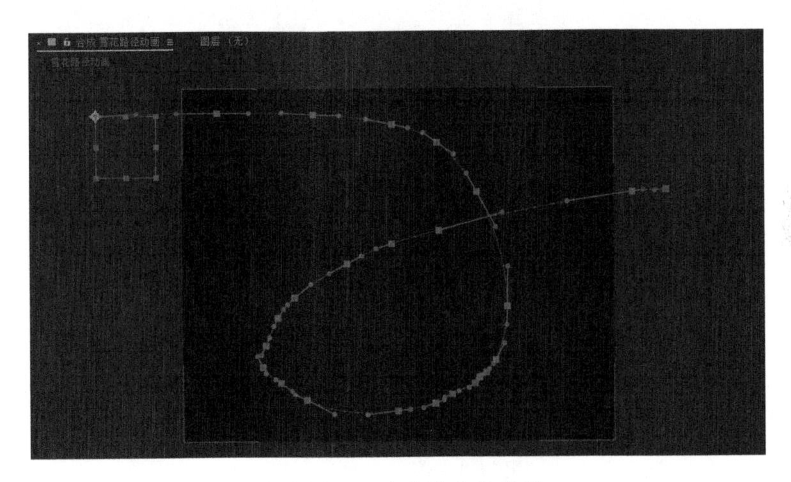

图 4-31　三次平滑路径效果

平滑效果还不理想，所以在【合成】面板中单独选择"雪花路径"图层中不平滑的关键帧，按 Delete 键删除；或选择关键帧，对关键帧进行再次调节，使曲线平滑，如图 4-32 所示。

最终平滑的路径如图 4-33 所示。

步骤 7　因为记录光标运动的时长未达到 5 秒，所以需要修改关键帧时长。选择"雪花路径"图层，单击【位置】属性，全选【位置】属性所有关键帧。按住 Alt 键不放，然后单击，选择【位置】属性的最后一个关键帧，再向后移动该关键帧至合成结尾处，如图 4-34 所示。

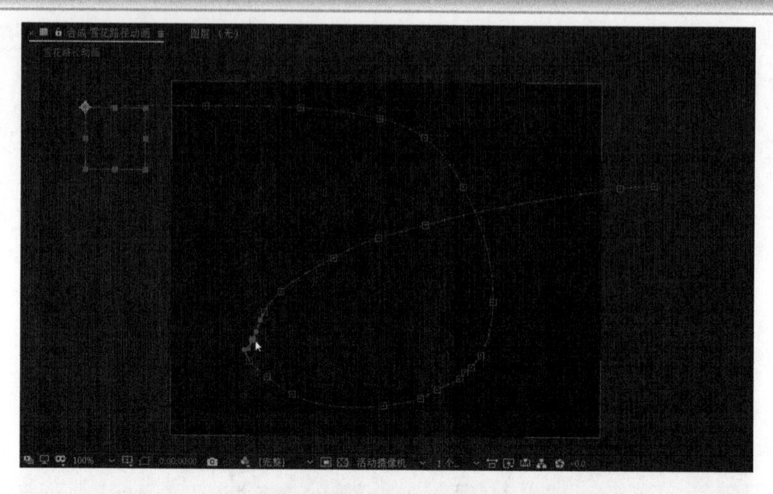

图 4-32　选择关键帧并对其进行删除或编辑

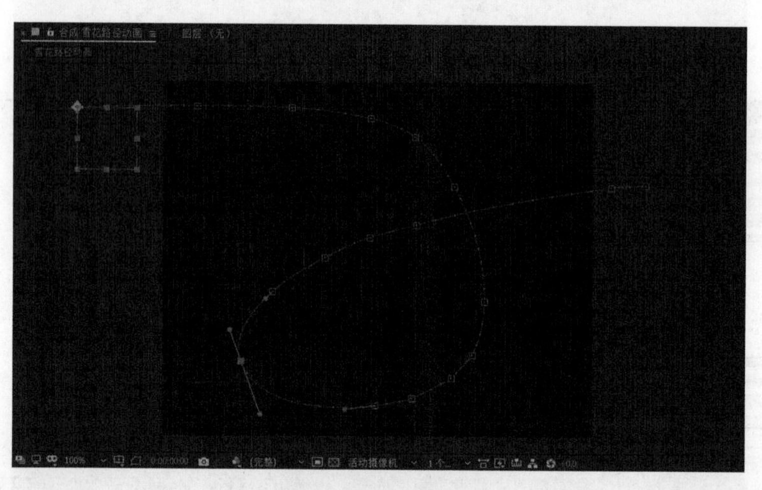

图 4-33　处理平滑的路径

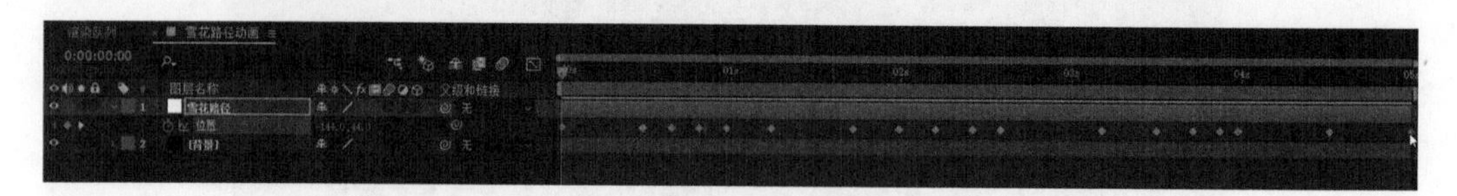

图 4-34　修改关键帧时长

步骤 8　在【时间轴】面板空白处右击，执行【新建】→【纯色】命令。

在弹出的【纯色设置】对话框中，设置【名称】为“雪花”，单击【制作合成大小】按钮，【颜色】为“黑色 (#000000)”，如图 4-35 所示。然后单击【确定】按钮，创建“雪花”层。

步骤 9　为“雪花”层添加【泡沫】滤镜。打开【效果和预设】面板，在该面板中搜索【泡沫】滤镜，如图 4-36 所示。

在【时间轴】面板中选择“雪花”层，然后在【效果和预设】面板中双击【泡沫】滤镜，将该滤镜添加到“雪花”层上。按空格键播放【泡沫】滤镜效果，如图 4-37 所示。

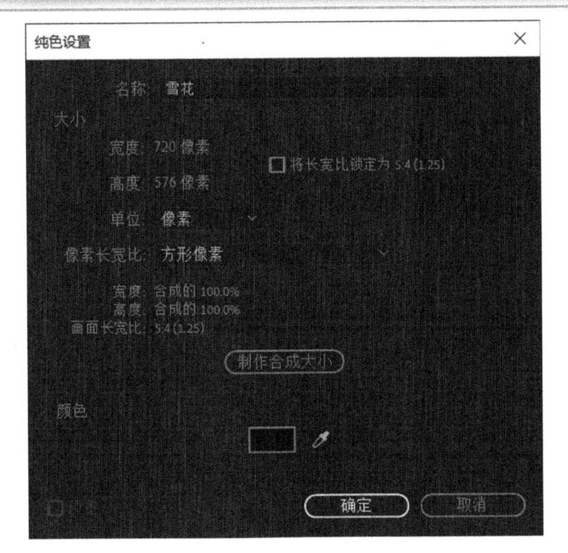

图 4-35　创建“雪花”层

图 4-36　搜索【泡沫】滤镜

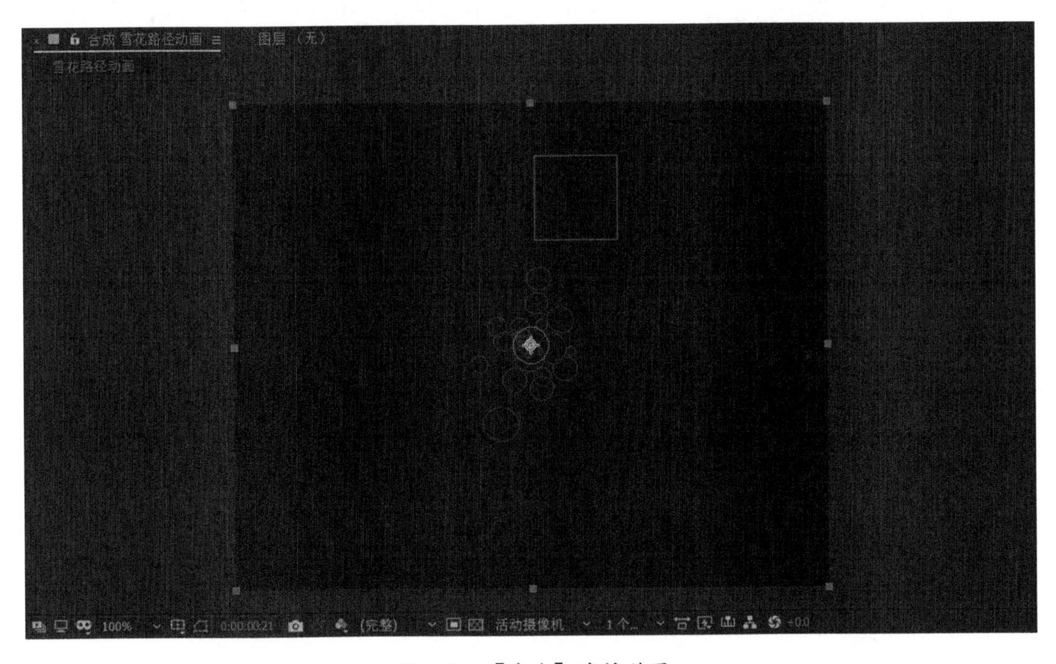

图 4-37　【泡沫】滤镜效果

步骤 10　将 snow.psd 文件拖曳至“雪花路径动画”合成中，然后选择该层并按 S 键，调整其缩放属性为 “3.0,3.0%”，如图 4-38 所示。

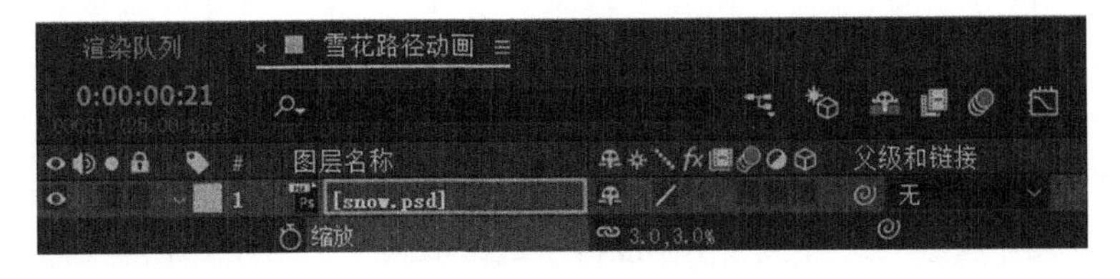

图 4-38　snow.psd 缩小

步骤 11　选择“雪花”层，在【效果控件】面板中设置【泡沫】滤镜参数如下：【视图】为“已渲染”，【气泡】中【寿命】为 25.000，【正在渲染】中【气泡纹理】为“用户自定义”，【气泡纹理分层】为 1.snow.psd，如图 4-39 所示。

在【时间轴】面板中关闭 snow.psd 层的视图图标，如图 4-40 所示。

步骤 12　制作雪花路径动画。在【时间轴】面板中选择“雪花路径”层，按 P 键调出【位置】属性。然后再选择“雪花”层，单击，展开【效果】→【制作者】属性，如图 4-41 所示。

图 4-40　关闭 snow.psd 层的显示

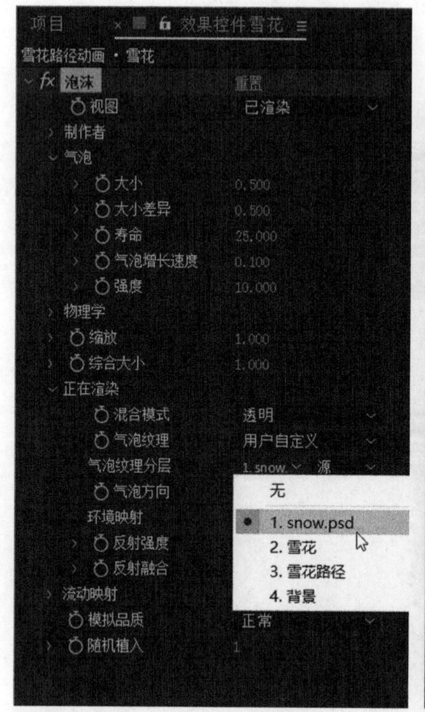

图 4-39　【泡沫】滤镜参数

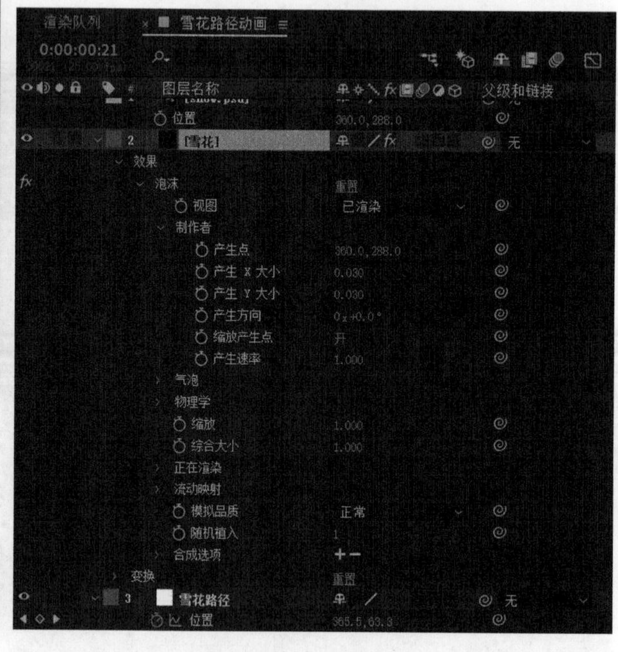

图 4-41　展开属性

将“雪花”层中【产生点】属性后的属性关联器拖曳至“雪花路径”层的【位置】属性上，建立两属性的链接，如图 4-42 所示。

步骤 13　按空格键预览动画效果，如图 4-43 所示。

步骤 14　按快捷键 Ctrl+S，保存当前编辑文件，在弹出的【另存为】对话框中设置文件名称与保存路径。

步骤 15　选择【文件】→【整理工程（文件）】→【收集文件】命令，在弹出的【收集文件】对话框中，将【收集源文件】设置为针对所有合成。然后单击【收集】按钮，在弹出的【将文件收集到文件夹中】对话框中选择收集文件存放的路径，再单击【保存】按钮，完成文件的收集操作。

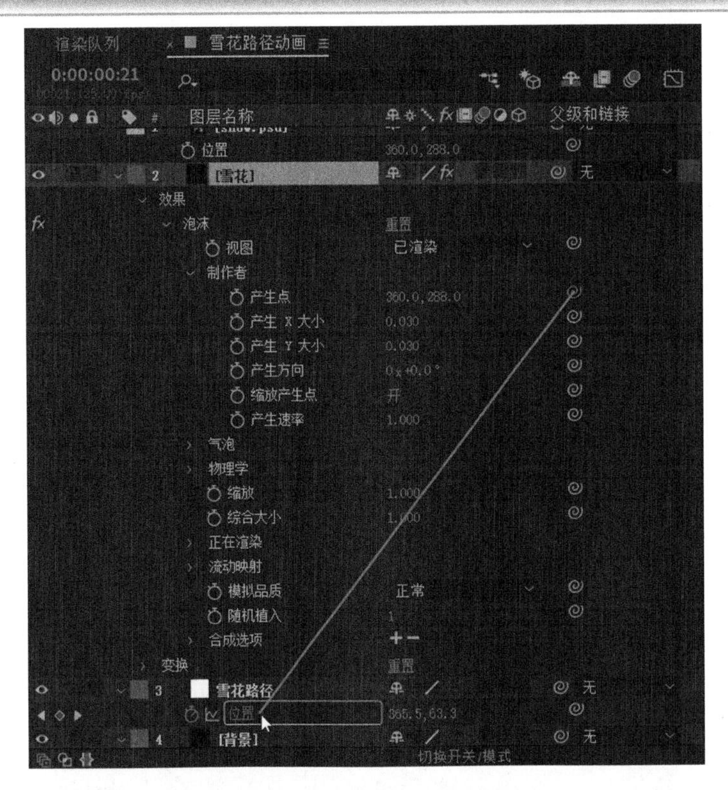

图 4-42　建立两属性的链接

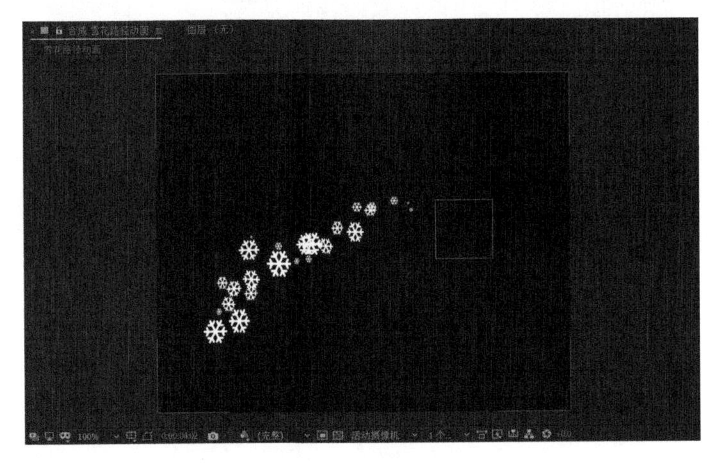

图 4-43　预览动画效果

4.5　案例：碎片汇聚动画

本案例完成效果如图 4-44 所示。

制作步骤如下。

步骤 1　在【项目】面板的空白处右击，在弹出的快捷菜单中选择【新建合成】命令，接着在弹出的【合成设置】对话框中，设置【合成名称】为“碎片汇聚动画”，【预设】为 HDV/HDTV 720 25，【持续时间】为 3 秒，如图 4-45 所示，单击【确定】按钮，创建合成。

图 4-44　案例完成效果

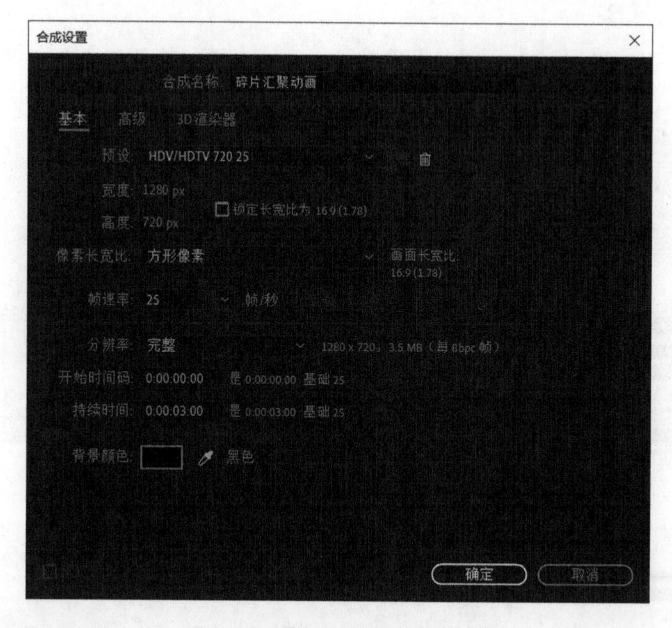

图 4-45　【合成设置】对话框

步骤 2　在【项目】面板的空白处双击，在弹出的【导入文件】对话框中选择 crown.psd 文件，如图 4-46 所示，然后单击【导入】按钮。

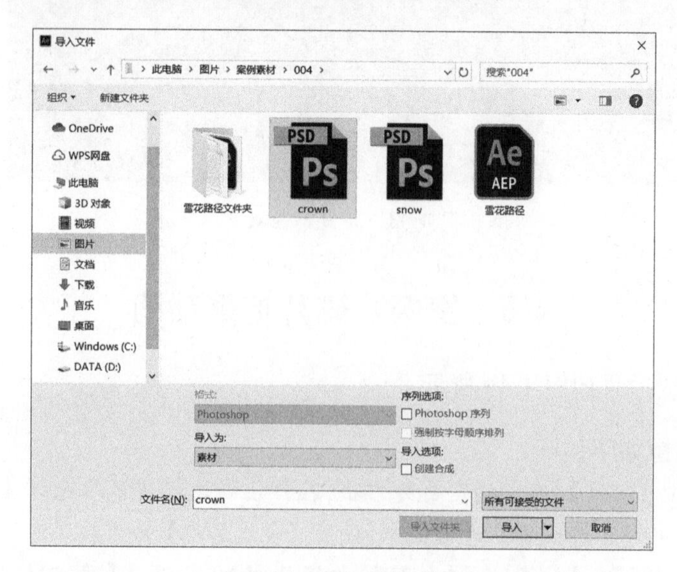

图 4-46　导入素材文件

在弹出的crown.psd对话框中，【导入种类】设为“素材”，【图层选项】设为“合并的图层”，如图4-47所示，然后单击【确定】按钮。

步骤3　在【时间轴】面板空白处右击，选择【新建】→【纯色】命令。

在弹出的【纯色设置】对话框中，设置【名称】为“背景”，单击【制作合成大小】按钮，【颜色】设为“白色(#FFFFFF)”，如图4-48所示，然后单击【确定】按钮，创建“背景”层。

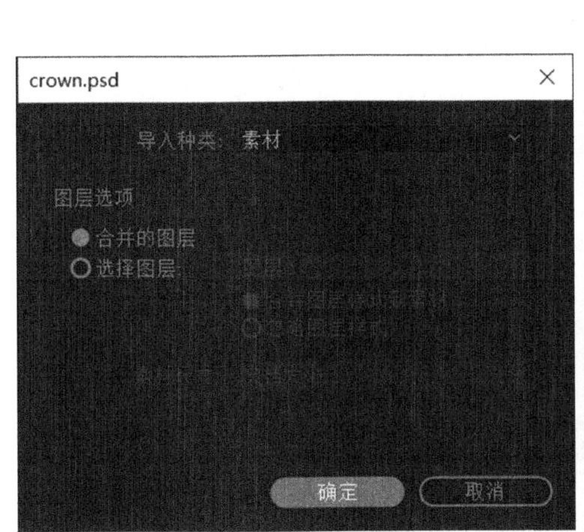

图4-47　crown.psd对话框

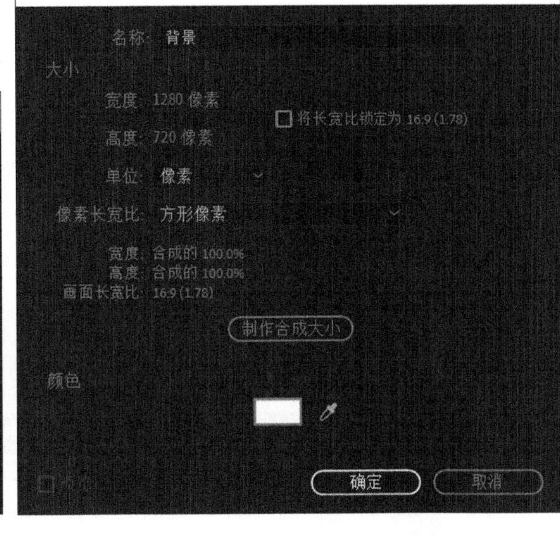

图4-48　创建“背景”层

步骤4　制作碎片动画。在【项目】面板中选择crown.psd文件，然后将其拖入“碎片汇聚动画”合成内，如图4-49所示。

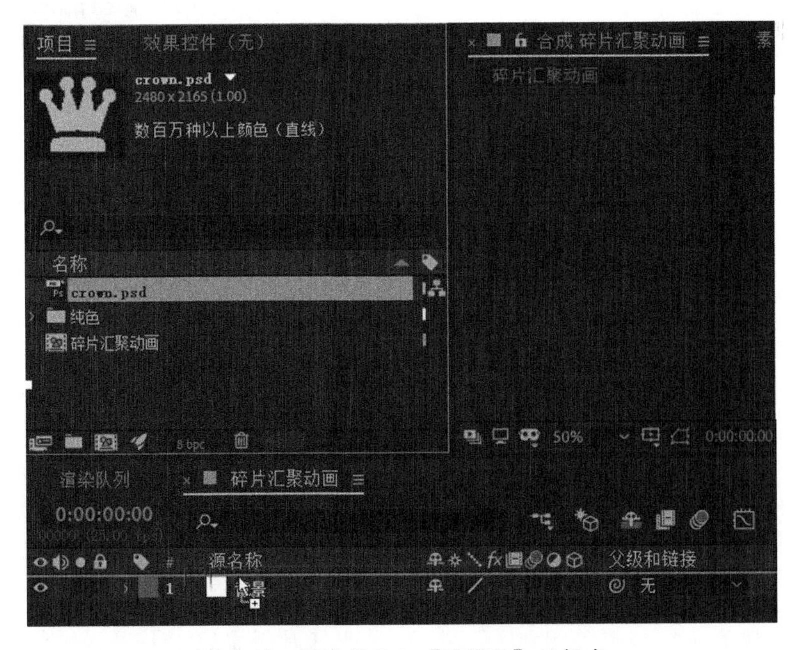

图4-49　将素材放入【时间轴】面板中

打开【效果和预设】面板，在该面板中搜索 CC Pixel Polly 滤镜，如图 4-50 所示。

在【效果和预设】面板中双击 CC Pixel Polly 滤镜，将该滤镜添加到 crown.psd 层上。在【效果控件】面板中设置 CC Pixel Polly 滤镜参数，Grid Spacing 设为 1，如图 4-51 所示。

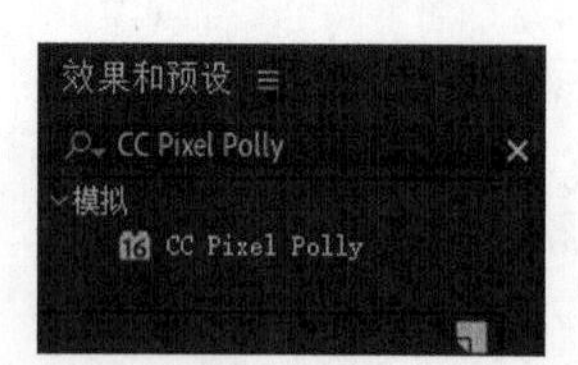

图 4-50　CC Pixel Polly 滤镜搜索

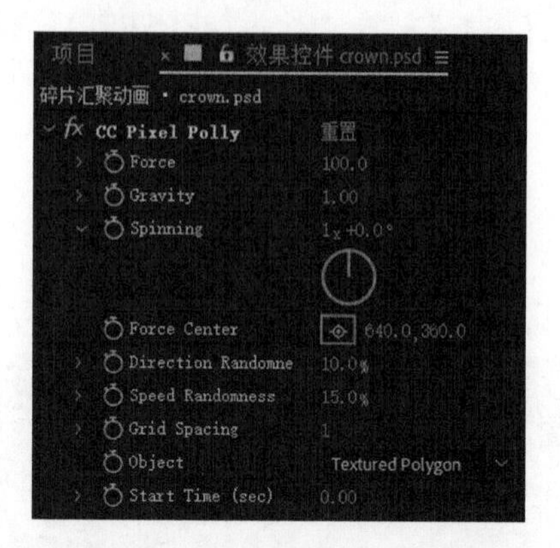

图 4-51　设置 CC Pixel Polly 滤镜参数

按空格键预览，效果如图 4-52 所示。

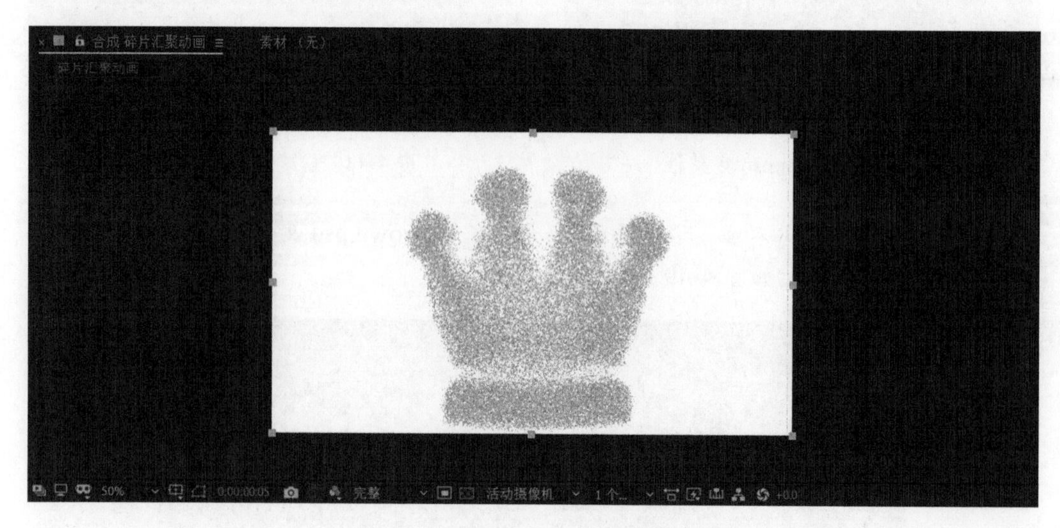

图 4-52　CC Pixel Polly 预览效果

步骤 5　制作汇聚动画。在【时间轴】面板中选择 crown.psd 层，按快捷键 Ctrl+Shift+C 创建预合成，并重命名为“汇聚”。选择“将所有属性移动到新合成”，如图 4-53 所示，然后单击【确定】按钮。

选择“汇聚”预合成，右击并选择【时间】→【时间反向图层】命令，如图 4-54 所示。

步骤 6　延长展示时间。按快捷键 Ctrl+K，打开【合成设置】对话框，将【持续时间】设置为 4 秒，如图 4-55 所示。

选择“汇聚”预合成，右击并选择【时间】→【启用时间重映射】命令，如图 4-56 所示。

将时间指示器设置在 0:00:02:24 处，单击【时间重映射】属性前，在当前时间添加或移除关键帧，在 0:00:02:24 处添加一个关键帧，如图 4-57 所示。

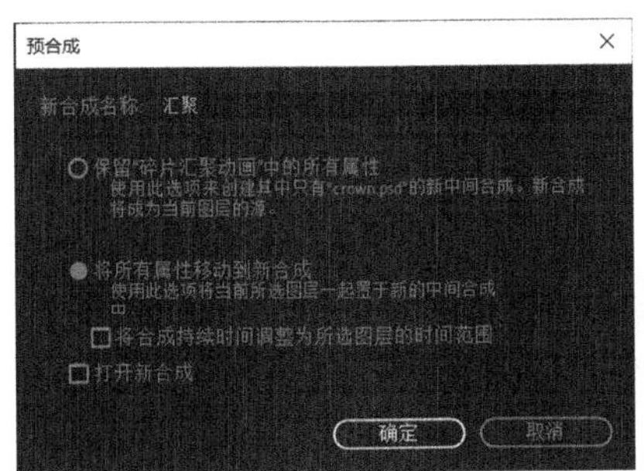

图 4-53　“汇聚”预合成

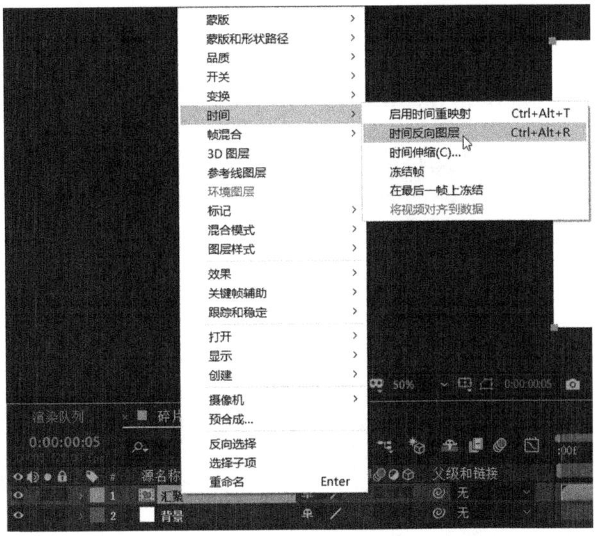

图 4-54　选择【时间反向图层】命令

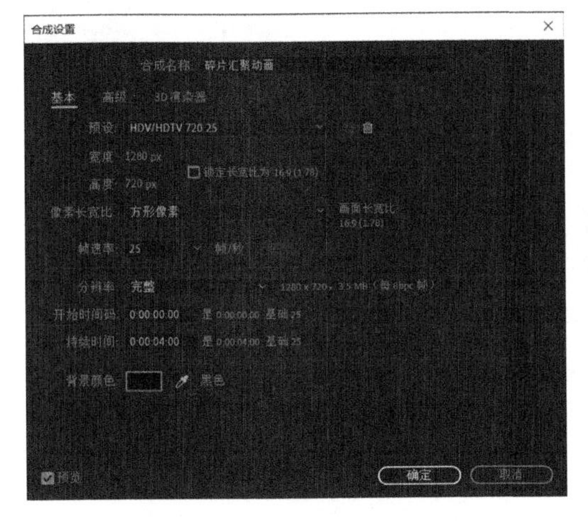

图 4-55　修改合成持续时间

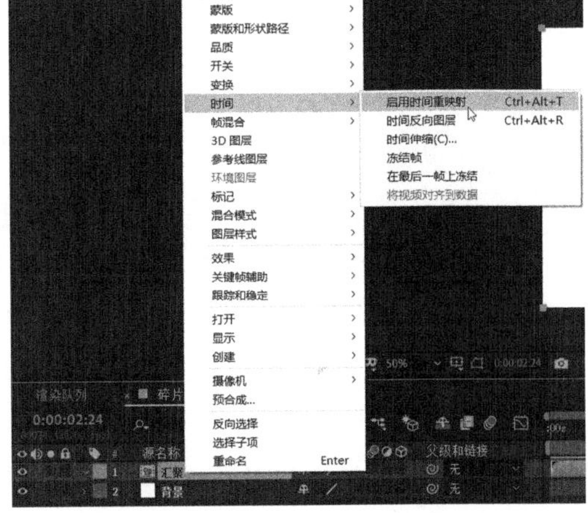

图 4-56　选择【启用时间重映射】命令

图 4-57　在 0:00:02:24 处添加关键帧

选择“汇聚”预合成，将其持续时间拖长至 0:00:03:24 处，如图 4-58 所示。

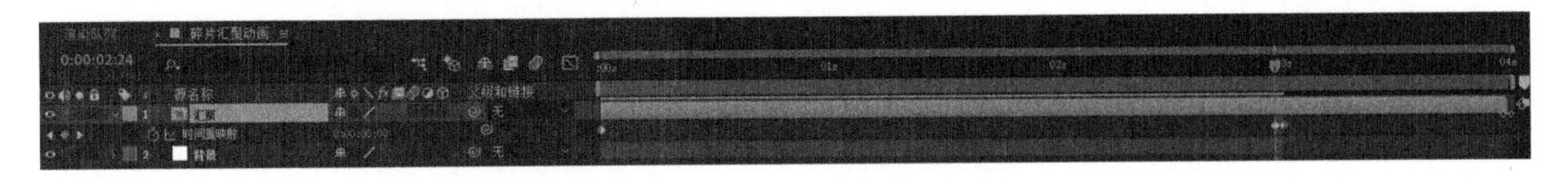

图 4-58　拖长“汇聚”预合成时长

运用相同的方法，将“背景”层持续时间拖长至0:00:03:24处。

选择“汇聚”预合成的【时间重映射】属性的最后一个关键帧，然后将此关键帧移动到0:00:03:24处，如图4-59所示。

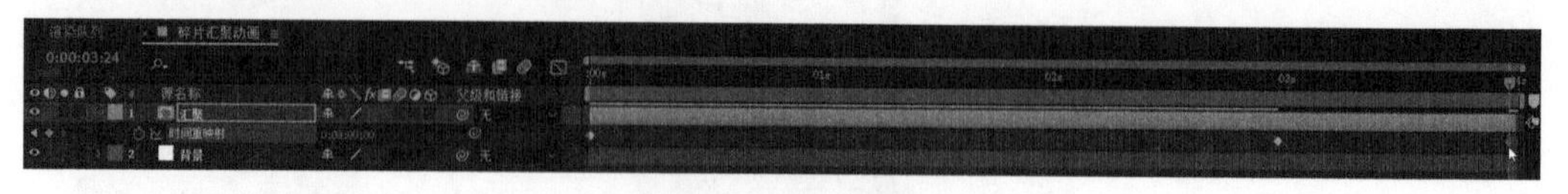

图4-59 移动关键帧

步骤7 按空格键预览动画效果，如图4-60所示。

图4-60 预览动画效果

步骤8 按快捷键Ctrl+S，保存当前编辑文件。在弹出的【另存为】对话框中设置文件名称与保存路径。

步骤9 选择【文件】→【整理工程(文件)】→【收集文件】命令，在弹出的【收集文件】对话框中，将【收集源文件】设置为对于所有合成，然后单击【收集】按钮。在弹出的【将文件收集到文件夹中】对话框中，选择收集文件存放的路径，然后单击【保存】按钮，完成文件的收集操作。

第5章　蒙版与遮罩

【学习目标】

1．掌握蒙版概念及其操作。

2．掌握遮罩概念及其操作。

【技能要求/学习重点】

1．掌握蒙版的运用。

2．掌握遮罩的运用。

【核心概念】

遮罩　蒙版

蒙版和遮罩是After Effects中非常重要的概念，运用蒙版和遮罩可以控制合成的显示区域。在本章中讲解After Effects中蒙版的创建、羽化设置、透明度设置、扩展设置、蒙版叠加模式、Alpha遮罩、Alpha反转遮罩、亮度遮罩、亮度反转遮罩。

5.1　蒙版的概念

蒙版，就是通过一个选区，控制素材的显示性。

在After Effects软件中，可以通过规则形状工具创建规则的蒙版，也可以通过钢笔工具创建不规则的蒙版，并且可以对蒙版的形状、羽化值、透明度和扩展属性进行关键帧设置，制作蒙版动画。

5.2　蒙版基本操作

5.2.1　蒙版创建

在【工具】面板中单击矩形工具，即可以创建一个规则的矩形蒙版。长按矩形工具，即可调出After Effects中圆角矩形工具、椭圆工具、多边形工具和星形工具。【蒙版工具】面板如图5-1所示。

在【工具】面板中单击钢笔工具，即可使用钢笔工具绘制出不规则的蒙版。这里的钢笔工具使用和Photoshop中钢笔工具的使用方法一致。长按钢笔工具，即可调出After Effects中添加“顶点”工具、删除“顶点”工具、转换“顶点”工具和蒙版羽化工具。【钢笔工具】面板如图5-2所示。

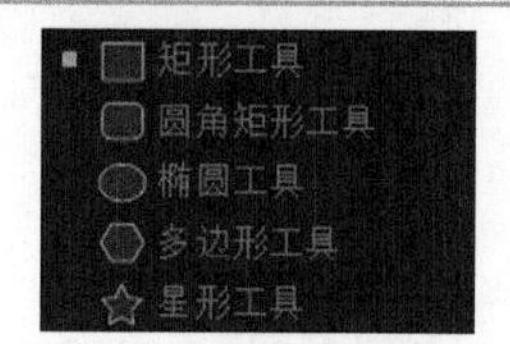

图 5-1 【蒙版工具】面板

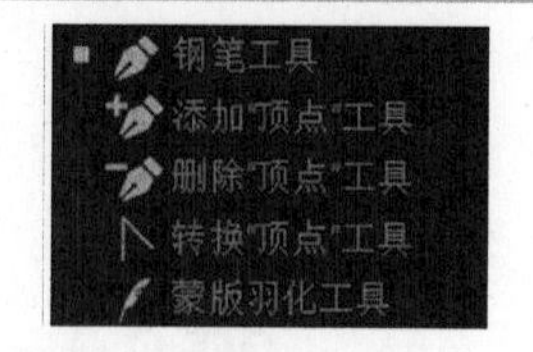

图 5-2 【钢笔工具】面板

在此需要说明的是，创建蒙版，一定要选择创建蒙版的图层，这样才能创建成功。如果未选择图层，直接使用上述两种工具，创建出来的则是形状图层。

5.2.2 蒙版属性

图层蒙版创建完成后，选择蒙版层，按 M 键将蒙版属性面板打开，如图 5-3 所示。

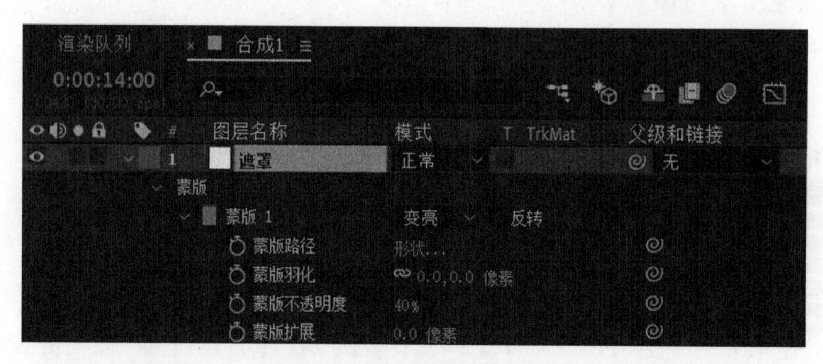

图 5-3 蒙版属性面板

蒙版的【混合模式】：包括无、相加、相减、交集、变亮、变暗、差值。

无：图层不使用蒙版效果，如图 5-4 所示。

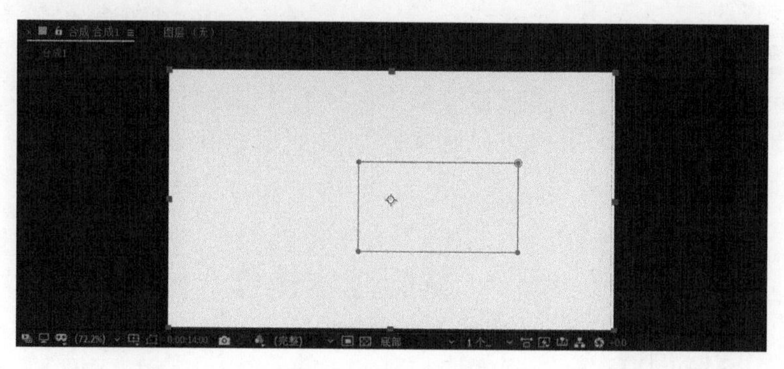

图 5-4 【无】模式

相加：上下蒙版都应用【相加】模式，则蒙版部分区域将会都显示出来，不论这些蒙版有无重叠，如图 5-5 所示。

相减：单个蒙版时，显示的是蒙版以外区域部分。当矩形蒙版模式为【相加】模式，圆形蒙版模式为【相减】模式时，则显示扣除【相减】模式区域内容，如图 5-6 所示。

当上下两个蒙版都为【相减】模式，显示的是这两个蒙版以外的部分，如图 5-7 所示。

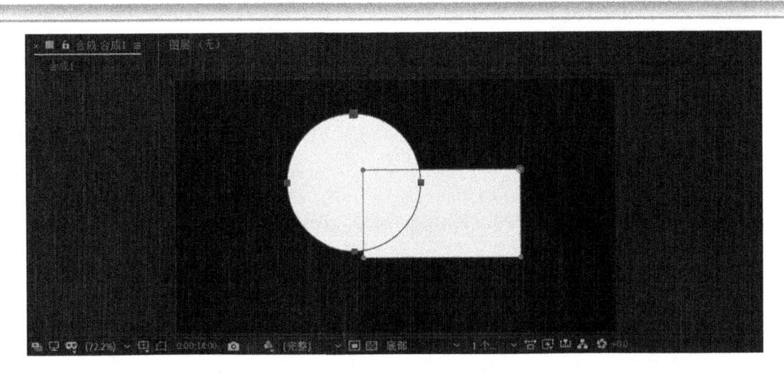

图 5-5 【相加】模式

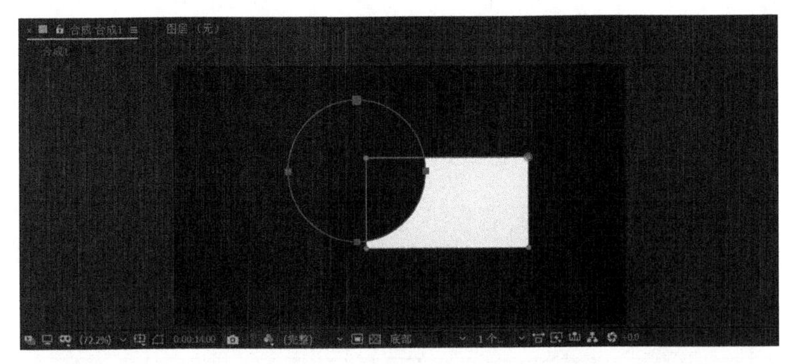

图 5-6 【相加】模式和【相减】模式

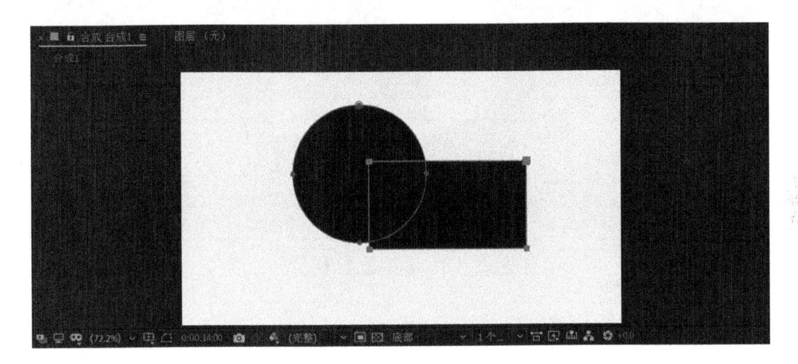

图 5-7 两个【相减】模式

交集：显示上下蒙版相交部分,如图 5-8 所示。如果上下图层之间没有交集,则画面不显示。

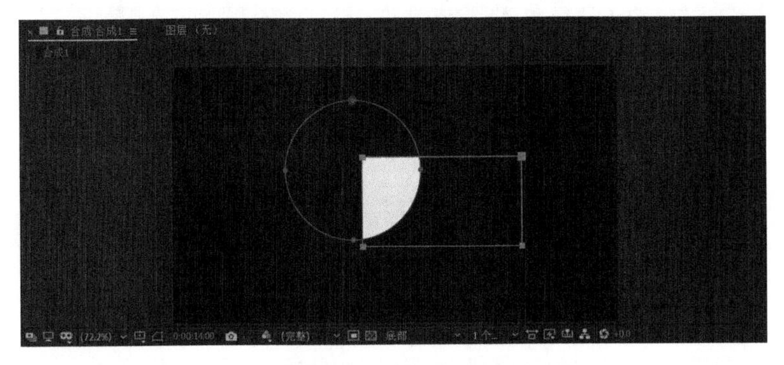

图 5-8 【交集】模式

变亮：上下蒙版相交时，相交部分不透明效果叠加。在应用【变亮】模式时，需要将【蒙版透明度】进行调整，可以制作成半透明效果。上下蒙版相交时，相交部分的不透明度不叠加。矩形蒙版和圆形蒙版调整为【变亮】模式，蒙版不透明度设置为20%，蒙版效果如图 5-9 所示。

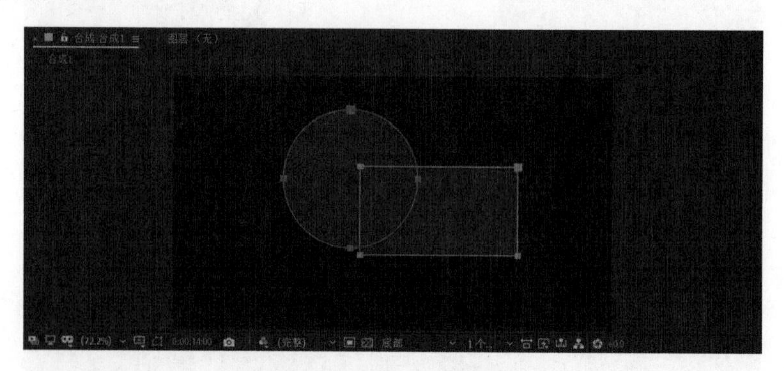

图 5-9 【变亮】模式

变暗：上下蒙版相交时，相交部分不透明度减弱。

差值：上下蒙版相交的部分不显示，显示的是它们之间的差集，如图 5-10 所示。

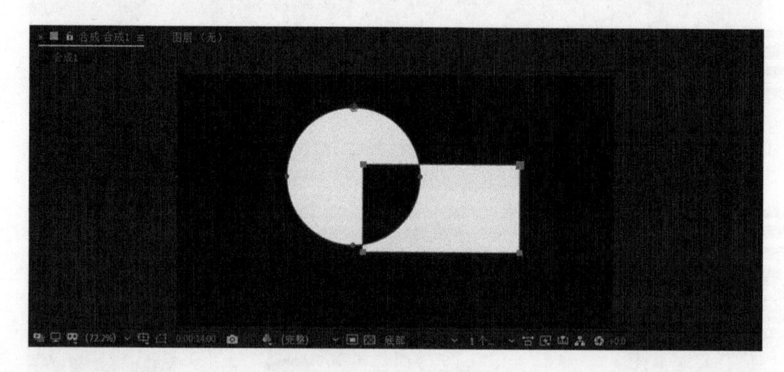

图 5-10 【差值】模式

反转：选中该项，蒙版区域将反选。

蒙版路径：控制蒙版的形状，对该属性设置关键帧，可以制作蒙版动画。

蒙版羽化：控制蒙版边缘的羽化效果，如图 5-11 所示。

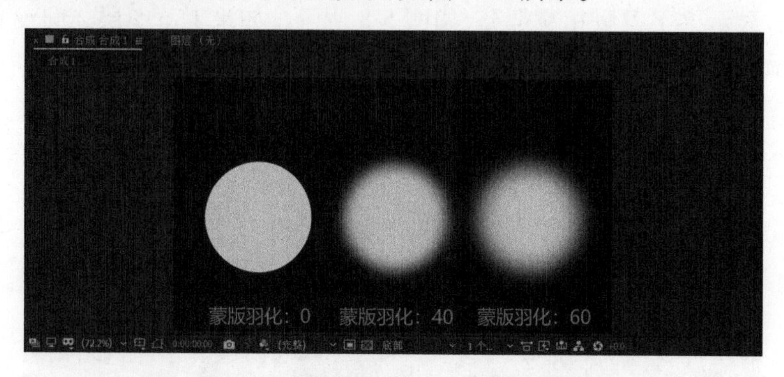

图 5-11 【蒙版羽化】为不同值的效果

蒙版不透明度：控制蒙版内部的透明度，如图 5-12 所示。

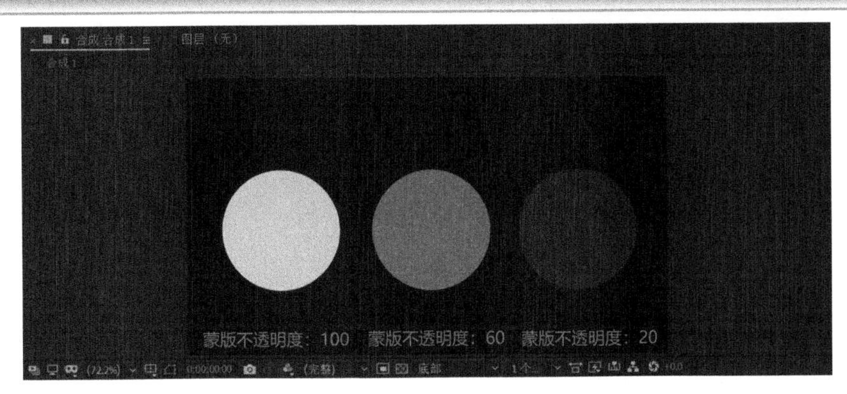

图 5-12　【蒙版不透明度】为不同值的效果

蒙版扩展：控制蒙版区域的扩大或缩小，如图 5-13 所示。

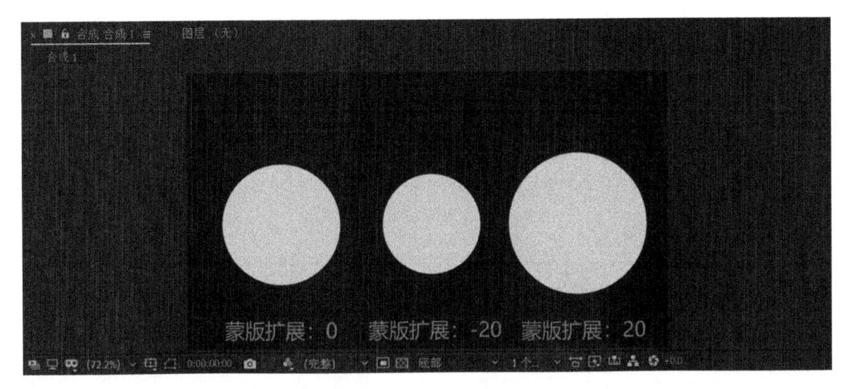

图 5-13　【蒙版扩展】为不同值的效果

5.2.3　蒙版修改

点调节：在【工具】面板上选择选取工具▶，然后在【合成】面板中选择蒙版上的任意一点或是多点进行拖动，即可调整蒙版形状，如图 5-14 所示。

图 5-14　选择蒙版上的点进行移动

线调节：在【工具】面板上选择选取工具▶，然后在【合成】面板中选择蒙版上的任意两点之间的线段进行拖动，即可调整蒙版形状，如图 5-15 所示。

图 5-15　选择蒙版上的线进行移动

钢笔工具调节：使用添加顶点工具、删除顶点工具、转换顶点工具对蒙版形状进行调整。使用方法和 Photoshop 一致，通过调节控制手柄修改蒙版形状，在此不再赘述。

控制框调节：在【合成】面板中双击蒙版的任意一处，就会出现如图 5-16 所示的控制框。

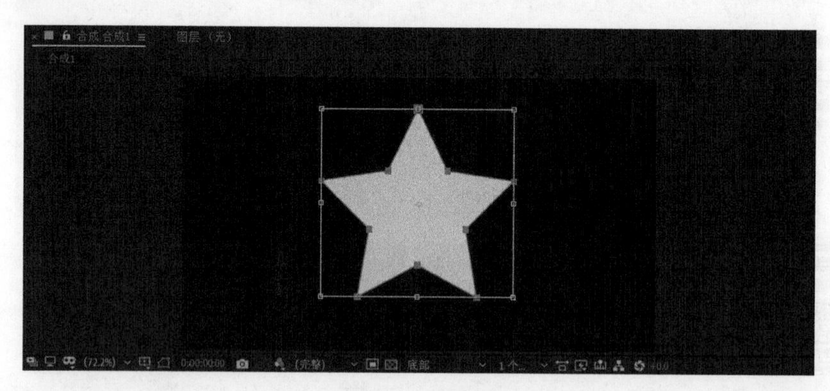

图 5-16　控制框

通过控制框可以调整蒙版的大小、移动、旋转和变形。通过控制框调整好蒙版形状后，按 Enter 键即可退出编辑状态。

用控制框控制蒙版大小：将光标移动到控制框的控制点上，按下左键拖动鼠标即可以放大和缩小，如图 5-17 所示。

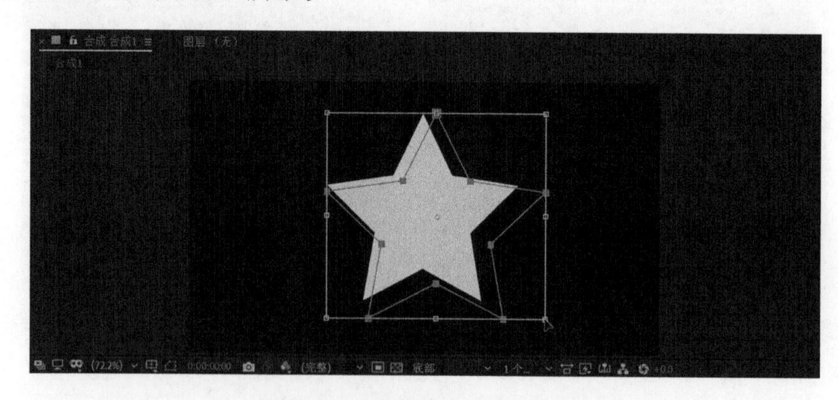

图 5-17　用控制框控制蒙版大小

用控制框控制蒙版旋转：将光标移动到控制框的边上，此时光标转换为↷状态，这时按住鼠标左键进行拖动即可旋转蒙版，如图5-18所示。

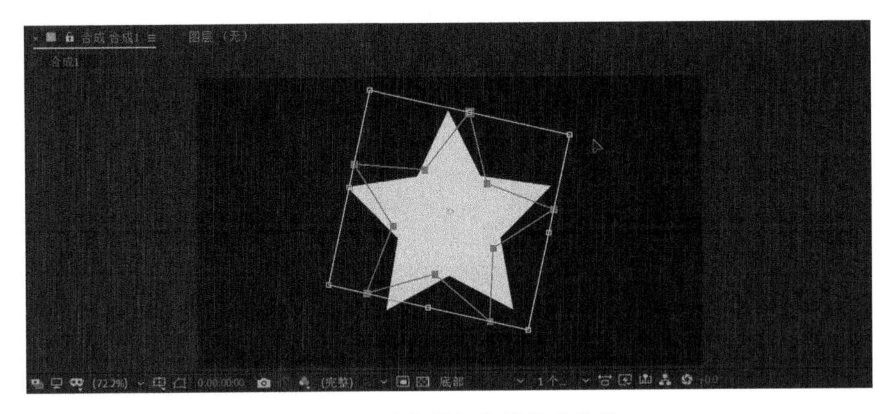

图 5-18　用控制框控制蒙版旋转

用控制框移动蒙版：在【合成】面板中，直接单击蒙版内部任意位置按下鼠标左键进行拖动，即可移动蒙版，如图5-19所示。

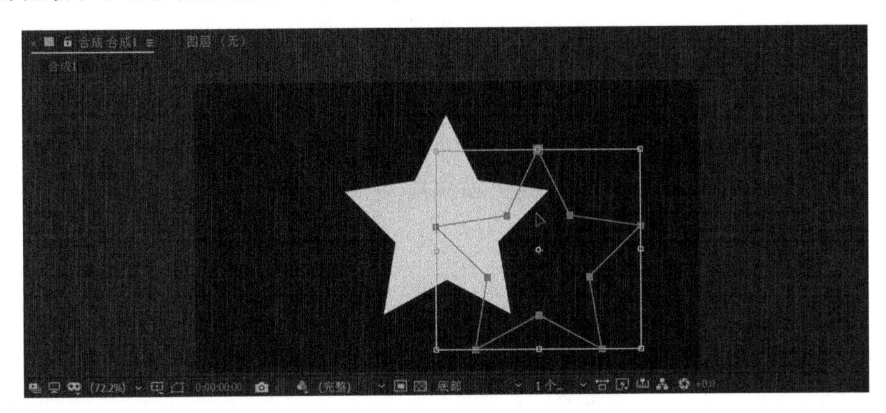

图 5-19　用控制框控制蒙版移动

用局部控制框调节蒙版：按下Shift键并用鼠标选择两个以上点之后，再双击其中一个点，就会出现局部控制框，如图5-20所示。局部控制框操作方法同上，不再赘述。

图 5-20　用局部控制框调节蒙版

5.3 遮 罩 概 念

遮罩,即运用素材的形状控制底端图层的显示。在After Effects中用黑色和白色来控制显示,遮罩显示的是白色部分,而黑色的部分将会合成为透明状态。

在After Effects中,遮罩在【时间轴】面板上,单击展开或折叠转换控制按钮,即可以看到轨道遮罩 T TrkMat ,如图5-21所示。在此需要注意的是,遮罩只作用于相邻的上下两个图层。

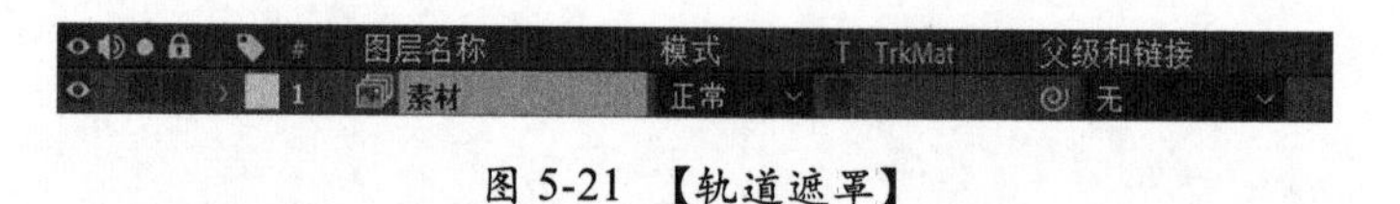

图5-21 【轨道遮罩】

5.4 遮 罩 分 类

在After Effects中提供了4种遮罩,在【时间轴】面板中展开【轨道遮罩】下拉菜单,即可看到Alpha遮罩、Alpha反转遮罩、亮度遮罩、亮度反转遮罩,如图5-22所示。

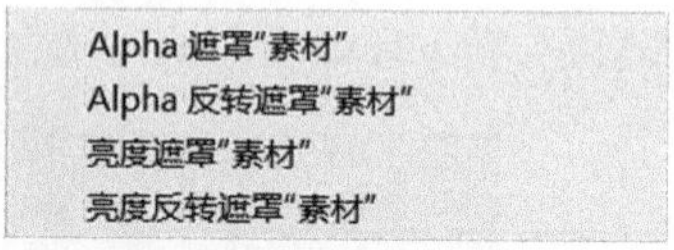

Alpha 遮罩"素材"
Alpha 反转遮罩"素材"
亮度遮罩"素材"
亮度反转遮罩"素材"

图5-22 遮罩的类型

总体来说,可大体分为两种遮罩:Alpha遮罩和亮度遮罩。Alpha遮罩是通过Alpha通道设置遮罩,而亮度遮罩是通过图片的亮度信息设置遮罩。

5.4.1 Alpha遮罩/Alpha反转遮罩

选择【合成】→【新建合成】命令,【合成名称】设为"Alpha遮罩",【宽度】设为720px,【高度】设为576px,【帧速率】设为"25帧/秒",【持续时间】设为5秒的合成,设置完成后,单击【确定】按钮,如图5-23所示。

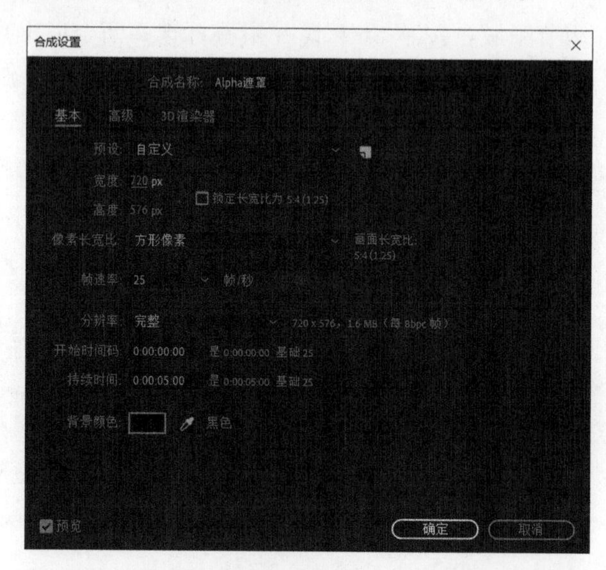

图5-23 创建"Alpha遮罩"合成

在【时间轴】面板空白处右击，选择【新建】→【纯色】层，设置该层【名称】为“填色”、【宽度】为720px、【高度】为572px、【颜色】为“红色(#FF0000)”，设置完成后确认，完成效果如图5-24所示。

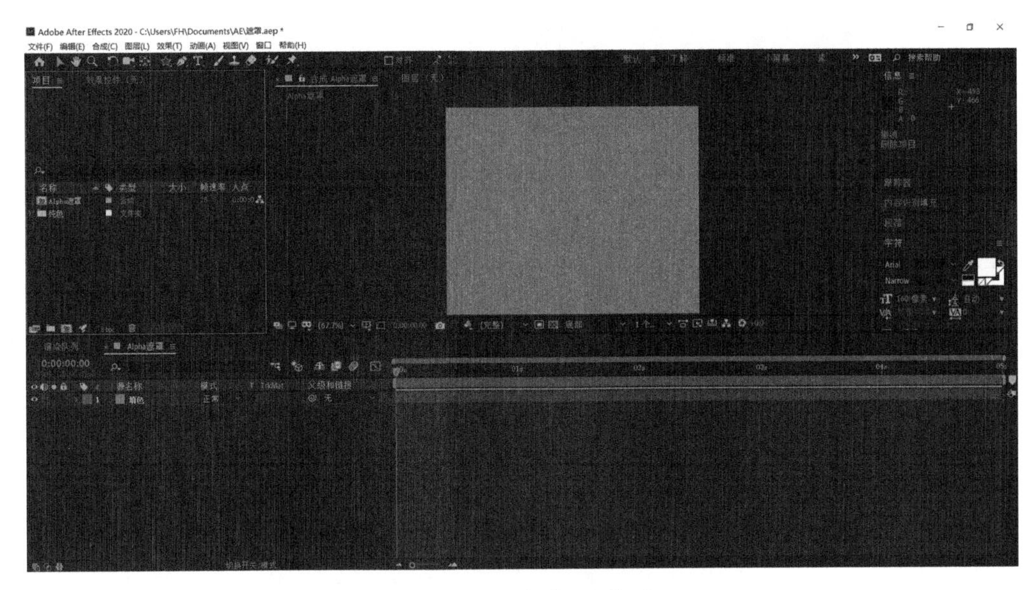

图5-24　创建【纯色】层

在【时间轴】面板空白处右击，选择【新建】→【文字】层，在【合成】面板中创建文字MATTE，并修改文字字体为Arial、大小为160、字体颜色为“白色(#FFFFFF)”，完成效果如图5-25所示。

图5-25　创建【文字】层

创建两个图层后，文字层MATTE在上，纯色层“填色”在下。

选择纯色层“填色”，单击【轨道遮罩】下【无】按钮，在弹出的下拉菜单中选择【Alpha遮罩“MATTE”】，如图5-26所示。

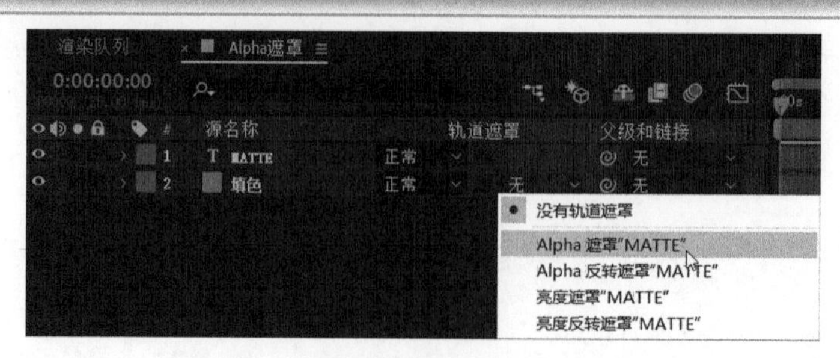

图 5-26 选择【Alpha 遮罩"MATTE"】

此时文字层 MATTE 的视频图标被关闭，上层图层在【源名称】栏中添加了图标，下层图层在【源名称】栏中添加了图标，如图 5-27 所示。

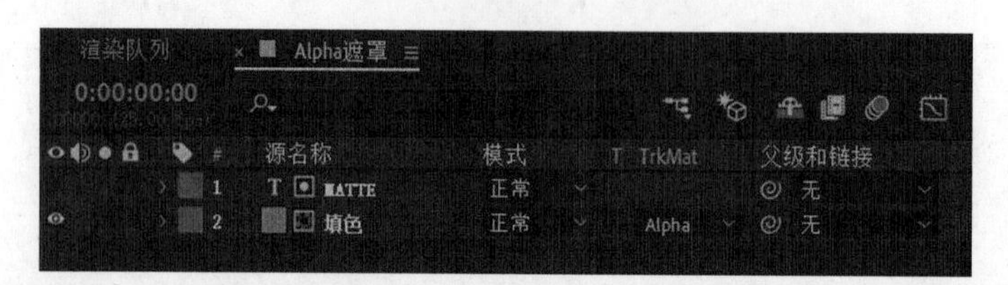

图 5-27 设置【Alpha 遮罩】后图层的状态

文字层 MATTE 的文字内部在【合成】面板中显示的是其下层纯色层"填色"的红色填充色，如图 5-28 所示。

图 5-28 应用【Alpha 通道遮罩】后的效果

【Alpha 反转遮罩】显示的结果和【Alpha 遮罩】显示的结果相反，应用了【Alpha 反转遮罩】后的效果如图 5-29 所示。

图 5-29 应用【Alpha 反转遮罩】后的效果

需要注意的是，在创建文字层 MATTE 时，文字的颜色设置不一定为白色，也可以是其他颜色。

5.4.2 亮度遮罩 / 亮度反转遮罩

亮度遮罩 / 亮度反转遮罩使用方法和 Alpha 遮罩相同。不同点在于，可以通过设置亮度，控制底层图层的显示状态。当填充部分为白色时，将会 100% 显示底层图层；当填充部分为黑色时，底层图层不显示；当填充部分为灰色时，显示为半透明状态。

首先制作好一个设置了不同亮度值的图片，如图 5-30 所示。亮度分别是 100% 白、50% 白、25% 白。

打开 After Effects 软件，将该文件导入项目面板中，如图 5-31 所示。

图 5-30 不同亮度的图像

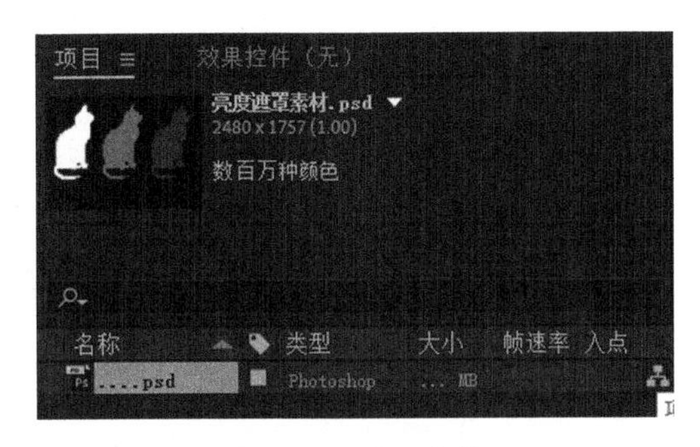

图 5-31 导入素材

选择【合成】→【新建合成】命令，设置【合成名称】为“合成 1”、【宽度】为 720px，【高度】为 576px、【帧速率】为“25 帧 / 秒”、【持续时间】为 5 秒，设置完成后，单击【确定】按钮。

在【时间轴】面板空白处右击，选择【新建】→【纯色】层，设置该层【名称】为“填色”、【宽度】为 720px、【高度】为 572px、【颜色】为“红色 (#FF0000)”，设置完成后单击【确定】按钮。然后将“亮度遮罩素材 .psd”拖到【时间轴】面板中，纯色层“填色”在下层，“亮度遮罩素材 .psd”在上层，如图 5-32 所示。

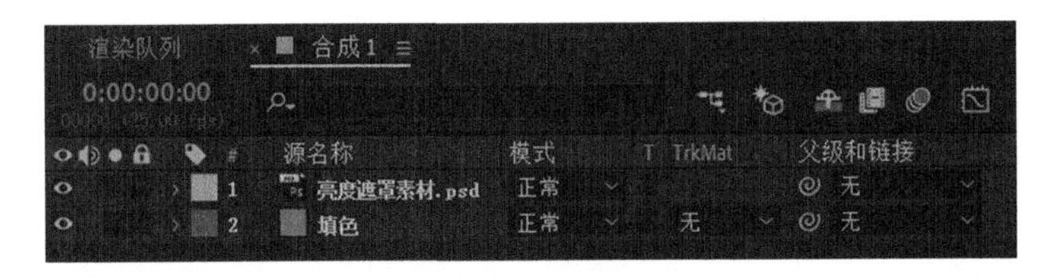

图 5-32 图层设置

选择纯色层“填色”，单击【轨道遮罩】下【无】按钮，在弹出的下拉菜单中选择【亮度遮罩】，如图 5-33 所示。

此时“亮度遮罩素材 .psd”层的视频图标被关闭。100% 白色部分显示的是【纯色】层的颜色。50% 白色部分和 25% 白色部分的显示效果，则依据填充的亮度依次趋向于透明，如图 5-34 所示。

【反转亮度遮罩】显示的结果和【亮度遮罩】显示的结果相反，如图 5-35 所示为应用了【反转亮度遮罩】后的效果。

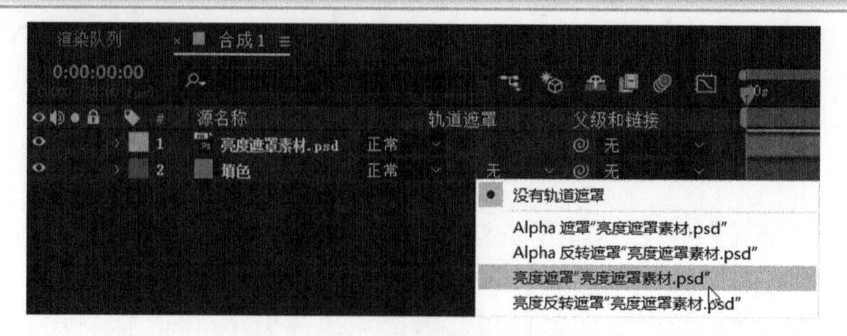

图 5-33　选择【亮度遮罩】

图 5-34　应用【亮度遮罩】后的效果

图 5-35　应用【反转亮度遮罩】后效果

5.5　案例：燃烧的文字

本案例的完成效果如图 5-36 所示。

图 5-36　燃烧的文字完成效果

制作步骤如下。

步骤 1　创建合成。新建一个空白合成，在【合成设置】对话框中，设置【合成名称】为“燃烧的文字”、【预设】为 HDV/HDTV 720 25、【持续时间】为 4 秒，单击【确定】按钮完成合成创建，如图 5-37 所示。

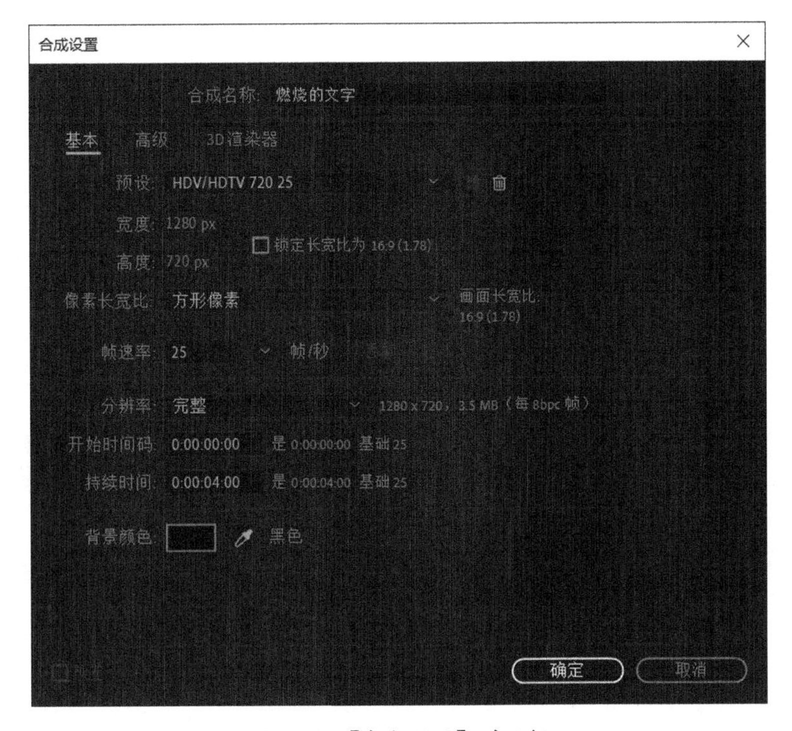

图 5-37　【合成设置】对话框

步骤 2　新建“背景”层。在【时间轴】面板空白处右击，选择【新建】→【纯色】命令，如图 5-38 所示。

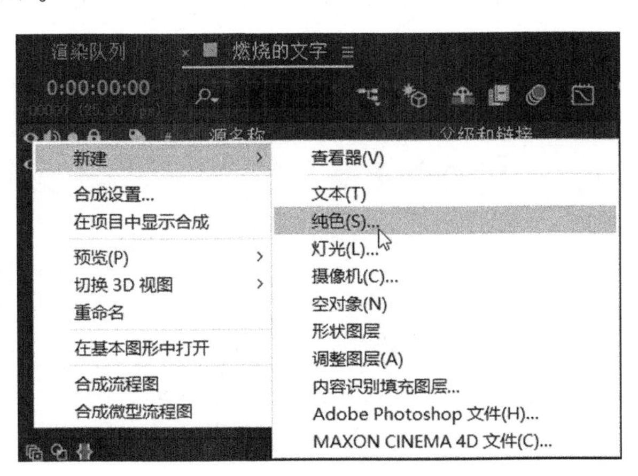

图 5-38　新建纯色层

在弹出的【纯色设置】对话框中，设置【名称】为“背景”，单击【制作合成大小】按钮，设置【颜色】为“黑色 (#000000)”，如图 5-39 所示。然后单击【确定】按钮，创建“背景”层。

步骤 3　创建 AFTER EFFECTS 文字层。单击【工具】面板中的横排文字工具T，在【合成】面板中单击，待出现光标即可输入文字 AFTER EFFECTS。

选择新建的文字层，然后双击，打开【字符】面板，设置【字体系列】为 Arial、【字体样式】为 Black、【字体大小】为"80 像素"、【颜色】为"白色（#FFFFFF）"、【字符间距】为 200、【垂直缩放】为 200%，如图 5-40 所示。

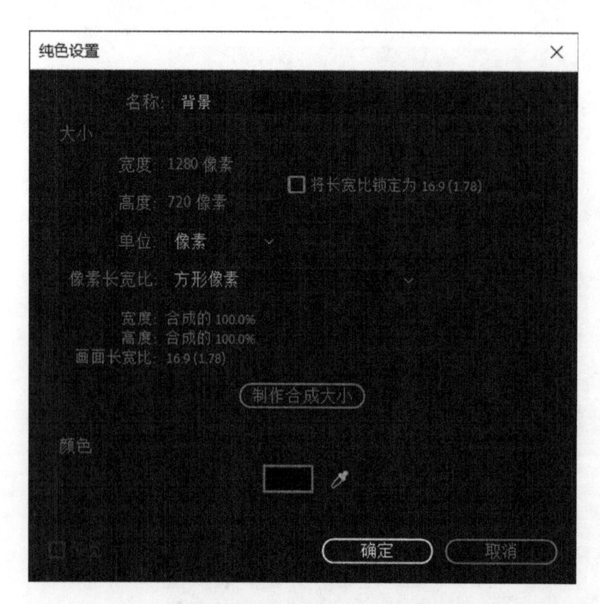

图 5-39　创建"背景"层

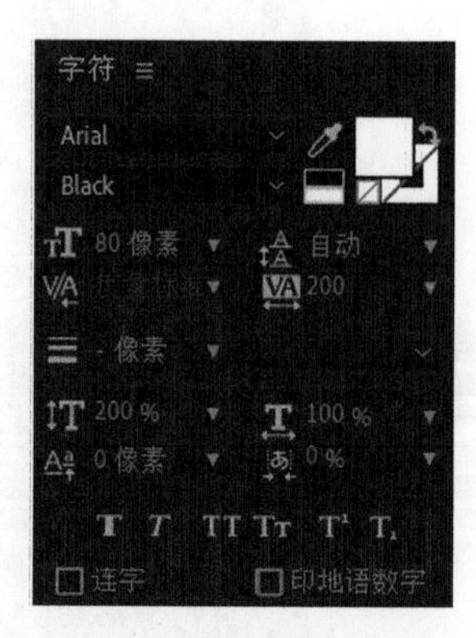

图 5-40　设置【字符】面板的参数

在【时间轴】面板中选择文字层，将其放置在画面中心。也可以按 P 键，设置【位置】属性，使图层放置在画面中心。AFTER EFFECTS 文字层效果如图 5-41 所示。

图 5-41　AFTER EFFECTS 文字层效果

步骤 4　导入"火"序列帧素材。在【项目】面板的空白处双击，在弹出的【导入文件】对话框中选择"火.0001"文件，并选中"Targe 序列"，然后单击【导入】按钮，导入素材，如图 5-42 所示。

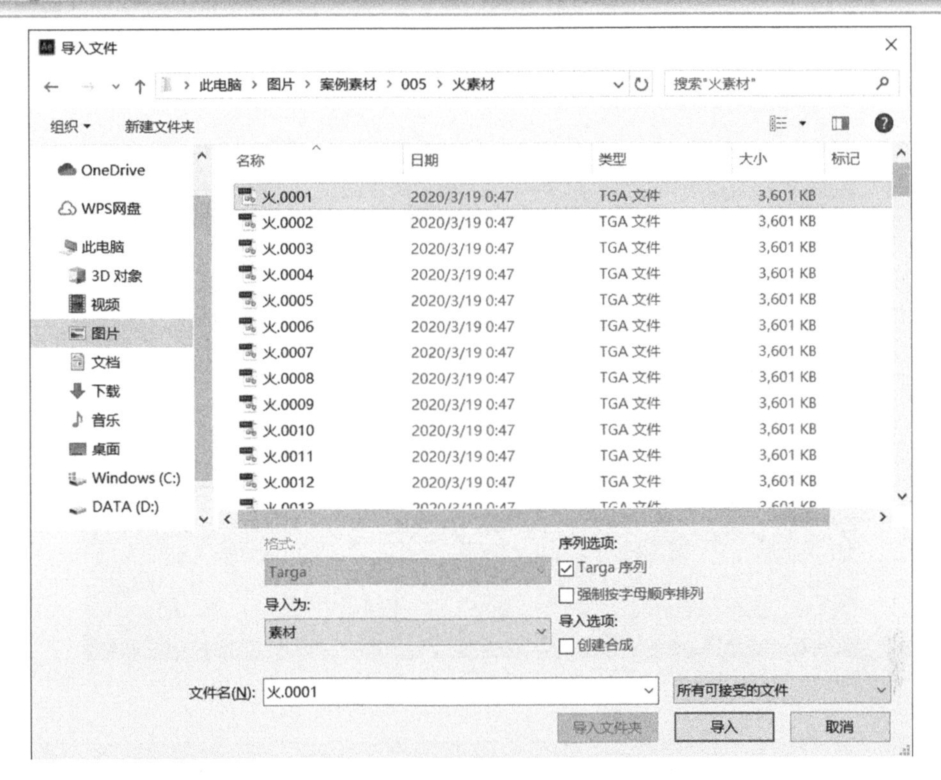

图 5-42　导入“火”序列帧素材

在弹出的【解释素材...】对话框中选择【直接 - 无遮罩】，然后单击【确定】按钮，如图 5-43 所示。

步骤 5　制作遮罩。在【项目】面板中选择“火”序列帧素材，然后将其拖曳至【时间轴】面板的 AFTER EFFECTS 文字层下，让其位于 AFTER EFFECTS 文字层和“背景”层的中间，如图 5-44 所示。

选择“火.[0001-0120].tga”层，将整个序列帧素材和文字层大部分基本对齐，完成效果如图 5-45 所示。

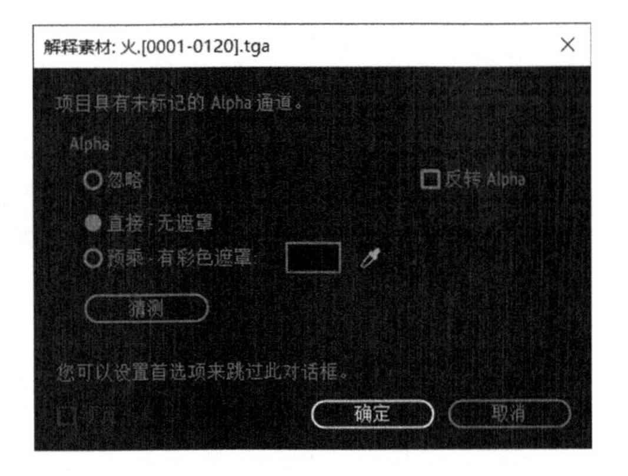

图 5-43　【解释素材...】对话框

选择“火.[0001-0120].tga”层，单击【轨道遮罩】下的【无】按钮，在弹出的下拉菜单中选择【Alpha 遮罩“AFTER EFFECTS”】，如图 5-46 所示。

按空格键预览，其效果如图 5-47 所示。

步骤 6　添加文字效果。打开【效果和预设】面板，在该面板中搜索【毛边】滤镜，如图 5-48 所示。

在【时间轴】面板中选择 AFTER EFFECTS 文字层，然后在【效果和预设】面板中双击【毛边】滤镜，将该滤镜添加到 AFTER EFFECTS 文字层上。

在【效果控件】面板中设置【毛边】滤镜参数，设置【边缘类型】为“生锈”、【边界】为 100.00、【比例】为 40.0，如图 5-49 所示。

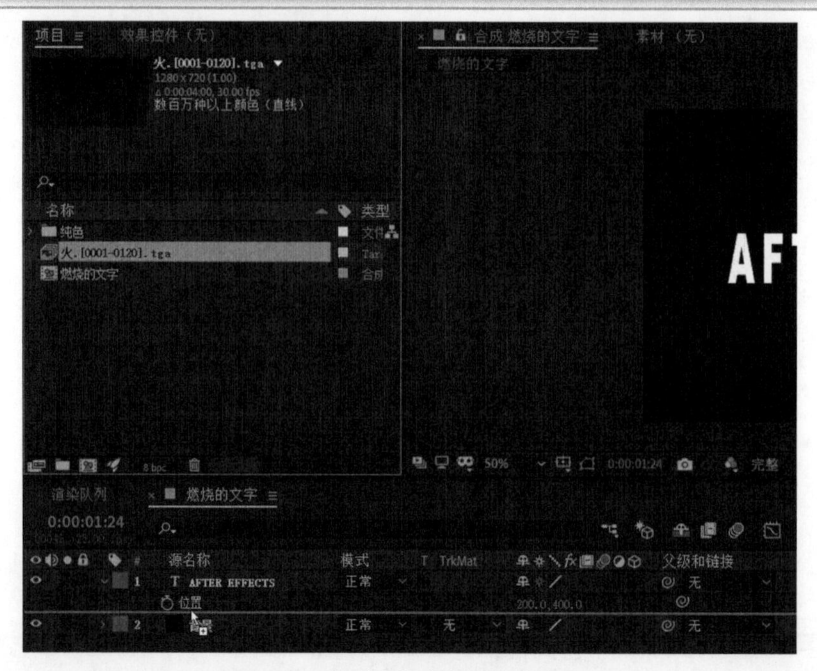

图 5-44 将“火”素材放入合成中

图 5-45 “火”素材与文字对齐

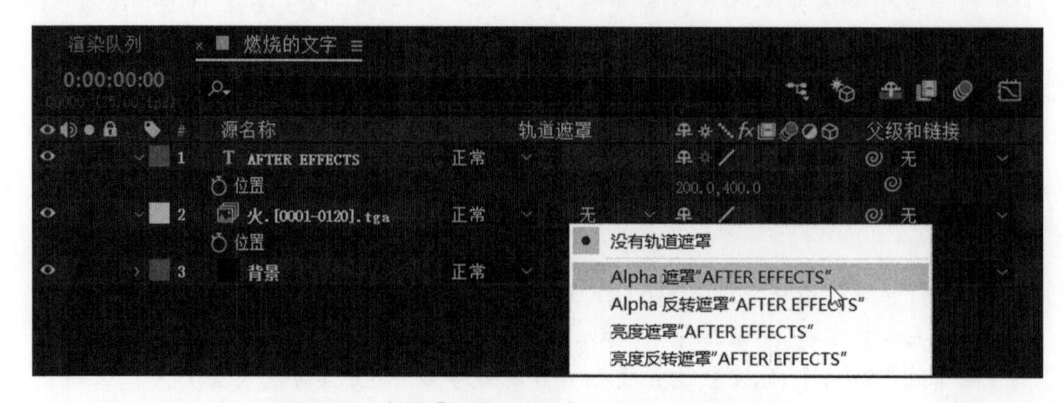

图 5-46 选择【Alpha 遮罩“AFTER EFFECTS”】

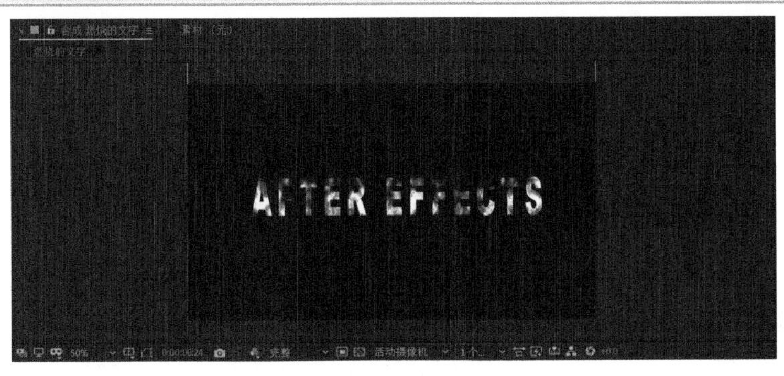

图 5-47　遮罩完成后的预览效果

图 5-48　【毛边】滤镜搜索

将时间指示器设置在 0:00:00:00 处，单击【演化】属性前时间变化秒表，将【演化】设置为 0x+0.0°。

将时间指示器设置在 0:00:03:24 处，将【演化】设置为 4x+0.0°。

步骤 7　制作预合成。在【时间轴】面板中按 Shift 键，选择 AFTER EFFECTS 文字层和“火 .[0001-0120].tga”层，然后按快捷键 Ctrl+Shift+C，创建“火文字”预合成。选择“将所有属性移动到新合成”，然后单击【确定】按钮，如图 5-50 所示。

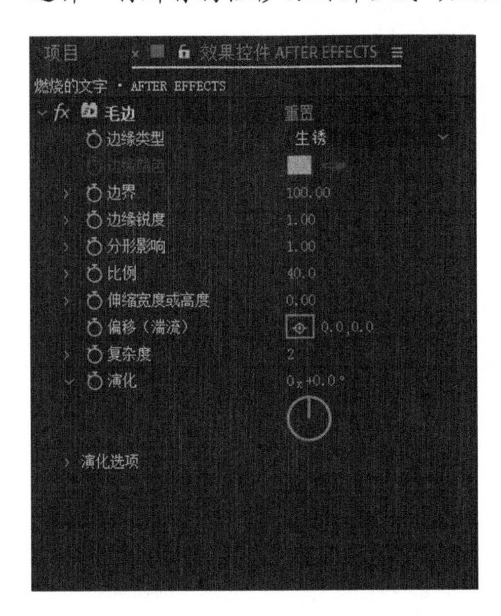

图 5-49　设置【毛边】滤镜参数

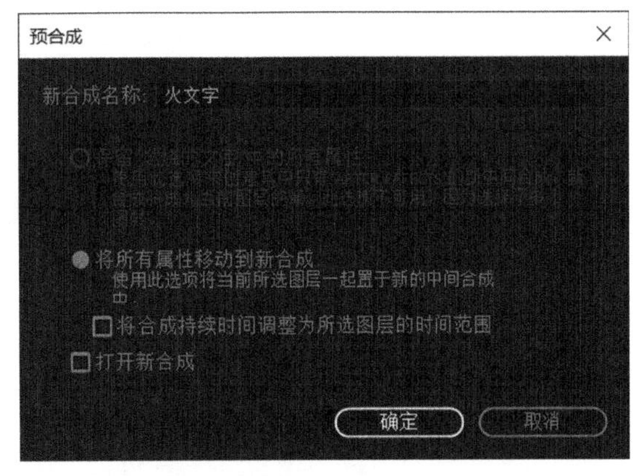

图 5-50　创建“火文字”预合成

选择“火文字”预合成，按快捷键 Ctrl+D 复制此预合成，并按 Enter 键对复制的预合成重命名，重命名为“火文字模糊”。复制预合成并重命名后的效果如图 5-51 所示。

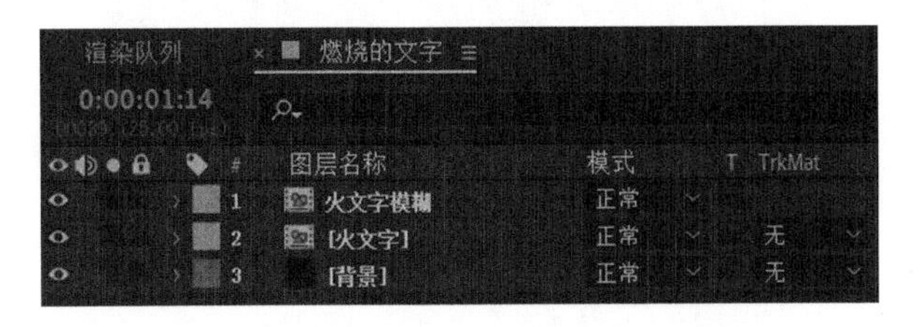

图 5-51　复制预合成并重命名后的效果

打开【效果和预设】面板，在该面板中搜索【高斯模糊】滤镜，如图 5-52 所示。

在【时间轴】面板中选择“火文字模糊”预合成，然后在【效果和预设】面板中双击【高斯模糊】滤镜，将该滤镜添加到“火文字模糊”预合成上。

在【效果控件】面板中设置【高斯模糊】滤镜参数，设置【模糊度】为 40.0，如图 5-53 所示。

图 5-52　搜索【高斯模糊】滤镜

图 5-53　设置【高斯模糊】滤镜参数

步骤 8　预览动画。按空格键预览动画效果，如图 5-54 所示。

图 5-54　预览动画效果

步骤 9　保存文件。按快捷键 Ctrl+S，保存当前编辑文件，在弹出的【另存为】对话框中设置文件名称与保存路径。

步骤 10　收集文件。选择【文件】→【整理工程（文件）】→【收集文件】命令，在弹出的【收集文件】对话框中，【收集源文件】设置为对于所有合成，然后单击【收集】按钮。在弹出的【将文件收集到文件夹中】对话框中，选择收集文件存放的路径，然后单击【保存】按钮，完成文件的收集操作。

5.6　案例：角色消失动画

本案例的完成效果如图 5-55 所示。

图 5-55　角色消失动画完成效果

制作步骤如下。

步骤 1　导入素材。在【项目】面板的空白处双击，在弹出的【导入文件】对话框中选择“消失 .0000”文件，并选中“ImporterJPEG 序列”，然后单击【导入】按钮，导入素材，如图 5-56 所示。

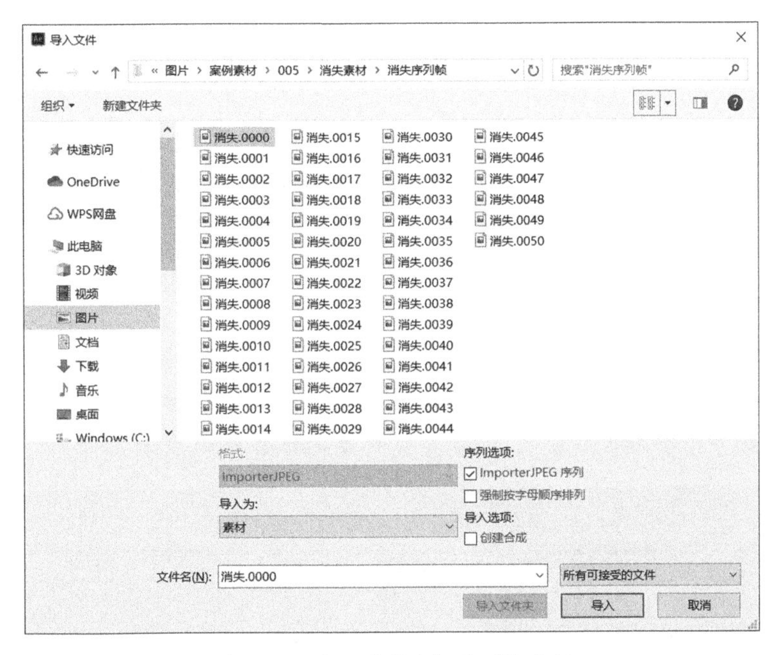

图 5-56　导入“消失”序列帧素材

运用相同的方法，将“空场景 .jpg”素材和“无人场景 .jpg”素材导入项目。

步骤 2　创建合成。在【项目】面板中选择“消失 .[0000-0050].jpg”素材文件，按住鼠标左键不放，将此素材拖曳到【项目】面板中的新建合成按钮上，创建【消失】合成。创建过程，如图 5-57 所示。

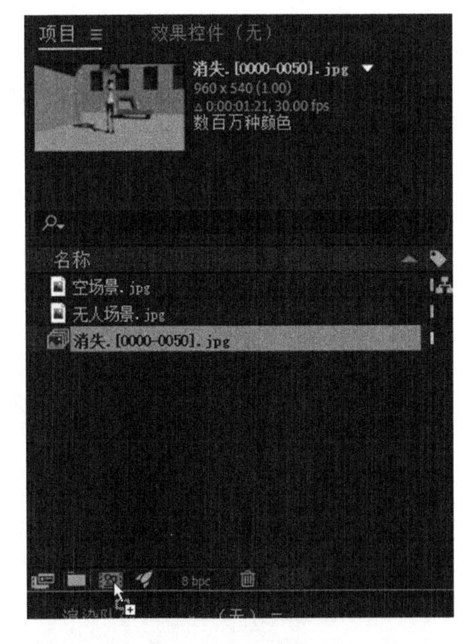

图 5-57　新建合成

步骤 3　放置素材。将“空场景 .jpg”素材和“无人场景 .jpg”素材拖入【消失】合成中，并调整 3 个图层的位置关系。“无人场景 .jpg”素材为图层 1，“消失 .[0000-0050].jpg”素材为图层 2，“无人场景 .jpg”素材为图层 3。素材放置完成的效果如图 5-58 所示。

选择图层 1，单击视图图标，关闭其显示。

步骤 4　制作身体消失效果。选择“消失 .[0000-0050].jpg”图层，将时间指示器设置在 0:00:00:12 处，按快捷键 Ctrl+Shift+D 将“消失 .[0000-0050].jpg”层在此时间节点上进行拆分，效果如图 5-59 所示。

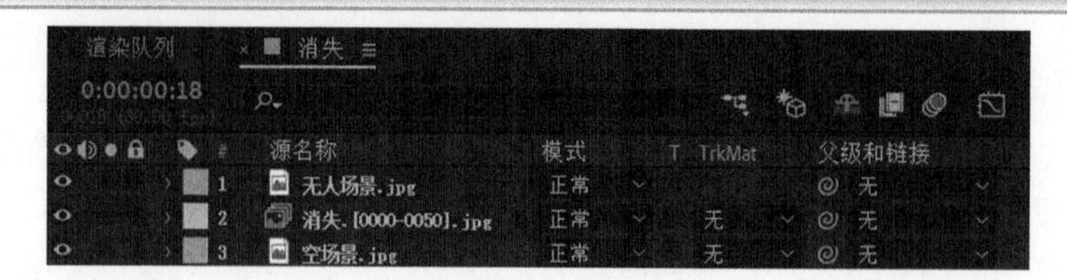

图 5-58　放置素材

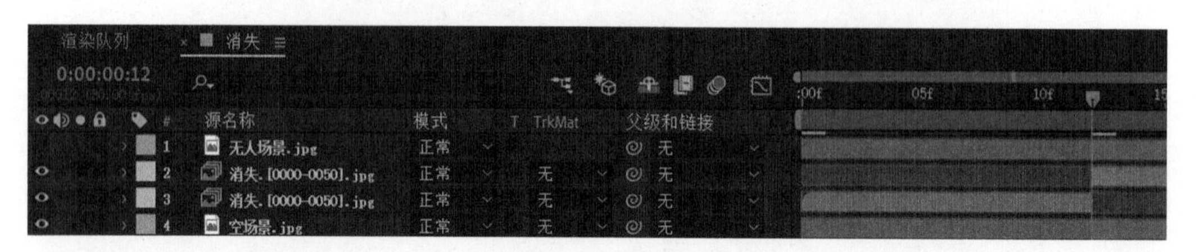

图 5-59　拆分图层

将时间指示器设置在 0:00:00:12 处，选择图层 2（即后段时间部分），在【工具】面板中单击钢笔工具，在【合成】面板中使用钢笔工具将画面中箱子通过身体后露出的头顶部分绘制不规则蒙版，绘制完成的效果如图 5-60 所示。

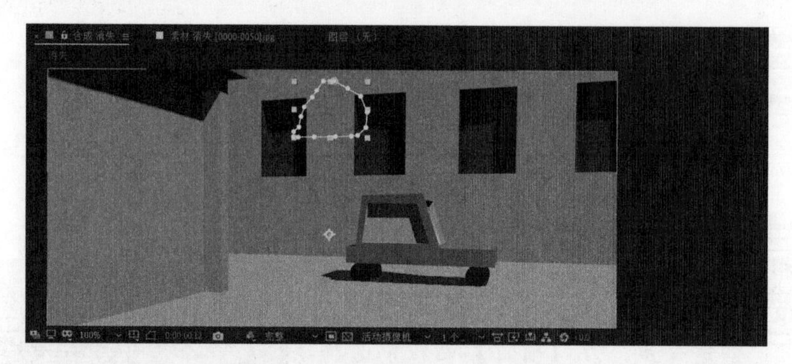

图 5-60　绘制 0:00:00:12 处的蒙版

按 M 键，调出“蒙版 1”，单击【蒙版路径】属性前端的时间变化秒表，在 0:00:00:12 处设置蒙版路径关键帧。同时选中【反转】选项，此时角色身体露出部分被抠除。在 0:00:00:12 帧处设置蒙版效果，如图 5-61 所示。

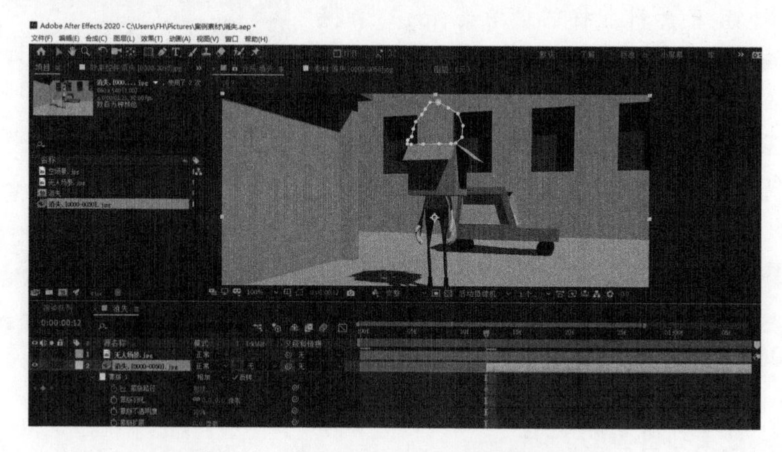

图 5-61　在 0:00:00:12 处设置蒙版效果

将时间指示器设置在 0:00:00:13 处,在【工具】面板中选择选取工具,移动“蒙版 1”中的点,将角色露出的身体部分在【合成】面板中抠除。在 0:00:00:13 处设置蒙版效果,如图 5-62 所示。

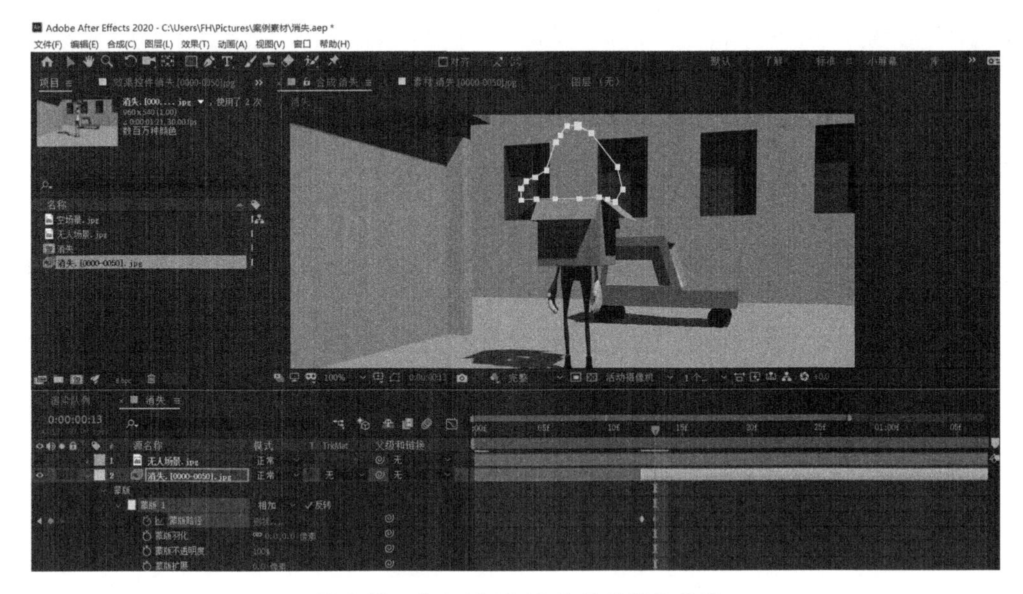

图 5-62　在 0:00:00:13 处设置蒙版效果

运用相同的方法,从 0:00:00:14 到 0:00:01:03 处调整蒙版的点,将角色露出的身体部分在【合成】面板中抠除。箱子下落角色消失效果及关键帧的设置如图 5-63 所示。

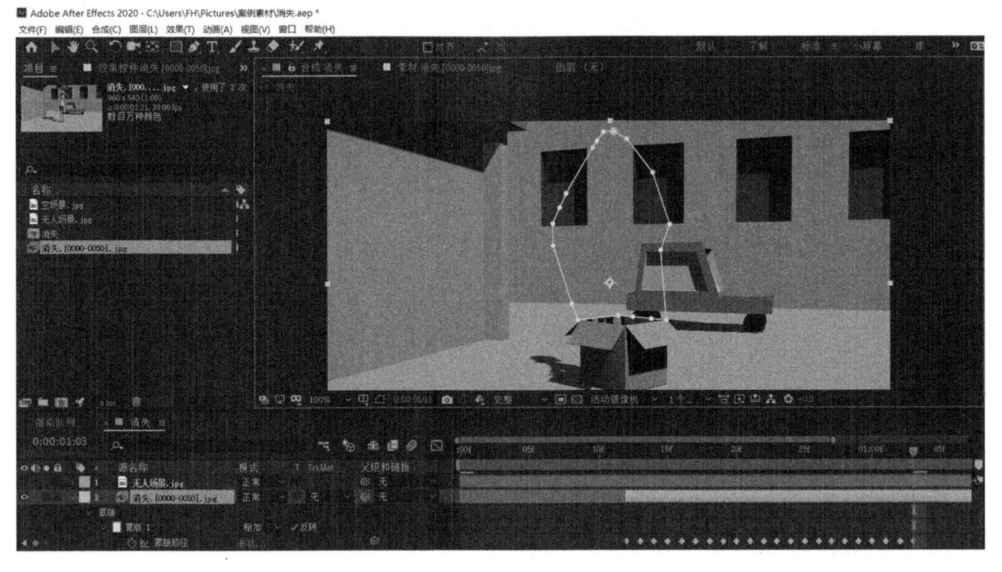

图 5-63　箱子下落角色消失及关键帧的设置

步骤 5　制作角色影子消失效果。运用步骤 4 的方法,选择图层 2,通过钢笔工具创建“蒙版 2”。将“蒙版 2”的【模式】设置成“交集”,从 0:00:00:13 到 0:00:01:03 处将角色阴影部分抠除,只保留箱子及下身阴影。箱子下落角色、角色影子消失效果及关键帧的设置如图 5-64 所示。

图 5-64　箱子下落角色、角色影子消失效果及关键帧的设置

步骤 6　去除箱子内部角色部分。将时间指示器设置在 0:00:00:16 处，在【工具】面板中选择仿制图章工具，在【时间轴】面板中双击图层 2 进入【图层】面板，如图 5-65 所示。

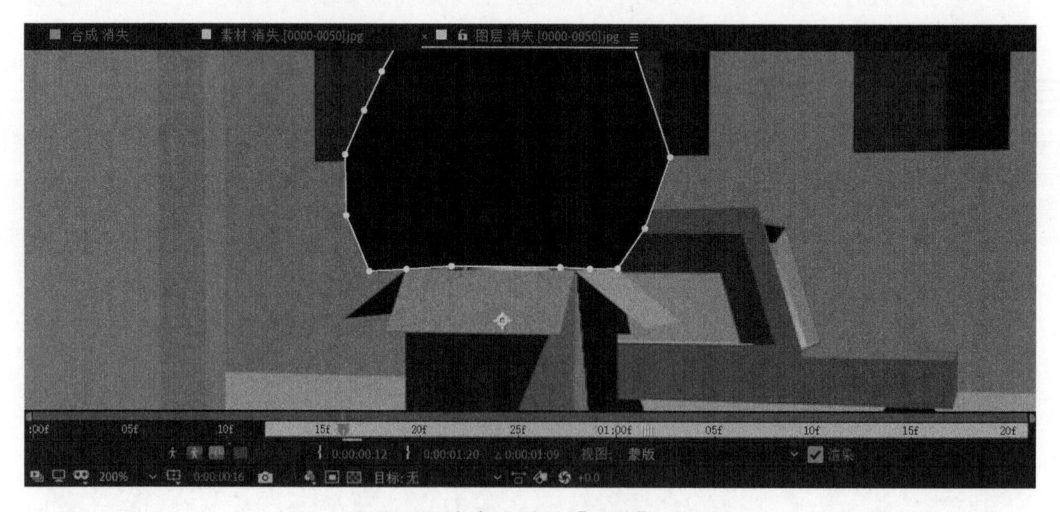

图 5-65　消失序列帧【图层】面板

在【画笔】面板中设置【直径】为“1 像素”，其他参数不变，如图 5-66 所示。

在【绘画】面板中设置【持续时间】为“单帧”，其他参数不变，如图 5-67 所示。

在【图层】面板中，滑动鼠标滑轮，放大图层的显示。将光标移至需要采样的目标位置，然后按 Alt 键，单击进行采样。【仿制图章工具】采样效果如图 5-68 所示。

然后释放 Alt 键，完成采样。将光标移动到需要复制的位置，按住鼠标左键进行涂抹及复制。根据涂抹及复制效果，反复进行采样、涂抹操作，直至箱子中角色部分擦除。0:00:00:16 处去除箱子内部角色部分的效果如图 5-69 所示。

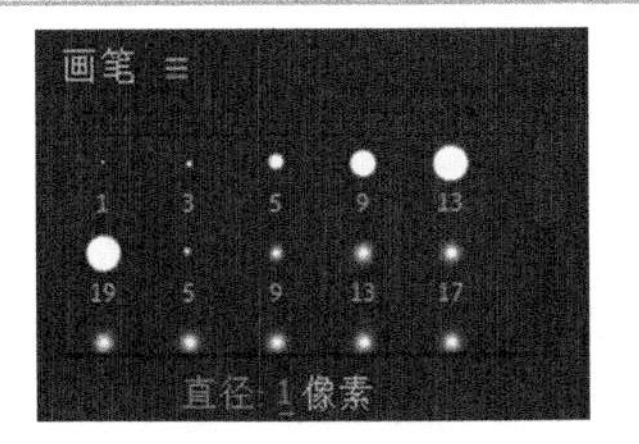

图 5-66 设置【画笔】面板

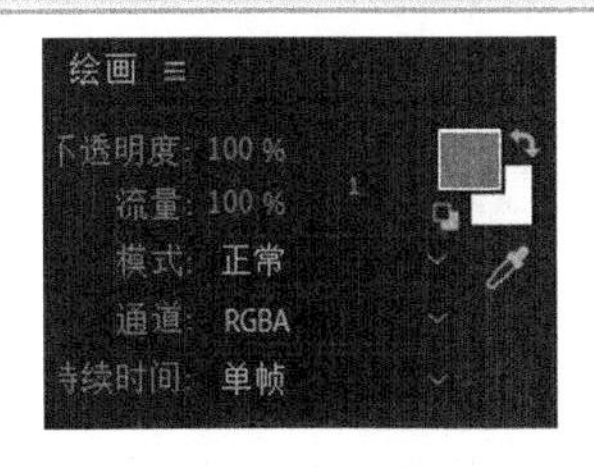

图 5-67 设置【绘画】面板

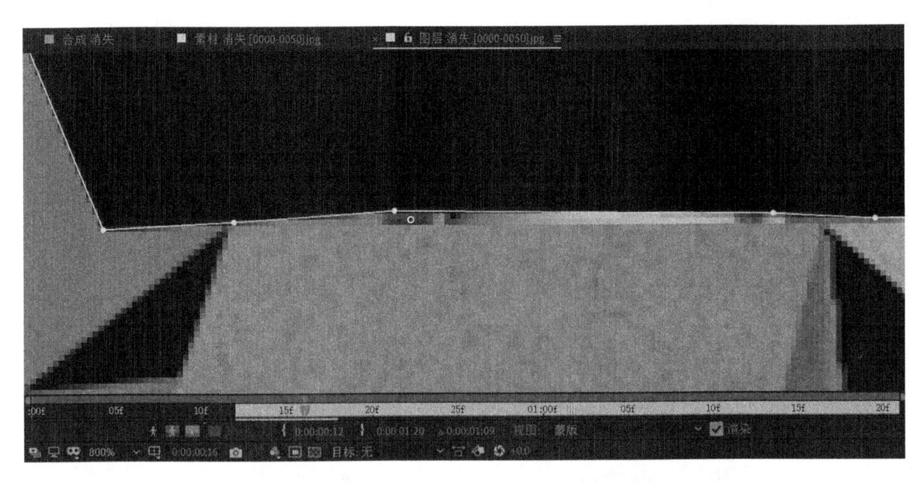

图 5-68 【仿制图章工具】采样效果

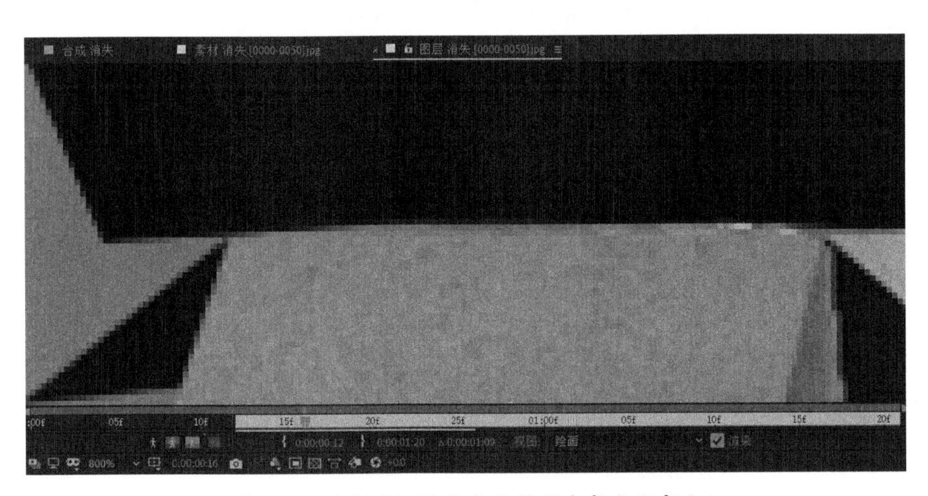

图 5-69 0:00:00:16 处去除箱子内部角色部分

运用相同的方法，从 0:00:00:17 到 0:00:01:01 处使用仿制图章工具将箱子内部角色部分擦除。在运用仿制图章工具时，自行调节【画笔】面板中的【直径】大小，完成后 0:00:01:01 处的效果如图 5-70 所示。

在【时间轴】面板中选择“无人场景.jpg”图层，将时间指示器设置在 0:00:01:02 处，按“[”键，将此层素材移动到 0:00:01:02 处。对齐后的效果如图 5-71 所示。

选择“无人场景.jpg”层，在【工具】面板中单击钢笔工具，在【合成】面板中使用钢笔工具将画面中箱子顶端部分制作蒙版，将箱子内部角色身体部分遮盖，绘制完成的效果如图 5-72 所示。

图 5-70 在 0:00:01:01 处去除箱子内部角色部分

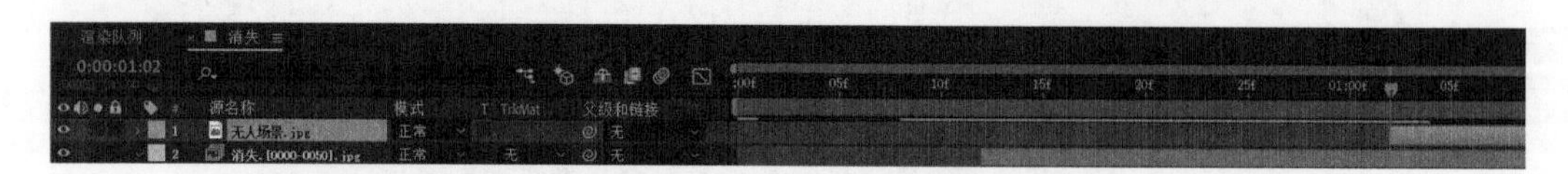

图 5-71 对齐后的效果

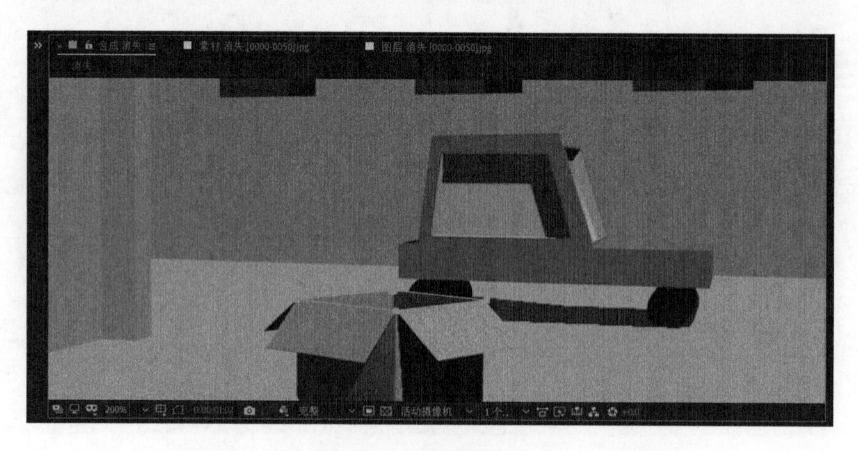

图 5-72 在 0:00:01:02 处遮盖箱子内角色身体部分

按 M 键，调出“无人场景 .jpg”图层“蒙版 1”，单击【蒙版路径】属性前端的时间变化秒表，在 0:00:01:02 处设置蒙版路径关键帧。

将时间指示器设置在 0:00:01:03 处，调节蒙版的点，将角色露出的身体部分在【合成】面板中抠除。运用相同的方法，设置蒙版路径关键帧直至箱子完全静止。

步骤 7 预览动画。按空格键预览动画效果，有穿帮的部分，可调节遮罩或是重新使用仿制图章工具对其进行修改。预览动画效果如图 5-73 所示。

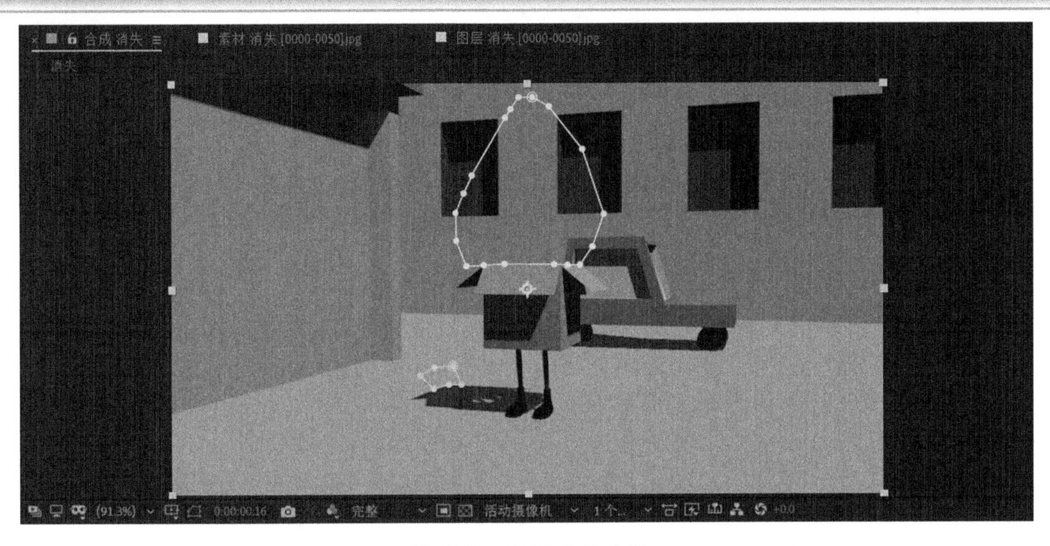

图 5-73 预览动画效果

步骤 8 保存文件。按快捷键 Ctrl+S，保存当前编辑的文件。在弹出的【另存为】对话框中设置文件名称与保存路径。

步骤 9 收集文件。选择【文件】→【整理工程（文件）】→【收集文件】命令，在弹出的【收集文件】对话框中，【收集源文件】设置为对于所有合成，然后单击【收集】按钮。在弹出的【将文件收集到文件夹中】对话框中，选择收集文件存放的路径，然后单击【保存】按钮，完成文件的收集操作。

第6章 文字动画

【学习目标】

1. 掌握文字的创建方法。
2. 掌握文字动画特效的制作方法。

【技能要求 / 学习重点】

1. 掌握【字符】面板的用法。
2. 掌握【段落】面板的用法。
3. 掌握字符动画的制作方法。
4. 掌握文字路径动画。
5. 掌握文字预设应用。

【核心概念】

【字符】面板 【段落】面板 字符动画 文字路径动画 文字特效 文字预设

视频中文字部分一般必不可少，在After Effects中提供了文字层和文字创建工具，可以在After Effects中创建文字，并且可以对创建的文字制作文字动画。本章讲解文字的创建、修改，文字路径动画，文字预设动画的应用，字符动画，文字特效动画等内容。

6.1 文字编辑

6.1.1 文字创建

选择【图层】→【新建】→【文本】命令，如图6-1所示。

图层(L) 效果(T) 动画(A) 视图(V) 窗口 帮助(H)
新建(N) 文本(T) Ctrl+Alt+Shift+T
图层设置... Ctrl+Shift+Y 纯色(S)... Ctrl+Y

图6-1 用【图层】菜单命令创建文字图层

或在【时间轴】面板空白处右击并选择【新建】→【文本】命令，如图6-2所示，在【合成】面板的光标处输入文字，即可创建文字图层。

也可以单击【工具】面板中的横排文字工具T，在【合成】面板中单击，待出现光标即可输入文字来创建文字图层，如图6-3所示。也可以使用竖排文字工具IT创建文字图层。

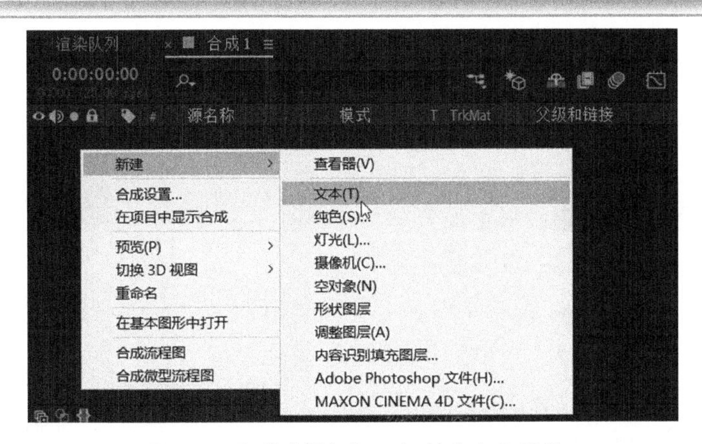

图 6-2　用【时间轴】面板创建文字图层

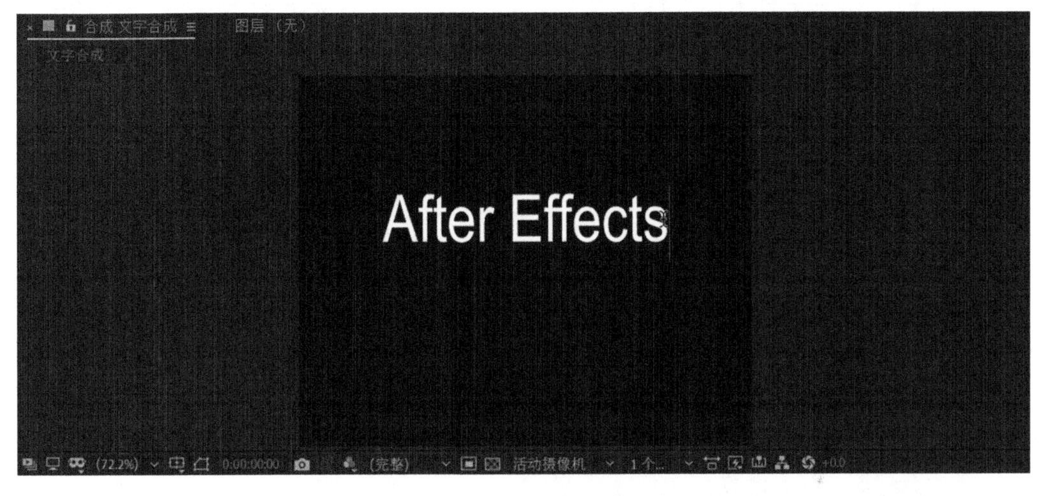

图 6-3　用【文字工具】创建文字图层

还可以使用文字工具创建段落文本。使用横排文字工具T进行文字输入时，按住鼠标左键不放，在【合成】面板中拖动，拉出一个文本框，然后在文本框中输入文字，即可创建段落文本，如图 6-4 所示。

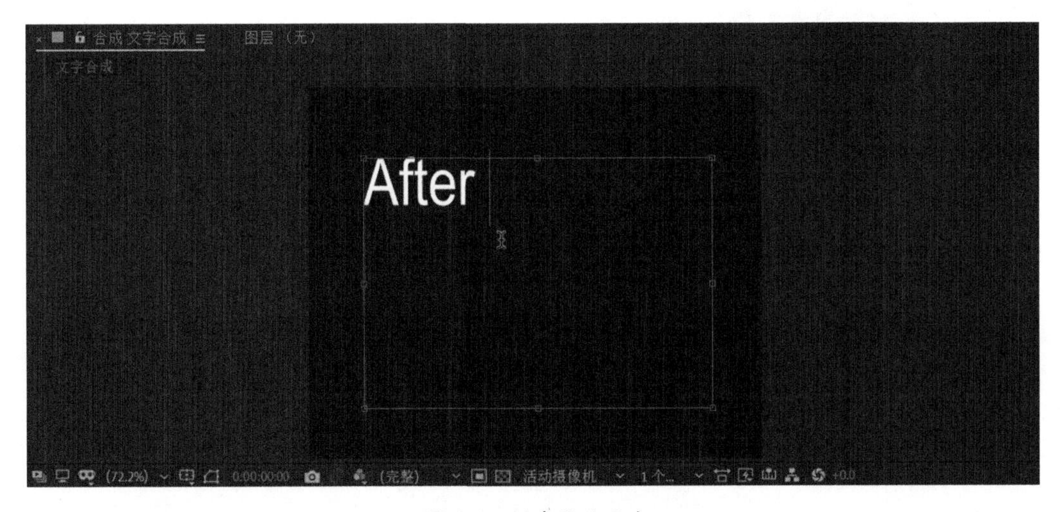

图 6-4　创建段落文本

6.1.2 文字修改

文字图层创建完成之后,可以对文字进行修改。修改文字图层可以使用【字符】面板,如图 6-5 所示。

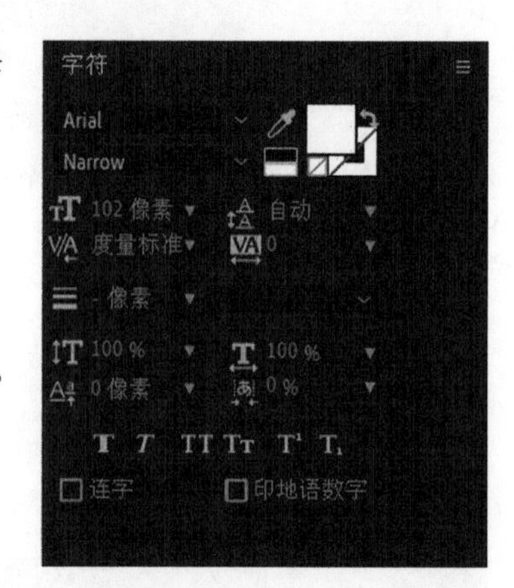

图 6-5 【字符】面板

字体系列 Arial:用于设置字符字体。

字体样式 Narrow:设置字体样式。

文本 / 描边颜色:设置字符和字符描边颜色。单击即可打开【拾色器】对话框,通过该对话框可以设置字符颜色和文本描边颜色。

字体大小:用于设置字符字体大小。

行距:设置字符中行与行之间的间隔距离。

字偶间距:分为度量标准和视觉模式,用于设置两个字符之间的字距微调。

字符间距:设置所选字符之间的字距微调。

描边宽度及方式 9 像素 在填充上描边:设置描边宽度及方式。

垂直缩放:垂直方向缩放字符大小。

水平缩放:水平方向缩放字符大小。

基线偏移:用于对字符进行基于水平线的上移或下移。

字符比例:调整所选字符空间。

字符格式 T T TT Tт T¹ T₁:用于设置字符样式。从左到右依次为粗仿体、仿斜体、全部大写字母、小型大写字母、上标、下标。

连字 连字:用于设置自由连字效果。

印地语数字 印地语数字:用于将文字设置为印地语数字。

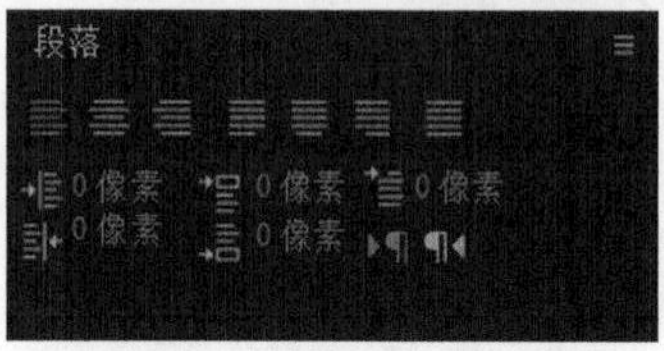

需要对段落文本进行修改时,可以使用【段落】面板,如图 6-6 所示。

图 6-6 【段落】面板

对齐方式:设置段落文本对齐的方式。

缩进左边距:在该文本框中设置左缩进数值,可以实现段落左侧相对于定界框左侧的缩进值。

缩进右边距:在该文本框中设置右缩进数值,可以实现段落右侧相对于定界框右侧的缩进值。

段前添加空格:设置当前段落与上段落之间的垂直间距。

段后添加空格:设置当前段落与下段落之间的垂直间距。

首行缩进:在该文本框中设置首行缩进数值,可以实现段落首行缩进相对于其他行的缩进值。

从左到右文本方向:文本方向按从左到右顺序设置。

从右到左文本方向:文本方向按从右到左顺序设置。

6.2 文字属性组

文字图层创建完成后,在【时间轴】面板中展开文字图层属性,单击动画按钮 动画:,可设置相关特性。再为对应特性设置关键帧,即可以创建字符关键帧动画。【动画】菜单中的特性组如图 6-7 所示,

为文字图层添加【动画】效果后(如位置属性),After Effects 就默认为对应的动画组创建一个选择器,如图 6-8 所示。

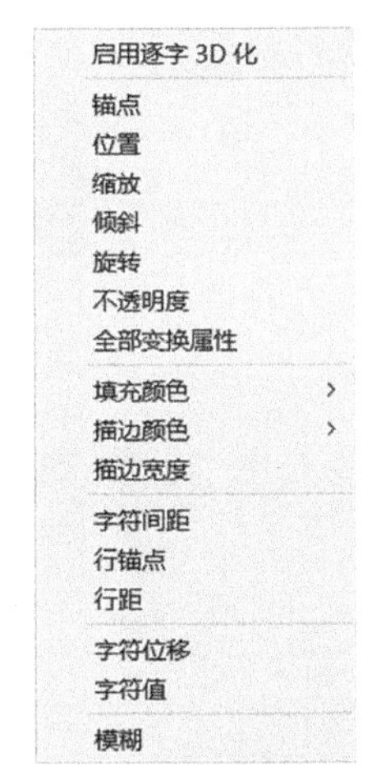

图 6-7 【动画】菜单中的特性组

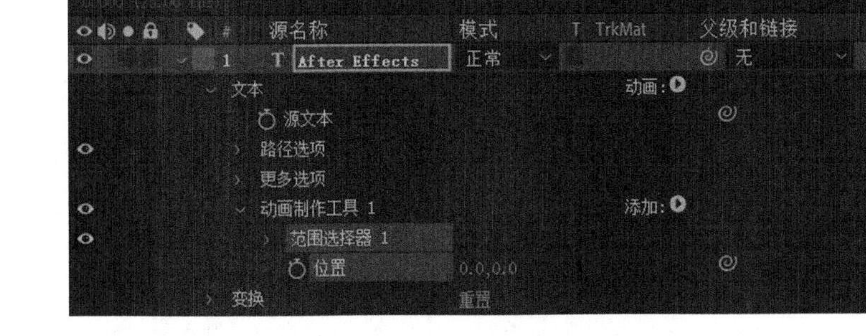

图 6-8 选择器

除此之外,还可以在动画组中通过添加扩展菜单 添加:,添加其他的选择器(如摇摆选择器),如图 6-9 所示。

图 6-9 添加摇摆选择器后的文本属性

6.3 文字路径创建

在 After Effects 中可以创建文字沿着一定路径运动的效果。

首先创建一个文字图层,如图 6-10 所示。

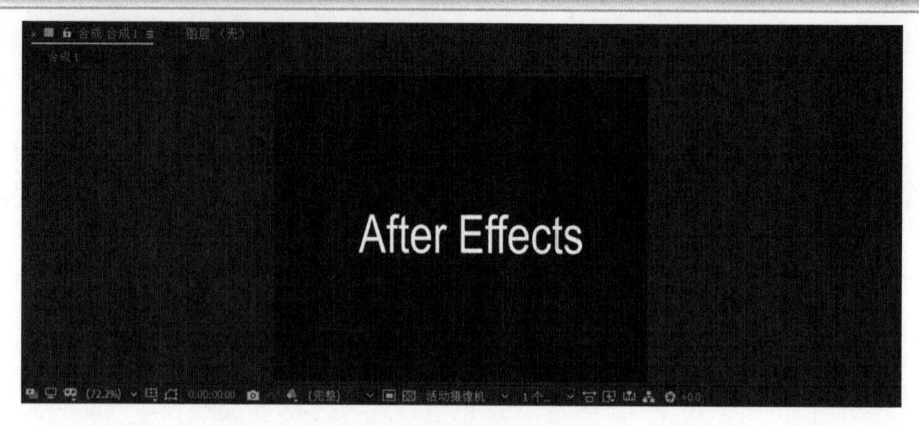

图 6-10　创建文字图层

在【时间轴】面板中选择该文字图层，然后在【工具】面板中选择钢笔工具，将光标移动到【合成】面板中，创建路径，如图 6-11 所示。

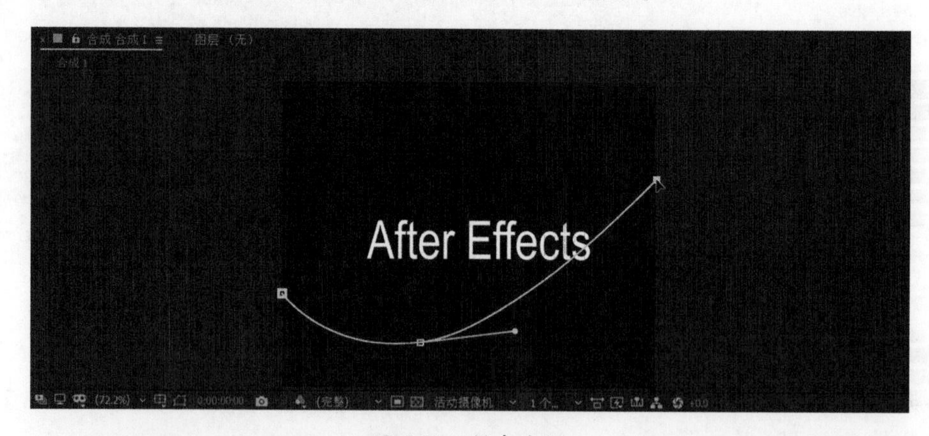

图 6-11　创建路径

在【时间轴】面板中，展开文字图层，找到【路径选项】，在该选项中单击【路径】并选择“蒙版 1”，如图 6-12 所示。

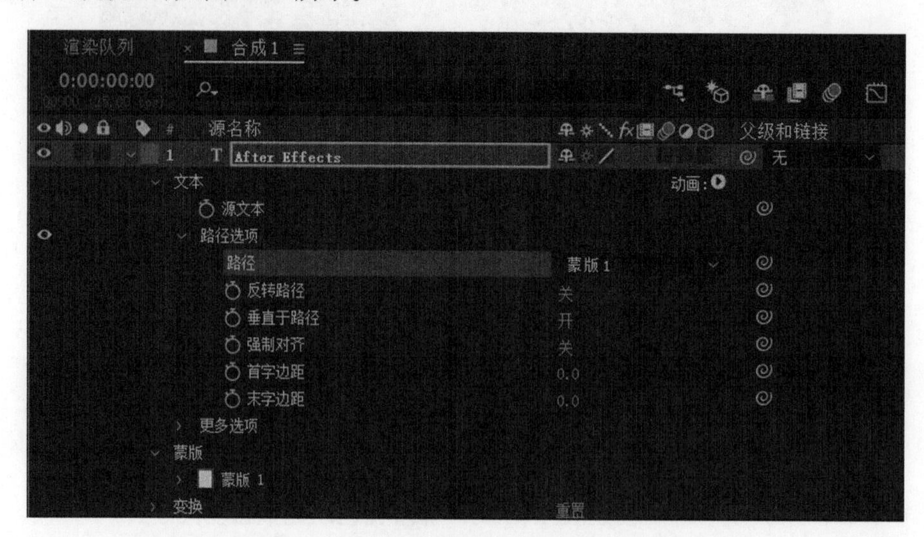

图 6-12　【路径】选择“蒙版 1”

此时文字吸附到路径上，如图 6-13 所示。

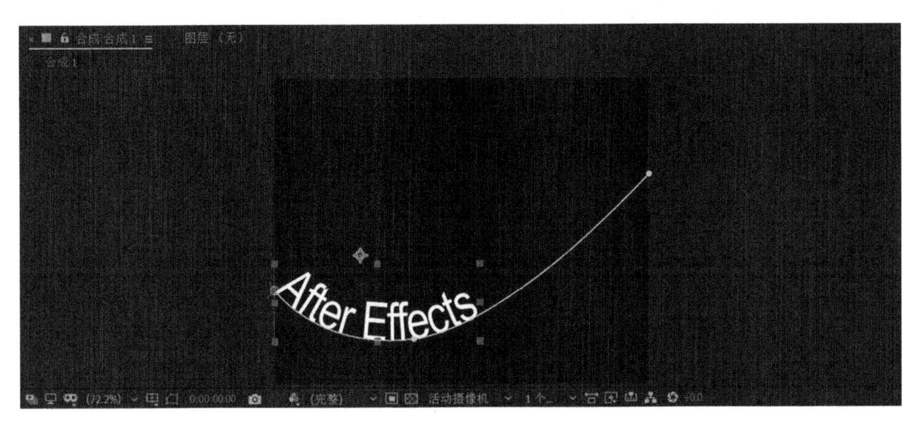

图 6-13　文字吸附到路径上

下面说明【路径选项】的相关参数。

路径：选择路径对象。

反转路径：开启状态时路径将会反转。

垂直于路径：开启状态时每个字符垂直于路径，在动画状态下跟随路径旋转。

强制对齐：开启状态时字符将以路径的长度均匀地分布在路径上。

首字边距：设置字符开始放置的位置。

末字边距：设置字符结束放置的位置。

对【首字边距】进行关键帧设置，即可制作路径动画效果。

6.4　文 字 预 设

在 After Effects 中提供了多种文字预设，在【效果和预设】面板中单击【* 动画预设】，然后找到 Text，即为文字预设，如图 6-14 所示。

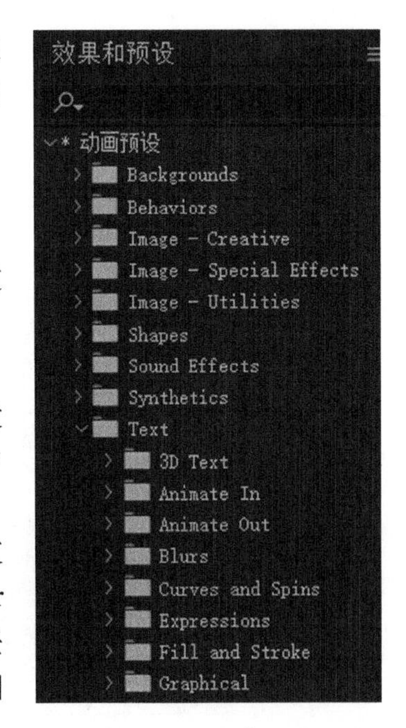

图 6-14　文字预设

6.4.1　文字预设预览

After Effects 中的文字预设分为很多种，可以通过 Adobe Bridge 软件进行预览。

启动 Adobe Bridge，如图 6-15 所示。

在该软件中，找到 After Effects 软件文字预设 Presets 文件夹中的 Text 文件夹，在该 Text 文件夹中放置的就是文字预设。

以默认路径进行 After Effects 软件安装，Text 文件夹的路径是 C：/Program Files/Adobe/Adobe After Effects CC/Support Files/Presets/Text。单击其中的任意文件夹，然后选择其中任意一个文件，即可在【预览】框中看到预览效果，如图 6-16 所示。

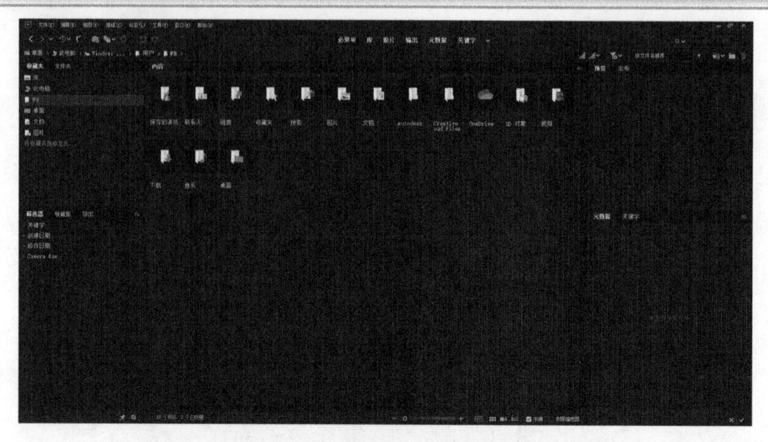

图 6-15　Adobe Bridge 软件界面

图 6-16　【预览】框中看到预览效果

6.4.2　文字预设的使用

首先创建一个文字图层，使用横排文字工具T，在【合成】面板中按住鼠标左键不放，拖出一个选框，然后输入文字，如图 6-17 所示。之后调整好文字的大小、颜色等属性。

图 6-17　创建文字图层

在【效果和预设】面板中单击【* 动画预设】,然后找到 Text,选择【文字处理器】文字预设,如图 6-18 所示。

将时间指示器▼放到 0 帧,按住鼠标左键不放,将该【文字处理器】文字预设拖到【合成】面板的文字上,如图 6-19 所示,然后松开鼠标,完成文字预设的添加。

图 6-18 选择【文字处理器】文字预设

图 6-19 为文字添加文字预设

按空格键进行预览,即可看到打字效果已经添加到文字层上。

6.4.3 文字预设的修改

文字预设添加完毕之后,可以对其动画效果进行修改。

在【时间轴】面板中选择文字层,然后按 U 键,调出预设的关键帧,如图 6-20 所示。

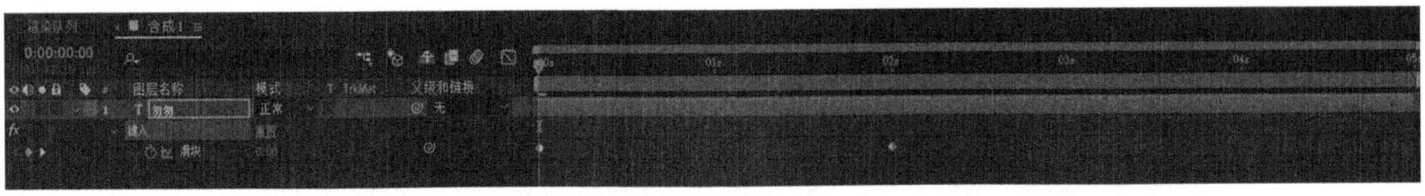

图 6-20 【文字处理器】预设关键帧

在预览时发现打字效果过快,所以选择第二个关键帧,然后将该关键帧往后移,此时即可修正该问题,如图 6-21 所示。

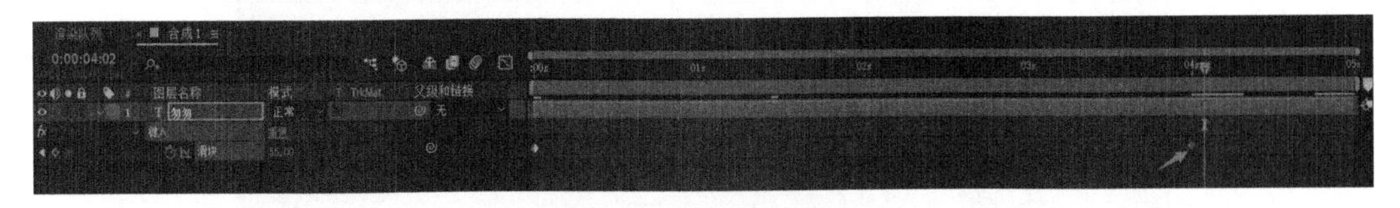

图 6-21 修改关键帧

所有的文字预设都可以通过调出关键帧,对关键帧进行移动、修改数值的方式进行文字预设动画效果修改。

6.5 案例：字符动画

本案例的完成效果如图 6-22 所示。

图 6-22 字符动画最终效果

制作步骤如下。

步骤 1 创建合成。在【项目】面板的空白处右击，在弹出的快捷菜单中选择【新建合成】命令，新建一个空白的合成。在弹出的【合成设置】对话框中，设置【合成名称】为“字符动画”、【宽度】为 720px、【高度】为 576px，【像素长宽比】为“方形像素”、【帧速率】为“25 帧 / 秒”、【持续时间】为 5 秒，单击【确定】按钮，完成合成的创建。【合成设置】对话框如图 6-23 所示。

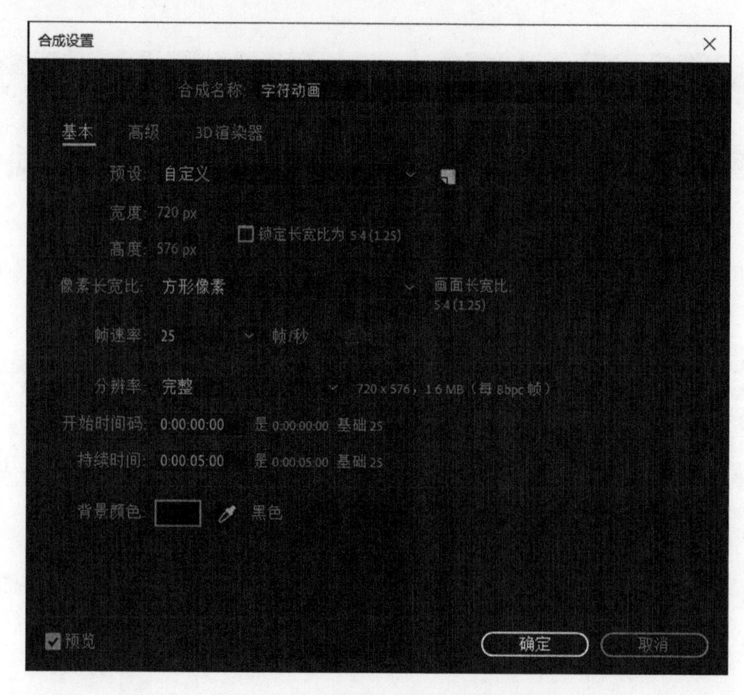

图 6-23 【合成设置】对话框

步骤 2　新建“背景”层。在【时间轴】面板空白处右击,选择【新建】→【纯色】命令,如图 6-24 所示。

在弹出的【纯色设置】对话框中,设置【名称】为“背景”,单击【制作合成大小】按钮,设置【颜色】为“黑色 (#000000)”,如图 6-25 所示。然后单击【确定】按钮,创建“背景”层。

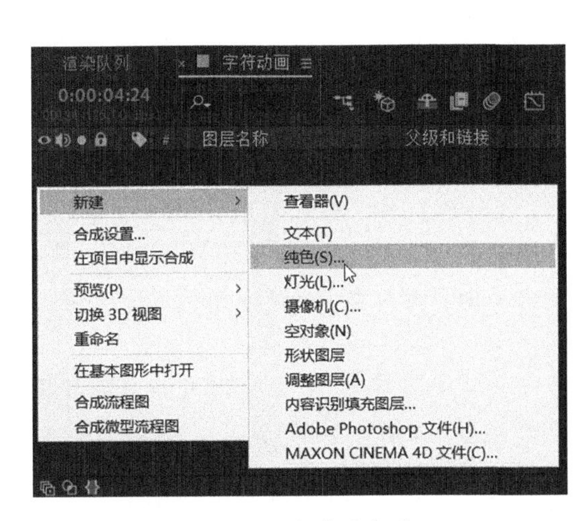

图 6-24　新建纯色层

图 6-25　创建“背景”层

步骤 3　为“背景”层添加【梯度渐变】滤镜。打开【效果和预设】面板,在该面板中搜索【梯度渐变】滤镜,如图 6-26 所示。

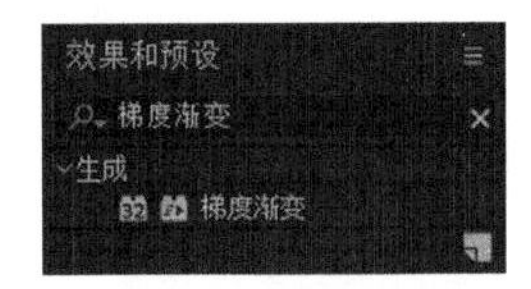

图 6-26　搜索【梯度渐变】滤镜

在【时间轴】面板中选择“背景”层,然后在【效果和预设】面板中双击【梯度渐变】滤镜,将该滤镜添加到“背景”层上。【梯度渐变】滤镜效果如图 6-27 所示。

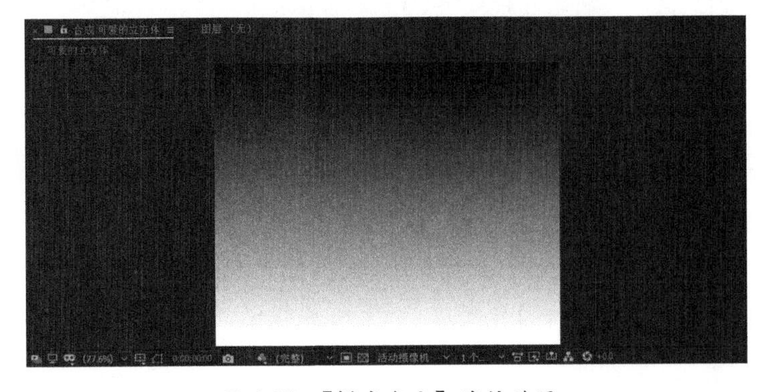

图 6-27　【梯度渐变】滤镜效果

在【效果控件】面板中设置【梯度渐变】滤镜参数,【渐变起点】设为“360.0,290.0”,【起始颜色】设为“蓝紫色 (#332C8D)”,【渐变终点】设为“440.0,1050.0”,【结束颜色】设为“暗红色 (#390707)”,【渐变形状】设为“径向渐变”,如图 6-28 所示。

步骤 4　单击【工具】面板中的横排文字工具T,在【合成】面板中单击,待出现光标即可输入文字 After Effects,创建文字图层,如图 6-29 所示。

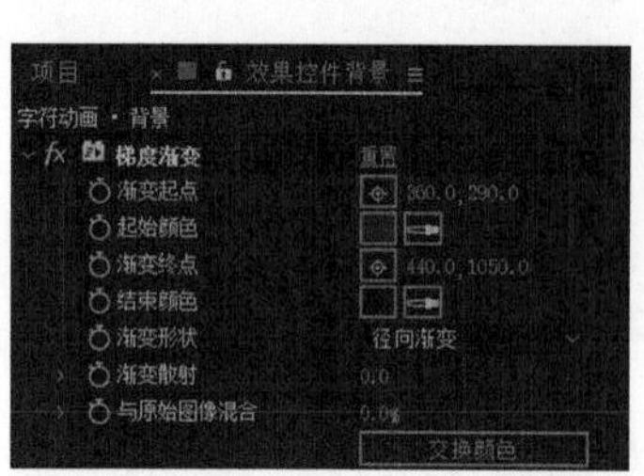
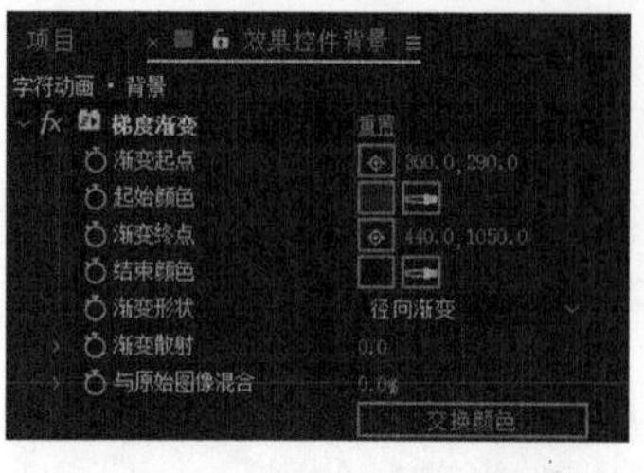

图 6-28 【梯度渐变】滤镜参数

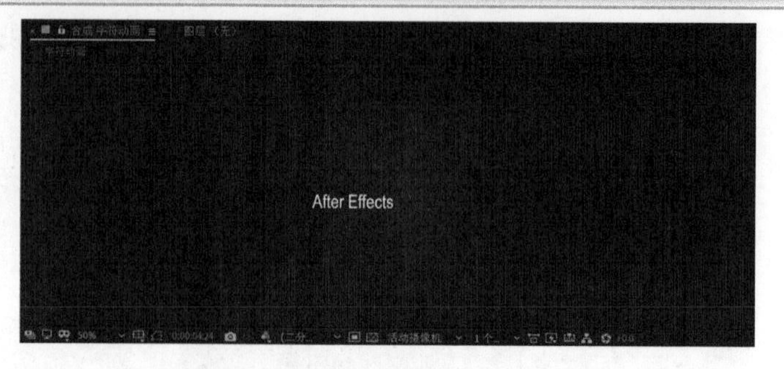

图 6-29 用【文字工具】创建文字图层

选择文字图层，然后双击。打开【字符】面板，设置【字体系列】为 Arial、【字体样式】为 Narrow、【字体大小】为“80 像素”、【颜色】为“白色 (#FFFFFF)”、【字符间距】为 200、【垂直缩放】为 100%、【水平缩放】为 100%，如图 6-30 所示。

在【时间轴】面板中选择文字图层，按 Enter 键将其重命名为“After Effects 白”，并将该文字层放置在画面中心。

步骤 5 创建字符特性组。在【时间轴】面板选择文字图层，单击 展开文字图层属性，单击动画按钮 动画:，选择【字符位移】特性组，如图 6-31 所示。

图 6-30 设置【字符】面板参数

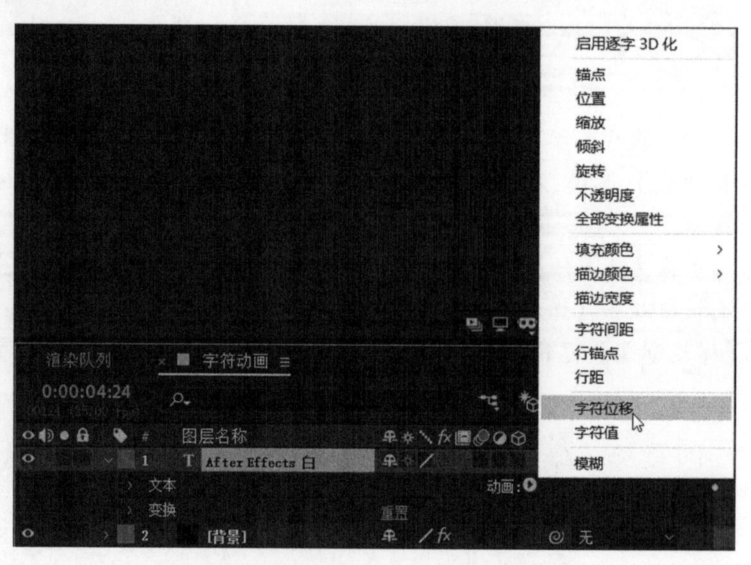

图 6-31 添加【字符位移】特性组

为文字图层添加【字符位移】效果后，文字图层创建了“动画制作工具 1”，如图 6-32 所示。

步骤 6 设置关键帧。将时间指示器 设置在 0:00:00:00 处，【范围选择器 1】中【起始】属性设置为 0，【字符位移】属性设置为 0。单击【起始】属性和【字符位移】属性前方的 按钮，设置 0:00:00:00 处关键帧，如图 6-33 所示。

将时间指示器 设置在 0:00:04:00 处，【起始】属性设置为 100%，【字符位移】属性设置为 100，系统自动设置关键帧。设置 0:00:04:00 处关键帧，如图 6-34 所示。

此时完成字符位移动画效果，如图 6-35 所示。

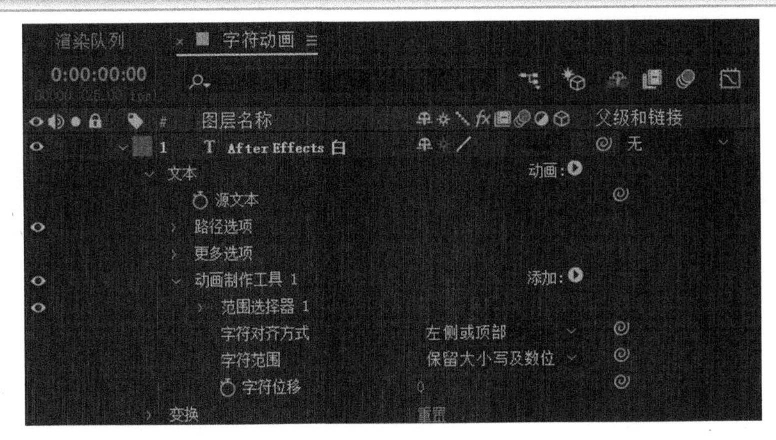

图 6-32　创建“动画制作工具 1”

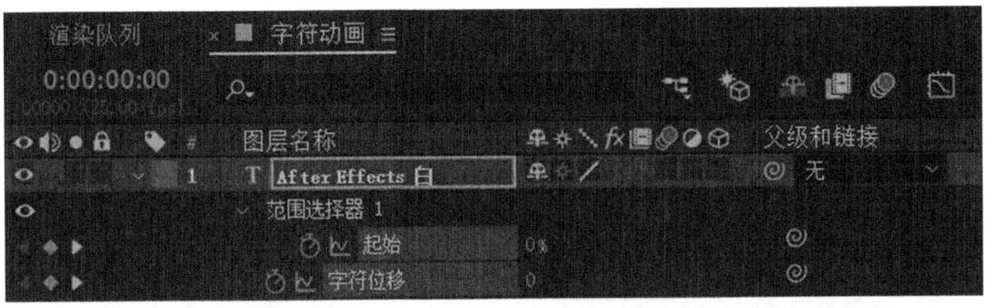

图 6-33　设置 0:00:00:00 处关键帧

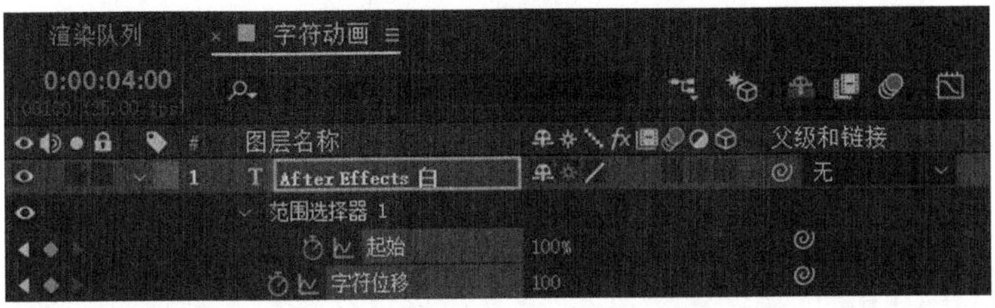

图 6-34　设置 0:00:04:00 处关键帧

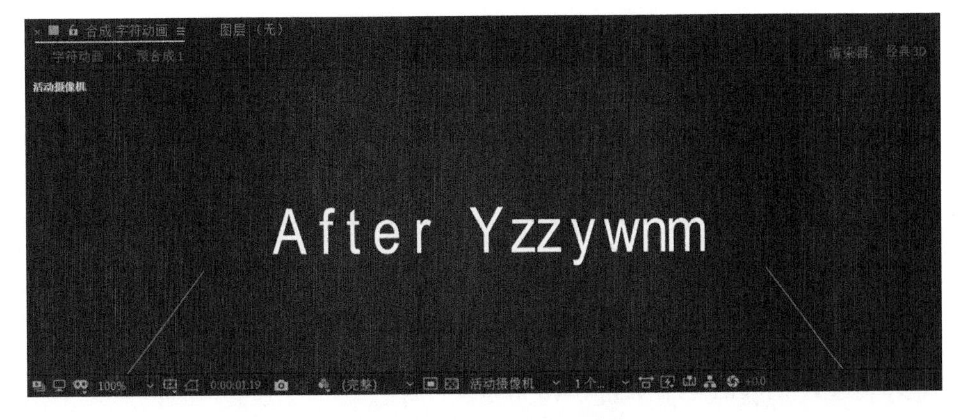

图 6-35　字符位移动画效果

步骤 7　制作文字重影效果及动画。选择“After Effects 白”文字图层，然后按快捷键 Ctrl+D 复制出三个文字图层，分别重命名为“After Effects 黄”“After Effects 红”“After Effects 蓝”，如图 6-36 所示。

选择“After Effects 黄”文字图层，然后双击该层，在【字符】面板中将【文字颜色】设置为“黄色(#FFEC00)”。修改颜色的【字符】面板，如图 6-37 所示。

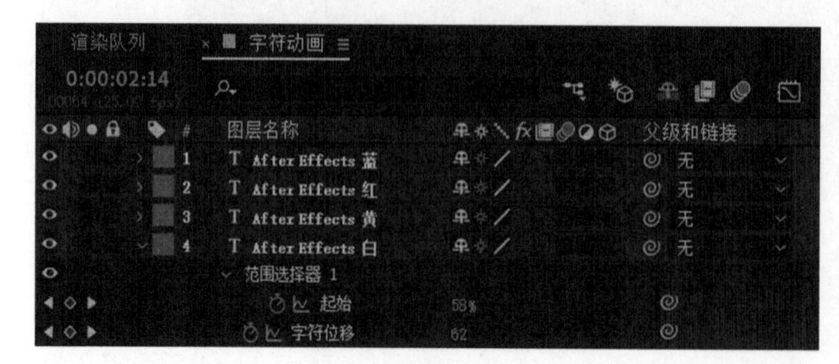

图 6-36 复制图层

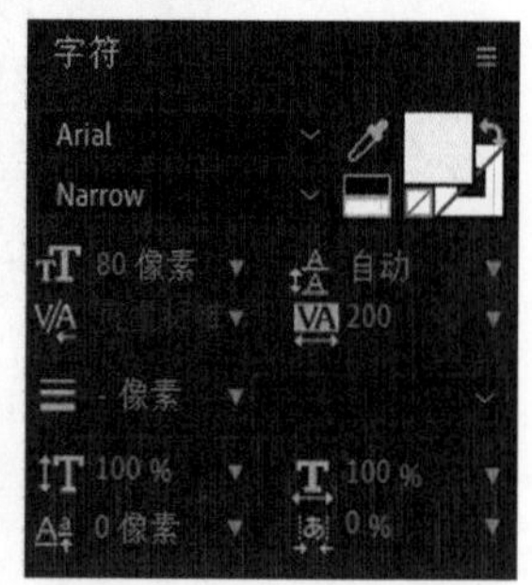

图 6-37 修改颜色的【字符】面板

运用相同的方法，将“After Effects 红”文字层的文字颜色设置为“红色(#8D0000)”，将“After Effects 蓝”文字层的文字颜色设置为“蓝色(#0023FF)”。

调整图层位置，将“After Effects 白”文字图层移至最上端。移动后的图层顺序如图 6-38 所示。

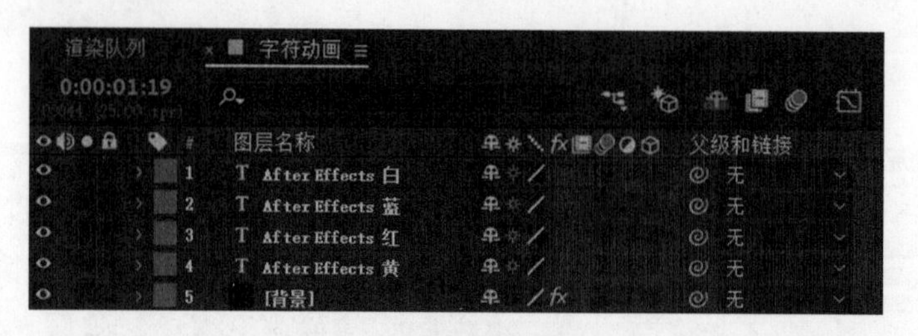

图 6-38 调整图层顺序

选择“After Effects 黄”文字图层，按 P 键将【位置】属性调出。然后按 Alt 键单击按钮，此时为“After Effects 黄”文字图层创建了表达式，如图 6-39 所示。

图 6-39 创建表达式

输入表达式 wiggle(5,7)，如图 6-40 所示。

运用相同的方法，将“After Effects 红”文字图层和“After Effects 蓝”文字图层的【位置】属性设置相同的 wiggle(5,7) 表达式。创建完表达式后的效果如图 6-41 所示。

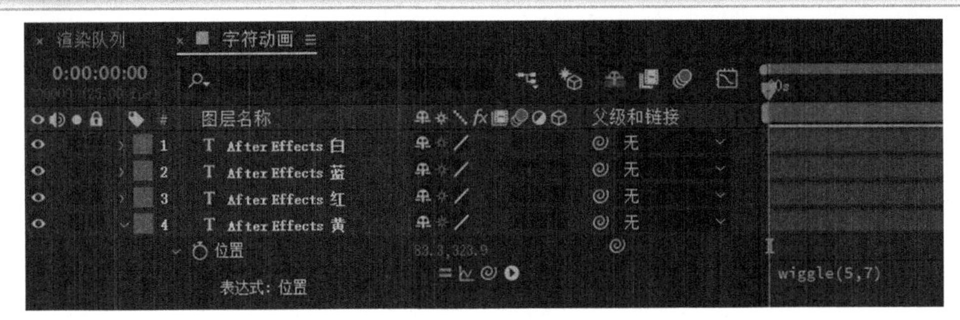

图 6-40　输入表达式

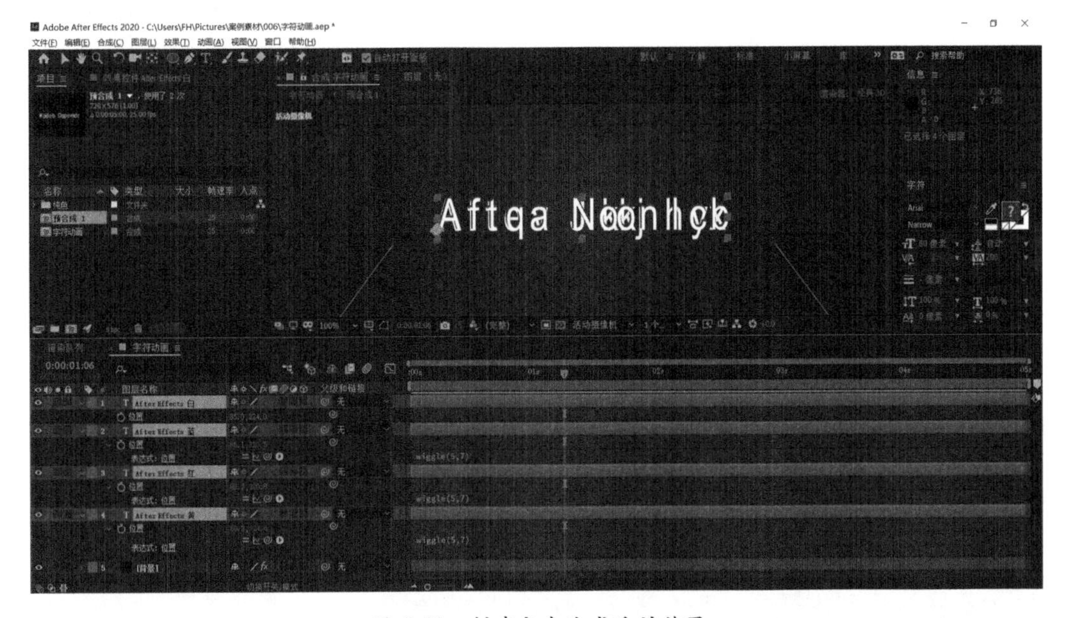

图 6-41　创建完表达式后的效果

选择“After Effects 白”“After Effects 蓝”“After Effects 红”“After Effects 黄”4 个文字图层，按快捷键 Ctrl+Shift+C，在【预合成】对话框中设置【新合成名称】为“文字”，选择【将所有属性移动到新合成】选项，如图 6-42 所示。

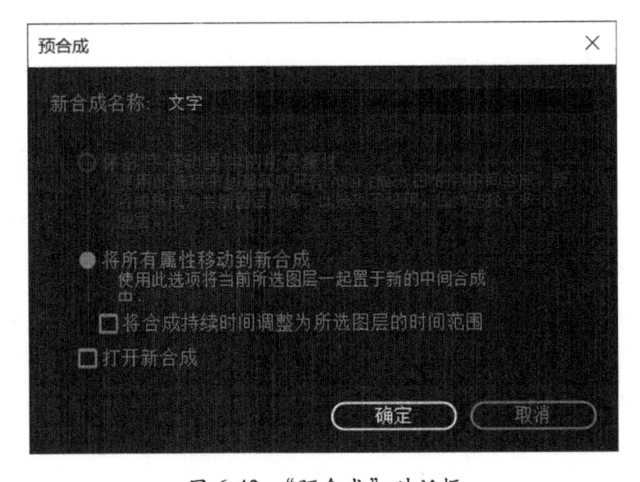

图 6-42　“预合成”对话框

步骤 8　创建文字投影。选择“文字”预合成，按快捷键 Ctrl+D 进行复制。

对复制出的预合成按 Enter 键，进行重命名，重命名的名称为“文字投影”，并将“文字投影”预合成放置在“文字”预合成之下。复制完成后的图层关系如图 6-43 所示。

选择“文字投影”预合成，单击其后的 3D 图层图标，将此图层转化成三维图层，如图 6-44 所示。

图 6-43　复制完成后的图层关系

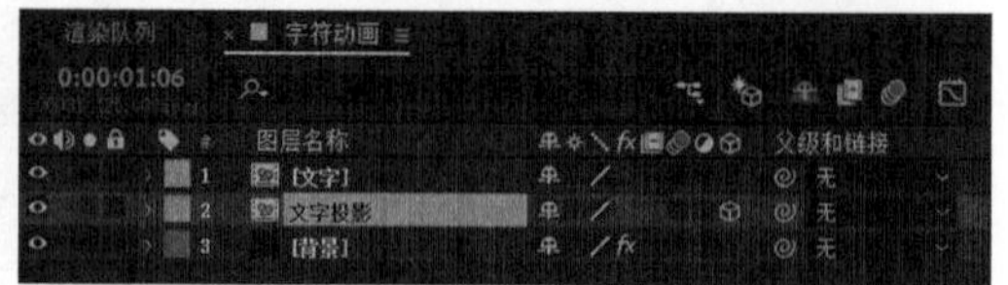

图 6-44　打开 3D 图层图标

选择“文字投影”预合成，按 P 键调出【位置】属性，将【位置】属性设置为“360.0,370.0,0.0”。按 R 键调出【方向】属性，将【方向】属性设置为“300.0°,0.0°,0.0°”。属性的设置如图 6-45 所示。（注意：依据制作的实际情况，该参数可能会有所不同，要点是将此预合成放置在“文字”预合成下，并且用旋转模拟透视效果）

步骤 9　制作投影模糊效果。打开【效果和预设】面板，在该面板中搜索【快速方框模糊】滤镜，如图 6-46 所示。

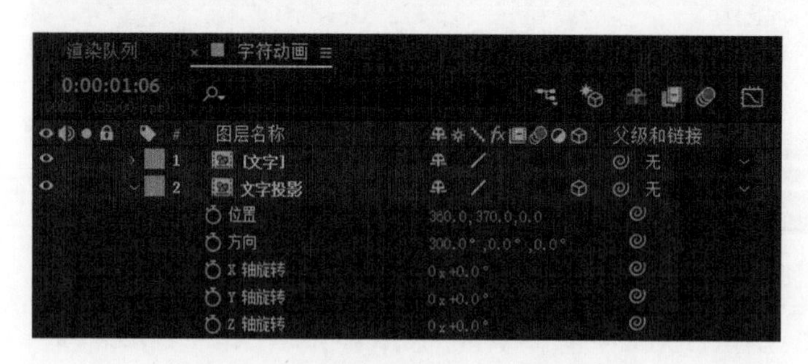

图 6-45　“文字投影”预合成属性的设置

图 6-46　搜索【快速方框模糊】滤镜

在【时间轴】面板中选择“文字投影”预合成，然后在【效果和预设】面板中双击【快速方框模糊】滤镜，将该滤镜添加到“文字投影”预合成上。

在【效果控件】面板中设置【快速方框模糊】滤镜参数，【模糊半径】设为 18.0，如图 6-47 所示。

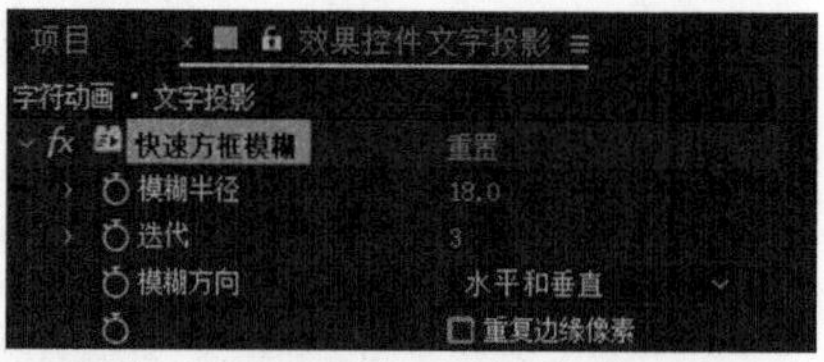

图 6-47　【快速方框模糊】滤镜参数

文字投影完成后效果如图 6-48 所示。

步骤 10　制作文字背部白色柔光效果。在【时间轴】面板空白处右击，选择【新建】→【纯色】命令，如图 6-49 所示。

在弹出的【纯色设置】对话框中，设置【名称】为“白色柔光”，单击【制作合成大小】按钮，设置【颜色】为“白色 (#FFFFFF)”，如图 6-50 所示。然后单击【确定】按钮，创建“白色柔光”层。

图 6-48　文字投影完成后效果

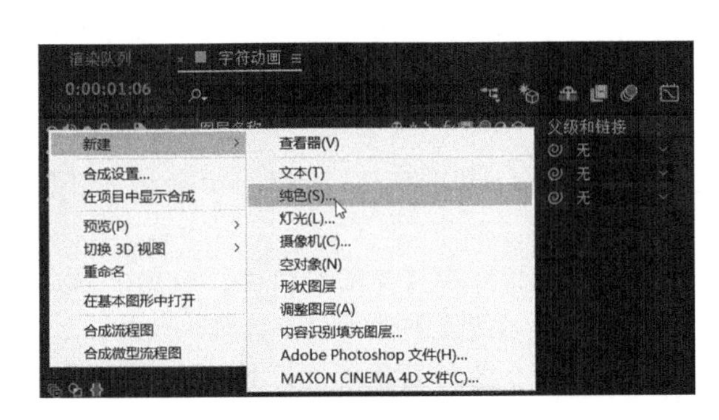

图 6-49　新建纯色层

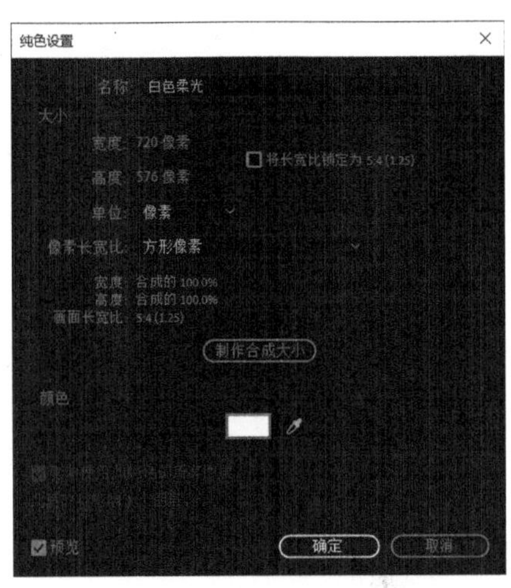

图 6-50　“白色柔光”层创建

选择“白色柔光”层，在【工具】面板中选择椭圆工具，然后在【合成】面板中绘制椭圆蒙版。绘制后的效果如图 6-51 所示。

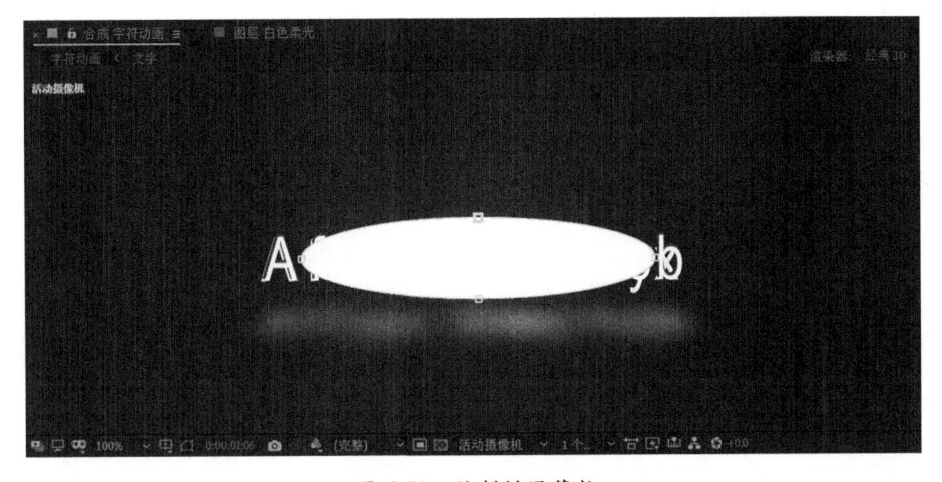

图 6-51　绘制椭圆蒙版

选择“白色柔光”层，单击▶展开【蒙版】，设置“蒙版 1”下的参数。【蒙版羽化】设为“135.0,135.0 像素”,【蒙版扩展】设为“-20.0 像素。”然后调整图层位置，将“白色柔光”层移至“文字”预合成下。“白色柔光”层的最终效果如图 6-52 所示。

图 6-52 “白色柔光”层的最终效果

步骤 11　设置“文字”预合成发光效果。打开【效果和预设】面板，在该面板中搜索【发光】滤镜，如图 6-53 所示。

在【时间轴】面板中选择“文字”预合成，然后在【效果和预设】面板中双击【发光】滤镜，将该滤镜添加到“文字”预合成上。【发光】滤镜使用其默认参数。

单击按钮，展开转换控制。将“文字”预合成的混合模式设置为“相加”，如图 6-54 所示。

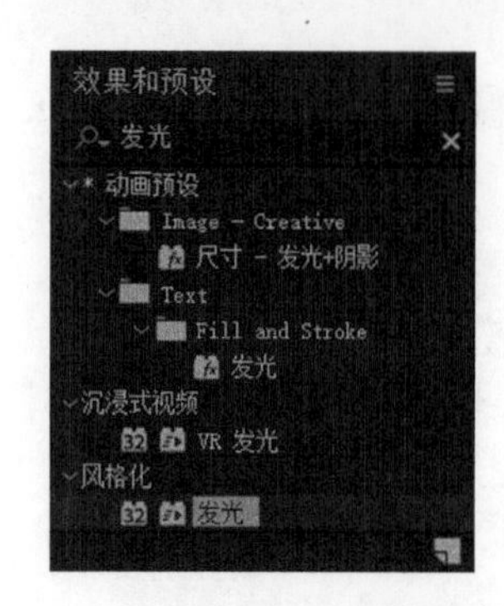

图 6-53 搜索【发光】滤镜

图 6-54 设置混合模式

步骤 12　预览动画。按空格键预览动画效果，如图 6-55 所示。

步骤 13　保存文件。按快捷键 Ctrl+S，保存当前编辑文件。在弹出的【另存为】对话框中设置文件名称与保存路径。

步骤 14　收集文件。选择【文件】→【整理工程(文件)】→【收集文件】命令，在弹出的【收集文件】对话框中，【收集源文件】设置为对于所有合成，然后单击

【收集】按钮。在弹出的【将文件收集到文件夹中】对话框中，选择收集文件存放的路径，然后单击【保存】按钮，完成文件的收集操作。

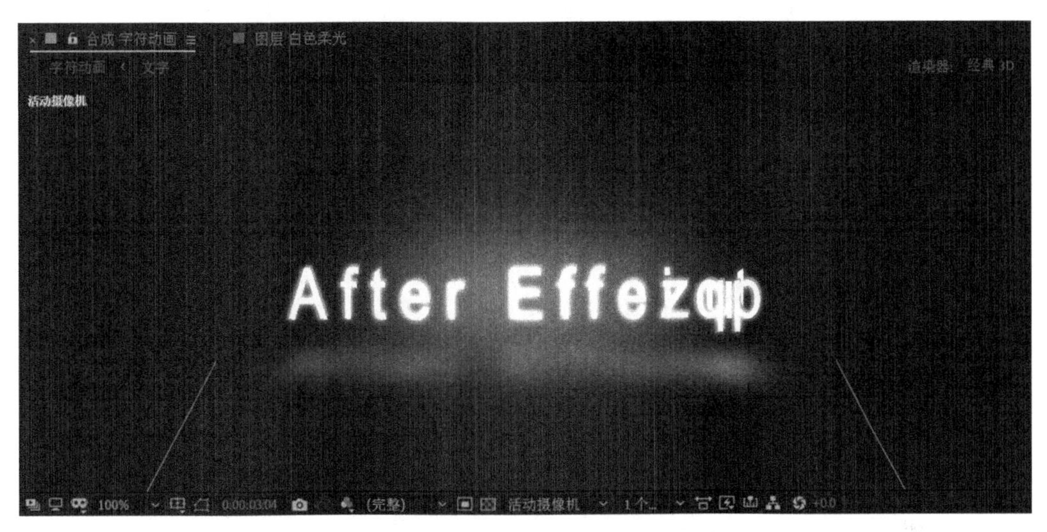

图 6-55 预览动画效果

6.6 案例：文字卡片翻转动画

本案例的完成效果如图 6-56 所示。

图 6-56 文字卡片翻转动画效果

制作步骤如下。

步骤 1 创建合成。在【项目】面板的空白处右击，在弹出的快捷菜单中选择【新建合成】命令，在弹出的【合成设置】对话框中，设置【合成名称】为“文字卡片翻转动画”、【预设】为 HDV/HDTV 720 25、【持续时间】为 5 秒，单击【确定】按钮。【合成设置】对话框如图 6-57 所示。

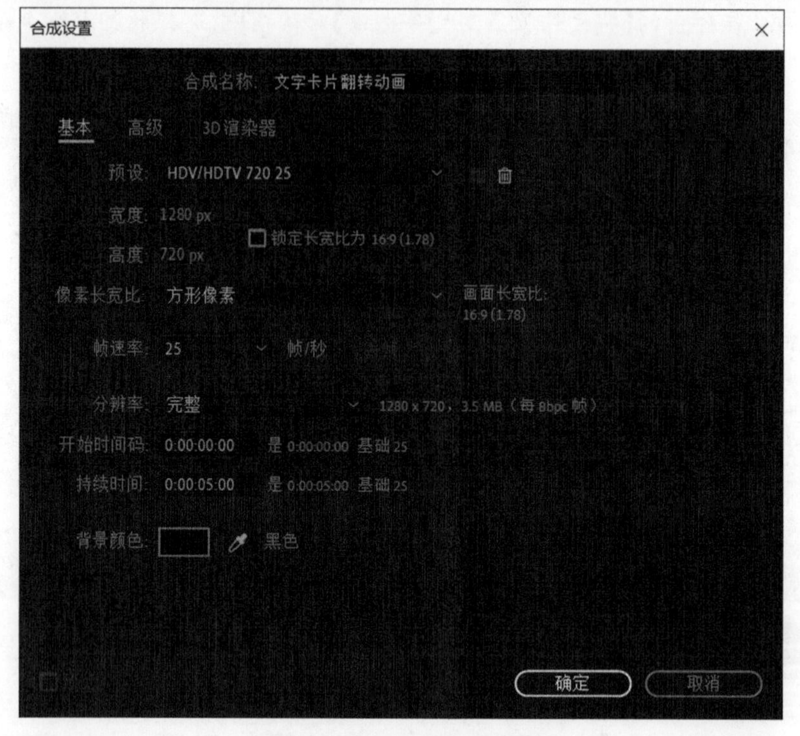

图 6-57 【合成设置】对话框

步骤 2 新建“背景”层。在【时间轴】面板空白处右击，选择【新建】→【纯色】命令。

在弹出的【纯色设置】对话框中，设置【名称】为“背景”，单击【制作合成大小】按钮，设置【颜色】为“黑色 (#000000)”。然后单击【确定】按钮，创建“背景”层。

步骤 3 为“背景”层添加【梯度渐变】滤镜。打开【效果和预设】面板，在该面板中搜索【梯度渐变】滤镜，如图 6-58 所示。

在【时间轴】面板中选择“背景”层，然后在【效果和预设】面板中双击【梯度渐变】滤镜，将该滤镜添加到“背景”层上。在【效果控件】面板中设置【梯度渐变】滤镜参数，【渐变起点】设为“640.0,360.0”，【起始颜色】设为“黄色 (#FFA743)”，【渐变终点】设为 1400.0,720.0，【结束颜色】设为“棕色 (#943B00)”，【渐变形状】设为“径向渐变”，如图 6-59 所示。

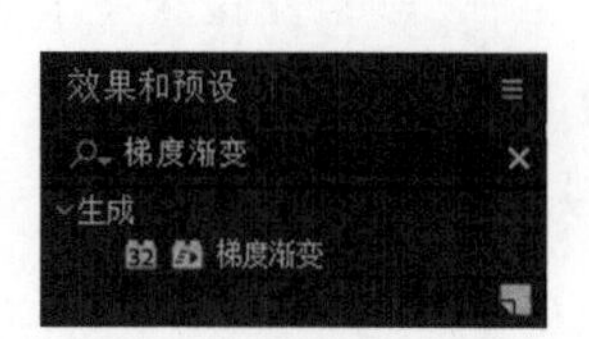

图 6-58 搜索【梯度渐变】滤镜

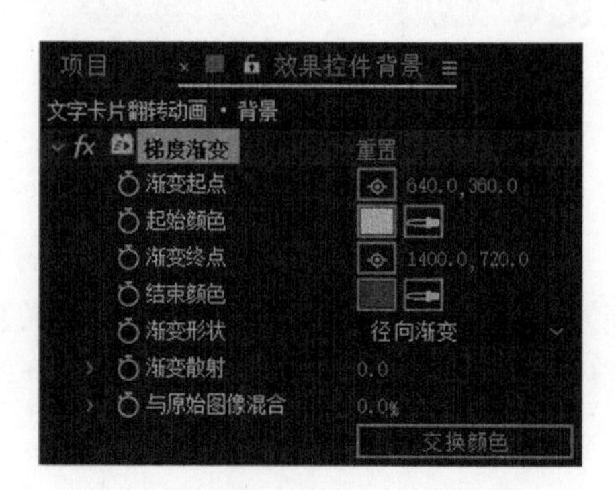

图 6-59 【梯度渐变】滤镜参数

完成效果如图 6-60 所示。

图 6-60 【梯度渐变】完成效果

步骤 4　创建背景网格效果。在【时间轴】面板空白处右击，选择【新建】→【纯色】命令。

在弹出的【纯色设置】对话框中，设置【名称】为“网格”、【宽度】为 2000 像素、【高度】为 2000 像素、【颜色】为“黑色 (#000000)”，如图 6-61 所示。然后单击【确定】按钮，创建“网格”层。

为“网格”层添加【网格】滤镜。打开【效果和预设】面板，在该面板中搜索【网格】滤镜，如图 6-62 所示。

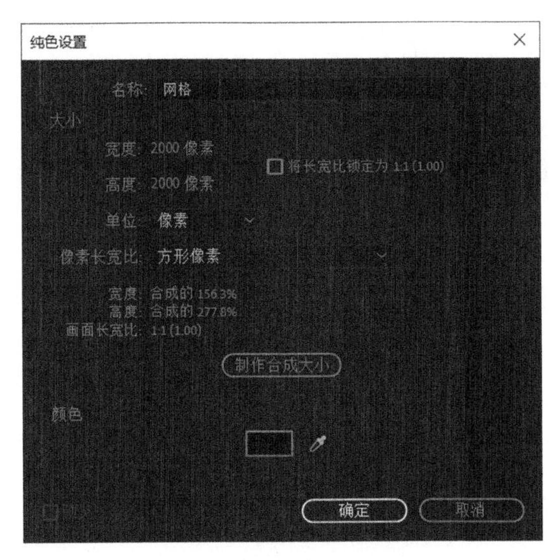

图 6-61　创建“网格”层

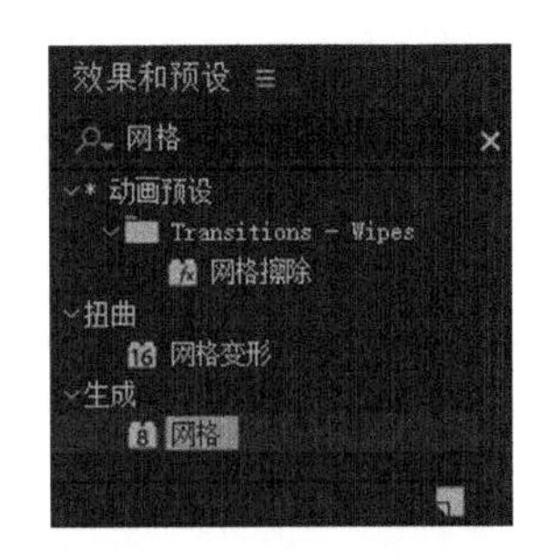

图 6-62　搜索【网格】滤镜

在【时间轴】面板中选择“网格”层，然后在【效果和预设】面板中双击【网格】滤镜，将该滤镜添加到“网格”层上。在【效果控件】面板中设置【网格】滤镜参数，【锚点】设为 1000.0,1000.0，【大小依据】设为“宽度滑块”，【宽度】设为 40.0，【边界】设为 6.0，【颜色】设为“白色 (#FFFFFF)”，如图 6-63 所示。

在【时间轴】面板中选择“网格”层，按R键，将【旋转】设置为0x+45.0°。按T键，将【不透明度】设置为60%。“网格”层属性设置效果如图6-64所示。

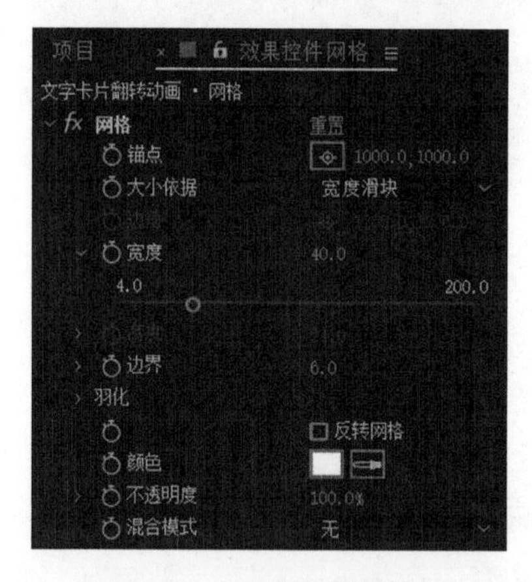

图6-63 【网格】滤镜参数

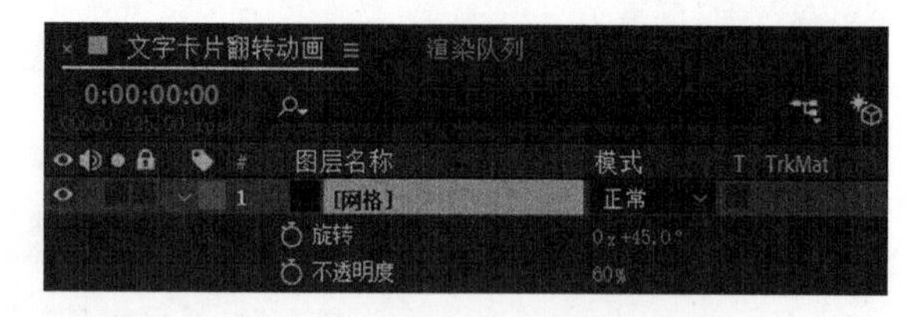

图6-64 “网格”层属性设置效果

“网格”层完成效果如图6-65所示。

步骤5　制作小网格图层。选择“网格”层，按快捷键Ctrl+D，复制此图层。按Enter键，重命名此复制图层为“网格小”。选择此图层，在【效果控件】面板中将【宽度】设置为20.0，【边界】设置为3.0，如图6-66所示。

图6-65 “网格”层完成效果

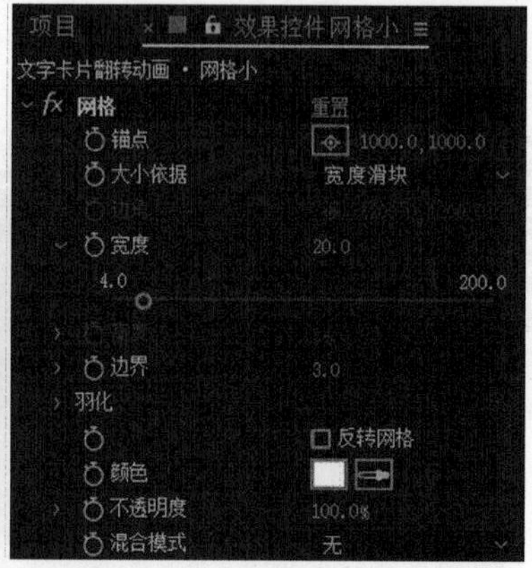

图6-66 “网格小”图层的【网格】滤镜参数

最终背景网格效果如图6-67所示。

步骤6　创建Adobe文字层。单击【工具】面板中的横排文字工具T，在【合成】面板中单击，待出现光标即可输入文字Adobe，创建Adobe文字层。

选择文字层，然后双击，打开【字符】面板，设置【字体系列】为Arial、【字体样式】为Narrow、【字体大小】为“120像素”、【颜色】为“白色(#FFFFFF)”、【字符间距】为200、“垂直缩放”为100%、【水平缩放】为100%，如图6-68所示。

在【合成】面板中选择Adobe文字层，将其放置在画面中心处。Adobe文字层效果如图6-69所示。

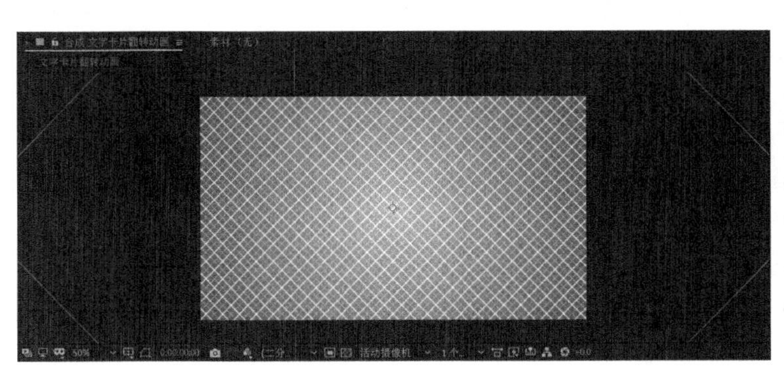

图 6-67　最终背景网格效果

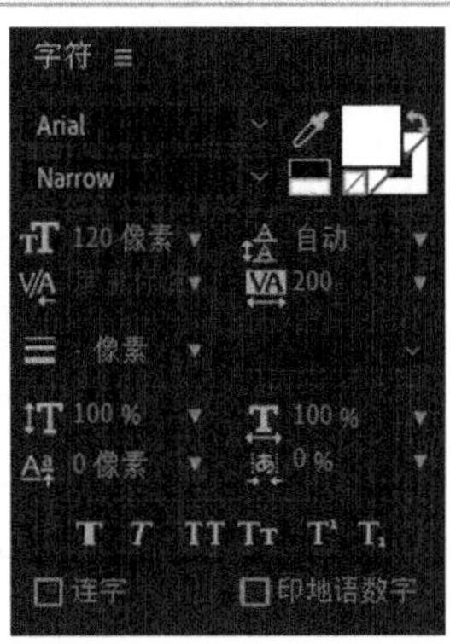

图 6-68　设置【字符】面板参数

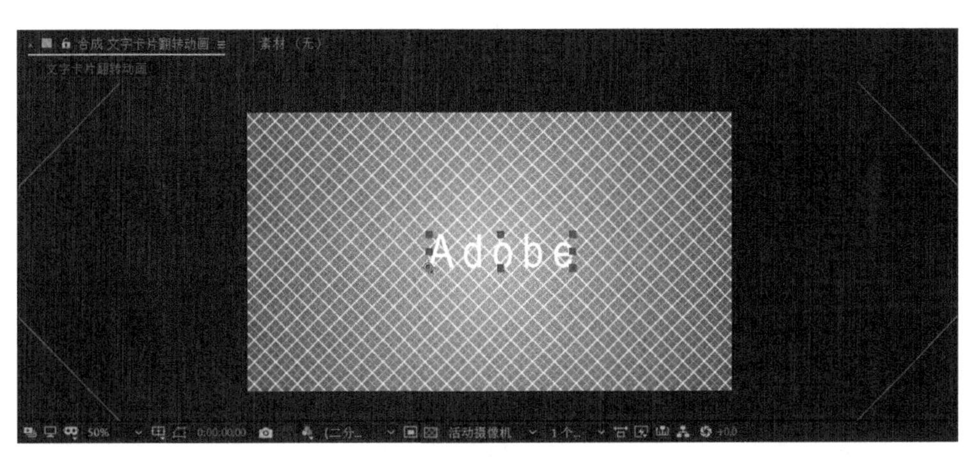

图 6-69　Adobe 文字层效果

步骤 7　创建 After Effects 文字层。选择 Adobe 文字层，按快捷键 Ctrl+D，复制此层。然后双击此复制图层，输入 After Effects。选择 After Effects 文字层，调整位置，使该层在画面中心，并且与 Adobe 文字层在底端对齐。创建的两个文字层效果如图 6-70 所示。

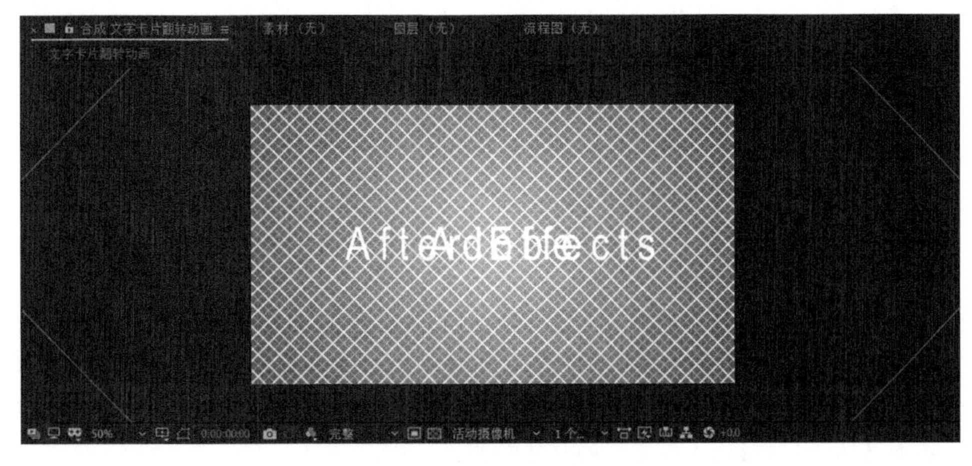

图 6-70　创建的两个文字层效果

步骤 8　为 Adobe 文字层添加【卡片擦除】滤镜。打开【效果和预设】面板，在该面板中搜索【卡片擦除】滤镜，如图 6-71 所示。

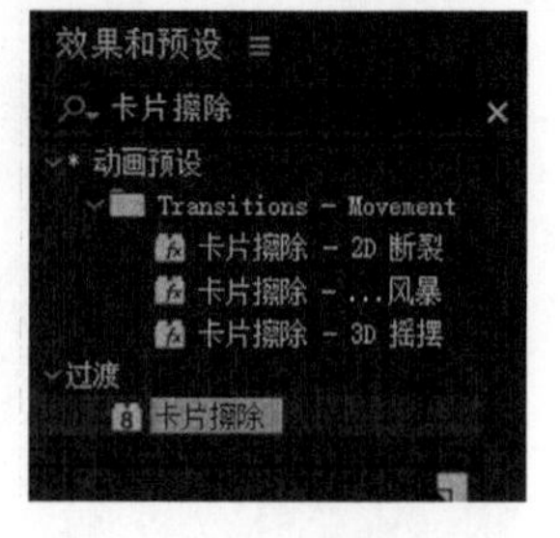

图 6-71　搜索【卡片擦除】滤镜

在【时间轴】面板中选择 Adobe 文字层，然后在【效果和预设】面板中双击【卡片擦除】滤镜，将该滤镜添加到 Adobe 文字层上。同时单击 After Effects 文字层前的视图图标，关闭 After Effects 文字层的显示。

在【效果控件】面板中设置【卡片擦除】滤镜参数。设置【背面图层】为 1.After Effects、【行数】为 40、【列数】为 60、【摄像机位置】→【X、Y 位置】为 610.0,360.0、【灯光】→【环境光】为 1.00。

将时间指示器设置在 0:00:01:00 秒处，在【效果控件】面板中单击【过渡完成】属性、【摄像机位置】→【Y 轴旋转】属性、【摄像机位置】→【Z 位置】属性、【位置抖动】→【X 抖动量】属性、【位置抖动】→【Y 抖动量】属性和【位置抖动】→【Z 抖动量】属性前的按钮。将【过渡完成】设置为 0，【摄像机位置】→【Y 轴旋转】设置为 0x+0.0° ,【摄像机位置】→【Z 位置】设置为 2.00,【位置抖动】→【X 抖动量】设置为 0.00，【位置抖动】→【Y 抖动量】设置为 0.00，【位置抖动】→【Z 抖动量】设置为 0.00。

将时间指示器设置在 0:00:02:00 处，【摄像机位置】→【Z 位置】设置为 0.50，【位置抖动】→【X 抖动量】设置为 5.00，【位置抖动】→【Y 抖动量】设置为 5.00，【位置抖动】→【Z 抖动量】设置为 20.00。

将时间指示器设置在 0:00:03:00 处，将【过渡完成】设置为 100%，【摄像机位置】→【Y 轴旋转】设置为 1x+0.0° ,【摄像机位置】→【Z 位置】设置为 2.00，【位置抖动】→【X 抖动量】设置为 0.00，【位置抖动】→【Y 抖动量】设置为 0.00，【位置抖动】→【Z 抖动量】设置为 0.00。

Adobe 文字层关键帧设置效果如图 6-72 所示。

图 6-72　Adobe 文字层关键帧设置效果

步骤 9　预览动画。按空格键预览动画效果，如图 6-73 所示。

步骤 10　保存文件。按快捷键 Ctrl+S，保存当前编辑的文件，在弹出的【另存为】对话框中设置文件名称与保存路径。

步骤 11　收集文件。执行【文件】→【整理工程（文件）】→【收集文件】命令，在弹出的【收集文件】对话框中，【收集源文件】设置为对于所有合成，然后单击【收集】按钮。在弹出的【将文件收集到文件夹中】对话框中，选择收集文件存放的路径，然后单击【保存】按钮，完成文件的收集操作。

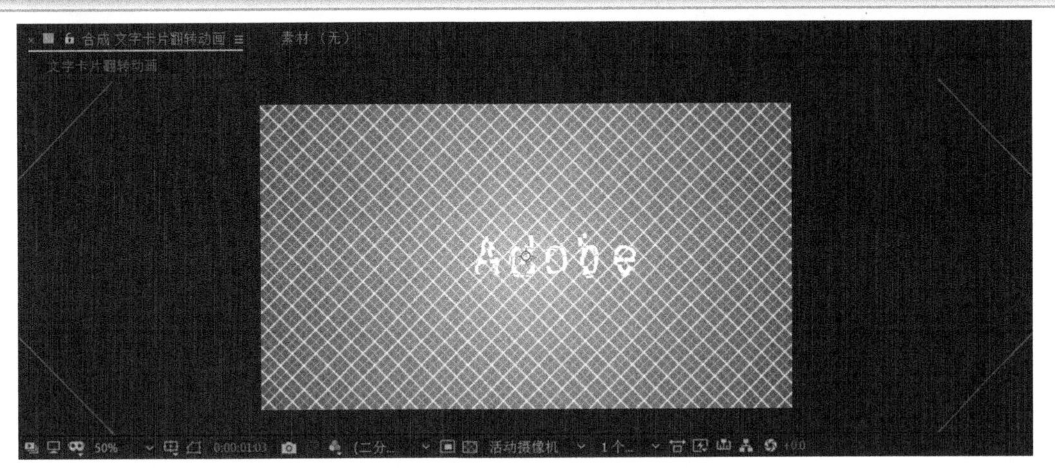

图 6-73 预览动画效果

第7章　影视三维合成特效

【学习目标】

1．掌握 After Effects 中三维图层的创建方法。

2．掌握 After Effects 中摄像机的创建方法。

3．掌握 After Effects 中灯光的创建方法。

【技能要求 / 学习重点】

1．掌握三维图层属性设置的方法。

2．掌握摄像机属性设置的方法。

3．掌握灯光阴影的创建方法。

【核心概念】

三维合成　三维图层　摄像机　灯光

After Effects 中能将二维图层转换成三维图层，并且可以创建摄像机和灯光，模拟三维空间效果。本章将讲解 After Effects 中三维图层的创建、摄像机的创建、灯光的创建、灯光阴影效果的实现。

7.1　三维图层的概念

在 After Effects 中，图层可以是二维图层，也可以转换成三维图层。将二维图层转换成三维图层其实就是在平面的二维空间 X 轴和 Y 轴空间中引入了 Z 轴。

在此需要说明的是，After Effects 中的三维图层是一个假的三维，物体的体积感是多个层拼凑出来的，每个层还是一个面片。

将二维图层转换为三维图层后，旋转三维图层，会发现此三维图层就是一个面片，如图 7-1 和图 7-2 所示。

图 7-1　After Effects 中的二维图层图像

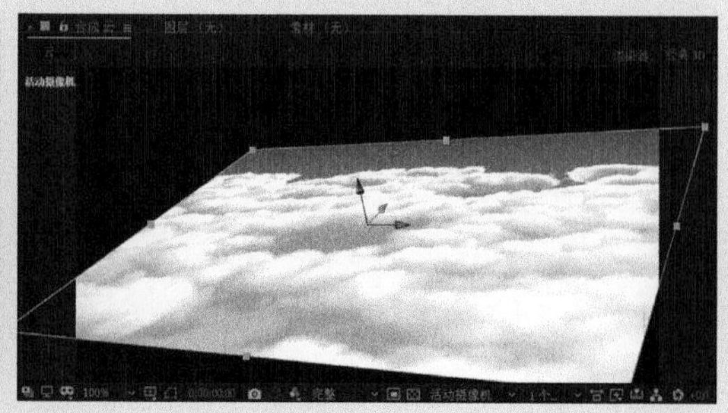

图 7-2　After Effects 中三维图层旋转之后的状态

7.2　三维图层的创建及操作方法

7.2.1　三维图层的创建

将素材导入合成中，在默认情况下，After Effects 将素材视为二维图层。按 P 键将【位置】属性展开，此时会发现，该属性为二元属性，即只有 X 轴和 Y 轴坐标信息，如图 7-3 所示。

在【时间轴】面板中，将图层的 3D 图层图标展开，即可将二维图层转换为三维图层，此时图层的【位置】属性变为三元属性，即有 X 轴、Y 轴和 Z 轴坐标信息，如图 7-4 所示。

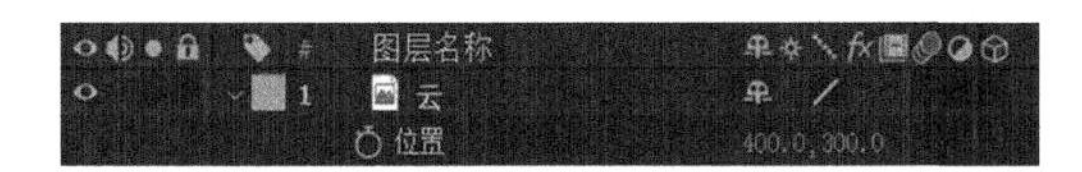

图 7-3　二维图层【位置】属性

图 7-4　三维图层【位置】属性

此时查看其他属性，如【缩放】属性，也转换为三元属性。在【合成】面板中，X 轴为红色坐标轴，Y 轴为绿色坐标轴，Z 轴为蓝色坐标轴，如图 7-5 所示。

图 7-5　三维图层的 X 轴、Y 轴、Z 轴

7.2.2　三维图层操作方法

二维图层转换为三维图层之后，需要对其进行操作。在进行操作之前，首先了解三维图层的 3 种坐标方式。这 3 种坐标方式在【工具】面板中，如图 7-6 所示。

图 7-6　【工具】面板中的 3 种坐标方式

本地轴模式：该模式下旋转图层，坐标轴会和合成中的所有图层一起旋转。所以，运用此模式可以调整所有图层的轴。

世界轴模式：该模式对图层进行旋转或是移动，轴的方向不会改变。

视图轴模式：该模式以当前显示的视角为基准设置轴。不论图层如何移动，X 轴和 Y 轴始终成直角。

移动三维图层，在【工具】面板中选择选取工具，然后将光标移至【合成】面板的三维图层上。当光标移动到X轴时，光标变为，此时左右移动光标，三维图层在X轴移动。同理光标移动到Y轴时，光标变为，此时左右移动光标，三维图层在Y轴移动。Z轴也是如此。

旋转三维图层，在【工具】面板中选择旋转工具，运用上面的方法，即可以使三维图层在X轴、Y轴或是Z轴上旋转。

7.3 应用摄像机

7.3.1 创建摄像机

在【时间轴】面板空白处右击，在弹出的快捷菜单中选择【新建】→【摄像机】命令，弹出【摄像机设置】对话框，如图7-7所示。

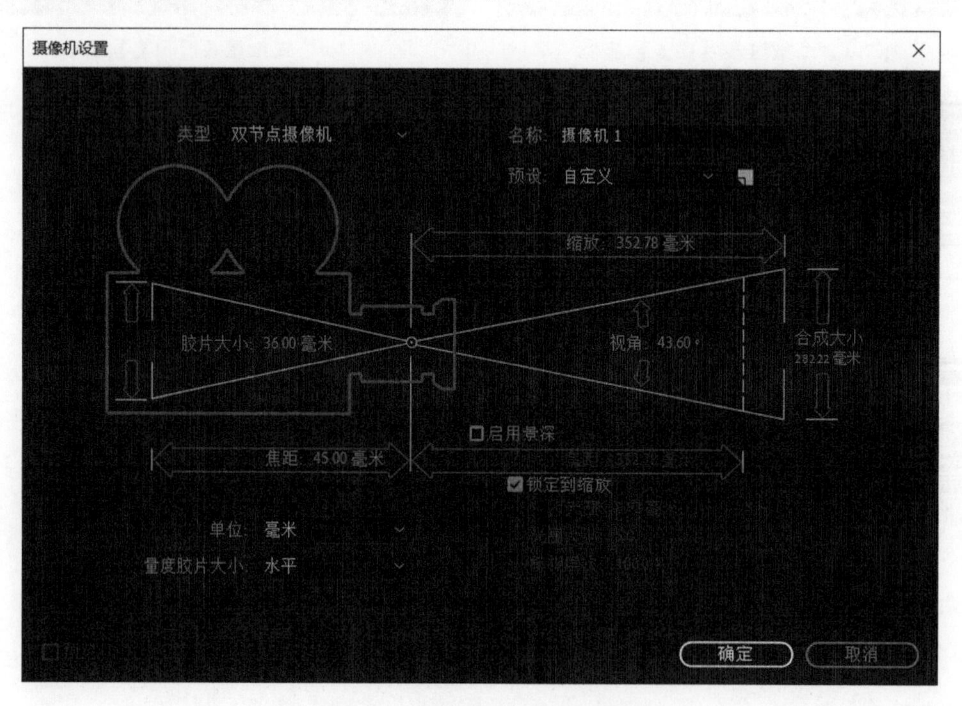

图 7-7 【摄像机设置】对话框

类型：提供单节点摄像机和双节点摄像机类型。

名称：设置摄像机的名称。

预设：打开下拉菜单，其中提供了9种After Effects预设的摄像机镜头。可根据实际情况选择对应的预设。

缩放：设置摄像机到图像之间的距离。该值越大，视野越大，摄像机显示的图层就越大。

视角：与视野成正比。数值越大，视野越大，反之则越小。

胶片大小：只通过镜头看到图像的实际大小。与视野成正比。数值越大，视野越大，反之则越小。

焦距：胶片与镜头之间的距离。

启用景深：开启该项，可以产生景深效果。需要配合焦距、光圈、光圈大小、模糊层次使用。

单位：设置摄像机参数的单位，包括像素、英寸和毫米。

量度胶片大小：设置胶片尺寸的基准方向，包括水平、垂直和对角线。

光圈：制作景深效果。值越大，前后图层清晰范围越小。

光圈大小：与光圈相互控制景深。

模糊层次：控制景深模糊程度，值越大越模糊。

7.3.2　摄像机操作方法

创建摄像机后，长按【工具】面板中的统一摄像机工具按钮，可以调出After Effects所有摄像机工具命令，如图7-8所示。在【合成】面板中对摄像机进行操作，快捷键为C。

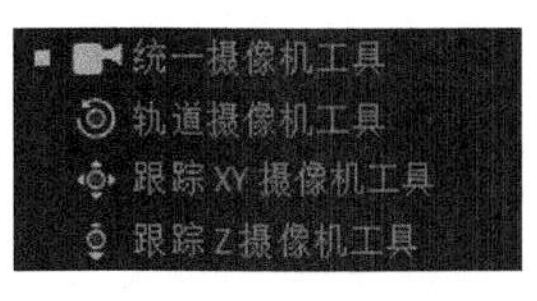

图7-8　After Effects所有摄像机工具命令

统一摄像机工具：将光标移动到【合成】面板，按住鼠标左键可以旋转摄像机；按鼠标中键可以左右移动摄像机；按鼠标右键可以推拉摄像机。

轨道摄像机工具：旋转摄像机。

跟踪XY摄像机工具：左右移动摄像机。

跟踪Z摄像机工具：推拉摄像机。

将图层的三维功能开启后，可以通过视图切换观看三维效果。在【合成】面板底部，单击【活动摄像机】可以切换视图，同时单击【1个视图】可以切换视图显示个数，如图7-9所示。

图7-9　切换视图

7.4　灯光与材质

7.4.1　创建灯光

在【时间轴】面板空白处右击，在弹出的快捷菜单中选择【新建】→【灯光】命

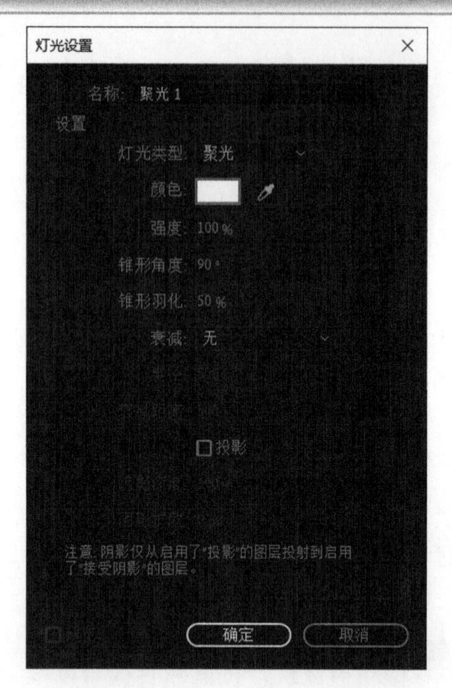

图 7-10 【灯光设置】对话框

令后,弹出【灯光设置】对话框,如图 7-10 所示。

名称：设置灯光层的名称。

灯光类型：提供 4 种灯光类型,即平行光、聚光、点光和环境光。

平行光：发射的光线具有方向性,类似太阳光。

聚光：以圆锥形发射灯光,类似手电筒发出的光。可以通过调节锥形角度控制灯光发射范围。

点光：以一个点向四周发射光线,类似灯泡发出的光。

环境光：提高整个画面的亮度。光线无方向性,不会产生阴影。

颜色：设置灯光颜色属性。

强度：设置灯光亮度。

锥形角度:【灯光类型】设置为【聚光】时,该选项开启。用于设置聚光灯的照射范围。

锥形羽化：【灯光类型】设置为【聚光】时,该选项开启。用于设置聚光灯边缘的柔和过渡效果。数值越大,边缘越柔和。通常【锥形羽化】和【锥形角度】配合使用。

衰减：用于控制灯光能量随距离的拉长从而衰减的效果。有 3 种类型：无、平滑和反向平方限制。

半径：控制衰减区域的范围。

衰减距离：控制衰减距离。

投影：选中该项,灯光可以投射阴影。

阴影深度：调整阴影的明暗程度。

阴影扩散：控制阴影边缘的柔和程度。数值越大,阴影边缘越柔和。

7.4.2 材质选项

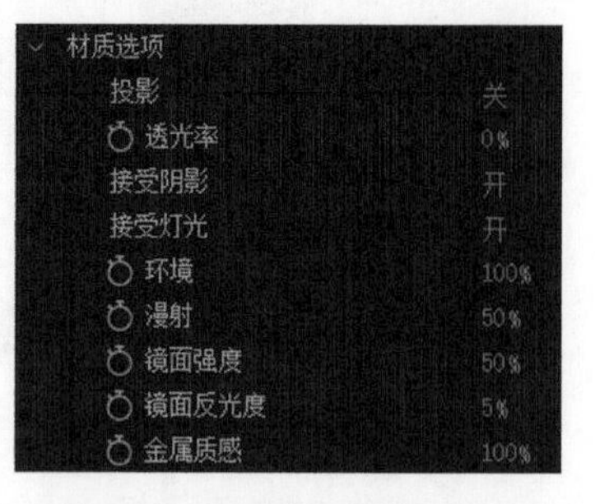

图 7-11 【材质选项】属性

二维图层转换为三维图层后,图层才具有【材质选项】属性,如图 7-11 所示。

投影：控制图层是否投射阴影。有 3 个选项,分别为关闭阴影、打开阴影、仅有阴影。

透光率：控制图层投射阴影的程度,即透光度。当数值为 0 时,图层的影子为黑色；当数值为 100% 时,图层的影子与其本身相似。如图 7-12 所示。

接受阴影：指其他图层是否接受本图层阴影,即本图层阴影在其他图层中实现与否。当为【开】状态,本图层阴影在其他图层上显示；当为【关】状态,其他图层不接受本图层阴影。

接受灯光：设置图层是否接受灯光照明。当为【开】状态,接受灯光作用；当为【关】状态,不接受灯光作用。

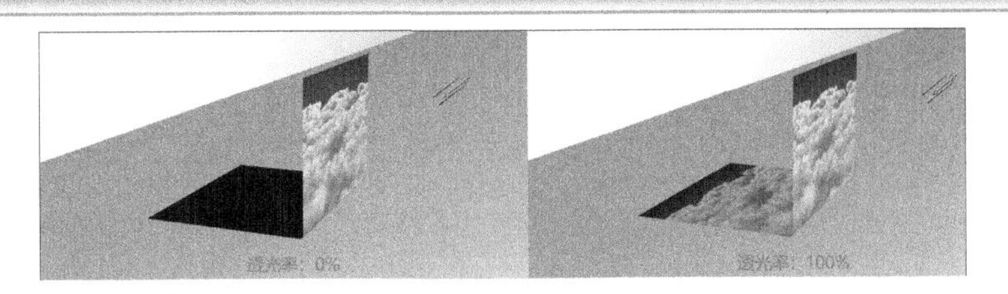

图 7-12　【透光率】为 0 和 100% 的效果对比

环境：用于确定本图层受环境光影响的程度。当数值为 100% 时，图层全部受环境光的影响；当数值为 0 时，图层不受环境光的影响。

漫射：根据不同的反射程度，在合成中显示是吸收光的材质还是反射光的材质。

镜面强度：控制高光部分的高亮程度，如图 7-13 所示，不同的【镜面强度】数值，会产生不同的效果。

图 7-13　不同的【镜面强度】数值对比

镜面反光度：控制高光范围，数值在 0 ～ 100%。

金属质感：控制高光颜色。当为 0 时，显示的颜色接近灯光的颜色；当为 100% 时，显示的颜色接近反射图层的颜色。

7.5　案例：立方体动画

本案例完成效果如图 7-14 所示。

图 7-14　案例完成效果

制作步骤如下。

步骤 1　创建合成。在【项目】面板的空白处右击，在弹出的快捷菜单中选择【新建合成】命令，在弹出的【合成设置】对话框中，设置【合成名称】为“立方体动画”、【宽度】为 960px、【高度】为 540px、【像素长宽比】为“方形像素”、【帧速率】为

“30 帧 / 秒”、【持续时间】为 5 秒、单击【确定】按钮,完成合成的创建。【合成设置】对话框,如图 7-15 所示。

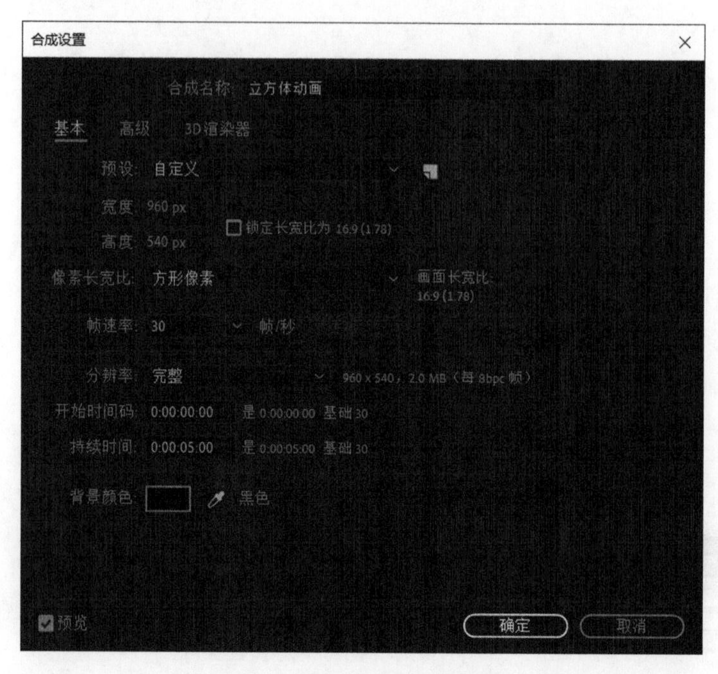

图 7-15 【合成设置】对话框

步骤 2 新建“背景”层。在“立方体动画”合成中,在【时间轴】面板空白处右击,选择【新建】→【纯色】命令,如图 7-16 所示。

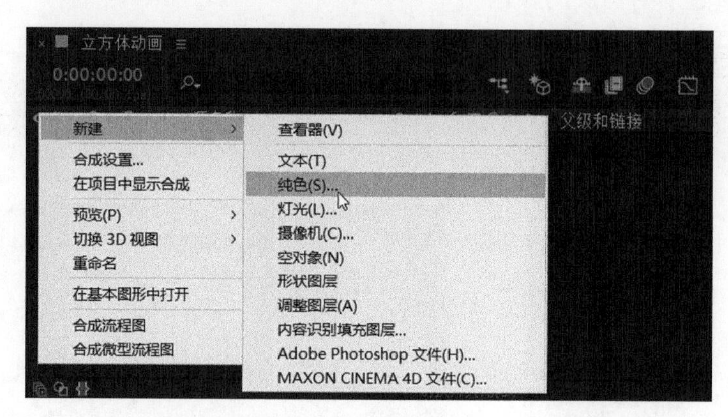

图 7-16 新建纯色层

在弹出的【纯色设置】对话框中,设置【名称】为“背景”,单击【制作合成大小】按钮,设置【颜色】为“白色 (#FFFFFF)”,如图 7-17 所示。然后单击【确定】按钮,创建“背景”层。

步骤 3 为“背景”层添加【梯度渐变】滤镜。选择“背景”层,选择【效果】→【生成】→【梯度渐变】命令。

在【效果控件】面板中设置【梯度渐变】滤镜参数。【渐变起点】为“480.0,280.0”,【起始颜色】为“灰色 (#A3A3A3)”,【渐变终点】为“−180.0,656.0”,【结束颜色】为

“黑色 (#000000)”,【渐变形状】为“径向渐变”。【梯度渐变】滤镜参数及效果如图 7-18 所示。

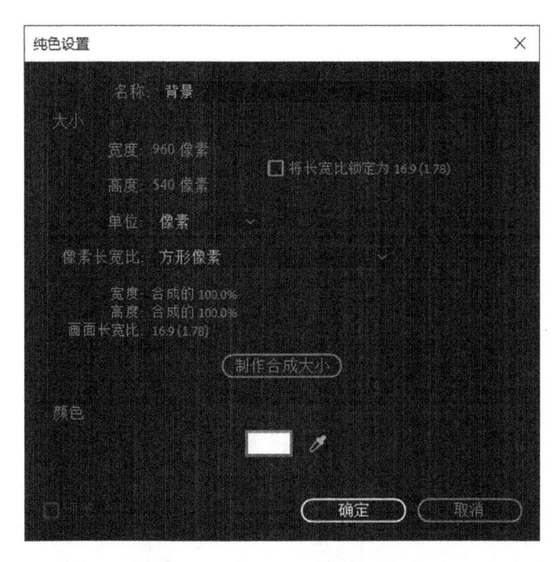

图 7-17 创建“背景”层

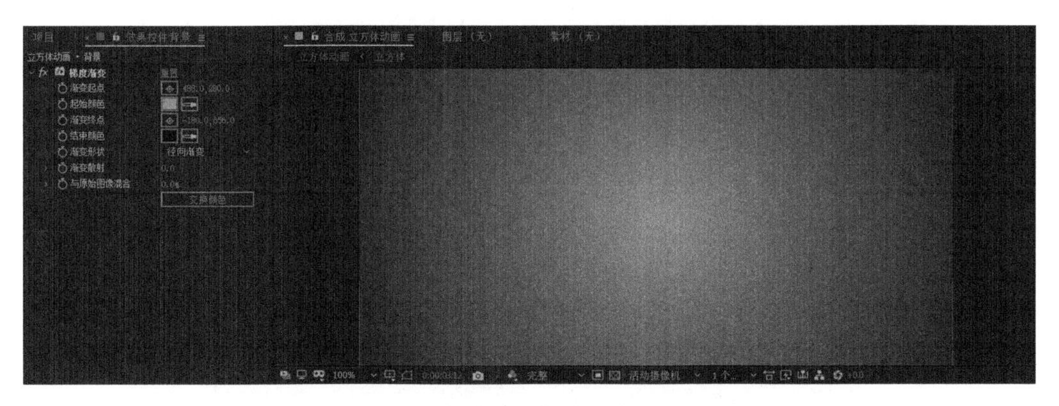

图 7-18 【梯度渐变】滤镜参数及效果

步骤 4 创建形状图层。在“立方体动画”合成中,在【时间轴】面板空白处右击,选择【新建】→【形状图层】命令,如图 7-19 所示。

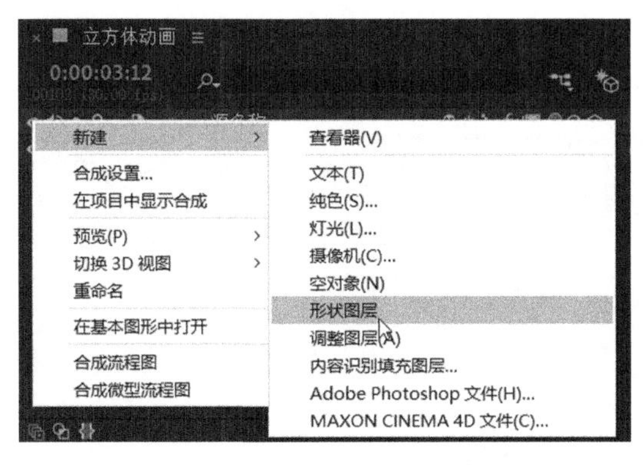

图 7-19 新建形状图层

创建的形状图层在“立方体动画”合成中为“形状图层 1”。

在【时间轴】面板中单击“展开”按钮，将“形状图层 1”属性展开。在【内容】属性中单击按钮，添加【矩形】路径，如图 7-20 所示。

继续在【内容】属性中单击按钮，添加【描边】属性，如图 7-21 所示。

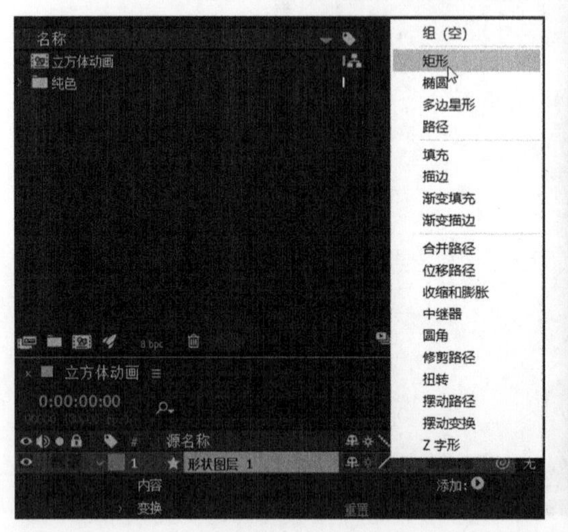

图 7-20 为形状图层添加【矩形】路径

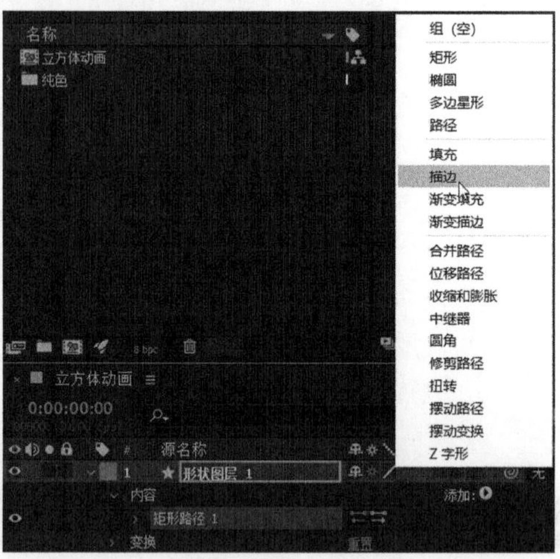

图 7-21 为形状图层添加【描边】属性

展开“描边 1”，单击【颜色】属性后的颜色，打开【颜色】对话框，在该对话框中将填充颜色设置为“白色 (#FFFFFF)”、【描边宽度】为 2.0，设置完成后单击【确定】按钮。“描边 1”设置如图 7-22 所示。

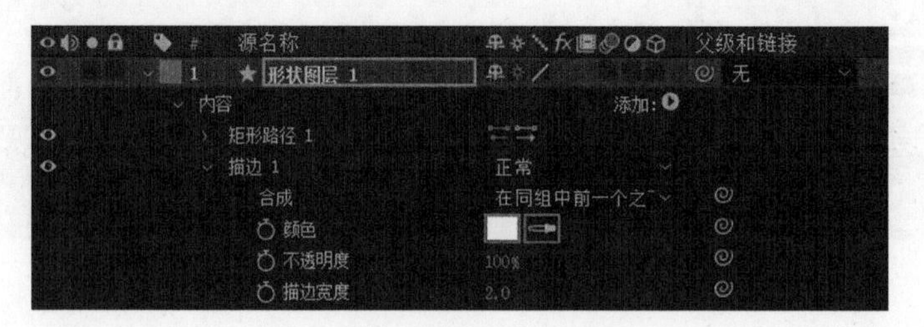

图 7-22 “描边 1”的设置

步骤 5 制作立方体。选择“形状图层 1”，按 A 键，将【锚点】属性调出，设置【锚点】为“0.0,50.0”。按 P 键，将【位置】属性调出，设置【位置】为“480.0,320.0”。设置【锚点】及【位置】，如图 7-23 所示。

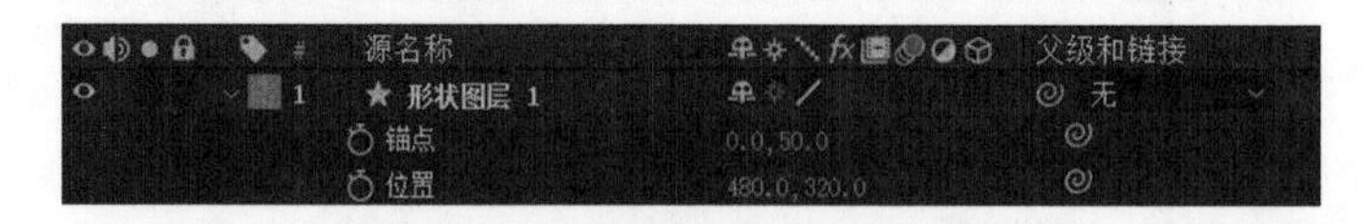

图 7-23 设置【锚点】及【位置】

选择“形状图层 1”，将图层的 3D 图层图标展开。按快捷键 Ctrl+D 复制出 5 个形状图层。依次选择这 6 个形状图层，按 Enter 键，依次重命名“前”“后”“左”“右”“上”“下”。命名完成效果如图 7-24 所示。

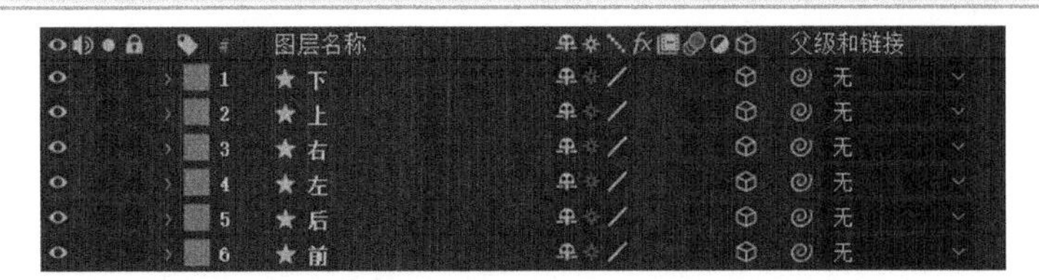

图 7-24 形状图层重命名

在【时间轴】面板空白处右击，在弹出的快捷菜单中选择【新建】→【摄像机】命令，如图 7-25 所示。

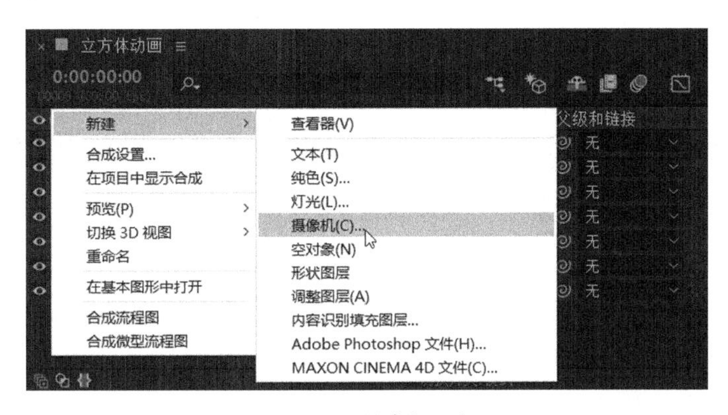

图 7-25 创建摄像机

在弹出的【摄像机设置】对话框中，采用默认参数，单击【确定】按钮，创建摄像机。在【工具】面板中选择轨道摄像机工具，在【合成】面板中将视角旋转。摄像机旋转角度效果如图 7-26 所示。

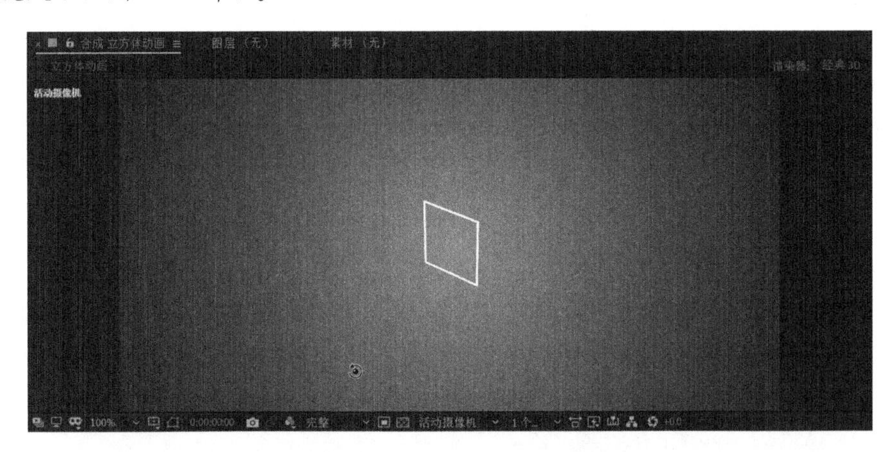

图 7-26 摄像机旋转角度效果

选择“后”图层，按 P 键，设置【位置】为“480.0,320.0,100.0”。设置“后”图层的【位置】，如图 7-27 所示。

图 7-27 设置“后”图层的【位置】

选择“左”图层，按R键，设置【方向】为“0.0°，90.0°，0.0°”。然后按快捷键Shift+P，将【位置】属性调出，设置【位置】为“430.0,320.0,50.0”。设置“左”图层的【位置】和【方向】，如图7-28所示。

图7-28 设置“左”图层的【位置】和【方向】

选择“右”图层，按R键，设置【方向】为“0.0°，90.0°，0.0°”。然后按快捷键Shift+P，将【位置】属性调出，设置【位置】为“530.0,320.0,50.0”。设置“右”图层的【位置】和【方向】，如图7-29所示。

图7-29 设置“右”图层的【位置】和【方向】

选择“上”图层，按R键，设置【方向】为“90.0°，0.0°，0.0°”。然后按快捷键Shift+P，将【位置】属性调出，设置【位置】为“480.0,320.0,100.0”。设置“上”图层的【位置】和【方向】，如图7-30所示。

图7-30 设置“上”图层的【位置】和【方向】

选择“下”图层，按R键，设置【方向】为“90.0°，0.0°，0.0°”。然后按快捷键Shift+P，将【位置】属性调出，设置【位置】为“480.0,220.0,100.0”。设置“下”图层的【位置】和【方向】，如图7-31所示。

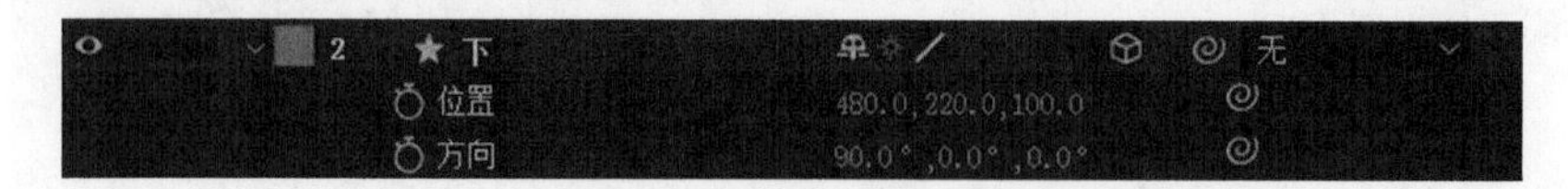

图7-31 设置“下”图层的【位置】和【方向】

立方体完成效果如图7-32所示。

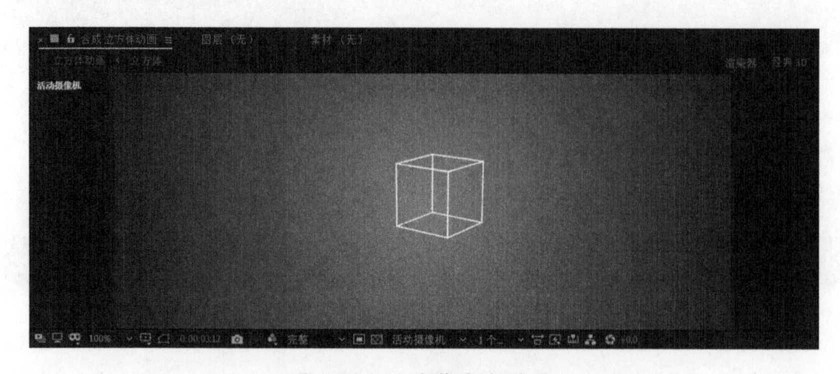

图7-32 立方体完成效果

步骤 6 制作文字。在【时间轴】面板空白处右击，在弹出的快捷菜单中选择【新建】→【文本】命令，在【合成】面板中出现光标处输入文字 AE，创建 AE 文字图层。AE 文字图层如图 7-33 所示。

选择 AE 文字图层，然后双击，打开【字符】面板，设置【字体系列】为“微软雅黑”、【字体样式】为 Regular、【字体大小】为“49 像素”、【颜色】为“白色 (#FFFFFF)”、【行距】为“37 像素”、【字符间距】为 550、【垂直缩放】为 200%、【水平缩放】为 100%。【字符】面板设置参数如图 7-34 所示。

图 7-33 AE 文字图层

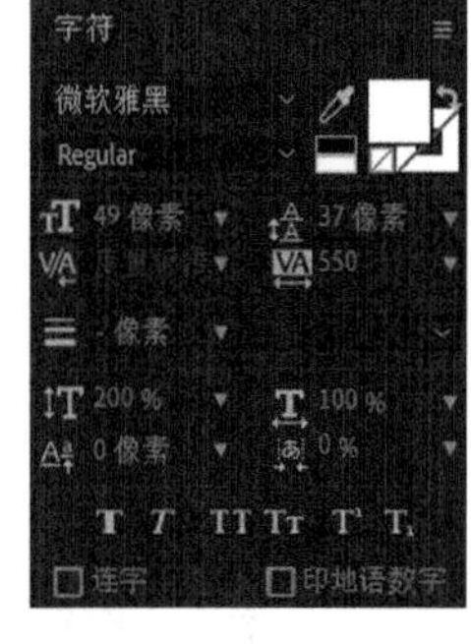

图 7-34 【字符】面板设置参数

选择 AE 文字图层，将图层的 3D 图层图标展开。按 P 键，设置【位置】为“480.0,305.0,0.0”。设置 AE 文字图层的【位置】，如图 7-35 所示。

图 7-35 设置 AE 文字图层的【位置】

AE 文字图层三维效果如图 7-36 所示。

图 7-36 AE 文字图层三维效果

选择 AE 文字图层，按快捷键 Ctrl+D 复制此文字图层，然后双击并输入 3D。按 R 键，设置【方向】为“0.0°,270.0°,0.0°”。然后按快捷键 Shift+P，将【位置】属性调出，设置【位置】为“530.0,305.0,50.0”。设置 3D 文字图层的【位置】和【方向】，如图 7-37 所示。

图 7-37 设置 3D 文字图层的【位置】和【方向】

步骤 7 设置父子级。选择【图层】→【新建】→【空对象】命令，新建“空 1”图层，按 Enter 键重命名此图层为“动画控制”。将“动画控制”图层的 3D 图层图标展开，选择 3D、AE 及“下”“上”“右”“左”“后”“前” 8 个图层。单击父级关联器，将这些图层链接到“动画控制”层上，如图 7-38 所示。

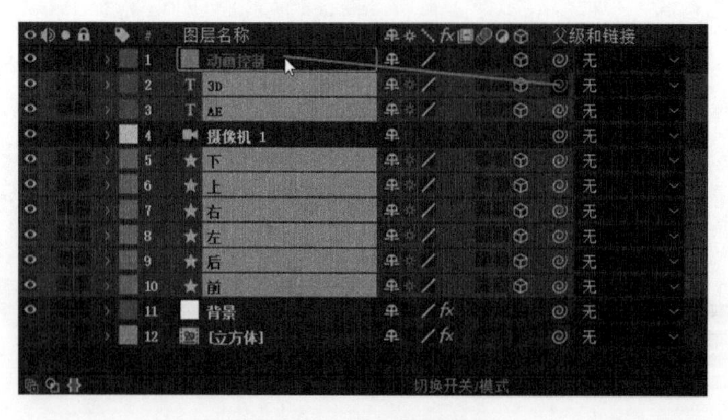

图 7-38 父级和链接

父子级链接完成后，3D、AE 及“下”“上”“右”“左”“后”“前” 8 个图层的链接图层均为“动画控制”图层，如图 7-39 所示。

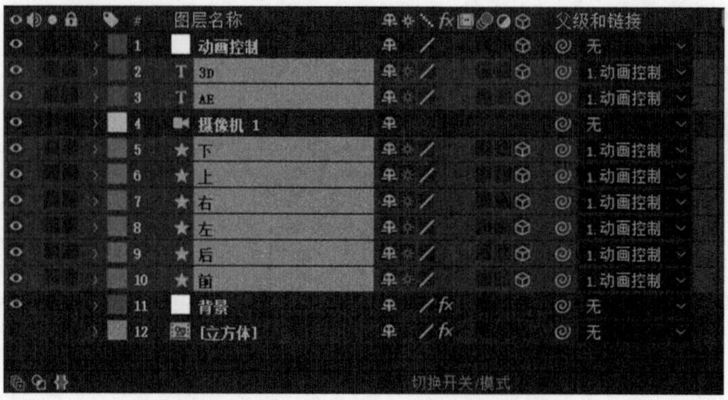

#	图层名称	父级和链接
1	动画控制	无
2	3D	1.动画控制
3	AE	1.动画控制
4	摄像机 1	无
5	下	1.动画控制
6	上	1.动画控制
7	右	1.动画控制
8	左	1.动画控制
9	后	1.动画控制
10	前	1.动画控制
11	背景	无
12	[立方体]	无

图 7-39 父子链接完成后的图层关系

选择“动画控制”图层，按 A 键，将【锚点】属性设置为“0.0,0.0,50.0”，如图 7-40 所示。

图 7-40 设置“动画控制”图层的【锚点】属性

步骤 8 设置“摄像机 1”图层的关键帧。

选择“摄像机 1”图层，将时间指示器移动到 0:00:00:00 处。单击【位置】属性前的按钮，将【位置】设置为“1118.8, −80.2, −2685.0”。

将时间指示器移动到 0:00:00:20 处，将【位置】设置为“1118.8, －80.2, －685.0”。设置“摄像机 1”图层的关键帧，如图 7-41 所示。

图 7-41　设置“摄像机 1”图层的关键帧

步骤 9　设置“动画控制”图层的关键帧。

将时间指示器移动到 0:00:00:05 处，选择“动画控制”“下”“上”“右”“左”“后”“前”7 个图层，按“[”键，将这 7 个图层的入点对齐到 0:00:00:05 处。

选择“动画控制”图层，将时间指示器移动到 0:00:00:05 处，单击【X 轴旋转】属性前的按钮，将【X 轴旋转】设置为“0x+0.0°”。将时间指示器移动到 0:00:00:26 处，将【X 轴旋转】设置为“1x+0.0°”。选择 0:00:00:05 处【X 轴旋转】关键帧，按快捷键 Shift+F9，将该关键帧设置为“缓入”。选择 0:00:00:26 处【X 轴旋转】关键帧，按快捷键 Ctrl+Shift+F9，将该关键帧设置为“缓出”。

选择“动画控制”图层，将时间指示器移动到 0:00:00:05 处，单击【Y 轴旋转】属性前的按钮，将【Y 轴旋转】设置为“0x+0.0°”。将时间指示器移动到 0:00:01:06 处，将【Y 轴旋转】设置为“2x+0.0°”。选择 0:00:00:05 处【Y 轴旋转】关键帧，按快捷键 Shift+F9，将该关键帧设置为“缓入”。选择 0:00:01:06 处【Y 轴旋转】关键帧，按快捷键 Ctrl+Shift+F9，将该关键帧设置为“缓出”。

选择“动画控制”图层，将时间指示器移动到 0:00:00:05 处，单击【Z 轴旋转】属性前的按钮，将【Z 轴旋转】设置为“0x+0.0°”。将时间指示器移动到 0:00:01:15 处，将【Z 轴旋转】设置为“3x+0.0°”。选择 0:00:00:05 处【Z 轴旋转】关键帧，按快捷键 Shift+F9，将该关键帧设置为“缓入”。选择 0:00:01:15 处【Z 轴旋转】关键帧，按快捷键 Ctrl+Shift+F9，将该关键帧设置为“缓出”。

设置“动画控制 1”图层的关键帧，如图 7-42 所示。

图 7-42　设置“动画控制 1”图层的关键帧

步骤 10　设置 3D、AE 图层动画。

将时间指示器移动到 0:00:01:20 处，选择 3D、AE 这 2 个文字图层，按“[”键，将这 2 个图层的入点对齐到 0:00:01:20 处。

将时间指示器移动到 0:00:01:20 处，分别对 3D、AE 这 2 个图层选择【效果和预设】面板中的【* 动画预设】→ Transitions - Dissolves →【块溶解 - 扫描线】预设效果。文字预设动画效果如图 7-43 所示。

步骤 11　运动模糊的设置。选择 3D、AE 及“下”“上”“右”“左”“后”“前”8 个图层，单击各层的运动模糊按钮，将这 8 个图层的运动模糊功能打开，再将运动模糊总开关打开。运动模糊的设置效果如图 7-44 所示。

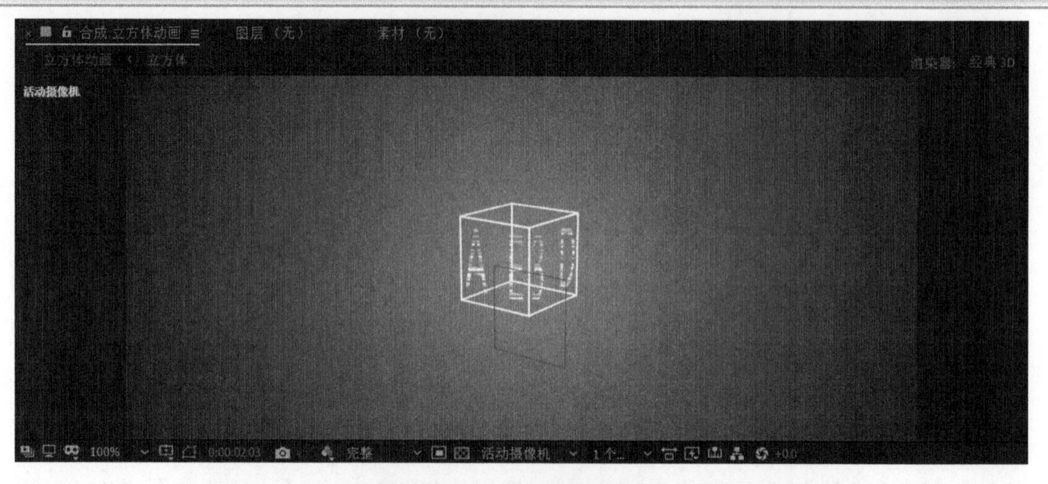

图 7-43 文字预设动画效果

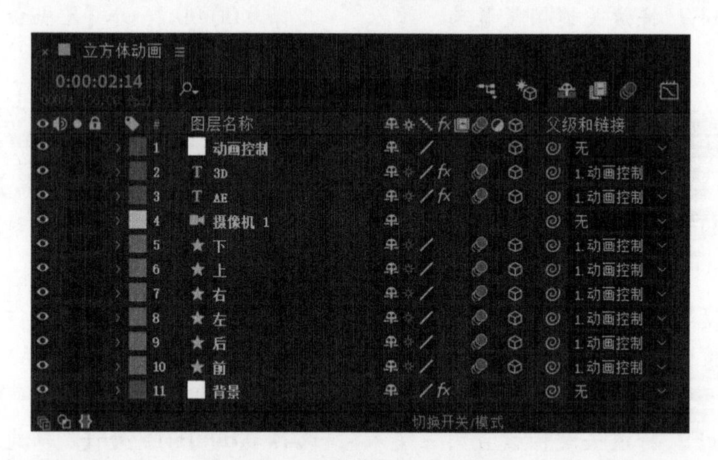

图 7-44 运动模糊的设置效果

步骤 12 预合成设置。选择“动画控制”、3D、AE 及“摄像机 1”“下”“上”“右”“左”“后”“前” 10 个图层，按快捷键 Ctrl+Shift+C，将这 10 个图层设置为预合成，在弹出的【预合成】对话框中设置【新合成名称】为“立方体”，再选择“将所有属性移动到新合成”选项，如图 7-45 所示。

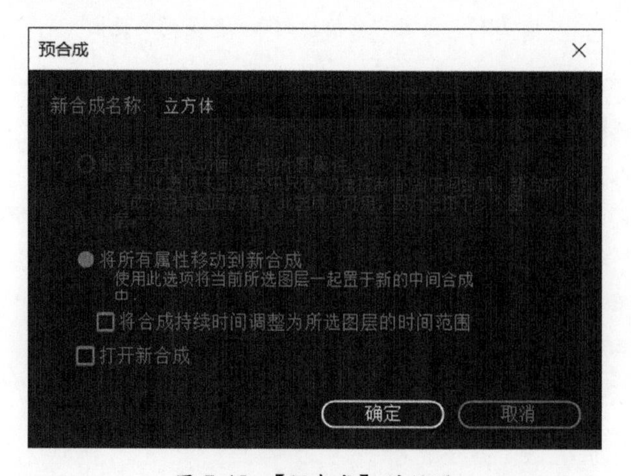

图 7-45 【预合成】的设置

将时间指示器移动到 0:00:03:10 处，选择“立方体”预合成，选择【效果和预设】面板中的【* 动画预设】→ Transitions - Dissolves →【溶解 - 沙粒】预设效果。然后按 U 键，将两关键帧的位置进行调换（即将预设效果中的第一关键帧移动到第二关键帧处，第二关键帧移动到第一关键帧处），制作出沙粒溶解淡出效果。“立方体”预合成沙粒溶解效果如图 7-46 所示。

选择“立方体”预合成，选择【效果】→【风格化】→【发光】命令。在【效果控件】中设置【发光阈值】为 50.0%、【发光半径】为 20.0、【发光强度】为 4.0、【发光颜色】为“A 和 B 颜色”、【颜色 A】为“灰色 (#AFAFAF)”、【颜色 B】为“白色 (#FFFFFF)”，如图 7-47 所示。

图 7-46　“立方体”预合成沙粒溶解效果

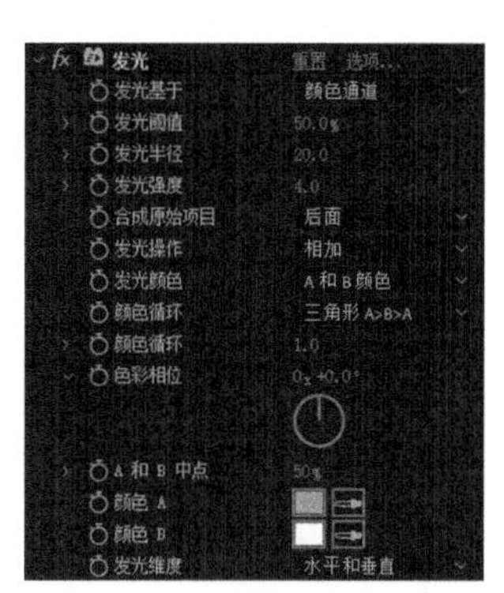

图 7-47　设置【发光】参数

步骤 13　按空格键预览动画效果，如图 7-48 所示。

图 7-48　预览动画效果

步骤 14　保存文件。按快捷键 Ctrl+S，保存当前编辑的文件，在弹出的【另存为】对话框中设置文件名称与保存路径。

步骤 15　收集文件。选择【文件】→【整理工程 (文件)】→【收集文件】命令，在弹出的【收集文件】对话框中，设置【收集源文件】为对于所有合成。然后单击【收集】按钮，在弹出的【将文件收集到文件夹中】对话框中，选择收集文件存放的路径，然后单击【保存】按钮，完成文件的收集操作。

第8章 影视跟踪特效

【学习目标】

1. 掌握跟踪面板的用法。
2. 掌握不同的跟踪方法。

【技能要求 / 学习重点】

1. 掌握一点跟踪和四点跟踪。
2. 掌握镜头稳定运动的制作方法。
3. 掌握如何用三维摄像机进行跟踪求反和运动匹配。

【核心概念】

跟踪　跟踪摄像机　变形稳定器　跟踪运动　稳定运动

跟踪是指对画面中的某个区域的位置、旋转等信息进行分析，然后自动设置对应的关键帧，将结果赋予被跟踪的图层，以此完成跟踪动画的过程。在本章中讲解 After Effects 中【跟踪器】面板和 Mocha AE 跟踪。

8.1 跟踪基础知识

跟踪技术是影视后期合成中主要的技术之一，通过运用跟踪技术能够对画面中的内容进行跟踪操作。

8.2 跟踪器面板

选择【窗口】→【跟踪器】命令，即可调出【跟踪器】面板，如图 8-1 所示。

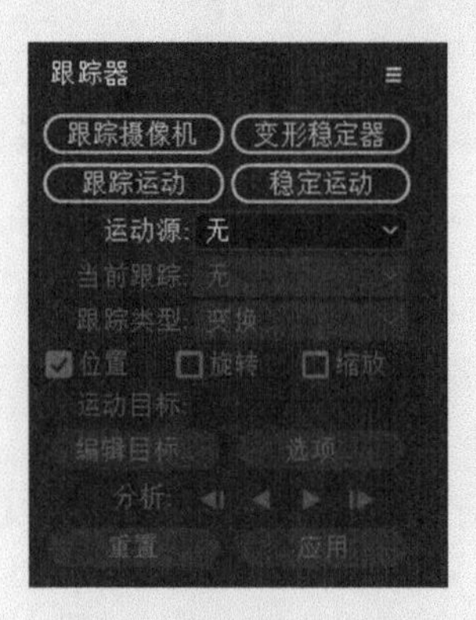

图 8-1 【跟踪器】面板

8.3　跟踪摄像机

8.3.1　跟踪摄像机介绍

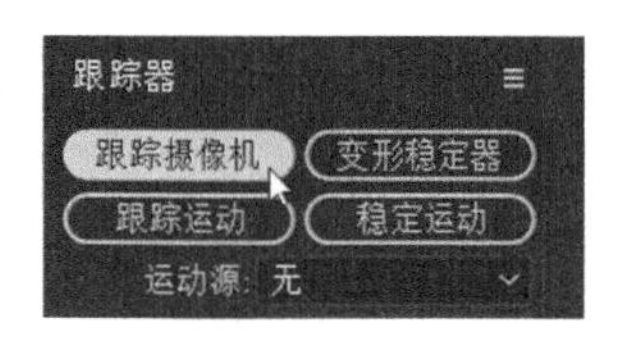

图 8-2　【跟踪摄像机】按钮

跟踪摄像机是软件对视频素材进行自动分析，然后提取摄像机的运动和 3D 场景素材。

首先将素材导入 After Effects 软件中，在【项目】面板中选择素材，将素材拖到“新建合成”按钮上，创建合成。

选择【窗口】→【跟踪器】命令，即可调出【跟踪器】面板。在【时间轴】面板中选择素材图层，单击【跟踪器】面板中【跟踪摄像机】按钮，如图 8-2 所示。

此时系统自动对素材进行分析。此分析分为两步，第 1 步为“在后台分析”，如图 8-3 所示；第 2 步为“解析摄像机”，如图 8-4 所示。

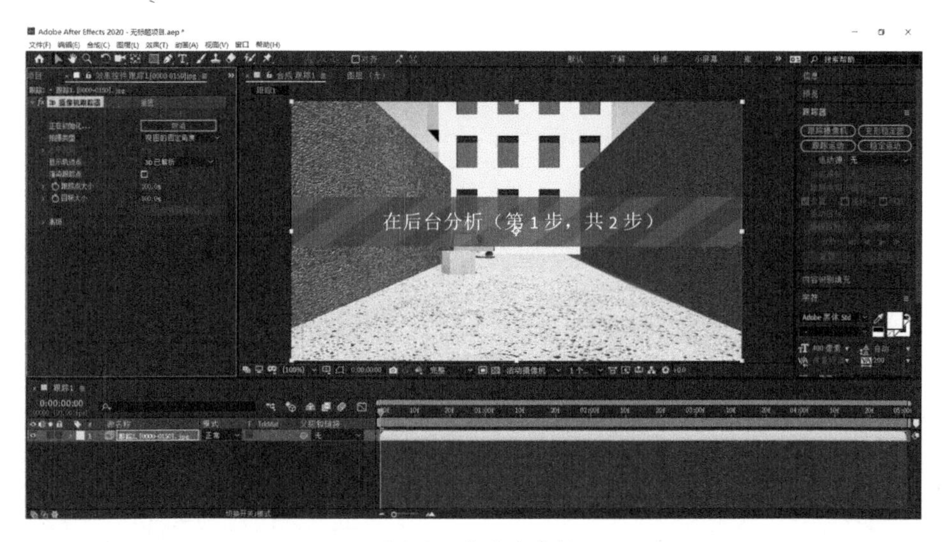

图 8-3　在后台分析

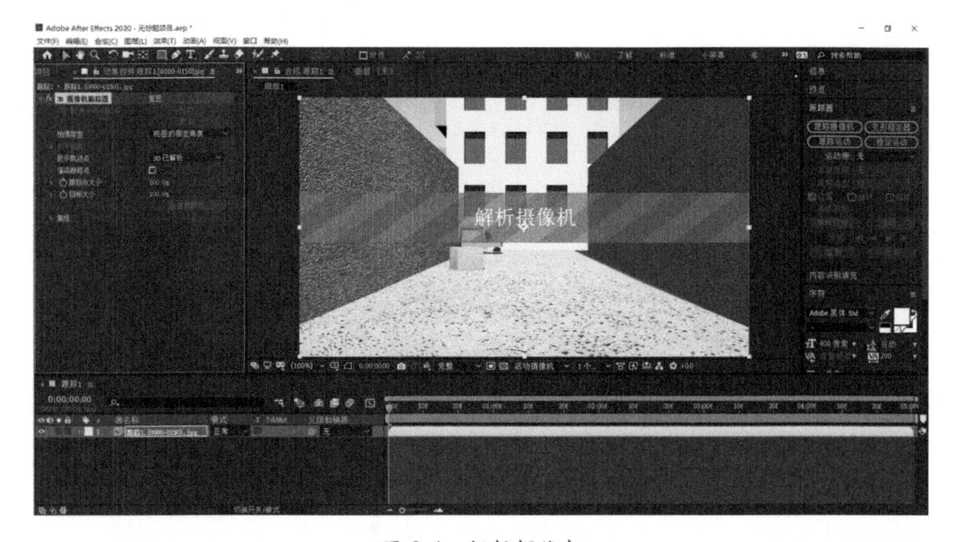

图 8-4　解析摄像机

分析完成后，在【合成】面板中会出现很多着色的叉点，如图 8-5 所示，这就是【跟踪摄像机】解析出的跟踪点。可以使用这些跟踪点将跟踪素材放置在已经解析的场景中，完成跟踪效果。

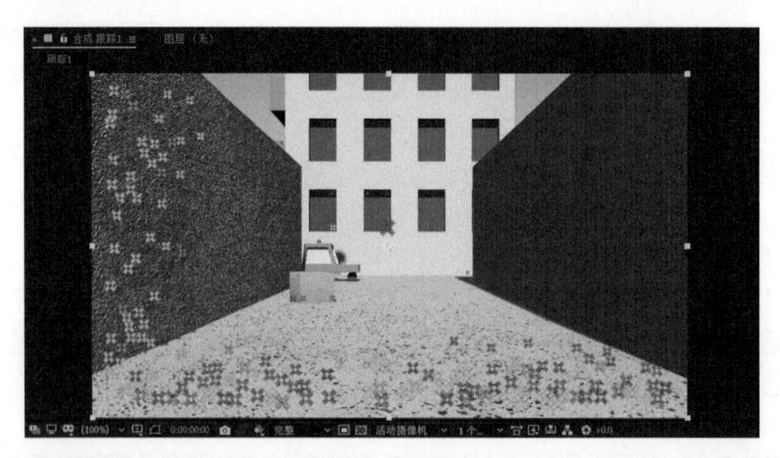

图 8-5　跟踪点

8.3.2　跟踪摄像机使用讲解

(1) 导入素材并以素材创建合成。

(2) 调出【跟踪器】面板，选择视频素材，单击【跟踪器】面板中【跟踪摄像机】按钮，进行自动分析。

(3) 在【合成】面板中选择对应的跟踪点，然后右击，在弹出的菜单中选择【创建文本和摄像机】命令，如图 8-6 所示。

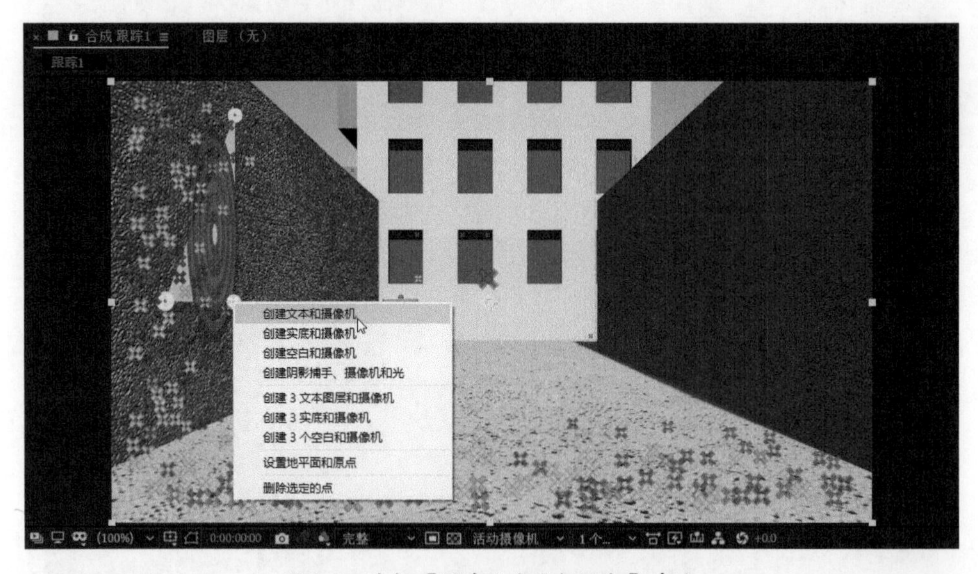

图 8-6　选择【创建文本和摄像机】命令

(4) 在【时间轴】面板中会出现一个文本层和摄像机，同时在【合成】面板中出现“文本”两字，如图 8-7 所示。

(5) 在【时间轴】面板中按 P 键，将跟踪素材的【位置】属性调出，如图 8-8 所示。

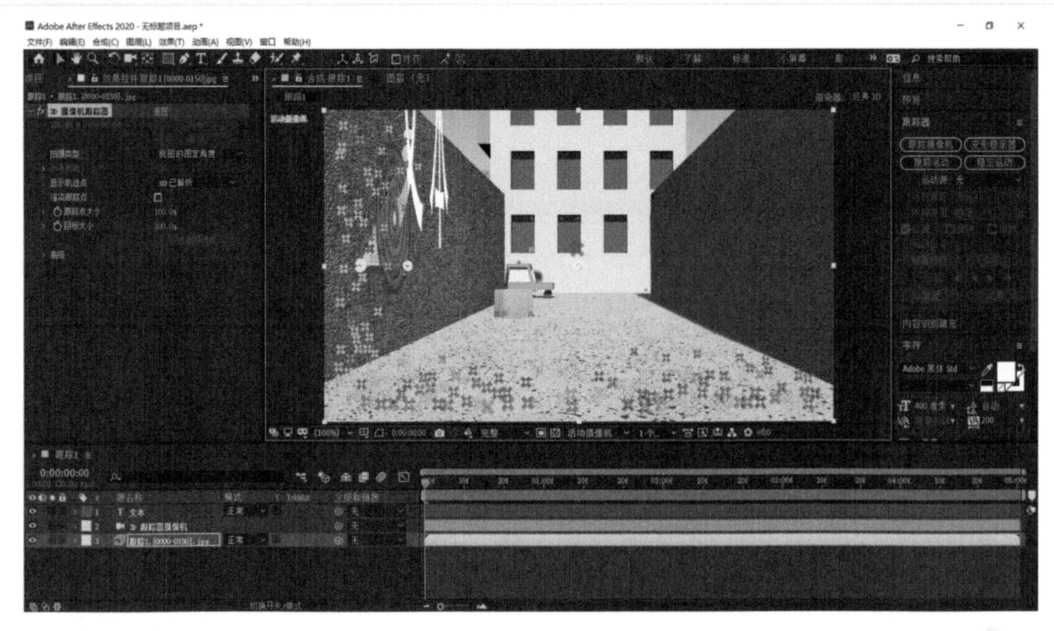

图 8-7 创建的文本层和摄像机

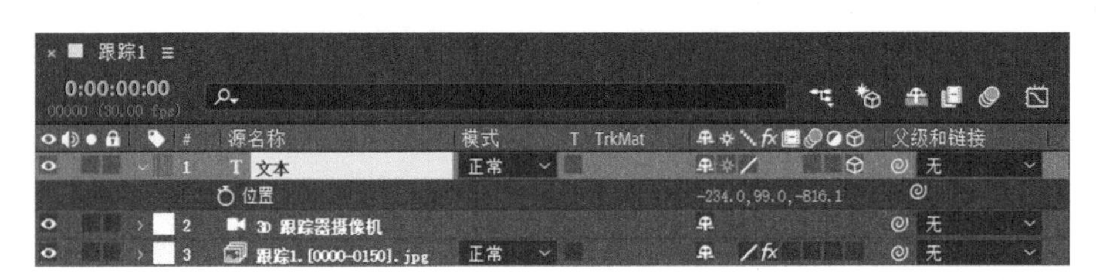

图 8-8 文本的【位置】属性

（6）调节“文本”层【位置】属性的 X 轴、Y 轴和 Z 轴数值，使文本放置在合适位置，如图 8-9 所示。

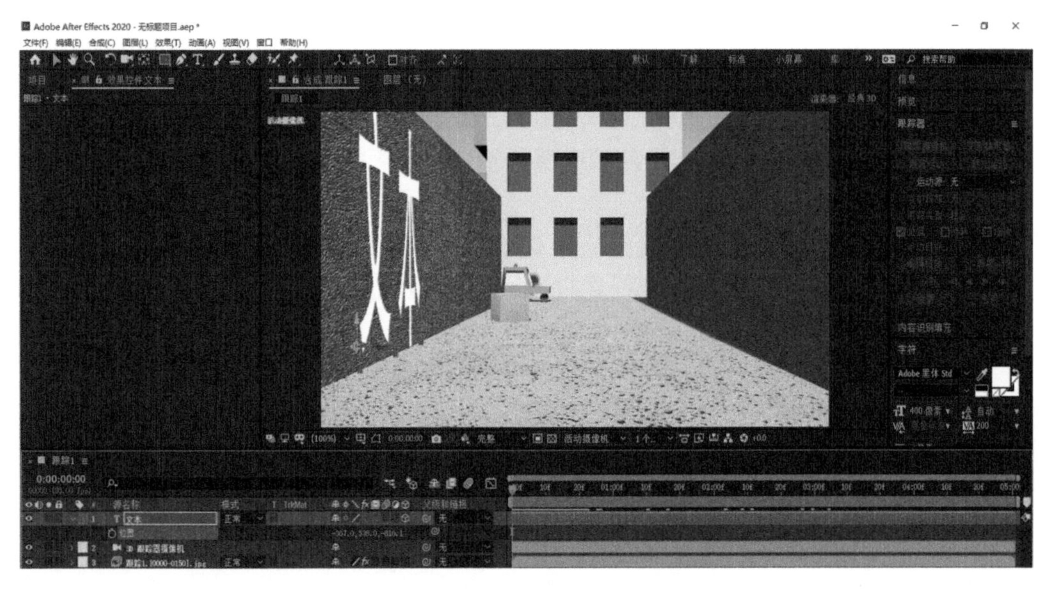

图 8-9 调节位置

（7）将时间指示器移动到 0:00:00:00 处，按空格键进行预览。如果跟踪的效果不好，可以适当对“文本”层【位置】属性的 X 轴、Y 轴和 Z 轴的数值进行修正，直到对跟踪效果满意为止。双击“文本”层，然后输入 AFTER EFFECTS，则跟踪完成效果如图 8-10 所示。

图 8-10　跟踪完成效果

8.4　变形稳定器

8.4.1　变形稳定器介绍

变形稳定器是软件对视频素材画面进行自动分析，然后对素材画面进行局部变形，以便使整个画面稳定。

8.4.2　变形稳定器使用讲解

（1）将镜头不稳的拍摄素材导入 After Effects 软件中，在【项目】面板中选择素材，将素材拖到“新建合成”按钮上，创建合成。

（2）选择【窗口】→【跟踪器】命令，即可调出【跟踪器】面板。在【时间轴】面板中选择素材图层，单击【跟踪器】面板中【变形稳定器】按钮，如图 8-11 所示。

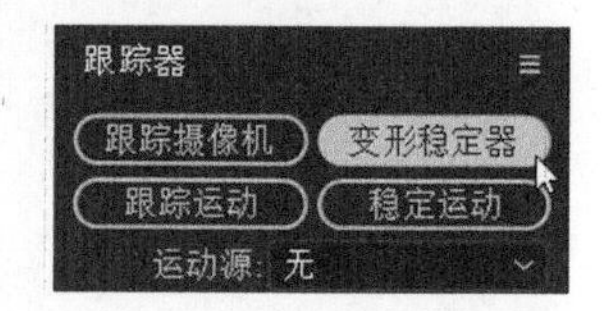

图 8-11　【变形稳定器】按钮

此时系统自动对素材进行分析。此分析分为两步，第 1 步为“在后台分析”，如图 8-12 所示；第 2 步为“稳定镜头”，如图 8-13 所示。

（3）分析完成后，按空格键对素材进行预览，发现此时素材画面局部有变形，如图 8-14 所示。但是播放之后发现素材镜头不稳定的问题解决了。

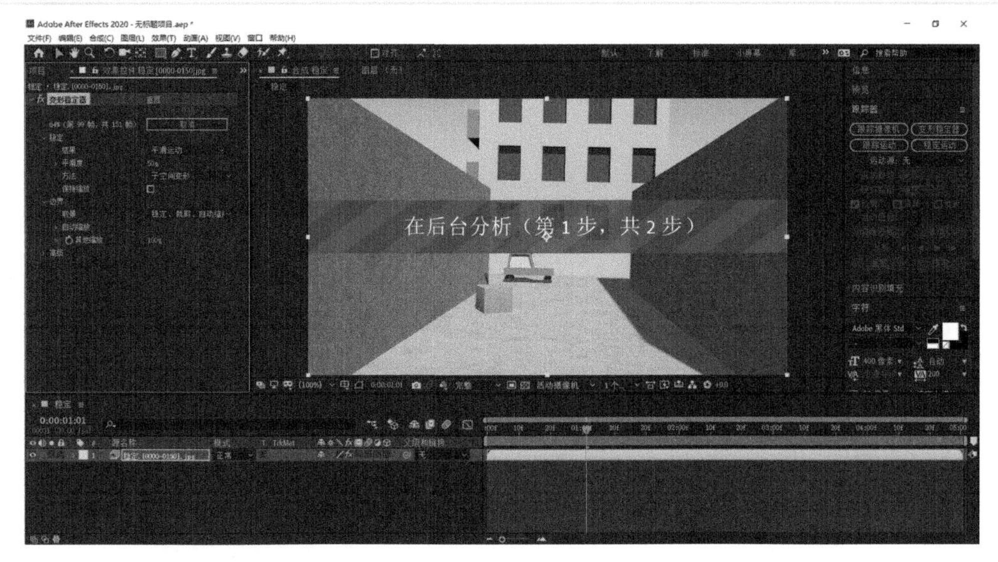

图 8-12 在后台分析

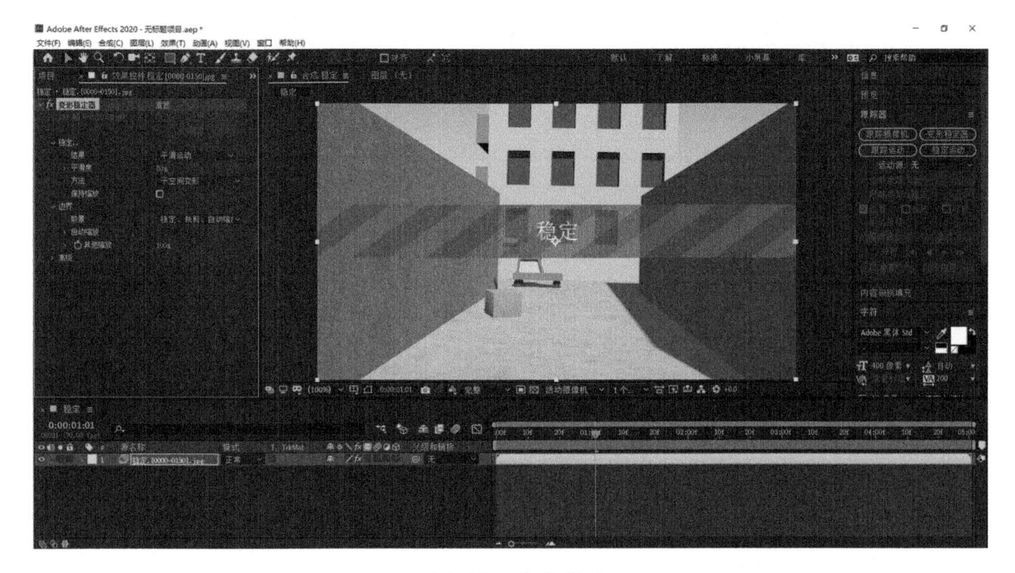

图 8-13 稳定镜头

图 8-14 变形稳定器效果

8.5 跟 踪 运 动

8.5.1 跟踪运动介绍

跟踪运动可以跟踪对象的运动,然后将跟踪对象的运动数据进行记录,将记录下来的数据以关键帧的形式赋予跟踪素材,并将跟踪物体的运动状态合成到视频中。

如果需要对素材进行跟踪运动,可单击【跟踪器】→【跟踪运动】按钮,如图 8-15 所示。

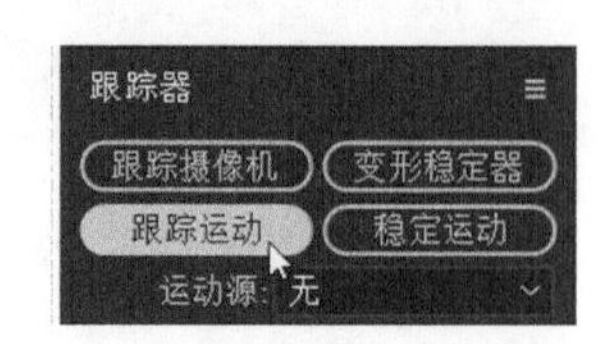

图 8-15 【跟踪运动】按钮

此时【合成】面板跳到【图层】面板中,并在【图层】面板中出现跟踪点,如图 8-16 所示。

图 8-16 跟踪点

跟踪点中的十字是附加点,内框是特性区域,外框是搜索区域。

特性区域：运用内框定义图层跟踪的元素。

搜索区域：运用外框设置查找跟踪特性的区域范围。

附加点：指定跟踪的附加位置。

单击【跟踪运动】按钮后,【跟踪器】面板灰色区域部分被激活,如图 8-17 所示。

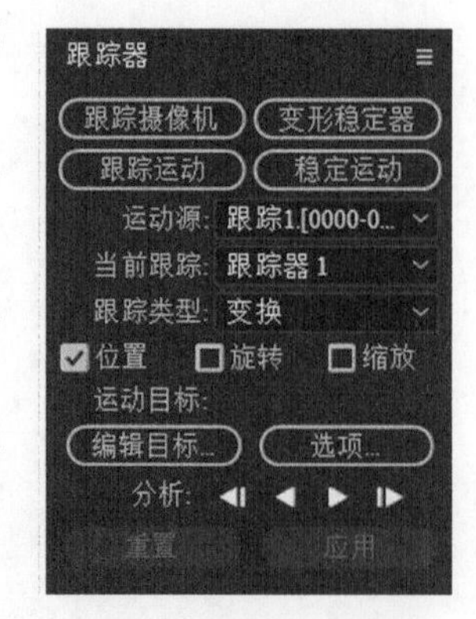

图 8-17 【跟踪运动】选项激活

运动源：设置跟踪的图层。当合成中有多个图层时,单击按钮,在下拉列表中选择跟踪图层。

当前跟踪：当有多个跟踪器时,单击按钮,在下拉列表中选择需要的跟踪器。

跟踪类型：选定跟踪器类型。单击按钮,在下拉列表中选择不同的跟踪类型。其中包括稳定、变换、平行边角定位、透视边角定位、原始。

选择变换跟踪类型时,可以选择位置、旋转、缩放进行跟踪。一般使用一个跟踪点来跟踪位置属性,使用两个跟踪点来跟踪缩放属性和旋转属性。

选择平行边角定位将会出现四个跟踪点，但是第四个跟踪点是虚线显示，该点的位置由其他三个跟踪点确定。

选择透视边角定位将会出现四个跟踪点，这四个跟踪点可以自由移动，常用该类型进行边角定位的跟踪。

位置：对跟踪对象的【位置】属性进行跟踪。

旋转：对跟踪对象的【旋转】属性进行跟踪。

缩放：对跟踪对象的【缩放】属性进行跟踪。

编辑目标：设置跟踪数据传递的目标对象。

选项：单击该按钮，会弹出【动态跟踪器选项】对话框，如图 8-18 所示，用于设置跟踪器相关参数。

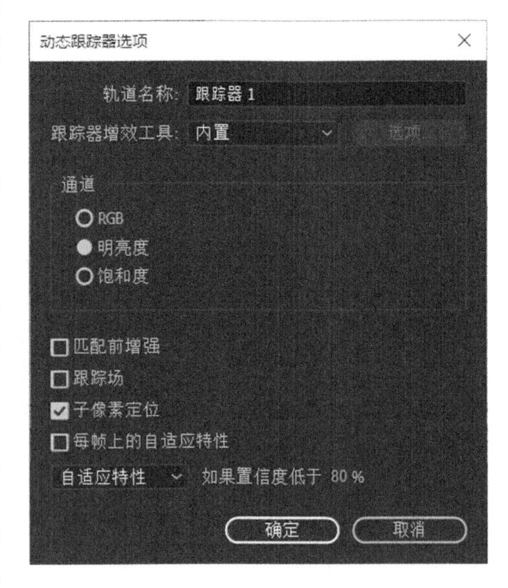

图 8-18 【动态跟踪器选项】对话框

- 轨道名称：设置跟踪器的名称。
- 跟踪器增效工具：在其下拉列表中选择跟踪插件。默认情况下只有【内置】跟踪器，这个跟踪器是 After Effects 内置的。如果计算机中安装了其他的跟踪器，单击【选项】按钮，在弹出的对话框中设置相应参数即可。
- 通道：选择跟踪的通道。
- 匹配前增强：在跟踪时，对素材画面进行暂时的锐化或是模糊处理。可以在【模糊】中设置模糊数值。也可以单击【增强】对画面进行锐化效果，以方便跟踪。
- 跟踪场：选中该选项，可以对上下场都进行跟踪。
- 子像素定位：选中该选项，每一帧图像都会和跟踪特性范围内的图像进行匹配。如果不选中该选项，则只对画面相近似图像进行跟踪。
- 每帧上的自适应特性：选中该选项，对素材中在跟踪特性范围内的每一帧进行跟踪。
- 如果置信度低于 80%：左侧的下拉列表有继续跟踪、停止跟踪、预测运动、自适应特征。选择对应的跟踪器动作，然后设置其吻合率限制值，低于该限制值时，跟踪器执行相应的跟踪动作。

分析：对跟踪运动进行解析。包括 4 个按钮，向后分析 1 帧◀▮，向后分析◀，向前分析▶，向前分析 1 帧▮▶。

重置：单击该按钮，所有的设置归为默认状态。

应用：单击该按钮，将解析出的数据传递给目标图层。

8.5.2　跟踪运动使用讲解

(1) 一点跟踪

导入被跟踪视频文件“跟踪 1.[0000-0150].jpg”，在【项目】面板中选择被跟踪

视频文件“跟踪 1.[0000-0150].jpg”,将其拖曳至“新建合成”按钮上,以被跟踪视频文件“跟踪 1.[0000-0150].jpg”创建合成。然后使用横排文字工具在【合成】面板中创建 TAXI 文字层,并在【字符面板】中设置文字属性。跟踪前准备如图 8-19 所示。

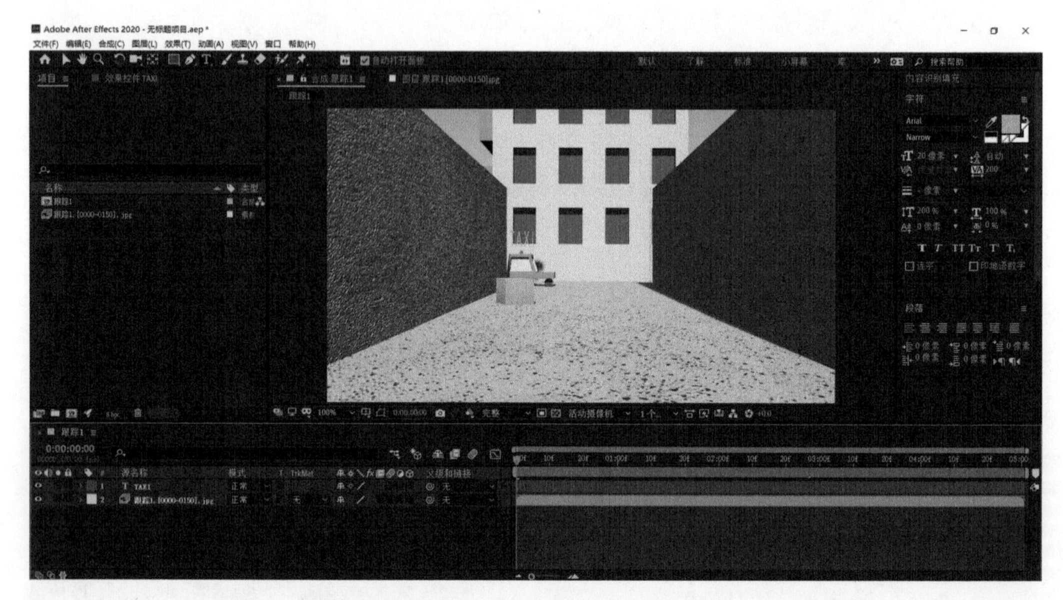

图 8-19　跟踪前准备

选择【窗口】→【跟踪器】命令,将【跟踪器】面板调出。然后在【时间轴】面板中选择被跟踪视频文件“跟踪 1.[0000-0150].jpg”,再单击【跟踪器】→【跟踪运动】按钮,此时【合成】面板跳到【图层】面板中,并在【图层】面板中出现跟踪点,如图 8-20 所示。

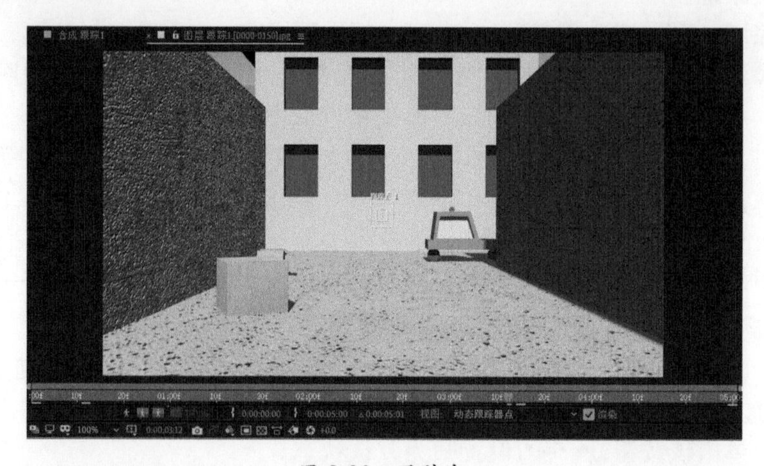

图 8-20　跟踪点

在【跟踪器】面板中,设置【当前跟踪】为“跟踪器 1”、【跟踪类型】为“变换”,并选中【位置】选项,如图 8-21 所示。

单击【选项】按钮,在弹出的【动态跟踪器选项】对话框的【通道】中选择【明亮度】,并选中【子像素定位】复选框,如图 8-22 所示,然后单击【确定】按钮。

图 8-21　【跟踪器】面板当前的设置

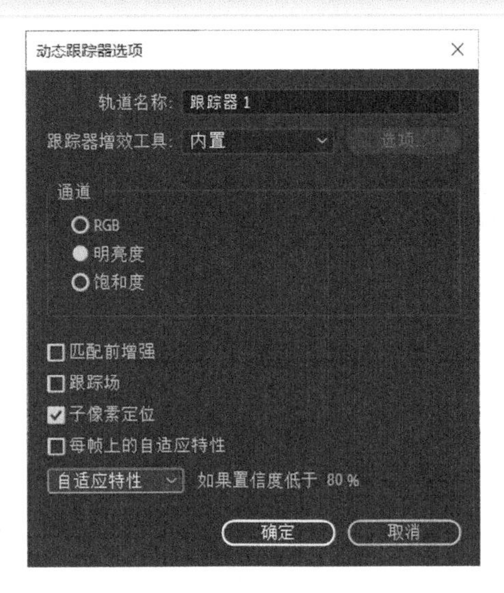

图 8-22　【动态跟踪器选项】对话框的设置

将时间指示器移动到 0:00:00:00 处,在【图层】面板中设置跟踪点的位置和区域范围,如图 8-23 所示。

在【跟踪器】面板中单击【分析】中的向前分析按钮,开始进行跟踪,跟踪完成效果如图 8-24 所示。

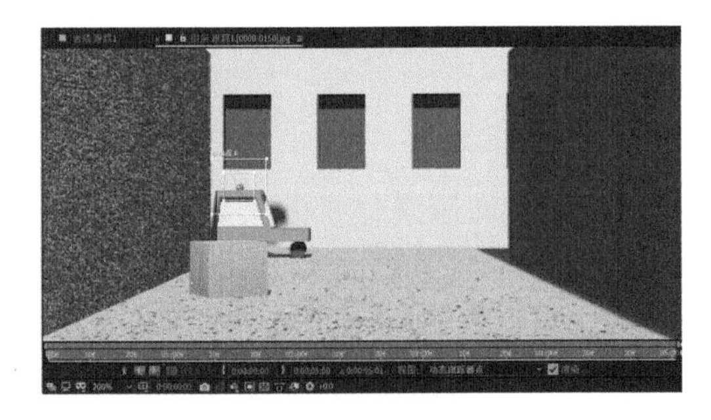

图 8-23　设置跟踪点

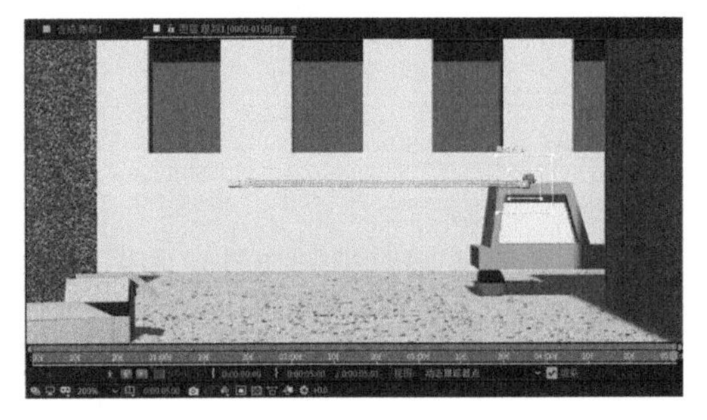

图 8-24　一点跟踪效果

在【跟踪器】面板中单击【编辑目标】按钮,在弹出的【运动目标】对话框中选择【图层】为 1.TAXI。【运动目标】设置如图 8-25 所示,然后单击【确定】按钮。

在【跟踪器】面板中单击【应用】按钮,会弹出【动态跟踪器应用选项】对话框,如图 8-26 所示。在该对话框中选择应用维度,在此选择“X 和 Y”,然后单击【确定】按钮。

图 8-25　【运动目标】对话框

图 8-26　【动态跟踪器应用选项】对话框

在【时间轴】面板中选择 TAXI 文字层，按 P 键，会发现该层的【位置】属性被自动设置了关键帧，这些关键帧就是跟踪数据，如图 8-27 所示。

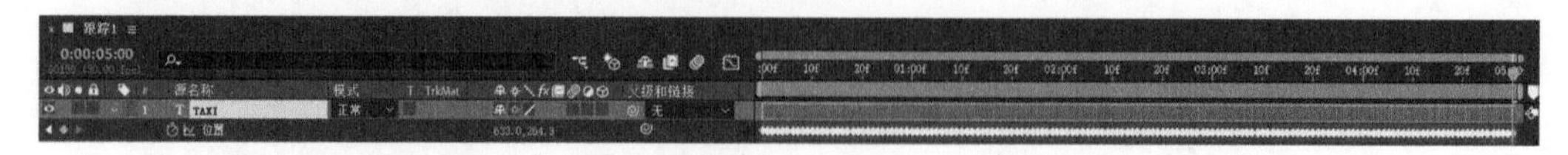

图 8-27 跟踪数据

回到【合成】面板，按空格键，对跟踪效果进行预览，跟踪完成效果如图 8-28 所示。

图 8-28 跟踪完成效果

如果跟踪效果不好，继续修正跟踪数据。可以手动进行关键帧修改，也可以重新进行跟踪分析。

(2) 二点跟踪

导入被跟踪视频文件“跟踪 3_[0000-0150].jpg”和跟踪素材“指针”，在【项目】面板中，选择被跟踪视频文件“跟踪 3_[0000-0150].jpg”，将其拖曳至“新建合成”按钮上，以被跟踪视频文件“跟踪 3_[0000-0150].jpg”创建合成，并将跟踪素材“指针”放置在被跟踪视频文件“跟踪 3_[0000-0150].jpg”上层。跟踪前的准备如图 8-29 所示。

图 8-29 跟踪前的准备

选择跟踪素材“指针”,在【工具】面板中选择向后平移（锚点）工具,修正该图层的中心点位置,将该图层的中心点放置到顶端,如图 8-30 所示。

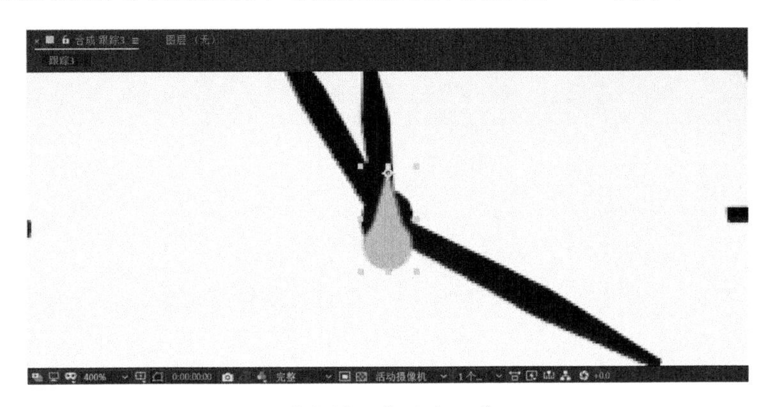

图 8-30　修正中心点

选择【窗口】→【跟踪器】命令,将【跟踪器】面板调出。然后在【时间轴】面板中选择被跟踪视频文件“跟踪 3_[0000-0150].jpg”,再单击【跟踪器】→【跟踪运动】按钮,此时【合成】面板跳到【图层】面板中。

在【跟踪器】面板中,设置【当前跟踪】为“跟踪器 1”、【跟踪类型】为“变换”,并选中【位置】和【旋转】选项,此时在【图层】面板中出现两个跟踪点。【图层】面板及【跟踪器】面板当前的设置如图 8-31 所示。

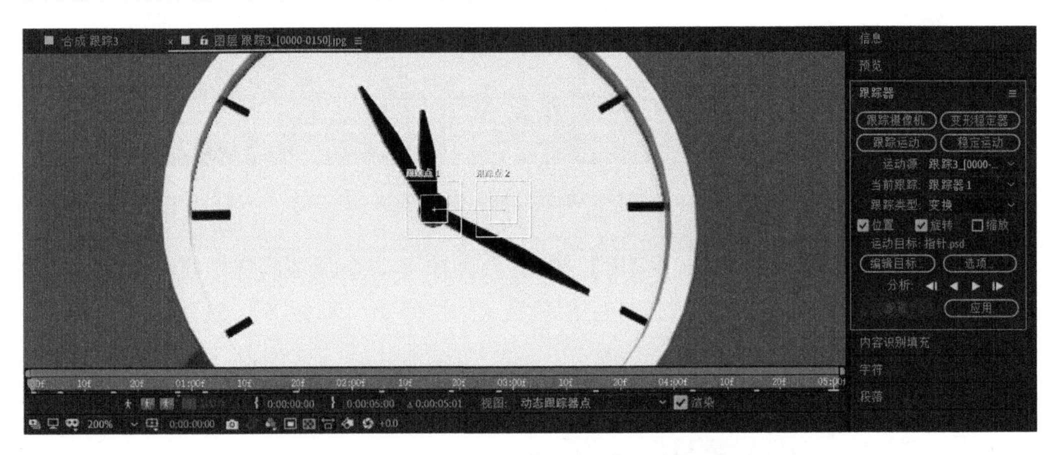

图 8-31　【图层】面板及【跟踪器】面板当前的设置

单击【选项】按钮,在弹出的【动态跟踪器选项】对话框的【通道】中选择【明亮度】,并选中【子像素定位】复选框,如图 8-32 所示,然后单击【确定】按钮。

将时间指示器移动到 0:00:00:00 处,在【图层】面板中设置跟踪点的位置和区域范围,如图 8-33 所示。

在【跟踪器】面板中单击【分析】中的向前分析按钮,开始进行跟踪,跟踪完成效果如图 8-34 所示。

在【跟踪器】面板中单击【编辑目标】按钮,在弹出的【运动目标】对话框中选择【图层】为“1. 指针 .psd”。【运动目标】设置如图 8-35 所示,然后单击【确定】按钮。

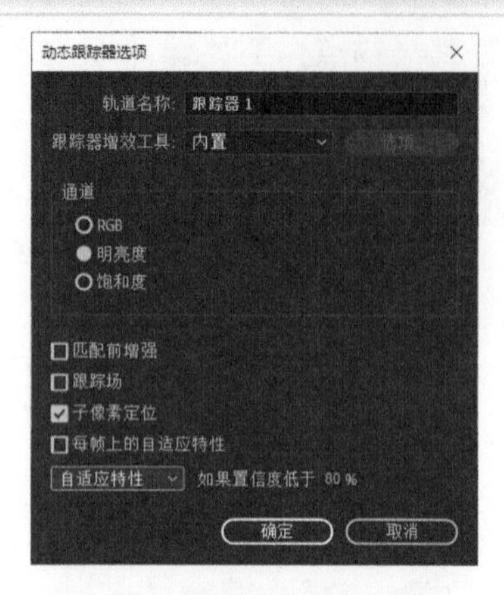

图 8-32 【动态跟踪器选项】对话框

图 8-33 设置跟踪点

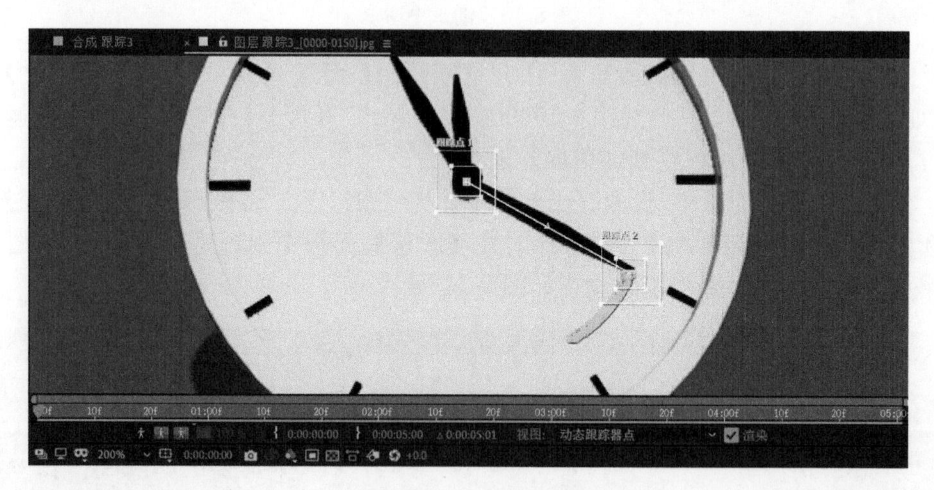

图 8-34 二点跟踪效果

在【跟踪器】面板中单击【应用】按钮,会弹出【动态跟踪器应用选项】对话框,如图 8-36 所示。在该对话框中选择应用维度,在此选择“X 和 Y”,然后单击【确定】按钮。

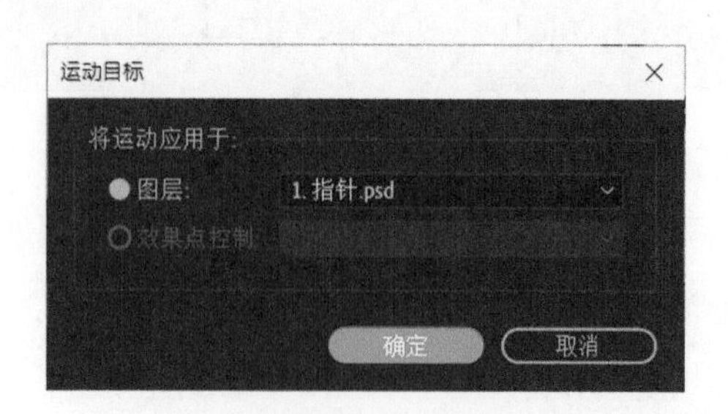

图 8-35 【运动目标】对话框

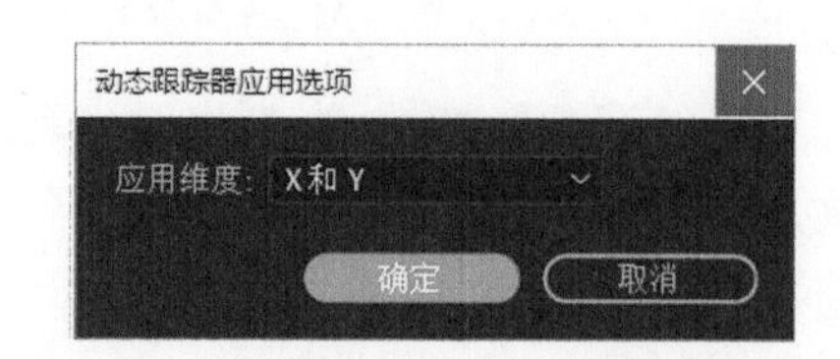

图 8-36 【动态跟踪器应用选项】对话框

应用完成后,在【时间轴】面板中,“指针”层的【位置】属性和【旋转】属性被自动设置了关键帧,这些关键帧就是跟踪数据,如图 8-37 所示。

回到【合成】面板,按空格键,发现此时“指针”层位置不对,如图 8-38 所示。

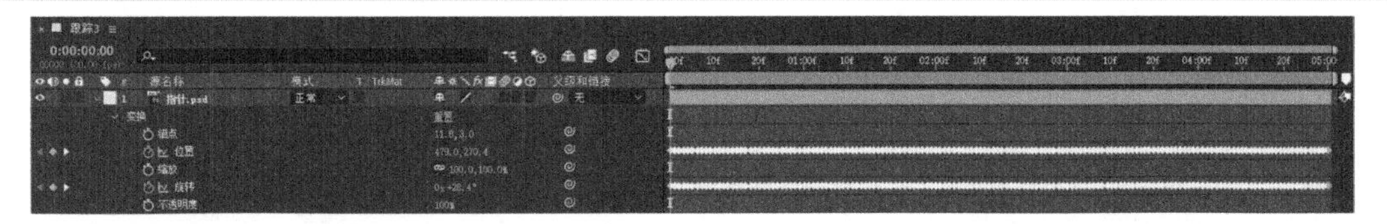

图 8-37　跟踪数据

图 8-38　“指针”层位置不对

调整“指针”层中的【锚点】及【旋转】属性值。选择【旋转】属性（即全选旋转关键帧），将光标移动至【旋转】属性数值上，然后拖动鼠标，修改【旋转】属性，完成后效果如图 8-39 所示。

图 8-39　修改【旋转】属性的效果

选择【锚点】属性，将光标移动至【锚点】属性的 X 轴数值和 Y 轴数值上，拖动鼠标，修改【锚点】属性。修改【锚点】属性完成后效果如图 8-40 所示。

按空格键，对跟踪效果进行预览，跟踪完成效果如图 8-41 所示。

图 8-40 修改【锚点】属性

图 8-41 跟踪完成效果

如果跟踪效果不好,继续修正跟踪数据。可以手动进行关键帧修改,也可以重新进行跟踪分析。

(3) 四点跟踪

导入被跟踪视频文件“跟踪 1.[0000-0150].jpg”和跟踪素材“跟踪 3_[0000-0150].jpg”,在【项目】面板中,选择被跟踪视频文件“跟踪 1.[0000-0150].jpg”,将其拖曳至“新建合成”按钮上,以被跟踪视频文件“跟踪 1.[0000-0150].jpg”创建合成,并将跟踪素材“跟踪 3_[0000-0150].jpg”放置在被跟踪视频文件“跟踪 1.[0000-0150].jpg”上层。跟踪前的准备如图 8-42 所示。

选择【窗口】→【跟踪器】命令,将【跟踪器】面板调出。然后在【时间轴】面板中选择被跟踪视频文件“跟踪 1.[0000-0150].jpg”,再单击【跟踪器】→【跟踪运动】按钮,此时【合成】面板跳到【图层】面板中。

在【跟踪器】面板中,设置【当前跟踪】为“跟踪器 1”、【跟踪类型】为“透视边角定位”,此时在【图层】面板中出现四个跟踪点。【图层】面板及【跟踪器】面板当前设置如图 8-43 所示。

图 8-42　跟踪前的准备

图 8-43　【图层】面板及【跟踪器】面板当前设置

单击【选项】按钮，在弹出的【动态跟踪器选项】对话框的【通道】中选择【明亮度】，并选中【子像素定位】复选框，如图 8-44 所示，然后单击【确定】按钮。

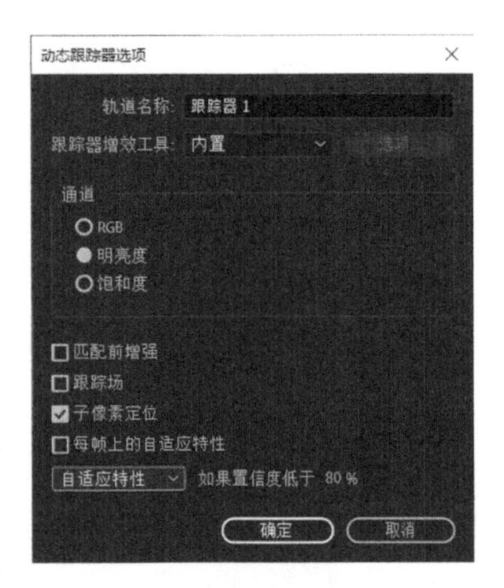

图 8-44　【动态跟踪器选项】对话框的设置

将时间指示器移动到 0:00:01:19 处，在【图层】面板中，设置跟踪点的位置和区域范围，如图 8-45 所示。

在【跟踪器】面板中单击【分析】中的向前分析按钮，开始进行 0:00:01:19 之后的跟踪。跟踪完成效果如图 8-46 所示。

因为被跟踪视频文件“跟踪 1.[0000-0150].jpg”有箱子下落画面，其中箱子的阴影遮盖到被跟踪的车上，所以前 1 秒 18 帧需要手动一帧一帧

进行跟踪，并且根据跟踪结果进行矫正。将时间指示器移动到0:00:01:19处，单击向后分析1个帧按钮，一帧一帧进行跟踪，如果发现跟踪点偏离了跟踪位置，就手动调整偏移的跟踪点。手动调整偏移的跟踪点如图8-47所示。

图 8-45 设置跟踪点

图 8-46 在0:00:01:19之后的四点跟踪效果

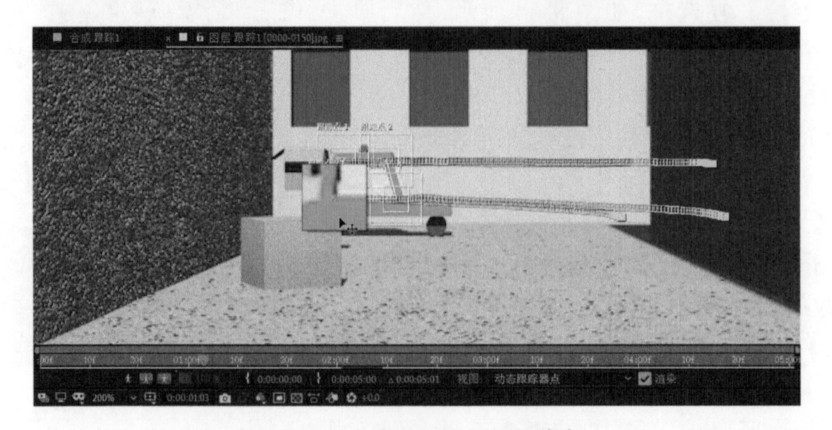

图 8-47 手动调整偏移的跟踪点

四点跟踪效果如图 8-48 所示。

图 8-48 四点跟踪效果

在【跟踪器】面板中单击【编辑目标】按钮，在弹出的【运动目标】对话框中选择【图层】为“1. 跟踪 3_[0000-0150].jpg”。【运动目标】设置如图 8-49 所示，然后单击【确定】按钮。

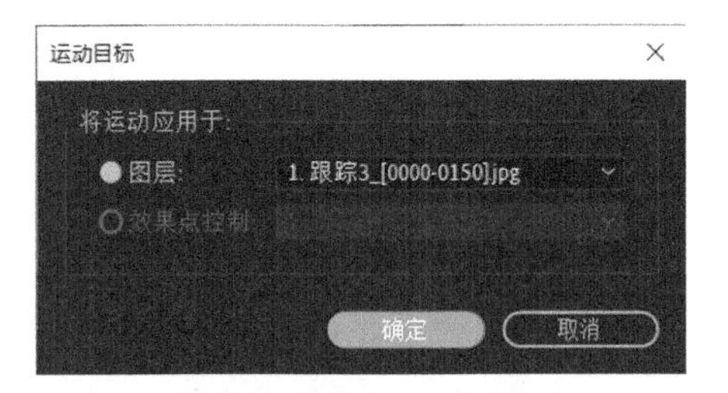

图 8-49 【运动目标】对话框

在【时间轴】面板中发现有“跟踪 3_[0000-0150].jpg”层设置的关键帧，这些关键帧就是跟踪数据，如图 8-50 所示。

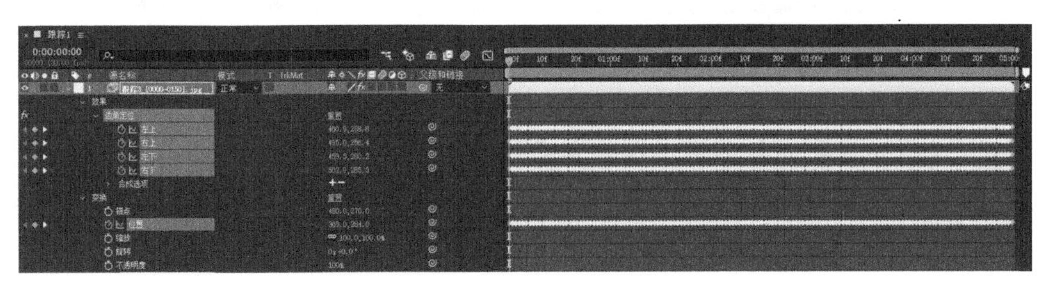

图 8-50 跟踪数据

回到【合成】面板，按空格键，对跟踪效果进行预览。跟踪完成效果，如图 8-51 所示。

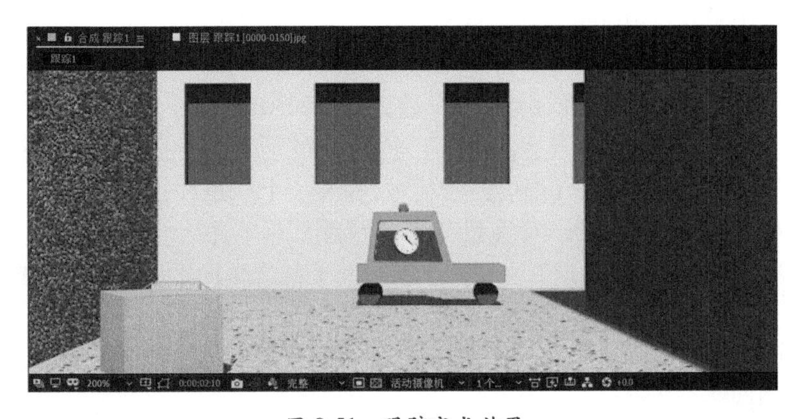

图 8-51 跟踪完成效果

如果跟踪效果不好，继续修正跟踪数据。可以手动进行关键帧修改，也可以重新进行跟踪分析。

8.6 稳 定 运 动

8.6.1 稳定运动介绍

稳定运动可以对晃动的镜头进行修正。

需要对素材进行稳定运动，即单击【跟踪器】→【稳定运动】按钮，此时【合成】面板跳到【图层】面板中，并在【图层】面板中出现跟踪点，如图 8-52 所示。

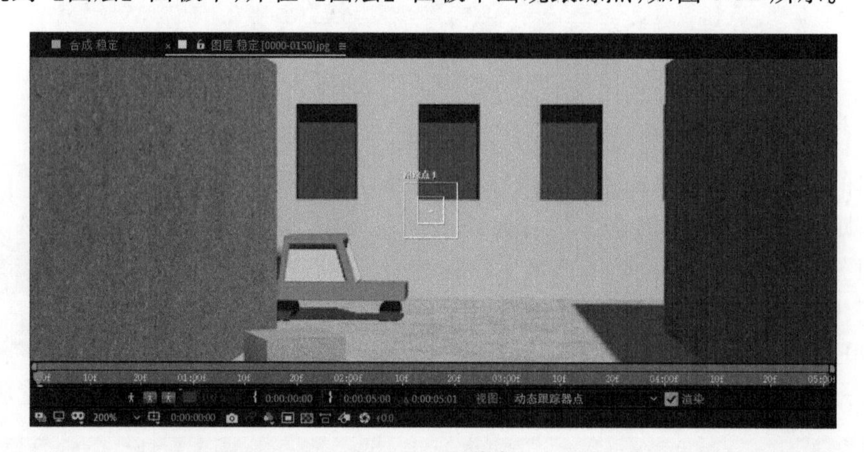

图 8-52 跟踪点

在【图层】面板中设置素材稳定点，将跟踪点移动到稳定位置，然后单击【分析】按钮。分析完成后，观看画面，会发现画面选取的稳定点位置不动，晃动的是整个视频画面。所以在选定稳定位置的时候，一定要选择视频画面中晃动范围小的物体作为稳定点。

8.6.2 稳定运动使用讲解

导入需要进行稳定画面的视频文件“稳定 .[0000-0150].jpg”，在【项目】面板中，选择视频文件“稳定 .[0000-0150].jpg”，将其拖曳至“新建合成”按钮上，以视频文件“稳定 .[0000-0150].jpg”创建合成。

选择【窗口】→【跟踪器】命令，将【跟踪器】面板调出，然后在【时间轴】面板中选择视频文件“稳定 .[0000-0150].jpg”，再单击【跟踪器】→【稳定运动】按钮，如图 8-53 所示。

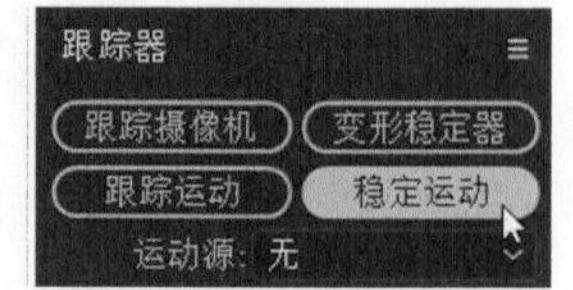

图 8-53 【稳定运动】按钮

此时【合成】面板跳到【图层】面板中，并有一个“跟踪点 1”。在【跟踪器】面板中，设置【当前跟踪】为“跟踪器 1”、【跟踪类型】为“稳定”。【图层】面板及【跟踪器】面板当前的设置如图 8-54 所示。

将时间指示器移动到 0:00:00:00 处，在【图层】面板中，设置跟踪点的位置和区域范围，如图 8-55 所示。

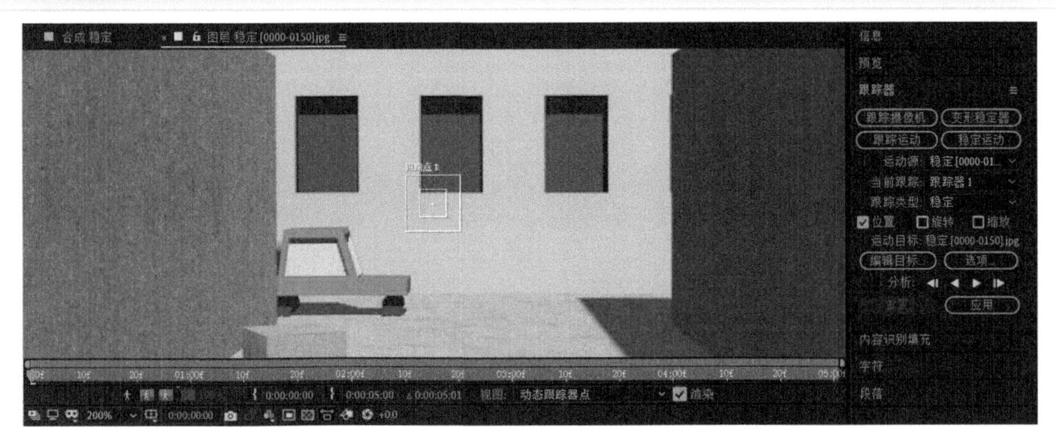

图 8-54　【图层】面板及【跟踪器】面板当前的设置

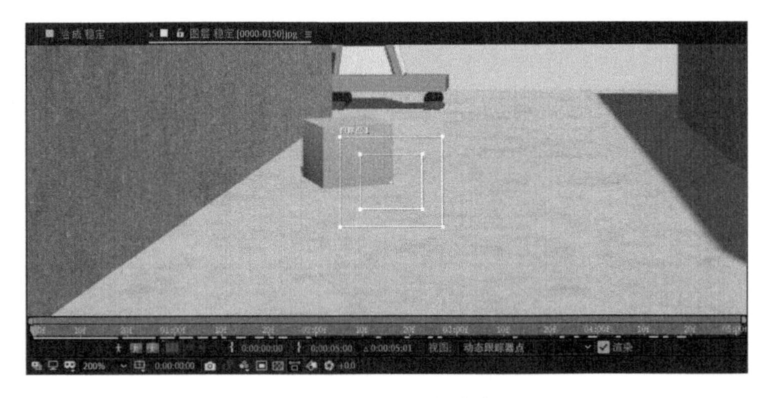

图 8-55　设置跟踪点

在【跟踪器】面板中单击【分析】中的向前分析按钮▶,开始进行跟踪,跟踪完成效果如图 8-56 所示。

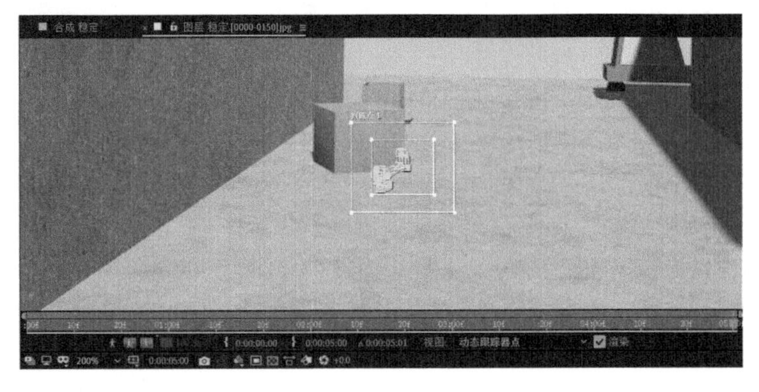

图 8-56　跟踪效果

在【跟踪器】面板中单击【应用】按钮,会弹出【动态跟踪器应用选项】对话框,如图 8-57 所示。在该对话框中选择应用维度,在此选择“X 和 Y”,然后单击【确定】按钮。

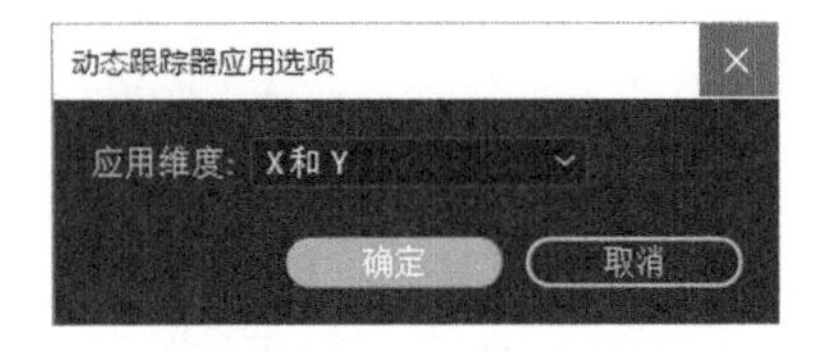

图 8-57　【动态跟踪器应用选项】对话框

回到【合成】面板，按空格键，对稳定效果进行预览，效果如图 8-58 所示。

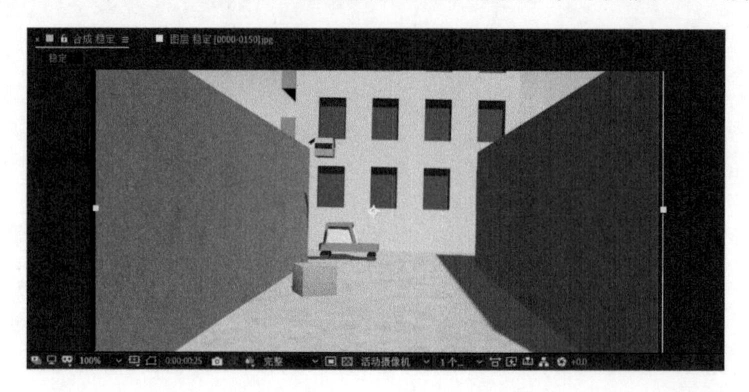

图 8-58　稳定完成效果

播放之后，视频四周部分出现黑边，此时在【时间轴】面板中选择“稳定.[0000-0150].jpg”图层，然后选择【效果】→【风格化】→【动态拼贴】命令，在【特效控制】面板中设置【输出宽度】为 105.0，【输出高度】为 120.0，选中【镜像边缘】选项。【动态拼贴】参数设置如图 8-59 所示。

然后再回到【合成】面板中，按空格键进行预览，发现黑边问题解决。最终效果如图 8-60 所示。

图 8-59　【动态拼贴】参数设置

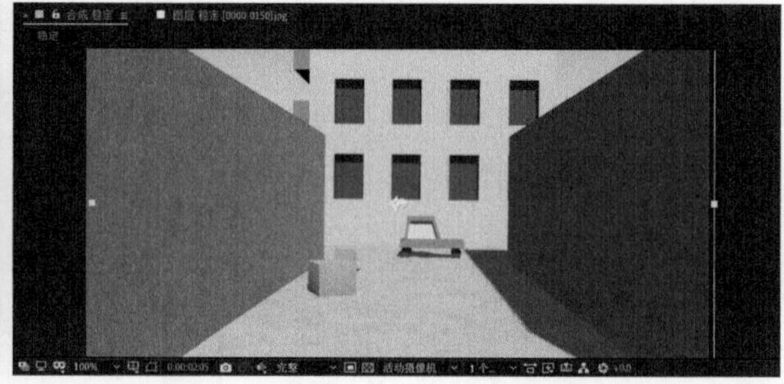

图 8-60　最终效果

8.7　Mocha AE 跟踪

在 After Effects 中内置了 Mocha 跟踪插件。内置在 After Effects 中之后，虽然没有独立软件 Mocha Pro 的功能完善，但是其跟踪效果比 After Effects 中自带的跟踪效果要精确。

8.7.1　Mocha AE 跟踪界面介绍

启动 After Effects，导入跟踪素材，并以该素材创建合成。在【时间轴】面板中选择素材层，然后选择【动画】→ Track in Boris FX Mocha 菜单命令，AE 即为该素材层添加 Mocha AE 滤镜。【效果控件】面板如图 8-61 所示。

图 8-61　【效果控件】面板

单击Launch Mocha AE属性下的MOCHA，弹出Mocha AE Plugin界面，如图8-62所示。

图 8-62　Mocha AE Plugin 界面

此界面为Essentials模式下界面，将其切换至Classic模式界面，如图8-63所示。

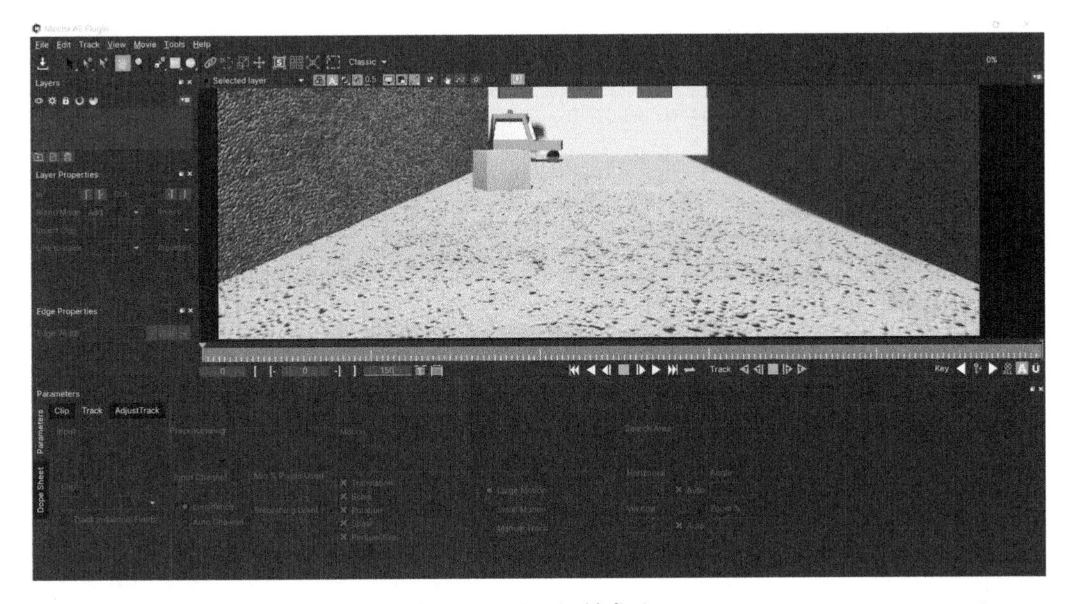

图 8-63　Classic 模式界面

1. 主工具栏

：保存项目。

：包括Marquee Selection和Lasso Selection，用于选择点或线。

：在曲线上添加点。

：手抓工具，在视图内平移镜头。快捷键为X。

：缩放工具，在视图内缩放镜头。快捷键为Z。

：创造X曲线图层。

：新增X曲线到图层。

：创建贝兹曲线图层。

：新增贝兹曲线到图层。

：创造矩形X曲线图层。

：新增矩形X曲线。

：创建矩形贝兹曲线图层。

：新增矩形贝兹曲线。

：创造椭圆X曲线图层。

：新增椭圆X曲线。

：创建椭圆贝兹曲线图层。

：新增椭圆贝兹曲线。

：链接图层。

：旋转工具。快捷键为W。

：缩放工具。快捷键为E。

：移动工具。快捷键为Q。

：显示定义的平面。

：显示平面网格。

：扩展选定层的平面表面以填充帧。

：显示移动工具。

Essentials：切换界面。其中包括Essentials、Classic、Big Picture、Roto、Save current as。

2．**显示控制**

Selected layer：影片显示。当导入的视频有多个时，可以在下拉菜单中选择需要查看的影片。

：显示影片的RGB通道。

：显示影片的Alpha通道。

：显示或关闭图层遮罩，在下拉菜单中选择遮罩类型。

：给图层遮罩填充颜色。

0.5：设置遮罩透明度。默认为0.5。

：重叠。

：显示图层轮廓。

：显示曲线切线。

：显示放大窗口。

：打开稳定模式。

：显示定义平面的跟踪轨迹。

：激活亮度调整。

：切换模块预览。

3. 时间轴控制

0：项目入点，设置时间轴上播放影片的开始帧。

：设置入点。

：重置入点。

0：当前帧。

：重置出点。

：设置出点。

150：项目出点，设置时间轴上播放影片的结束帧。

：放大时间轴到入 / 出点。

：放大时间轴到显示所有帧。

：用于控制播放，图标从左至右功能依次为跳转至第一帧、倒放、跳转至前一帧、停止播放、跳转至后一帧、向前播放、跳转至最后一帧。

：更改播放模式，在单次播放、循环播放和回放之间切换。

Track：用于控制播放，图标从左至右功能依次为向后追踪、向后一帧追踪、停止追踪、向前一帧追踪、向前追踪。

Key：用于控制关键帧，从左至右依次为跳转至前一关键帧，为所选图层添加关键帧，跳转至后一关键帧，删除所选图层中所有关键帧，自动插入关键帧按钮，修改当前编辑图层中正在编辑的关键帧相关的所有关键帧。

Layers 面板：控制图层的显示、跟踪、锁定、曲线颜色、遮罩颜色、图层删除、图层复制等属性，如图 8-64 所示。

Layer Properties 面板：控制每个图层的属性，包括图层进 / 出帧、图层混合模式、插入影片、遮罩影片等，如图 8-65 所示。

Edge Properties 面板：控制边宽度属性，如图 8-66 所示。

图 8-64　Layers 面板

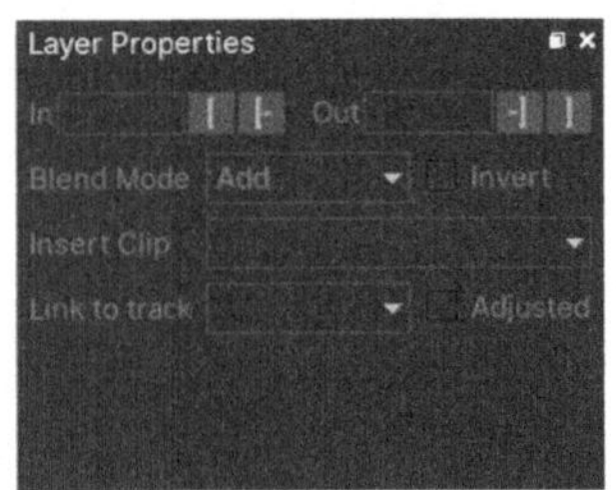

图 8-65　Layer Properties 面板

图 8-66　Edge Properties 面板

Clip 面板：该面板对影片进行管理，包括导入影片、从工作区移除影片等，如图 8-67 所示。

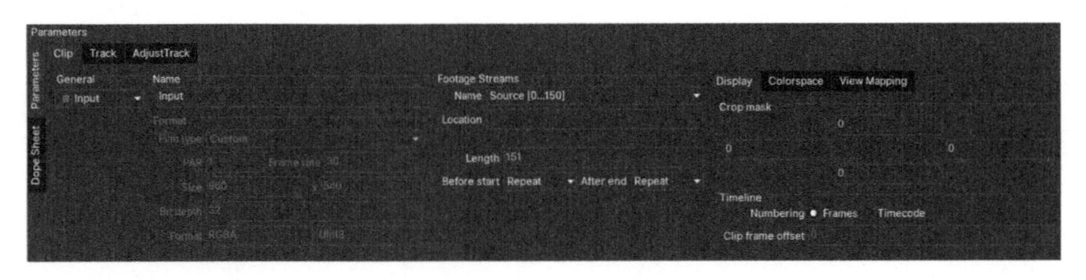

图 8-67　Clip 面板

Track 面板：在该面板中设置跟踪参数。包括跟踪影片选择，跟踪通道选择，跟踪影片最低像素设置，平滑程度设置，跟踪运动设置等，如图 8-68 所示。

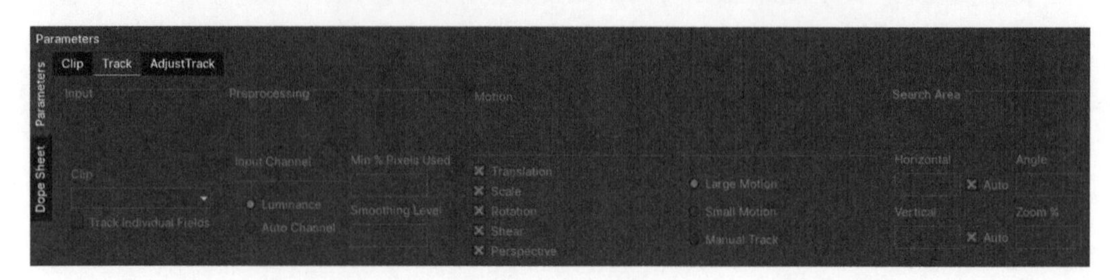

图 8-68　Track 面板

AdjustTrack 面板：当跟踪影片中由于影片缺少细节等原因，造成跟踪点发生偏移以至于跟踪效果出现偏差时，可以使用该面板中的工具，手动调整参考点，对跟踪进行优化。AdjustTrack 面板如图 8-69 所示。

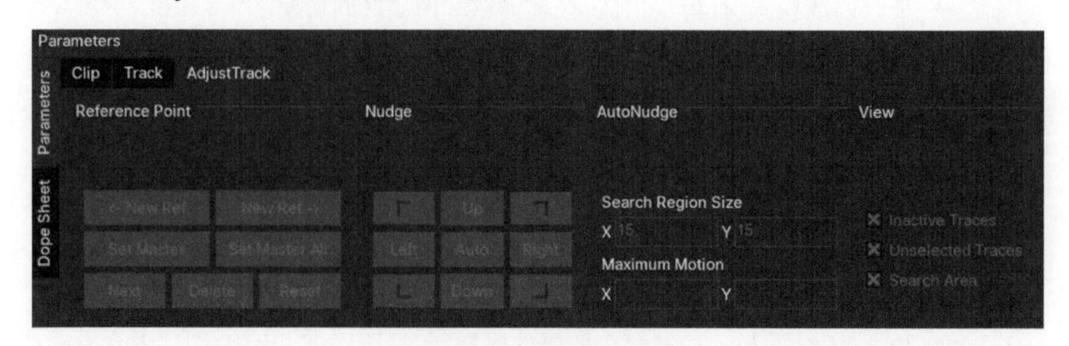

图 8-69　AdjustTrack 面板

8.7.2　Mocha AE 跟踪使用讲解

导入需要进行跟踪画面的视频文件 mocha1.[0000-0150].jpg，在【项目】面板中选择视频文件 mocha1.[0000-0150].jpg，将其拖曳至“新建合成”按钮上，以视频文件 mocha1.[0000-0150].jpg 创建合成。

在【时间轴】面板中选择素材层，然后选择【动画】→ Track in Boris FX Mocha 菜单命令，After Effects 即为该素材层添加 Mocha AE 滤镜。【效果控件】面板如图 8-70 所示。

图 8-70　【效果控件】面板

单击 Launch Mocha AE 属性下的 MOCHA，弹出 Mocha AE Plugin 界面，如图 8-71 所示。

按住 Z 键不放，然后按住鼠标左键向上拖动光标，将画面放大。

按住 X 键不放，然后按住鼠标左键左右移动光标，将跟踪区域放置在画面中心。

在 0 帧处，使用 Create Rectangular X-Spline Layer，在视图区域中设置跟踪区域，完成后右击结束。设置的跟踪区域如图 8-72 所示。

单击 Show planar surface，将其四个角放置在绿色内框的四个角上，如图 8-73 所示。

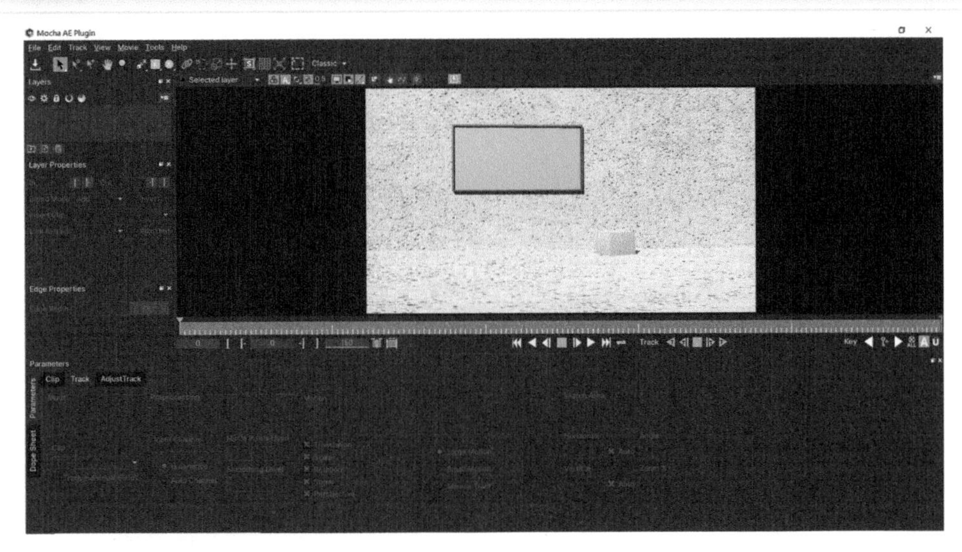

图 8-71　Mocha AE Plugin 界面

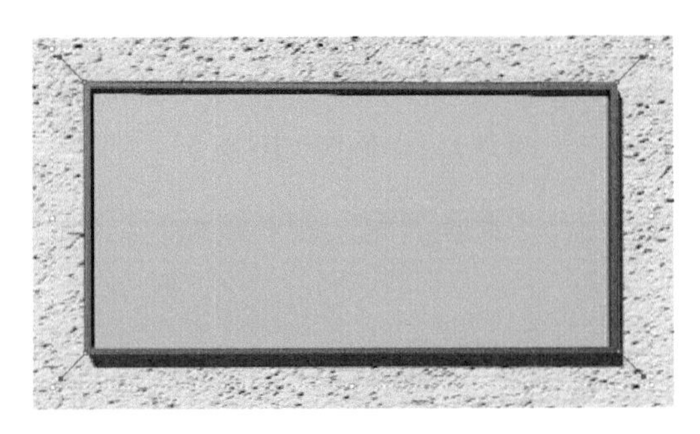

图 8-72　设置的跟踪区域

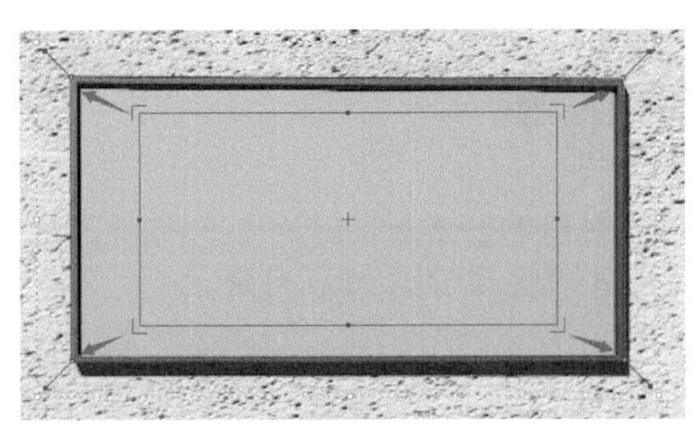

图 8-73　设置平面

单击 TrackForwards ,进行跟踪。在跟踪的过程中如果发现跟踪没有对上位置,单击 StopTracking ,然后调节跟踪区域范围之后,再单击 TrackForwards ,继续跟踪。最终跟踪完成后效果如图 8-74 所示。

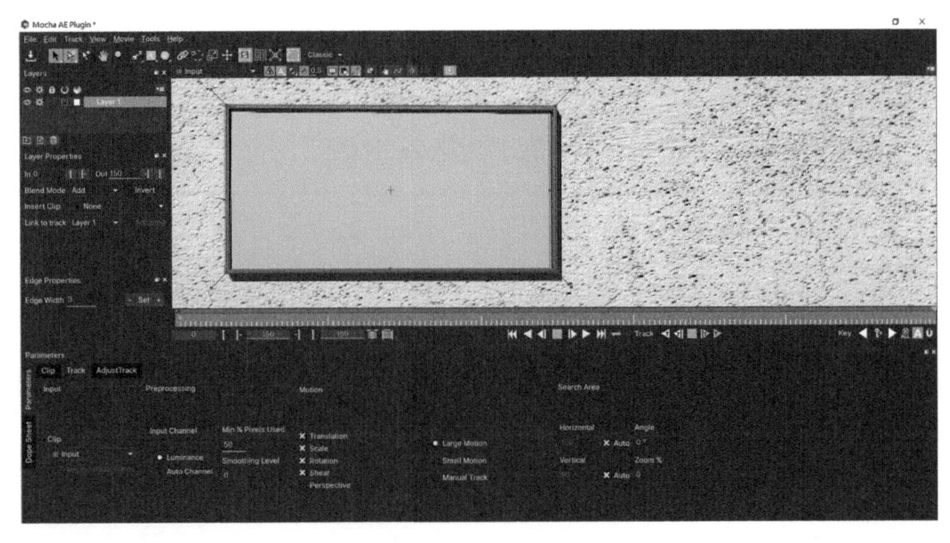

图 8-74　跟踪完成后的效果

单击 Save the project ，然后将 Mocha AE Plugin 界面关闭，回到 After Effects 界面。

将“替换素材”导入项目，并放置到【时间轴】面板中，置于视频文件 mocha1.[0000-0150].jpg 层上。

选择视频文件中的 mocha1.[0000-0150].jpg 层，然后在【效果控件】中展开 Mocha AE 中的 Tracking Data。单击 Create Track Data 按钮，在弹出的 Layers 对话框中选择 Layer1，如图 8-75 所示，之后单击 OK 按钮。

在 Layer Export To 属性中选择“1. 替换素材”，如图 8-76 所示。

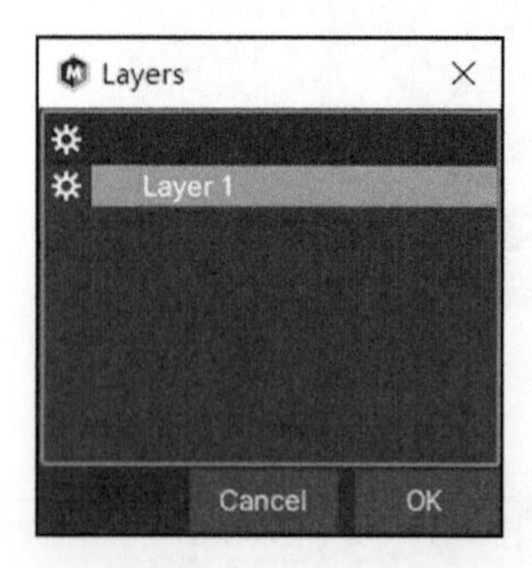

图 8-75　Layers 对话框

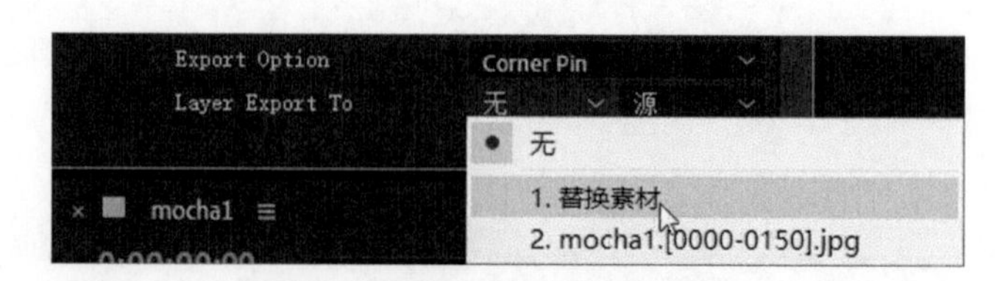

图 8-76　选择 Layer Export To 层

然后单击 Apply Export 按钮，将跟踪数据输出给“替换素材”，完成跟踪的制作。最终跟踪效果如图 8-77 所示。

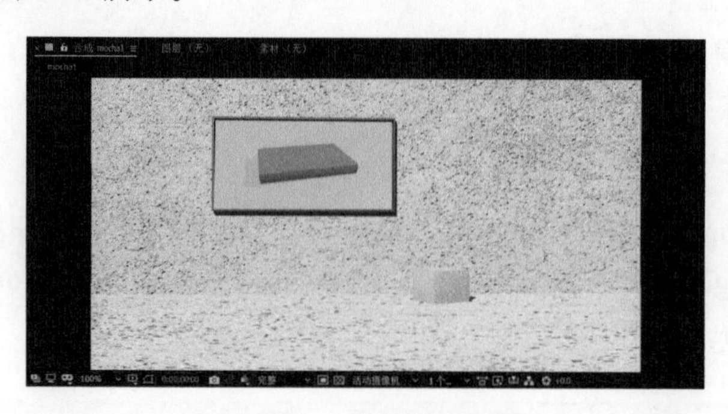

图 8-77　最终跟踪效果

8.8　跟踪综合案例

本案例的完成效果如图 8-78 所示。

图 8-78　案例完成效果

制作步骤如下。

步骤 1　导入素材。在【项目】面板的空白处双击，在弹出【导入文件】对话框中选择 city.mp4、“标语 .ai”和“地标 .ai”等文件，然后单击【导入】按钮，导入素材，如图 8-79 所示。

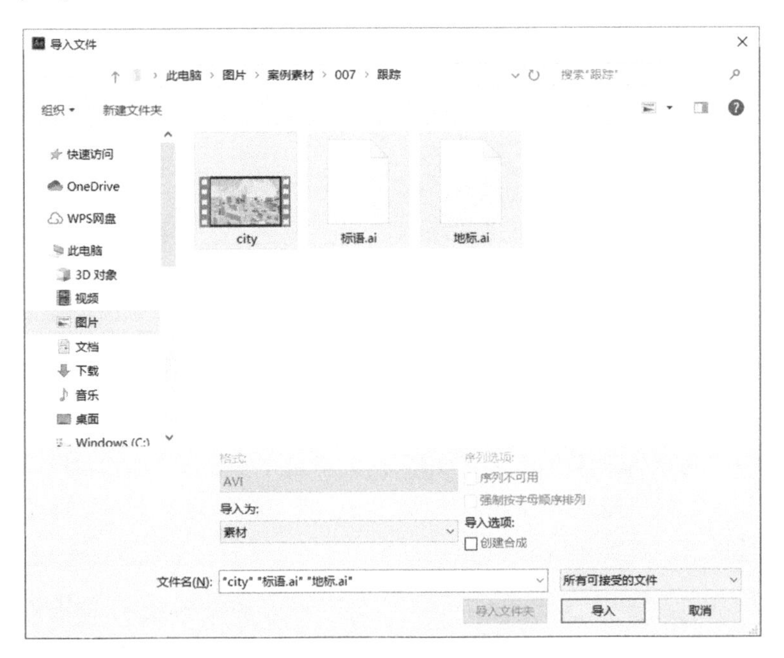

图 8-79　导入素材文件

步骤 2　新建合成。在【项目】面板中选择 city.mp4 素材文件，按住鼠标左键不放，将此素材拖曳到【项目】面板中的“新建合成”按钮上，如图 8-80 所示。

步骤 3　在 city 合成中选择 city.mp4 层，在【跟踪器】面板中单击【跟踪摄像机】按钮，对视频进行摄像机跟踪。跟踪摄像机完成后画面如图 8-81 所示。

图 8-80　新建合成

图 8-81　跟踪摄像机完成后画面

步骤 4　在【时间轴】面板中，将时间指示器设置在 0:00:03:01 处，然后在【合成】面板中选择对应的跟踪点，右击，在弹出的菜单中选择【创建空白和摄像机】命令，如图 8-82 所示。

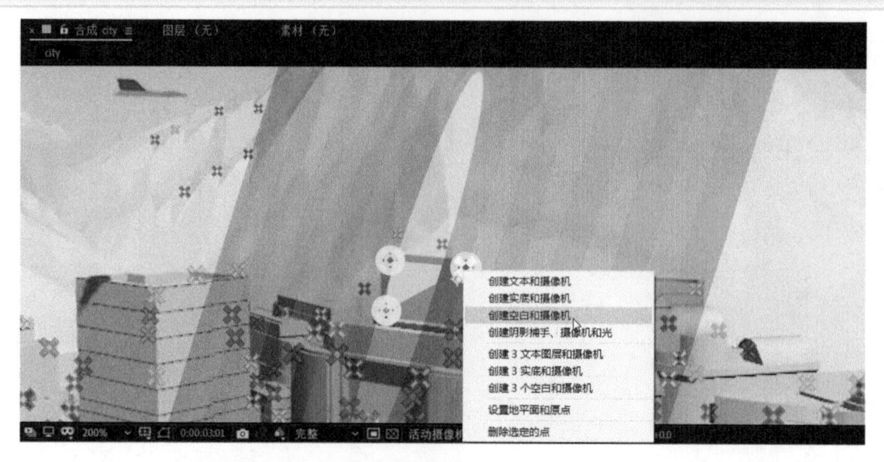

图 8-82　选择“创建空白和摄像机”命令

命令执行完后，在【时间轴】面板上此时会出现“跟踪为空 1”层和“3D 跟踪器摄像机”层。

步骤 5　在【项目】面板中选择“地标 .ai”文件，将其拖曳到 city 合成中，放置在层 1 上。将“地标 .ai”层的 3D 图层打开，并按 P 键，将“地标 .ai”层的【位置】属性调出。然后选择“跟踪为空 1”层，按 P 键，将“跟踪为空 1”层的【位置】属性调出。两层【位置】属性如图 8-83 所示。

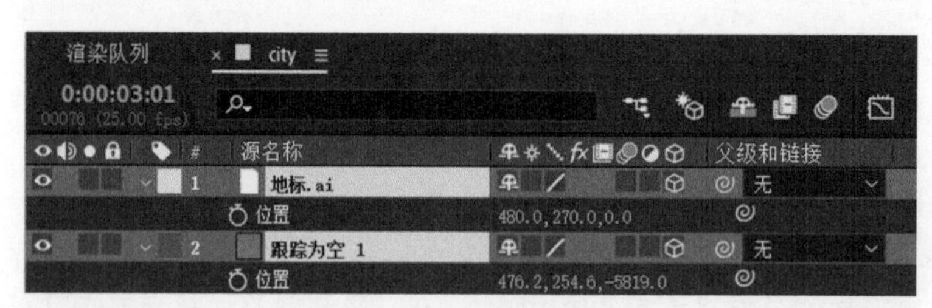

图 8-83　两层【位置】属性

选择“跟踪为空 1”层的【位置】属性，按快捷键 Ctrl+C 进行复制，然后选择“地标 .ai”层的【位置】属性，按快捷键 Ctrl+V 进行粘贴，即“地标 .ai”层的【位置】属性和“跟踪为空 1”层的【位置】属性数值一样。“地标 .ai”层位置调整后效果如图 8-84 所示。

图 8-84　“地标 .ai”层位置调整后效果

步骤 6　选择“地标 .ai”层，按 S 键将【缩放】属性调出，然后设置【缩放】为“2.0,2.0,2.0%”。

按快捷键 Shift+R，设置【方向】为“0.0°，50.0°，2.0°”。

按快捷键 Shift+P，设置【位置】为“478.0,246.0,-5812.8”。

调整参数及画面如图 8-85 所示。

图 8-85　调整参数及画面

步骤 7　四点跟踪。在 city 合成中选择 city.mp4 层，再单击【跟踪器】→【跟踪运动】按钮，此时【合成】面板跳到【图层】面板中。

在【跟踪器】面板中设置【当前跟踪】为“跟踪器 1”、【跟踪类型】为“透视边角定位”，此时在【图层】面板中出现四个跟踪点。【图层】面板及【跟踪器】面板当前的设置如图 8-86 所示。

图 8-86　【图层】面板及【跟踪器】面板当前的设置

将时间指示器移动到 0:00:00:00 处，在【图层】面板中，设置跟踪点的位置和区域范围，如图 8-87 所示。

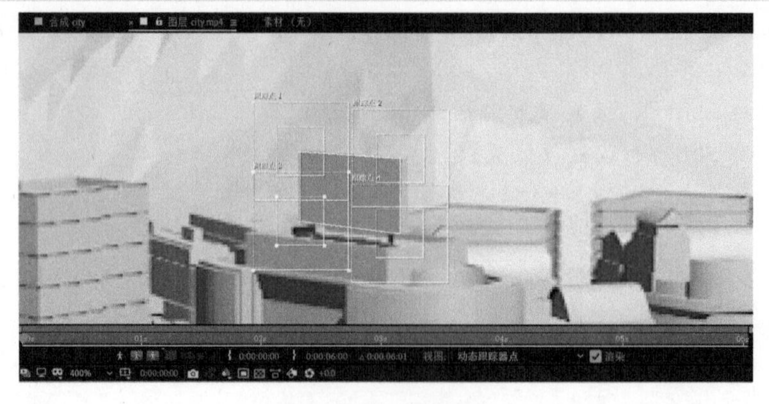

图 8-87 设置跟踪点

在【跟踪器】面板中单击【分析】中的向前分析按钮，开始从后到前进行分析。在分析的过程中，如果跟踪点脱离跟踪区域，单击停止分析按钮，然后在【图层】面板中修改跟踪点的位置，之后再单击向前分析按钮分析；或使用向前分析 1 个帧按钮，一帧一帧分析和修正。跟踪完成效果如图 8-88 所示。

图 8-88 跟踪完成效果

步骤 8 在【项目】面板中，选择“标语.ai”素材文件，将其拖曳到 city 合成中，放置于层 1 上。

进入【图层】面板，在【跟踪器】面板中单击【编辑目标】按钮，在弹出的【运动目标】对话框中选择【图层】为“1. 标语.ai”。【运动目标】对话框设置如图 8-89 所示，然后单击【确定】按钮。

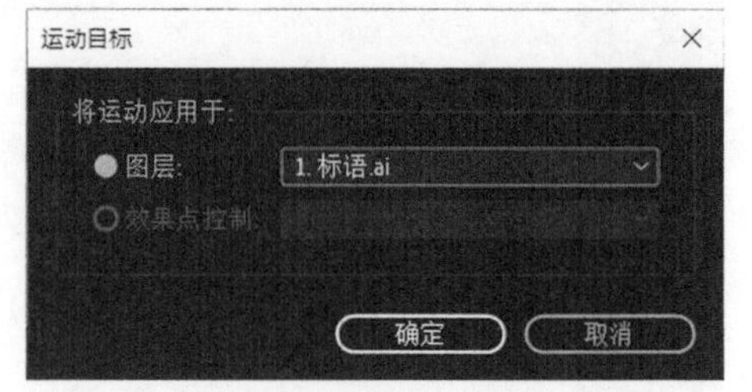

图 8-89 【运动目标】对话框

单击【应用】按钮，回到【合成】面板，按空格键，对跟踪效果进行预览，完成四点跟踪效果，如图 8-90 所示。

如果跟踪效果不好，继续修正跟踪数据。可以手动进行关键帧修改，也可以重新进行跟踪分析。

步骤 9 单点跟踪。在 city 合成中选择 city.mp4 层，再单击【跟踪器】→【跟踪运动】按钮，此时【合成】面板跳到【图层】面板中。

图 8-90　四点跟踪效果

在【跟踪器】面板中，设置【当前跟踪】为“跟踪器 2”、【跟踪类型】为“变换”。【图层】面板中跟踪点为“跟踪点 1”。【图层】面板及【跟踪器】面板当前的设置如图 8-91 所示。

图 8-91　【图层】面板及【跟踪器】面板当前的设置

将时间指示器移动到 0:00:00:00 处，在【图层】面板中设置跟踪点的位置和区域范围，如图 8-92 所示。

图 8-92　设置跟踪点

在【跟踪器】面板中单击【分析】中的向前分析按钮▶,开始从后到前进行分析。在分析的过程中,如果跟踪点脱离跟踪区域,单击停止分析按钮■,然后在【图层】面板中修改跟踪点的位置,之后再单击向前分析按钮▶分析;或使用向前分析1个帧按钮,一帧一帧分析和修正。跟踪完成效果如图8-93所示。

图 8-93 跟踪完成效果

步骤10 在【工具】面板选择圆角矩形工具,【填充】设为“无”,【描边】设为“白色(#FFFFFF)、6像素”,圆角矩形工具的设置如图8-94所示。

填充: 描边: 6像素

图 8-94 圆角矩形工具的设置

然后在【合成】面板中绘制一个圆角矩形,如图8-95所示。

图 8-95 圆角矩形

步骤11 运用与步骤10相同的方法,用钢笔工具和椭圆工具绘制一条线段和一个圆形,并调整好位置。最终与圆角矩形组合的图形如图8-96所示。

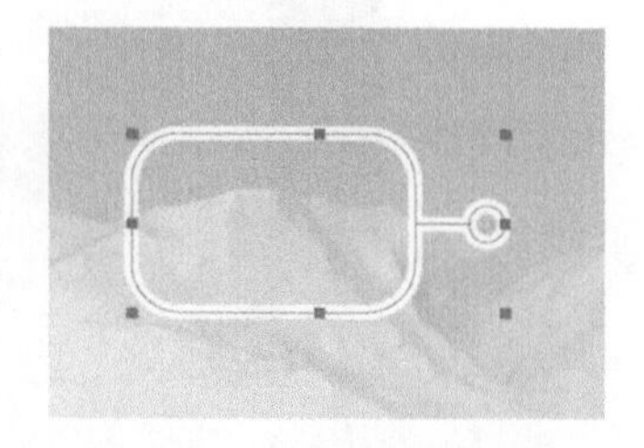

图 8-96 最终的组合图形

步骤12 在【工具】面板选择横排文字工具,创建“武汉加油!中国加油!”文字。在【字符】面板中,设置【字体系列】为“微软雅黑”、【字体样式】为Regular,

【字体大小】为“15像素”、【颜色】为“白色(#FFFFFF)”、【行距】为“36像素”、【字符间距】为550、【垂直缩放】为200%。设置完成后，使用选取工具▶将创建的文字放入圆角矩形内。

【字符】面板参数设置及文字最终位置效果如图8-97所示。

图8-97　【字符】面板参数设置及文字最终位置效果

在【时间轴】面板中选择“形状图层1”和“武汉加油！中国加油！”文字层，然后按快捷键Ctrl+Shift+C，创建“文字”预合成，再选择“将所有属性移动到新合成”。【预合成】对话框如图8-98所示，然后单击【确定】按钮。

在【工具】面板中选择向后平移（锚点）工具，在【合成】面板中将“文字”预合成的中心点放置在椭圆形内，如图8-99所示。

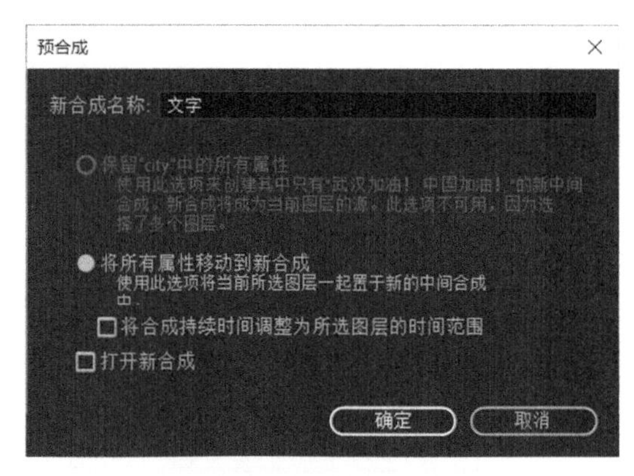

图8-98　【预合成】对话框

图8-99　重设中心点

步骤13　双击city.mp4层，进入【图层】面板，在【跟踪器】中设置【当前跟踪】为“跟踪器2”。单击【编辑目标】按钮，在弹出的【运动目标】对话框中的【图层】中选择“1. 文字”。【运动目标】对话框设置如图8-100所示，然后单击【确定】按钮。

单击【应用】按钮，在弹出的【动态跟踪器应用选项】对话框的【应用维度】中选择为“X和Y”，如图8-101所示，然后单击【确定】按钮，将追踪数据传递给“文字”预合成层。

图 8-100 【运动目标】对话框

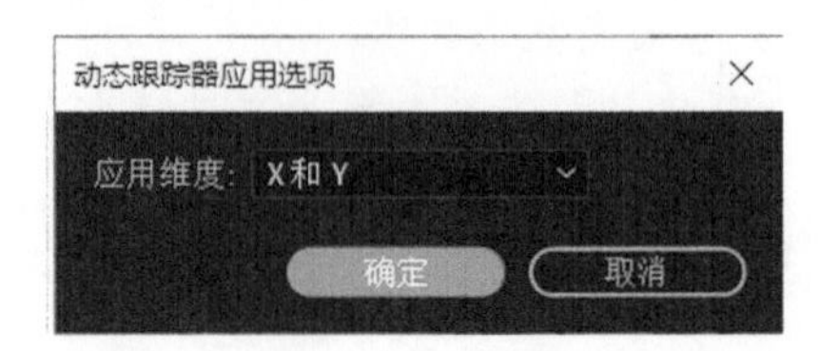

图 8-101 【动态跟踪器应用选项】对话框

步骤 14 在 city 合成中选择"文字"预合成层,按 P 键调出【位置】属性。选择【位置】属性,即全选位置关键帧,将光标移动到 X 轴数值上,当光标为状态,按住鼠标左键左右拖动修改数值,如图 8-102 所示。

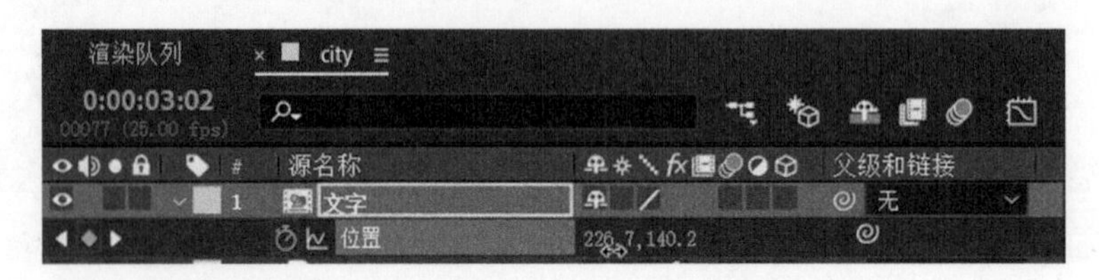

图 8-102 修改【位置】属性的 X 轴数值

将"文字"预合成放置在飞机尾部,如图 8-103 所示。

步骤 15 添加【发光】滤镜。分别选择"文字"预合成层和"标语 .ai"层,选择【效果】→【风格化】→【发光】命令,给"文字"预合成层、"标语 .ai"层添加发光效果。【效果控件】中【发光】滤镜参数不修改,使用默认参数。

选择"地标 .ai"层,选择【效果】→【风格化】→【发光】命令。在【效果控件】中,修改【发光】滤镜参数,设置【发光半径】为 98.0、【发光强度】为 1.3、【发光颜色】为"A 和 B 颜色"、【颜色 A】为"白色 (#FFFFFF)"、【颜色 B】为"橘黄 (#F39800)"。【发光】参数设置如图 8-104 所示。

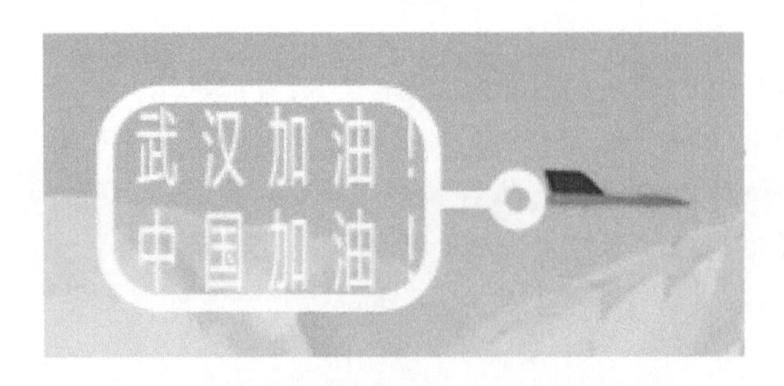

图 8-103 修改后"文字"预合成的位置

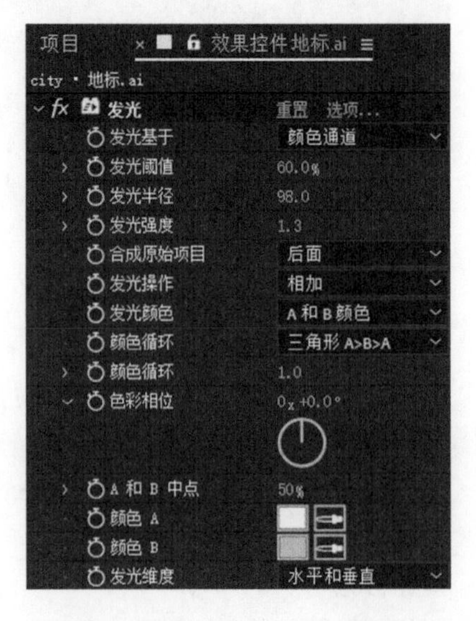

图 8-104 设置【发光】参数

步骤 16　按空格键预览动画效果，如图 8-105 所示。

图 8-105　预览动画效果

步骤 17　保存文件。按快捷键 Ctrl+S，保存当前编辑文件。在弹出的【另存为】对话框中设置文件名称与保存路径。

步骤 18　收集文件。选择【文件】→【整理工程(文件)】→【收集文件】命令，在弹出的【收集文件】对话框中，【收集源文件】设置为对于所有合成，然后单击【收集】按钮。在弹出的【将文件收集到文件夹中】对话框中，选择收集文件存放的路径，然后单击【保存】按钮，完成文件的收集操作。

第9章　影 视 抠 像

【学习目标】

1．掌握影视抠像基础知识。
2．掌握 Keylight 抠像方法。
3．掌握 Roto 抠像方法。

【技能要求 / 学习重点】

掌握影视抠像方法。

【核心概念】

抠像　Keylight　Roto

抠像一词是从早期电视制作中得来的，主要的原理是将影片画面中不需要的部分处理成透明，类似将不需要的影片画面部分去除，而将需要的影片画面部分保留，然后通过合成的方法，将背景层显示出来，从而达到将室内拍摄的人物与不同场景合成的效果。抠像是影视特效制作中常用的手法，本章中对 After Effects 的抠像功能进行讲解。

9.1　抠像基础知识

9.1.1　抠像技术简介

在 After Effects 中，对视频素材进行抠像的基本原理是利用 After Effects 中内置抠像效果或第三方抠像插件，将视频素材中的某些部分抠除。视频素材中保留的部分和其他视频素材层合成，形成新的视频画面。

After Effects 中内置抠像效果或第三方抠像插件抠除视频素材背景的原理是采用通道提取技术，对拍摄的视频素材生成 Alpha 通道，以此完成抠像。

常见的抠像有蓝屏抠像和绿屏抠像。即拍摄之前，使用蓝布或绿布布置整个拍摄现场，人物或其他对象在该场景中进行拍摄，然后利用色度的区别，抠除拍摄画面中的蓝色或绿色。

当拍摄视频素材背景不为蓝屏或绿屏这样纯色背景时，在 After Effects 中可以使用蒙版和 Roto 进行抠像。其原理也是一样，为抠像素材生成 Alpha 通道，去除不需要的部分。

9.1.2　抠像合成步骤

在进行抠像合成时，将需要抠除背景的层称为抠像层，与之合成的层称为背景层。

在 After Effets 中进行抠像合成的步骤说明如下。

步骤 1 选择抠像层，选择【效果】→ Keying 或【效果】→【抠像】子菜单中的命令，再选择适合本抠像层的抠像特效。

步骤 2 在【效果控件】面板中设置相应参数，将背景色抠除。

步骤 3 选择【效果】→【遮罩】命令，选取【简单阻塞工具】，对抠像边缘进行处理。

9.2　After Effects 抠像工具

After Effects 中提供了多种抠像滤镜，不同的素材所适用的滤镜不同，所以在抠像之前需要对抠像的视频素材进行分析，找到适合该视频素材抠像的一种滤镜或多种组合滤镜。

选择【效果】→ Keying，其子菜单如图 9-1 所示。

选择【效果】→【抠像】，其子菜单如图 9-2 所示。

Keylight (1.2)

图 9-1　Keying 子菜单

Advanced Spill Suppressor
CC Simple Wire Removal
Key Cleaner
内部/外部键
差值遮罩
提取
线性颜色键
颜色范围
颜色差值键

图 9-2　【抠像】子菜单

9.2.1　Keylight(1.2) 工具

Keylight(1.2) 在处理反射、半透明和毛发的抠像中效果较好。Keylight(1.2) 工作原理为：首先选取抠除的颜色，然后在 Screen Matte 显示状态下调整黑色、白色和灰色的区域范围。黑色表示完全透明，白色表示完全不透明，灰色表示半透明。之后调整各项参数，目的是调整 Alpha 通道，将画面中的灰色去除，得到只保留黑色和白色区域的画面，以此得到较好的抠像。

1. 参数面板

参数设置面板如图 9-3 所示。

（1）View：设置合成视图中视频素材的显示方式。Keylight 提供了 11 种查看方式，如图 9-4 所示。

- Source：在合成视图中显示原图像。
- Source Alpha：在合成视图中显示原图像的 Alpha 通道。
- Corrected Source：在合成视频中显示已校正的原图像。
- Colour Correction Edges：显示抠像后前景的图像边缘。
- Screen Matte：显示抠像后图像的 Alpha 效果。黑色表示透明，白色为完全不透明，灰色是半透明。运用该显示方式，可以更加直观地查看抠像结果。
- Inside Mask：显示图像中的内部遮罩。

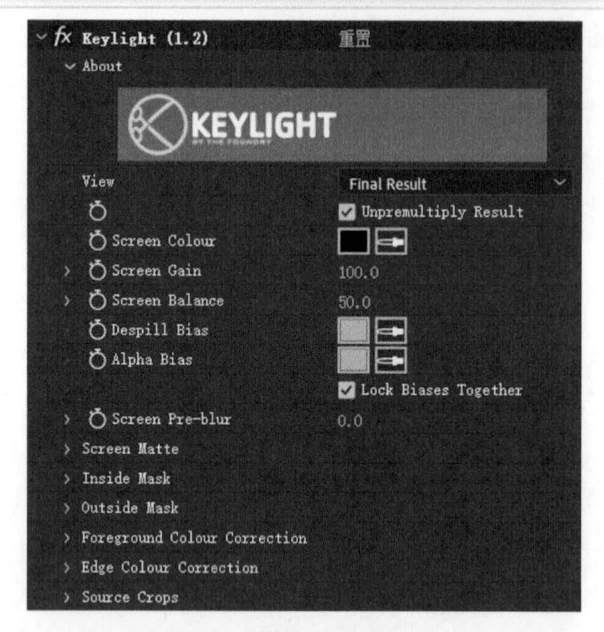

图 9-3 Keylight(1.2) 参数设置面板

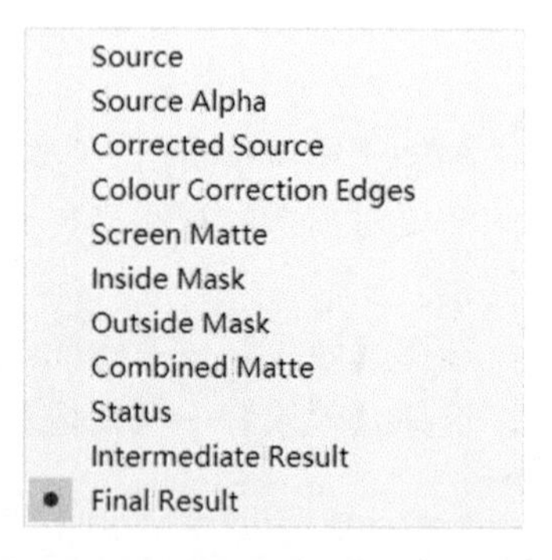

图 9-4 Keylight(1.2)View 查看方式

- Outside Mask：显示图像中的外部遮罩。
- Combined Matte：显示合并后的蒙版。
- Status：用于检查抠像后的 Alpha 通道。黑色为透明，白色为不透明，灰色为半透明。
- Intermediate Result：显示中间结果。
- Final Result：显示最终抠像后的结果。

(2) Unpremultiply Result：选中该选项，显示图像的非预乘结果。

(3) Screen Colour：使用吸管工具吸取要抠除的颜色。

(4) Screen Gain：抠像后，调节 Alpha 的暗部区域细节。

(5) Screen Balance：控制色彩平衡。

(6) Despill Bias：设置反溢出颜色的偏移。

(7) Alpha Bias Alpha：透明度偏移。

(8) Lock Biases Together：选中该选项后，可以锁定 Despill Bias 与 Alpha Bias。

(9) Screen Pre-blur：设置抠像边缘的模糊效果。当原素材有噪点时，设置该参数，可以得到较好的 Alpha 通道。

(10) Screen Matte：用于对抠像后蒙版进行进一步的细致调节，其卷展栏如图 9-5 所示。

- Clip Black：用于调整 Alpha 的暗部。
- Clip White：用于调整 Alpha 的亮部。
- Clip Rollback：用于修复由于调整

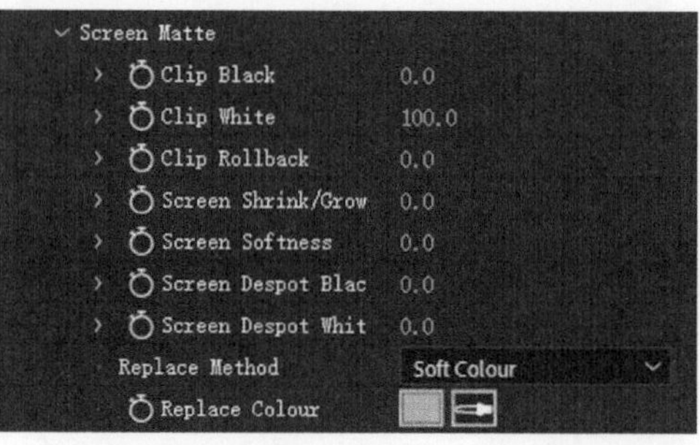

图 9-5 Screen Matte 卷展栏

了 Clip Black 和 Clip White 后损失的 Alpha 细节。

- Screen Shrink/Grow：设置蒙版边缘的收缩和扩张。
- Screen Softness：设置蒙版边缘的柔化度。
- Screen Despot Black：抠像后，当屏幕中有黑色和灰色区域时，调整该参数，去除黑色和灰色部分。
- Screen Despot White：抠像后，当屏幕中有白色和灰色区域时，调整该参数，去除白色和灰色部分。
- Replace Method：提供 4 种替换方式，分别是 None、Source、Hard Colour 和 Soft Colour，用于设置 Alpha 通道的边缘以何种方式替换。当 Alpha 通道边缘扩张后，扩张的边缘颜色依据所选择的替换方式显示。None 为黑色，Source 为原素材颜色，Hard Colour 为 Replace Colour 设置的颜色，Soft Colour 显示的颜色为前景色自动过渡的颜色。
- Replace Colour：设置需要替换的颜色。

（11）Inside Mask：其卷展栏如图 9-6 所示。

- Inside Mask：选择设置作为内部边缘的遮罩。
- Inside Mask Softness：设置内部遮罩边缘的羽化值。
- Invert：选中该项，反转内部遮罩。
- Replace Method：与 Screen Matte 中的 Replace Method 参数相似。
- Replace Colour：设置需要替换的颜色。
- Source Alpha：有 Ignore、Add To Inside Mask 和 Normal 三种选项。Ignore 表示不继承原素材 Alpha 通道，Add To Inside Mask 表示添加到内部遮罩中，Normal 表示继承原素材 Alpha 通道。

（12）Outside Mask：其卷展栏如图 9-7 所示

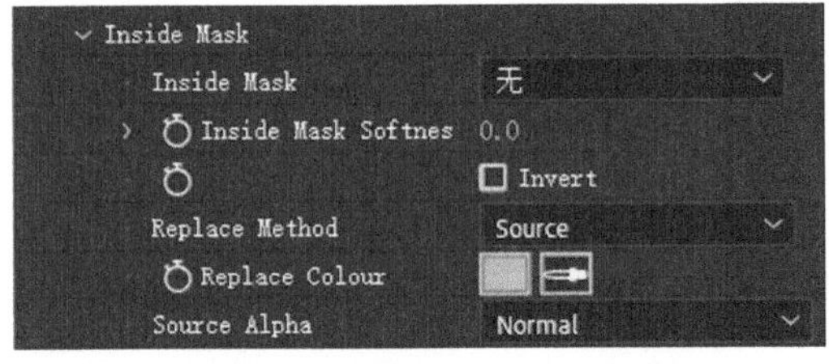

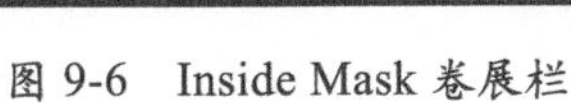
图 9-6　Inside Mask 卷展栏

图 9-7　Outside Mask 卷展栏

- Outside Mask：选择设置作为外部边缘的遮罩。
- Outside Mask Softness：设置外部遮罩边缘的羽化值。
- Invert：选中该项，反转外部遮罩。

（13）Foreground Colour Correction：其卷展栏如图 9-8 所示。

- Enable Colour Correction：选中该选项，激活前景色颜色校正参数。
- Saturation：设置前景色的饱和度。
- Contrast：设置前景色的对比度。
- Brightness：设置前景色的亮度。
- Colour Suppression：选择抑制的颜色。在下拉菜单中提供了 None、Red、

Green、Blue、Cyan、Magenta、Yellow 这 7 种抑制色。设置抑制的颜色后，与下端的 Suppression Balance 和 Suppression Amount 调整抑制效果。

- Colour Balancing：可以通过下端的 Hue、Sat 和 Colour Balance Wheel 进行色彩平衡调节。

（14）Edge Colour Correction：其卷展栏如图 9-9 所示。

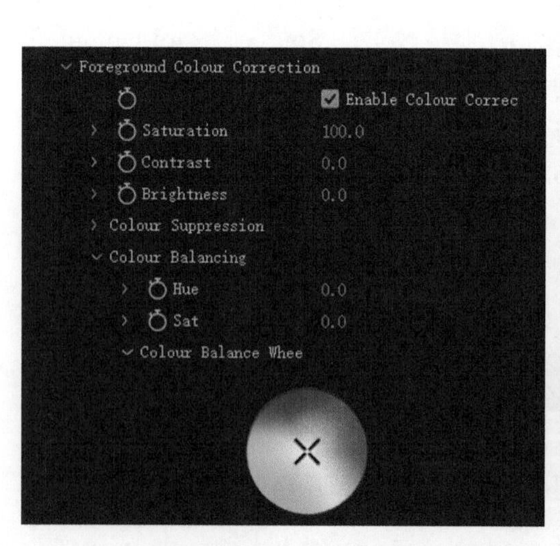

图 9-8　Foreground Colour Correction 卷展栏

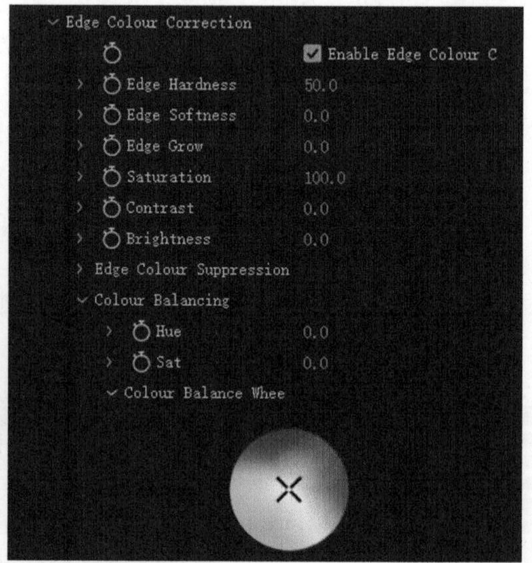

图 9-9　Edge Colour Correction 卷展栏

- Enable Edge Colour Correction：选中该选项，激活边缘色颜色校正参数。
- Edge Hardness：设置边缘锐化值。
- Edge Softness：设置边缘柔化值。
- Edge Grow：向内或向外扩张边缘。
- Saturation：设置边缘饱和度。
- Contrast：设置边缘对比度。
- Brightness：设置边缘亮度。
- Edge Colour Suppression：与 Foreground Colour Correction 中的 Colour Suppression 相似。
- Colour Balancing：与 Foreground Colour Correction 中的 Colour Balancing 相似。

（15）Source Crops：其卷展栏如图 9-10 所示。

- X Method：X 方向裁剪后，空白区域处理方式有 Colour、Repeat、Reflect 和 Wrap 这 4 种方式。
- Y Method：与 X Method 相似。
- Edge Colour：当 X Method 和 Y Method 设置为 Colour 后，可以使用

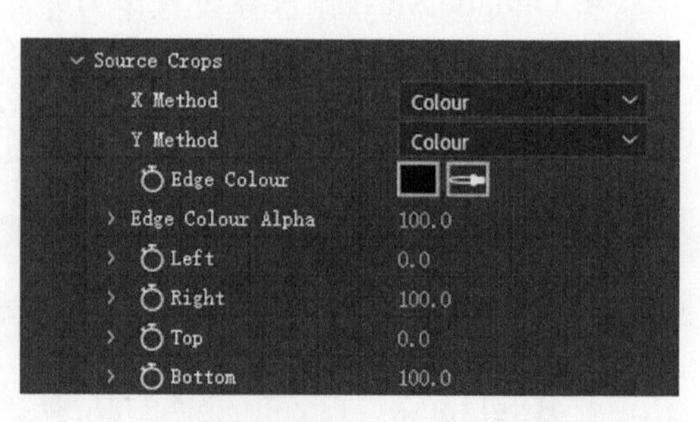

图 9-10　Source Crops 卷展栏

吸管工具设置裁剪部分的边缘颜色。

- Edge Colour Alpha：设置图像被裁剪部分的 Alpha 数值。
- Left：设置素材左边裁剪区域的数值。
- Right：设置素材右边裁剪区域的数值。
- Top：设置素材上端裁剪区域的数值。
- Bottom：设置素材下端裁剪区域的数值。

2．Keylight(1.2) 的使用方法

（1）导入素材并以此素材创建合成。【合成】面板中画面如图 9-11 所示。

图 9-11　【合成】面板中画面

（2）在【时间轴】面板中选择素材层，然后选择【效果】→ Keying → Keylight(1.2)命令。

（3）在【效果控件】面板中单击 Screen Colour 的吸管工具，然后在【合成】面板中吸取绿色。Screen Colour 颜色设置如图 9-12 所示。

图 9-12　Screen Colour 颜色设置

（4）将 View 设置为 Status，此时【合成】面板如图 9-13 所示。

调节 Screen Gain 为 166.0，将【合成】面板画面中场景的灰色去除。参数设置及效果如图 9-14 所示。

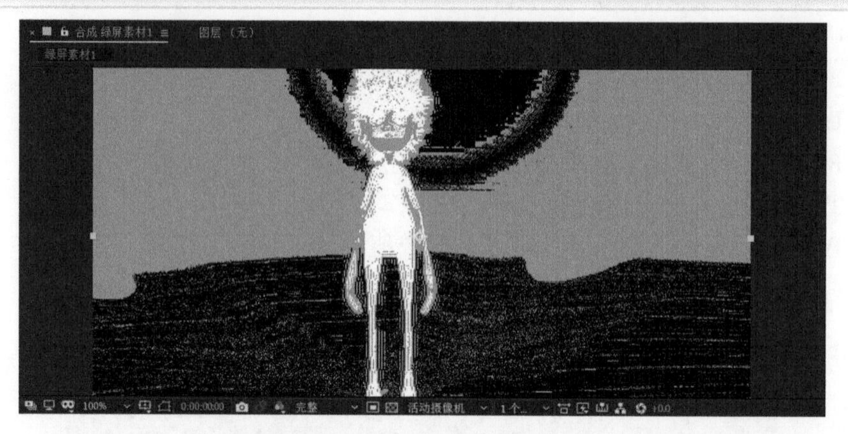

图 9-13　Status 状态查看模式画面

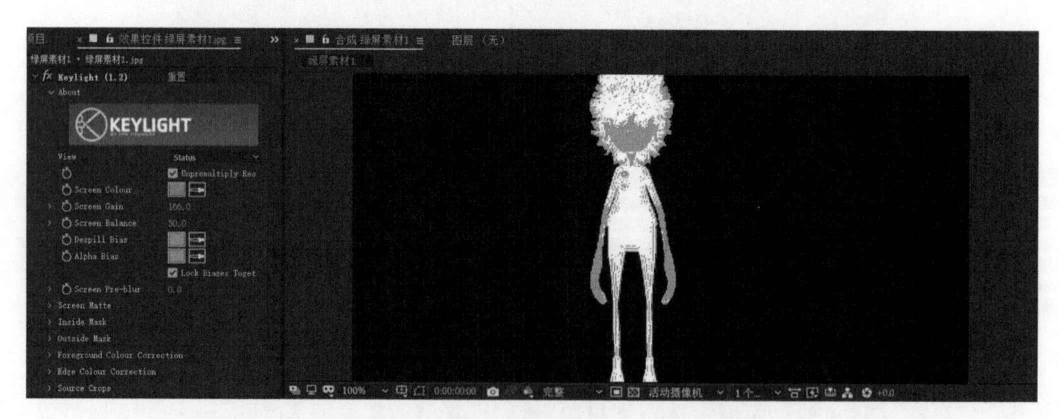

图 9-14　Screen Gain 参数设置及【合成】面板画面

（5）将 View 设置为 Screen Matte，此时【合成】面板如图 9-15 所示。

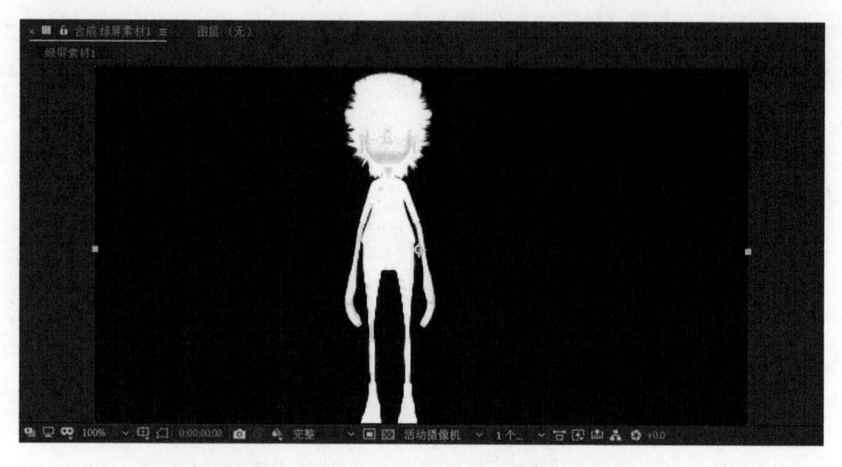

图 9-15　Screen Matte 状态查看模式画面

展开 Screen Matte 卷展栏，调节 Clip White 为 70.0，将【合成】面板画面中角色身体内部的灰色去除。参数设置及效果如图 9-16 所示。

（6）将 View 设置为 Final Result，在【合成】面板中单击切换透明网格按钮，抠像效果如图 9-17 所示。

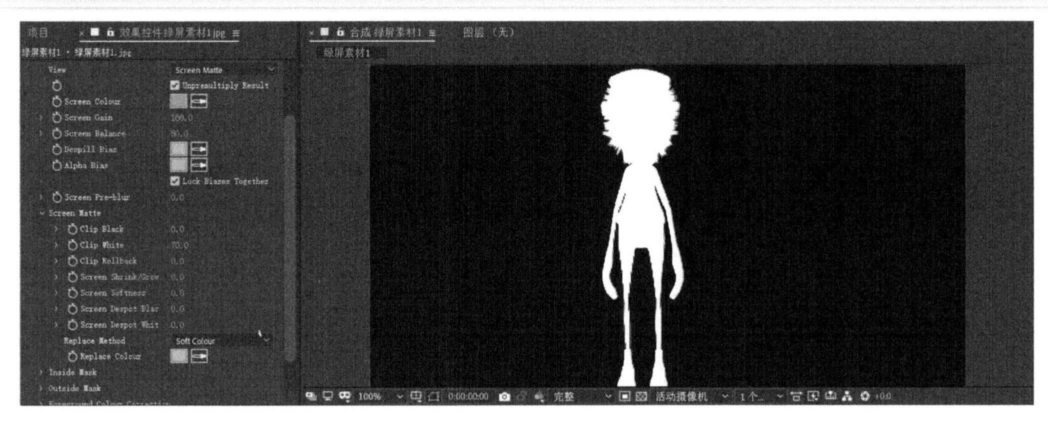

图 9-16　Clip White 参数设置及【合成】面板画面

图 9-17　Keylight(1.2) 抠像效果

（7）选择【效果】→【遮罩】→【简单阻塞工具】，将【阻塞遮罩】设置为 1.00，去除图像边缘的颜色。最终抠像效果如图 9-18 所示。

图 9-18　最终抠像效果

9.2.2　Advanced Spill Suppressor 工具

Advanced Spill Suppressor 需要结合其他抠像特效使用，清除的是抠像后画面中残余的背景颜色。Advanced Spill Suppressor 参数设置面板如图 9-19 所示。

图 9-19 Advanced Spill Suppressor 参数设置面板

方法：提供两种抑制方式，【标准】和“极致”。

抑制：抑制数值设置。

极致设置：当【方法】设置为“极致”时，该参数激活。激活后，可以设置【抠像颜色】、【容差】、【降低饱和度】、【溢出范围】、【溢出颜色校正】、【亮度校正】参数。

9.2.3 CC Simple Wire Removal 工具

CC Simple Wire Removal 即 CC 简单金属丝移除，一般用于抠除视频素材中的钢丝，例如威亚的钢丝。

1. 参数面板

参数设置面板如图 9-20 所示。

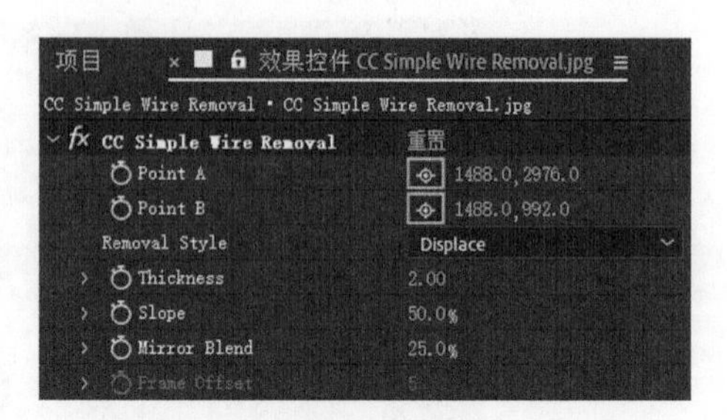

图 9-20 CC Simple Wire Removal 滤镜参数设置面板

Point A：设置需要擦除钢丝的其中一端位置。可以通过 X、Y 轴的数值设置坐标位置，也可以单击按钮，在【合成】窗口中直接单击目标位置。

Point B：设置需要擦除钢丝的其中另一端位置。可以通过 X、Y 轴的数值设置坐标位置，也可以单击按钮，在【合成】窗口中直接单击目标位置。

Removal Style：包括 Fade（衰减）、Frame Offset（帧偏移）、Displace（置换）和 Displace Horizontal（水平偏移）4 种移除类型。

Thickness：设置要擦除钢丝的厚度值。

Slope：设置要擦除钢丝的倾斜值。

Mirror Blend：设置要擦除钢丝的镜像混合大小。

Frame Offset：该项当 Removal Style 中选择 Frame Offset（帧偏移）选项后被激活，用于设置帧的偏移值。

2. CC Simple Wire Removal 使用方法

（1）导入素材并以此素材创建合成。【合成】面板中画面如图 9-21 所示。

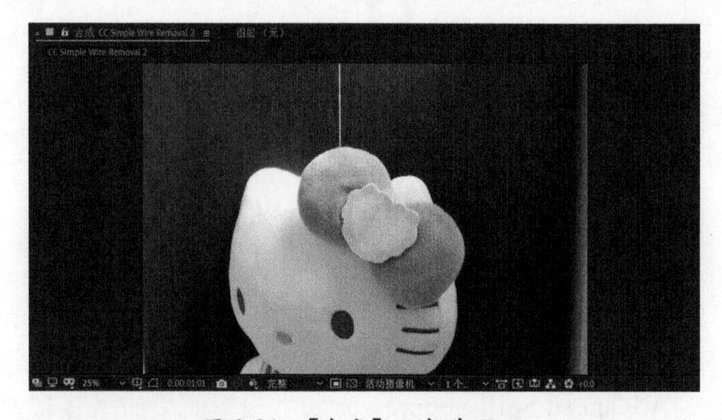

图 9-21 【合成】面板中画面

（2）在【时间轴】面板中选择素材层，然后选择【效果】→【抠像】→ CC Simple Wire Removal 命令。

（3）在【效果控件】面板中单击 CC Simple Wire Removal 的 Point A 的坐标设置按钮，在【合成】窗口中直接单击目标位置 A。然后单击 Point B 的坐标设置按钮，在【合成】窗口中直接单击目标位置 B。设置 Point A 和 Point B 如图 9-22 所示。

（4）设置 Removal Style 为 Displace、Thickness 为 30.00、Slope 为 60.0%、Mirror Blend 为 50.0%。最终抠像效果如图 9-23 所示。

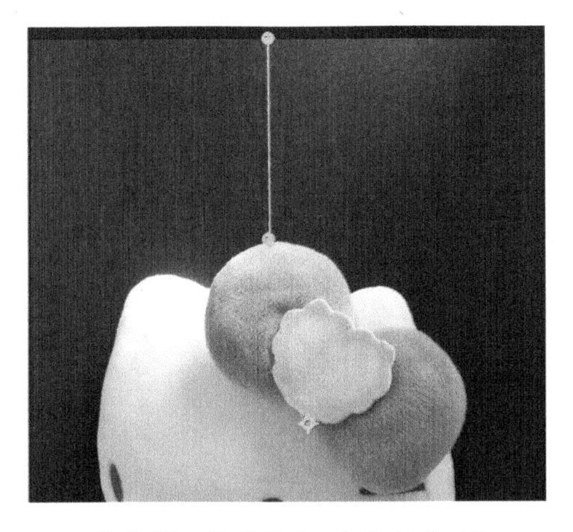

图 9-22　设置 Point A 和 Point B

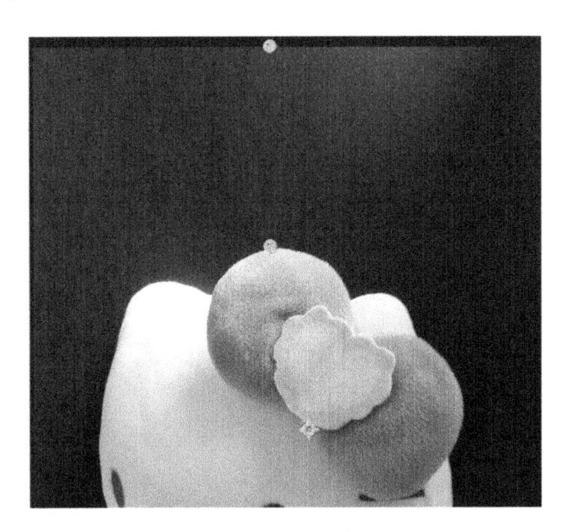

图 9-23　最终抠像效果

9.2.4　Key Cleaner 工具

Key Cleaner 可恢复通过典型抠像效果抠出场景中的 Alpha 通道细节，Key Cleaner 参数设置面板如图 9-24 所示。

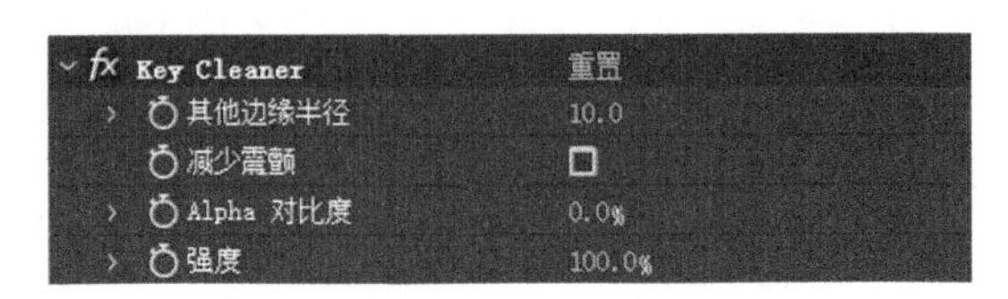

图 9-24　Key Cleaner 参数设置面板

其他边缘半径：设置抠像清除边缘半径。

减少震颤：选中该选项，可减少震颤。

Alpha 对比度：设置 Alpha 对比度值。

强度：设置清除强度值。

9.2.5　内部 / 外部键

【内部 / 外部键】通过运用内部蒙版和外部蒙版范围进行抠像。内部蒙版和外部蒙版一般运用钢笔工具并依据抠像图案进行绘制得来。使用方法是：首先使用钢笔工具绘制内部蒙版，然后设置为前景。之后使用钢笔工具绘制外部蒙版，然后设置为背景。

1．参数设置

【内部/外部键】参数设置面板如图9-25所示。

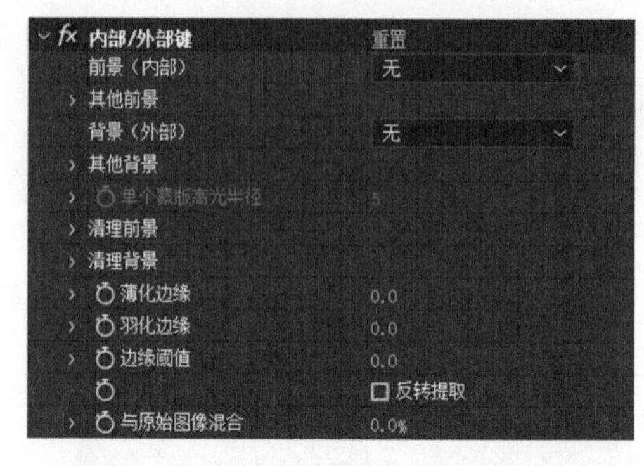

图9-25 【内部/外部键】参数设置面板

前景（内部）：设置前景层的蒙版层，即内部边缘蒙版。

其他前景：如果合成中有多个前景层，可以在此添加前景层蒙版。

背景（外部）：设置作为背景层的蒙版层，即外部边缘蒙版。

其他背景：如果合成中有多个背景层，可以在此添加背景层蒙版。

单个蒙版高光半径：当仅有一个蒙版时，该选项激活，可以设置蒙版的高光大小。

清理前景：指定一个蒙版，该蒙版将会变为前景层的一部分，以此将其他背景层中元素提取出来作为前景。

清理背景：指定一个蒙版，该蒙版将会变为背景层的一部分，以此将其他前景层中元素提取出来作为背景。

薄化边缘：设置蒙版边缘的宽度大小。

羽化边缘：设置蒙版边缘的羽化大小。

边缘阈值：设置蒙版边缘的锐利程度。

反转提取：反转蒙版。

与原始图像混合：设置前景和背景层的混合程度。

2．【内部/外部键】使用方法

（1）导入素材并以此素材创建合成。【合成】面板中画面如图9-26所示。

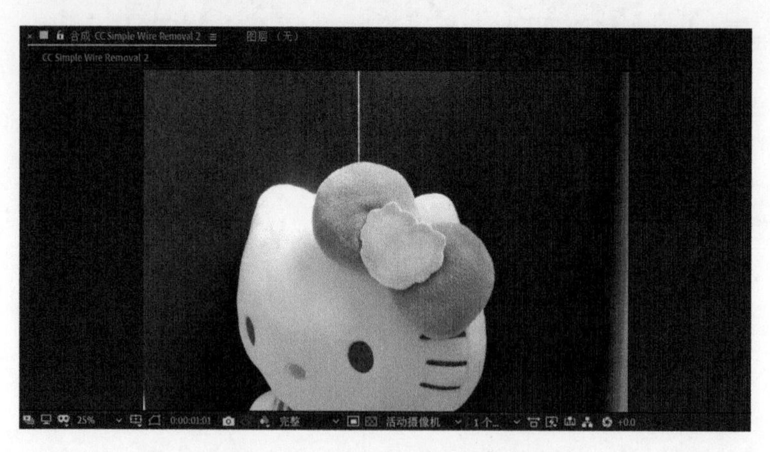

图9-26 【合成】面板中画面

（2）在【时间轴】面板中选择素材层，然后选择【效果】→【抠像】→【内部/外部键】命令。

（3）在【工具】面板中单击钢笔工具，然后在【合成】面板中绘制物体内部蒙版，创建“蒙版1”。物体内部蒙版如图9-27所示。

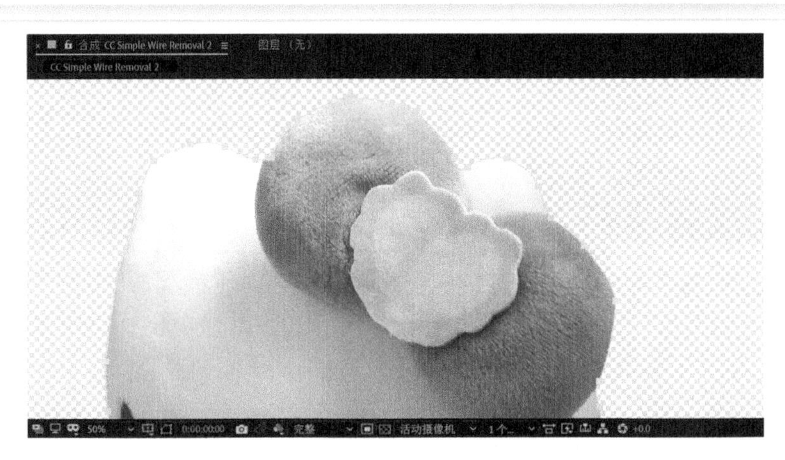

图 9-27　物体内部蒙版

（4）运用相同方法，使用钢笔工具，在【合成】面板中绘制物体外部蒙版，创建“蒙版 2”。物体外部蒙版如图 9-28 所示。

（5）设置【内部 / 外部键】参数。【前景（内部）】为“蒙版 1”，【背景（外部）】为“蒙版 2”。抠像最终效果如图 9-29 所示。

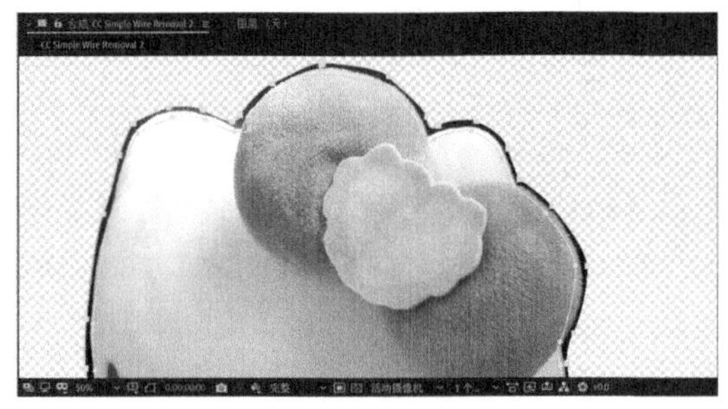

图 9-28　物体外部蒙版

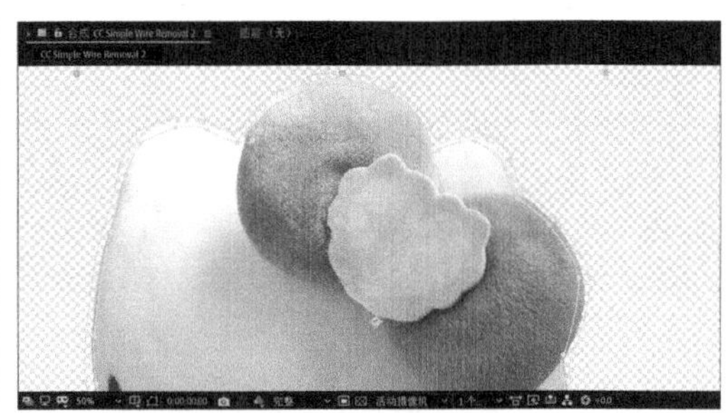

图 9-29　抠像最终效果

9.2.6　差值遮罩

【差值遮罩】是通过对比两张不同的图像，将两张图像中颜色相同的像素去除，从而得到透明区域，实现抠像。【差值遮罩】一般用于将移动的对象从原素材中抠除，其参照的图像为原素材的背景图，即没有移动物体的图像。

1．参数设置

【差值遮罩】参数设置面板如图 9-30 所示。

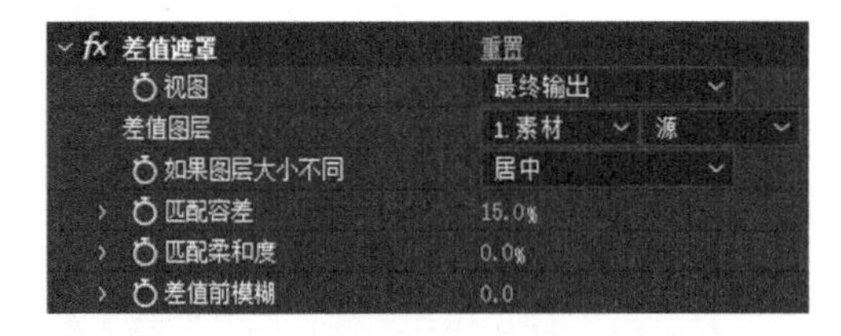

图 9-30　【差值遮罩】参数设置面板

视图：选择视图显示方法，提供【最终输出】、【仅限源】和【仅限遮罩】三种方式。

差值图层：选择抠像的参考对比图层。

如果图层大小不同：如果两个图像的尺寸大小不一致，可以通过下拉菜单中的选项进行匹配。下拉菜单提供【居中】和【伸缩以适合】两种方式。

匹配容差：设置两个图层之间抠像时的容差值，超过此设置值的图像部分会被抠除。

匹配柔和度：设置两个图层之间抠像时的像素间柔和度。

差值前模糊：设置匹配抠像后内部区域边缘的模糊。

2.【差值遮罩】使用方法

（1）导入抠像素材和参考对比素材，以抠像素材创建合成，并将参考对比素材放入该合成中。抠像素材为“层 1”，参考对比素材为“层 2”。单击视频图标，关闭“层 2”的显示。抠像前期准备如图 9-31 所示。

图 9-31　抠像前期准备

（2）在【时间轴】面板中选择抠像素材层，然后选择【效果】→【抠像】→【差值遮罩】命令。

（3）设置【差值遮罩】参数。【差值图层】设为“2. 参考对比素材 .jpg”，【匹配容差】设为 0.0，【匹配柔和度】设为 2.0%，【差值前模糊】设为 2.0%。最终抠像效果如图 9-32 所示。

图 9-32　最终抠像效果

9.2.7　提取

【提取】是通过图像的亮度范围生成透明区域。亮度的范围选择通过直方图进行设置。图像中所有与设定亮度范围相近的像素将会被抠除。【提取】主要运用于以白色或黑色为背景拍摄的素材，或者背景亮度与前景亮度差异大的图像，也可以用来消除阴影。

1．参数设置

【提取】参数设置面板如图 9-33 所示。

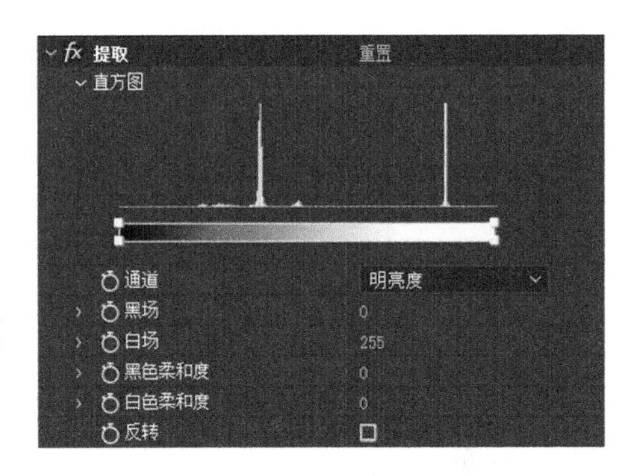

图 9-33　【提取】参数设置面板

直方图：在【直方图】中显示抠像素材从暗到亮的像素分布信息。左上点为黑场色阶，左下点为黑色柔和度，右上点为白场色阶，右下点为白色柔和度。

通道：设置抠像依据的参考通道。下拉菜单中包括【明亮度】、【红色】、【绿色】、【蓝色】和 Alpha 通道。

黑场：设置黑平衡色阶，画面中低于这个亮度的暗部区域为透明。

白场：设置白平衡色阶，画面中高于这个亮度的亮部区域为透明。

黑色柔和度：设置暗部键控区域的柔和度。

白色柔和度：设置亮部键控区域的柔和度。

反转：反转黑白色阶。

2．【提取】使用方法

(1) 导入素材并以此素材创建合成。【合成】面板中画面如图 9-34 所示。

(2) 在【时间轴】面板中选择素材层，然后选择【效果】→【抠像】→【提取】命令。

(3) 设置【提取】参数，【白场】为 213。最终抠像效果如图 9-35 所示。

图 9-34　【合成】面板中画面

图 9-35　最终抠像效果

9.2.8　线性颜色键

【线性颜色键】通过 RGB 颜色信息或色相信息或色度信息，产生透明区域。

1．参数设置

【线性颜色键】参数设置面板如图 9-36 所示。

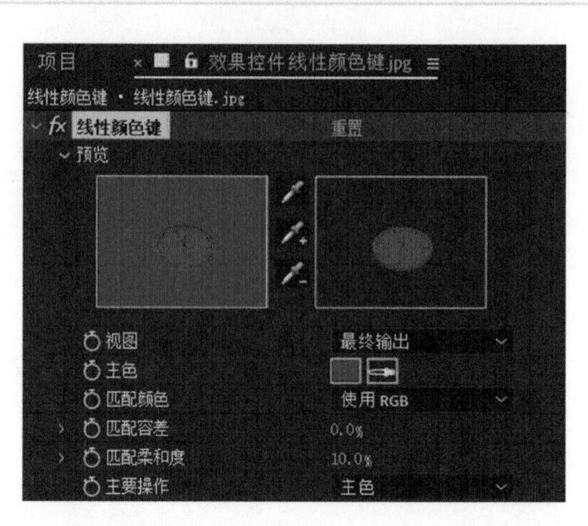

图 9-36 【线性颜色键】参数设置面板

预览：查看原图像与抠像后图像。左边为原图像，右边为抠像后【视图】中选择的显示方式。两图中间有三个吸管工具。吸取工具表示画面中与吸取的颜色 / 色相 / 色度相近的部分被抠除；添加吸取工具表示画面中与添加吸取的颜色 / 色相 / 色度相近的部分被抠除；减除吸取工具表示在画面中减除与吸取的颜色 / 色相 / 色度相近的部分，该部分不会抠除。

视图：设置显示方式。在下拉菜单中分别为【最终输出】、【仅限源】和【仅限遮罩】。该部分的选择直接同步【预览】中的右边显示。

主色：设置图像中需要抠除的颜色。可以直接设置颜色，也可以使用吸管工具在图像中吸取颜色。

匹配颜色：设置颜色抠像的色彩空间。在下拉菜单中分别为【使用 RGB】、【使用色相】、【使用色度】三种方式。【使用 RGB】抠像时使用颜色空间进行抠像；【使用色相】抠像时使用色相进行抠像；【使用色度】抠像时使用饱和度进行抠像。

匹配容差：设置容差范围，抠除在该容差范围内的像素。

匹配柔和度：设置透明与不透明像素之间的柔和度。

主要操作：下拉菜单中包括【主色】和【保持颜色】两个选项。【主色】是抠除所选择的颜色区域；【保持颜色】是保留所选择的颜色区域。

2．【线性颜色键】使用方法

（1）导入素材并以此素材创建合成。【合成】面板中画面如图 9-37 所示。

（2）在【时间轴】面板中选择素材层，然后选择【效果】→【抠像】→【线性颜色键】命令。

（3）设置【线性颜色键】参数。使用【主色】属性中的吸管工具吸取【合成】面板中的蓝色，【匹配柔和度】设为 19.0%。最终抠像效果如图 9-38 所示。

图 9-37 【合成】面板中的画面

图 9-38 最终抠像效果

9.2.9　颜色范围

【颜色范围】通过指定的颜色范围进行抠像，可以使用的色彩模式包括 Lab、YUV 和 RGB。这种键控方式可以应用在背景包含多个颜色、背景亮度不均匀和包含相同颜色的阴影，如玻璃、烟雾等情况下。

1. 参数设置

【颜色范围】参数设置面板如图 9-39 所示。

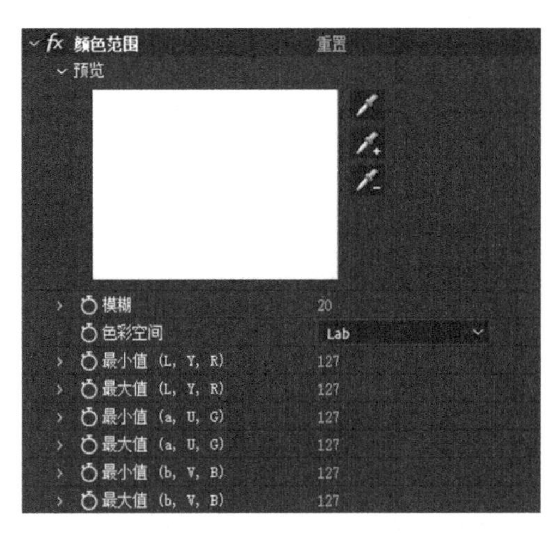

图 9-39　【颜色范围】参数设置面板

预览：显示当前素材的 Alpha 通道。右边第一个吸管工具表示吸取需要抠除的颜色，颜色吸取后，与该颜色相近的区域部分变透明；第二个吸管工具表示添加需要抠除的颜色，与添加颜色相近的区域部分变为透明；第三个吸管工具表示去除已经抠除的颜色区域，使画面的透明变为不透明。吸管工具可以在【合成】视图中吸取颜色，也可以在【预览】视图中吸取颜色。

模糊：调整透明与不透明边缘柔化度。

色彩空间：在下拉菜单中设置色彩空间模式，包括 Lab、YUV 和 RGB 三种模式。

最小值 (L,Y,R)/ 最大值 (L,Y,R)：调节选用的色彩空间第一项的最小 / 最大值。

最小值 (a,U,G)/ 最大值 (a,U,G)：调节选用的色彩空间第二项的最小 / 最大值。

最小值 (b,V,B)/ 最大值 (b,V,B)：调节选用的色彩空间第三项的最小 / 最大值。

2.【颜色范围】使用方法

（1）导入素材并以此素材创建合成。【合成】面板中画面如图 9-40 所示。

（2）在【时间轴】面板中选择素材层，然后选择【效果】→【抠像】→【颜色范围】命令。

（3）设置【颜色范围】参数。使用【预览】属性中的吸管工具吸取【合成】面板中需要抠除的颜色，然后根据抠除效果，使用吸管工具添加需要抠除的颜色。执行数次直到抠除背景颜色为止。【模糊】设置为 40，最终抠像效果如图 9-41 所示。

图 9-40　【合成】面板中的画面

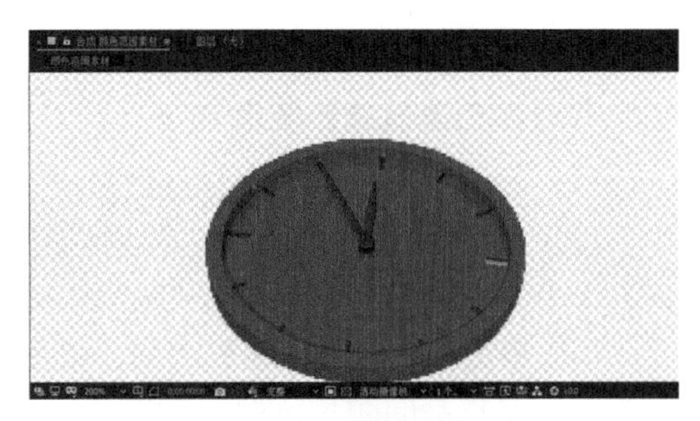

图 9-41　最终抠像效果

9.2.10 颜色差值键

【颜色差值键】通过吸取两个不同颜色，将图像划分为A蒙版部分和B蒙版部分。A蒙版指定保留区域颜色，B蒙版指定透明区域颜色，然后将A蒙版和B蒙版相加，形成最终的Alpha蒙版。【颜色差值键】特别适用于含透明或半透明区域的图像，如烟、阴影或玻璃。

1. 参数设置

【颜色差值键】参数设置面板如图9-42所示。

图9-42 【颜色差值键】参数设置面板

预览：左边显示原素材画面，右边显示调整后的蒙版状态。单击A、B、α可以查看A蒙版、B蒙版和最终合成的Alpha蒙版。两图中间第一个吸管工具用于吸取原素材中需要抠除的颜色；第二个吸管工具用于在蒙版视图中拾取黑色，指定透明区域；第三个吸管工具用于在蒙版视图中拾取白色，指定不透明区域。

视图：在下拉菜单中选取【合成】窗口中的显示模式，包括【源】、【未校正遮罩部分A】、【已校正遮罩部分A】、【未校正遮罩部分B】、【已校正遮罩部分B】、【未校正遮罩】、【已校正遮罩】、【最终输出】和【已校正[A,B,遮罩],最终】9种。

主色：指定抠除的颜色，可以用吸管工具在图像上直接吸色。

颜色匹配准确度：用于设置颜色匹配的精度，包括【更快】和【更准确】两种方式。

黑色区域的A部分、白色区域的A部分、A部分的灰度系数、黑色区域外的A部分、白色区域外的A部分：对蒙版A区域进行精细调整。

黑色的部分B、白色区域中的B部分、B部分的灰度系数、黑色区域外的B部分、白色区域外的B部分：对蒙版B区域进行精细调整。

黑色遮罩、白色遮罩、遮罩灰度系数：对Alpha蒙版进行精细调整。

2.【颜色差值键】使用方法

(1) 导入素材并以此素材创建合成。【合成】面板中的画面如图9-43所示。

(2) 在【时间轴】面板中选择素材层，然后选择【效果】→【抠像】→【颜色差值键】命令。【颜色差值键】执行完画面效果如图9-44所示。

(3) 设置【颜色差值键】参数。使用【主色】属性中的吸管工具吸取【合成】面板中需要抠除的颜色。然后单击【预览】中的A，使用第二个吸管工具在蒙版视图中拾取黑色，如图9-45所示。

图 9-43　【合成】面板中的画面

图 9-44　【颜色差值键】执行完画面效果

单击【预览】中的 B，使用第三个吸管工具在蒙版视图中拾取白色，如图 9-46 所示。

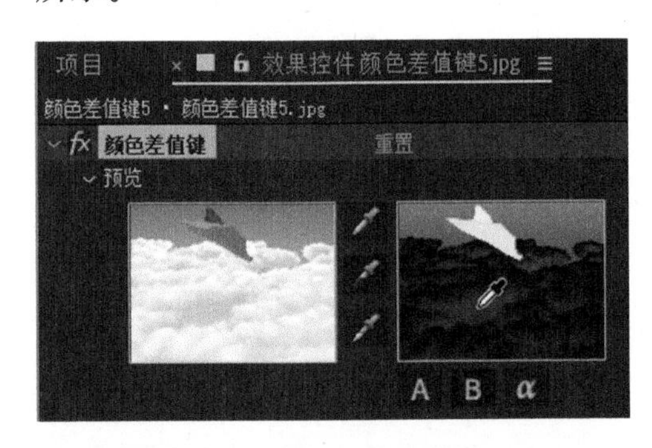

图 9-45　在蒙版视图中拾取黑色

图 9-46　在蒙版视图中拾取白色

然后设置参数：【黑色区域的 A 部分】设为 60，【黑色遮罩】设为 160。最终抠像效果如图 9-47 所示。

图 9-47　最终抠像效果

9.3　Roto 抠　像

当需要抠除复杂背景中运动的对象时，可以使用 After Effects 提供的【Roto 笔刷工具】进行抠像。【Roto 笔刷工具】创建初始遮罩，将物体从背景中分离出来。运用【Roto 笔刷工具】进行抠像时，需要进入视频素材的【图层】面板，然后选用【Roto 笔刷工具】，此时光标变成绿色的原点，再在需要保留的区域形成涂抹，系统会自行计算保留区域并在区域外形成玫红色描边，玫红色描边区域外部分被抠除。

1. 参数设置

【Roto 笔刷工具】抠像后的【图层】面板如图 9-48 所示。

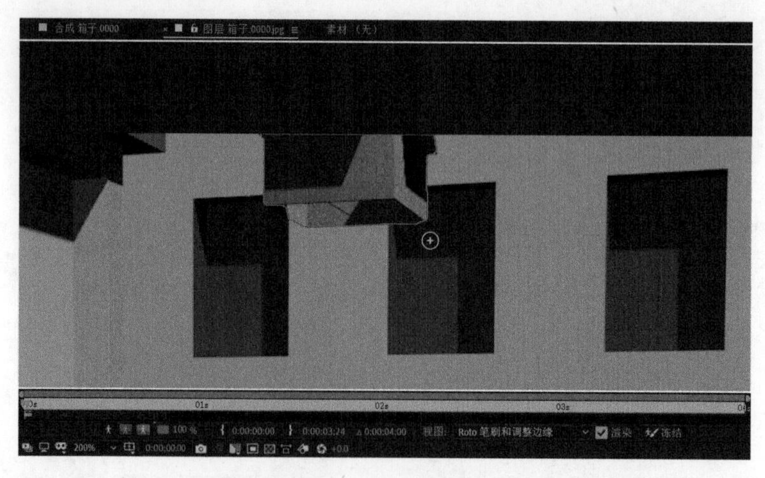

图 9-48　【Roto 笔刷工具】抠像后的【图层】面板

同时在【效果控件】面板中出现【Roto 笔刷和调整边缘】滤镜，【Roto 笔刷和调整边缘】参数设置面板如图 9-49 所示。

Roto 笔刷传播：在该属性组中所设置的属性都影响 Roto 笔刷的计算。

反转前台 / 后台：反转前台 / 后台的描边。

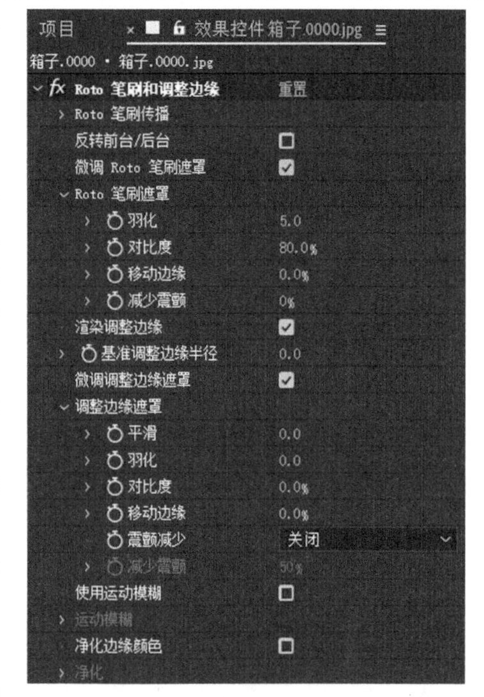

图 9-49 【Roto 笔刷和调整边缘】参数设置面板

微调 Roto 笔刷遮罩：启用或禁用 Roto 笔刷遮罩的更细节调整。

Roto 笔刷遮罩：该属性组中包括【羽化】、【对比度】、【移动边缘】和【减少震颤】属性。【羽化】控制描边的平滑和锐化程度。【对比度】当【羽化】参数不为 0 时，控制片段边界柔化度。【移动边缘】控制遮罩扩展的数量。【减少震颤】数值增大时，可减少边缘逐帧移动时的不规则更改。

渲染调整边缘：确定整个效果的结果是否已渲染。

基准调整边缘半径：沿整个片段边界添加均匀的边界带，描边的宽度由该参数确定。

微调调整边缘遮罩：启用或禁用【调整边缘遮罩】属性组。

调整边缘遮罩：该属性组包括【平滑】、【羽化】、【对比度】、【移动边缘】和【减少震颤】属性。【平滑】设置 Alpha 边缘平滑度；【羽化】设置 Alpha 通道的模糊程度；【对比度】设置优化后 Alpha 通道对比度；【移动边缘】设置遮罩扩展的数量；【减少震颤】增大此属性可减少边缘逐帧移动时的不规则更改。

使用运动模糊：选中此项，可用运动模糊渲染遮罩。

运动模糊：该属性组中包括【每帧样本】、【快门角度】和【较高品质】属性。

净化边缘颜色：选中此选项，可净化边缘像素的颜色。

净化：该属性组中包括【净化数量】、【扩展平滑的地方】、【增加净化半径】和【查看净化地图】。【净化数量】设置净化数值；【扩展平滑的地方】只有在【减少震颤】大于 0 并选择了【净化边缘颜色】时才有作用，可以清洁为减少震颤而移动的边缘；【增加净化半径】为边缘颜色净化而增加半径值；【查看净化地图】显示哪些像素将通过边缘颜色净化而被清除。

2. Roto 抠像方法

（1）导入素材并以此素材创建合成。【合成】面板中画面如图 9-50 所示。

（2）将时间指示器设置在 0:00:00:00 处，在【工具】面板中选择 Roto 笔刷工具，然后在【时间轴】面板中双击素材层，进入【图层】面板，如图 9-51 所示。

（3）运用鼠标在需要抠像的箱子区域涂抹，涂抹效果如图 9-52 所示。

涂抹完后松开鼠标，此时箱子区域外形成玫红色描边，如图 9-53 所示。

（4）在【合成】面板单击切换透明网格按钮，此时【合成】面板中的画面如图 9-54 所示。

（5）在【合成】面板中，将时间指示器设置在 0:00:00:07 处，双击素材层，进入【图层】面板。在【笔刷】面板中调节笔刷大小，然后结合鼠标左键和 Alt 键，在

需要抠像的箱子区域涂抹。最终 0:00:00:07 处的涂抹效果如图 9-55 所示。

(6) 在【合成】面板中移动时间指示器在每帧处使用步骤 5 方法,使用 Roto 笔刷工具抠像,即可将箱子从画面中抠除出来。

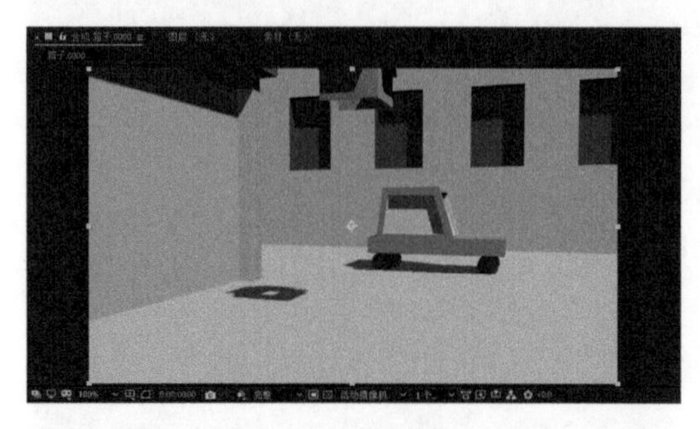

图 9-50 【合成】面板中画面

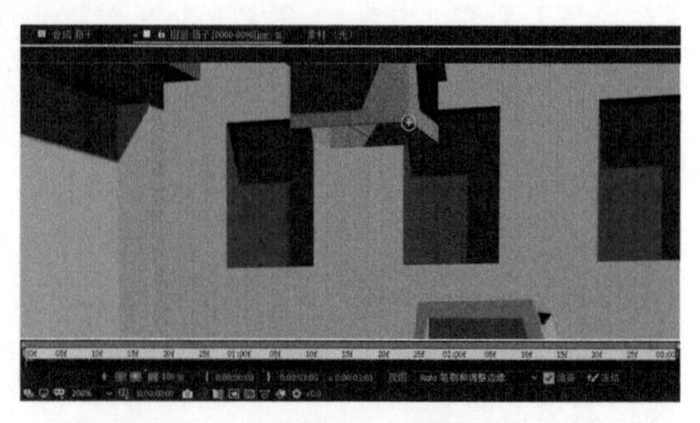

图 9-51 【图层】面板中的画面

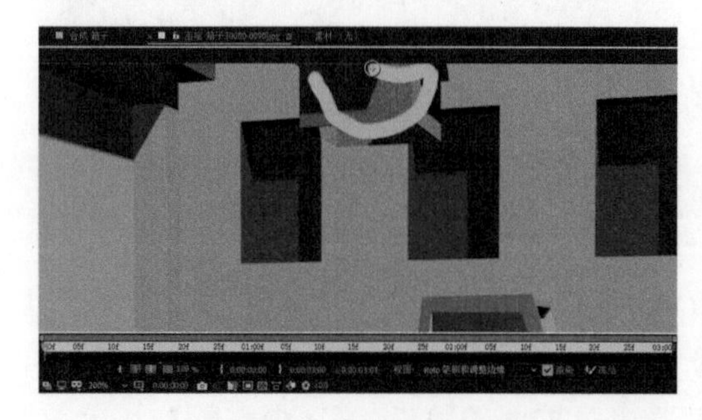

图 9-52 涂抹保留区域

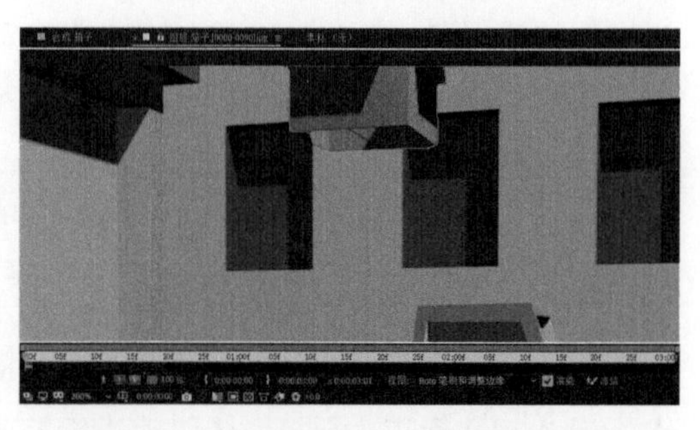

图 9-53 箱子区域外形成玫红色描边

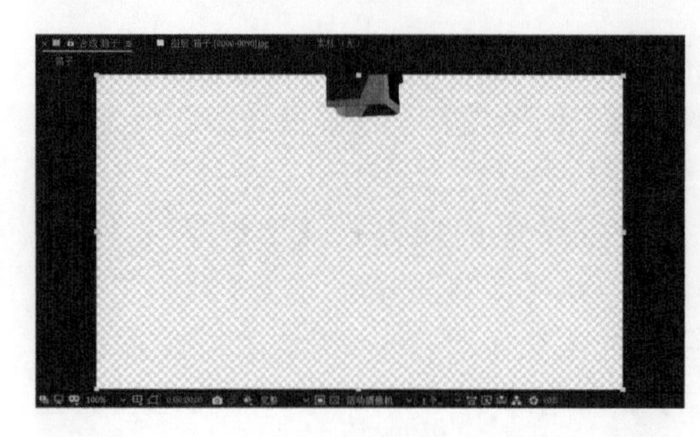

图 9-54 在 0 秒时【合成】面板中的画面

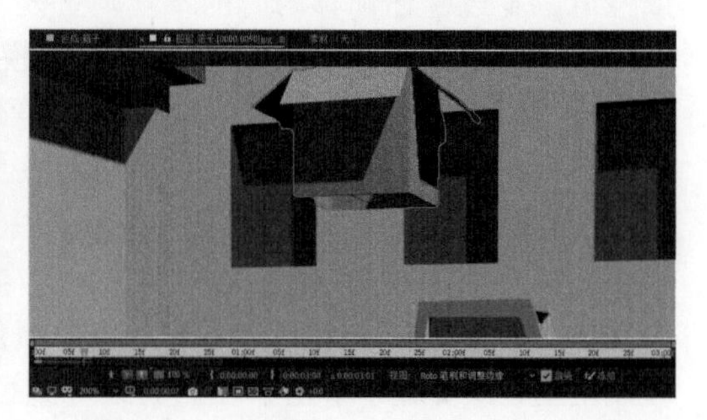

图 9-55 在 0:00:00:07 秒处的涂抹效果

9.4 抠像综合案例制作

本案例的完成效果如图 9-56 所示。

制作步骤如下。

步骤 1 导入素材。在【项目】面板的空白处双击,在弹出的【导入文件】对话框中选择"角色 .mp4"文件和"合成素材 .mp4"文件,然后单击【导入】按钮,导入素材,如图 9-57 所示。

图 9-56　案例完成效果

图 9-57　导入素材文件

步骤 2　新建合成。在【项目】面板中选择“合成素材.mp4”素材文件，按住鼠标左键不放，将此素材拖曳到【项目】面板中的新建合成按钮上，如图 9-58 所示。

步骤 3　在【项目】面板中选择“角色.mp4”素材文件，按住鼠标左键不放，将此素材拖曳到新创建的合成中，并放置在“合成素材.mp4”层上。

步骤 4　选择“角色.mp4”层，选择【效果】→ Keying → Keylight(1.2) 命令。

步骤 5　在【效果控件】面板中单击 Screen Colour 的吸管工具，然后在【合成】面板中吸取角色阴影部分的绿色，如图 9-59 所示。

吸色完成后的抠像效果如图 9-60 所示。

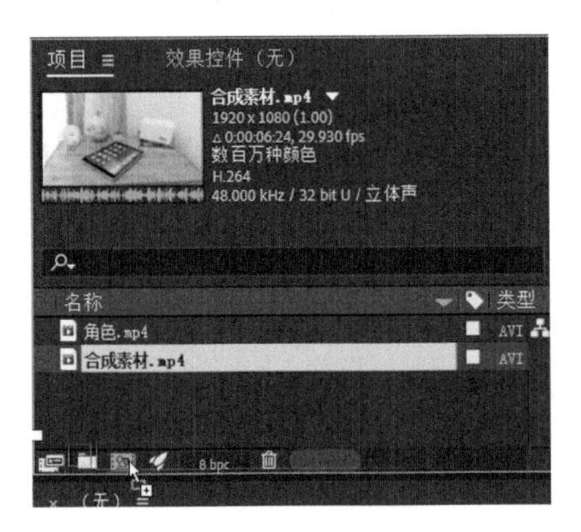

图 9-58　新建合成

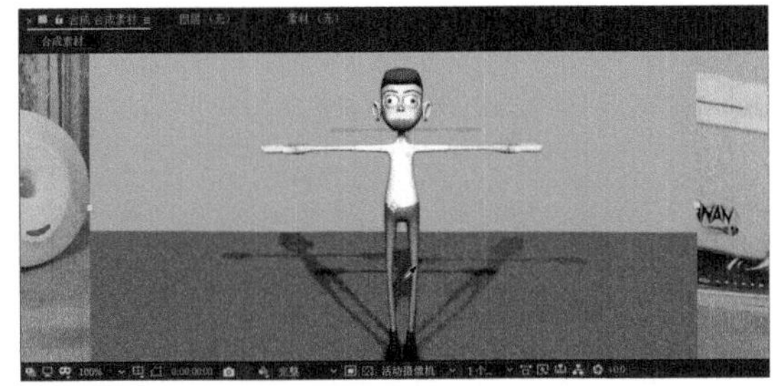

图 9-59　设置 Screen Colour 颜色

步骤 6　将 View 设置为 Status，此时【合成】面板如图 9-61 所示。

调节 Screen Gain 为 120.0，将【合成】面板画面中场景的灰色去除。

步骤 7　将时间指示器移动到 0:00:01:17 处，选择“角色.mp4”层，在【效果控件】面板中将 Keylight(1.2) → View 设置为 Screen Matte，此时【合成】面板如图 9-62 所示。

图 9-60　吸色完成后的抠像效果

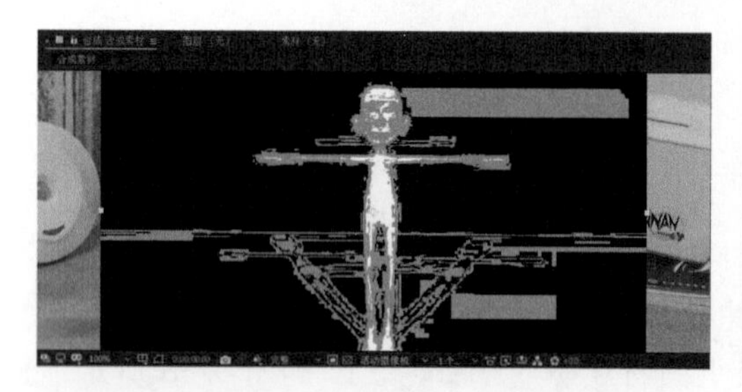

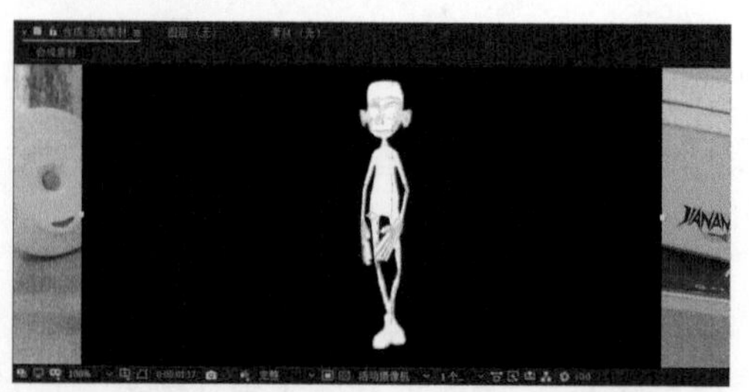

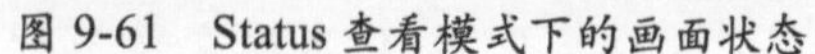

图 9-61　Status 查看模式下的画面状态　　　图 9-62　Screen Matte 查看模式下画面的状态

展开 Screen Matte 卷展栏，调节 Clip White 为 45.0，将【合成】面板画面中角色身体内部的灰色去除。

步骤 8　将时间指示器移动到 0:00:00:00 处，选择“角色 .mp4”层，在【效果控件】面板中将 Keylight(1.2) → View 设置为 Final Result。选择【效果】→【遮罩】→【简单阻塞工具】，将【阻塞遮罩】设置为 2.00，去除图像边缘的颜色。最终抠像效果如图 9-63 所示。

步骤 9　在【时间轴】面板中选择“合成素材 .mp4”，在【跟踪器】面板中单击【跟踪摄像机】按钮，对视频进行摄像机跟踪。跟踪摄像机完成后的画面如图 9-64 所示。

图 9-63　最终抠像效果　　　图 9-64　跟踪摄像机完成后的画面

步骤 10　将时间指示器移动到 0:00:00:00 处，在【合成】面板中选择对应的跟踪点，然后右击，在弹出的菜单中选择【创建空白和摄像机】命令，如图 9-65 所示。

命令执行完后，在【时间轴】面板上会出现“跟踪为空 1”层和“3D 跟踪器摄像机”层。

步骤 11　在“合成素材”合成的【时间轴】面板中将“角色 .mp4”层的 3D 图层打开，并按 P 键将“角色 .mp4”层的【位置】属性调出。然后选择“跟踪为空 1”

层，按P键将“跟踪为空1”层的【位置】属性调出。两层【位置】属性如图9-66所示。

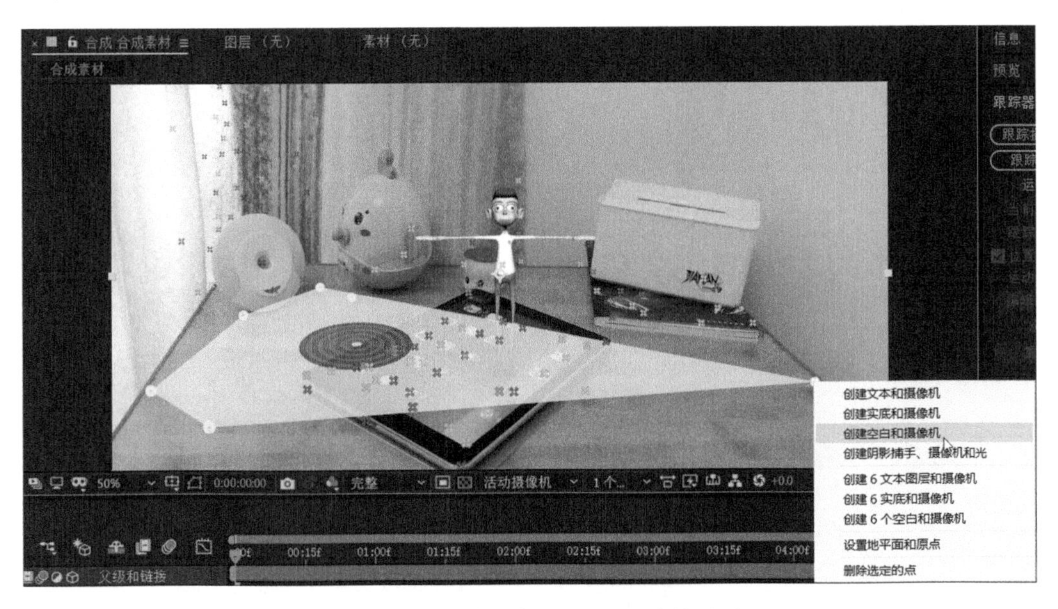

图 9-65　选择【创建空白和摄像机】命令

图 9-66　两层【位置】属性

选择“跟踪为空1”层的【位置】属性，按快捷键Ctrl+C对该属性进行复制，然后选择“角色.mp4”层的【位置】属性，按快捷键Ctrl+V粘贴数值，即“角色.mp4”层的【位置】属性和“跟踪为空1”层的【位置】属性数值一样。“角色.mp4”层位置调整后效果如图9-67所示。

图 9-67　“角色.mp4”层位置调整后效果

步骤 12　将时间指示器移动到 0:00:04:15 处，选择“角色 .mp4”层，按 S 键将【缩放】属性调出，然后设置【缩放】为“280.0,280.0,280.0%”。

按快捷键 Shift+P，设置【位置】为“2556.0,1192.0,3700.0”。

调整位置和大小后的画面如图 9-68 所示。

图 9-68　调整位置和大小后的画面

步骤 13　制作阴影层。选择“角色 .mp4”层，按快捷键 Ctrl+D 进行复制，然后选择复制出的图层，按 Enter 键进行重命名，将其重命名为“投影”。

选择【效果】→【生成】→【填充】命令，在【效果控件】中将【填充】滤镜中的【颜色】属性设置为“黑色 (#000000)”。之后在【时间轴】面板中选择“投影”层，将其放置在“角色 .mp4”层下。

步骤 14　创建接受阴影效果的纯色层。在【时间轴】面板空白区域右击，选择【新建】→【纯色】命令，并命名为【桌面】。单击【制作合成大小】按钮，【颜色】为“白色 (#FFFFFF)”。

在【时间轴】面板中，将“桌面”层的 3D 图层打开。运用步骤 11 的方法，将“跟踪为空 1”层的【位置】属性和【方向】属性数值复制并粘贴给“桌面”层的【位置】属性和【方向】属性。两层的【位置】和【方向】属性如图 9-69 所示。

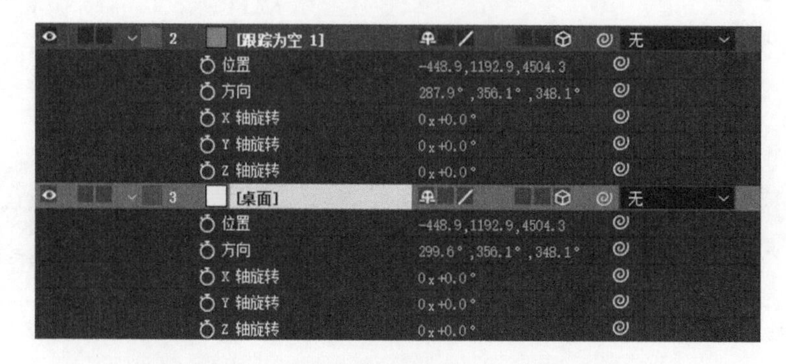

图 9-69　两层的【位置】和【方向】属性

将“投影”层放置在“桌面”层下。

选择“桌面”层，按S键将桌面缩放到合适大小，主要目的是角色的投影能够在其上。

步骤 15　创建产生阴影效果的灯光层。在【时间轴】面板空白区域右击，选择【新建】→【灯光】命令，新建一盏平行光，命名为“投影”，并选中【阴影】属性，如图 9-70 所示。

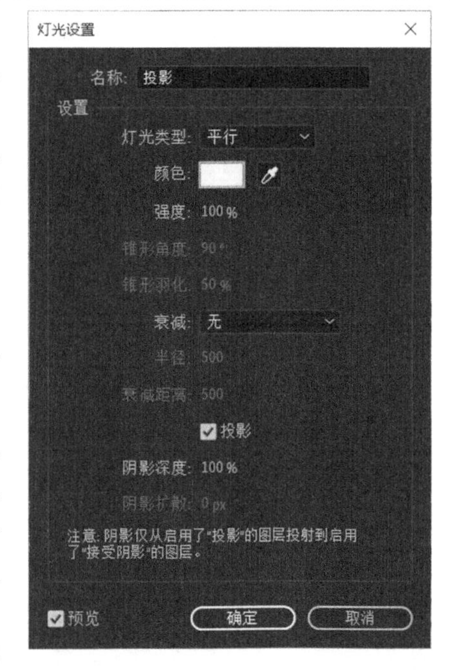

图 9-70　创建“投影”灯光层

将该层放置在最顶层。

选择“投影”层，将其【材质选项】中的【投影】设置为“开”。

将时间指示器移动到 0:00:01:27 处，将【视图布局】切换成“4 个视图”，通过 4 个视图移动“投影”灯光的位置。灯光位置的移动将会影响“合成素材 .mp4”素材文件中阴影的位置和形态。“投影”灯光位置设置如图 9-71 所示。

步骤 16　将时间指示器移动到 0:00:02:14 处，将【视图布局】切换成“1 个视图”。在【时间轴】面板中选择“桌面”纯色层，调节【位置】属性，将【位置】属性设置为“−448.9,1345.9,4504.3”，此时在【合成】面板中发现角色的投影和角色脚部契合。

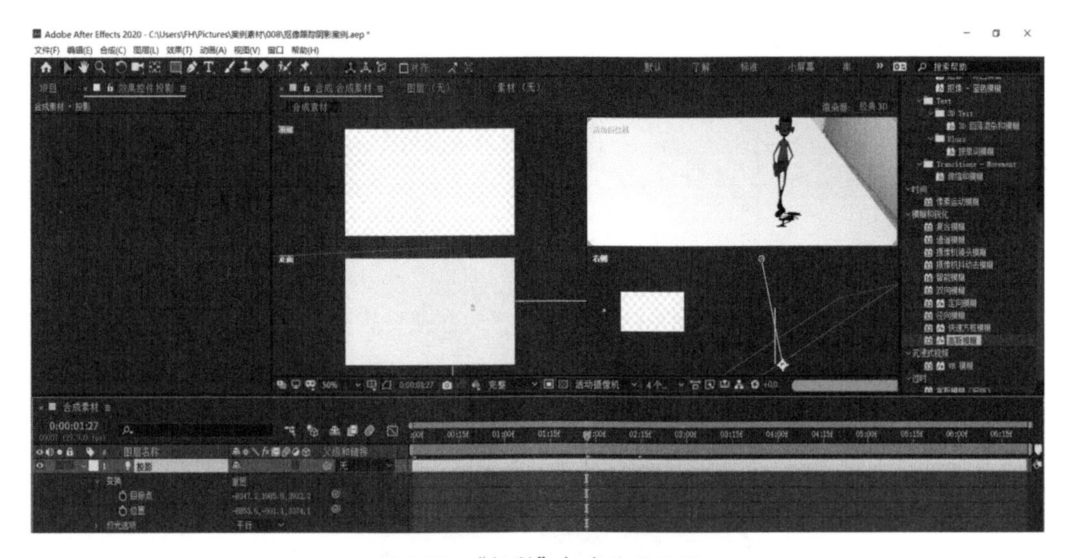

图 9-71　“投影”灯光位置设置

提示：此处【位置】属性可能有少许出入，根据实际情况设定。

打开“桌面”纯色层的【材质选项】，将【接受阴影】设置为“仅”，此时【合成】面板中只保留阴影部分，白色部分不再显示。其效果如图 9-72 所示。

步骤 17　新建灯光层。在【时间轴】面板空白区域右击，选择【新建】→【灯光】命令，新建一盏平行光，命名为“打光”，不选中【阴影】属性，如图 9-73 所示。

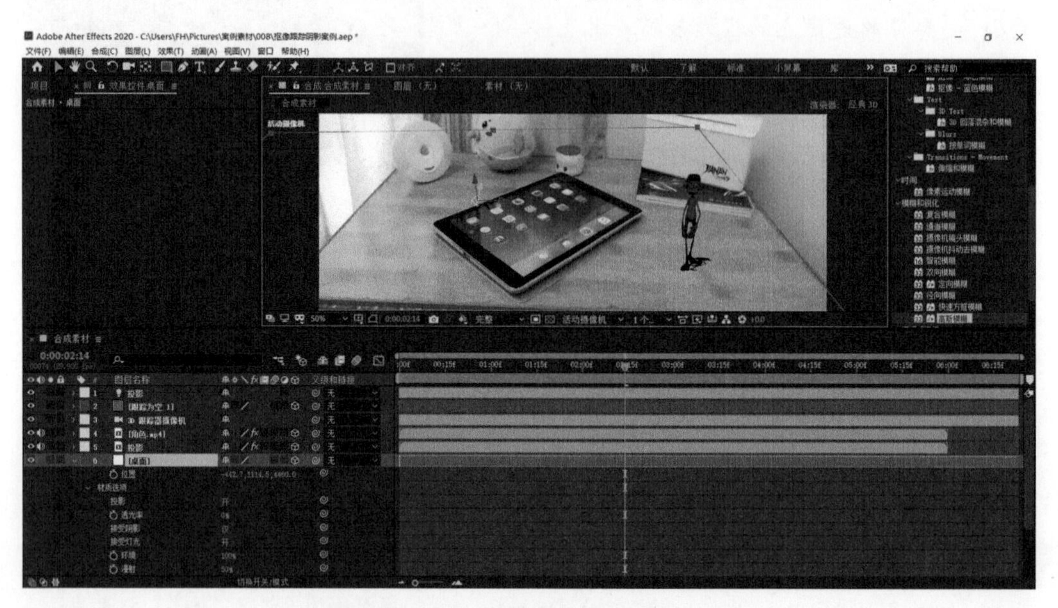

图 9-72　属性设置及其效果

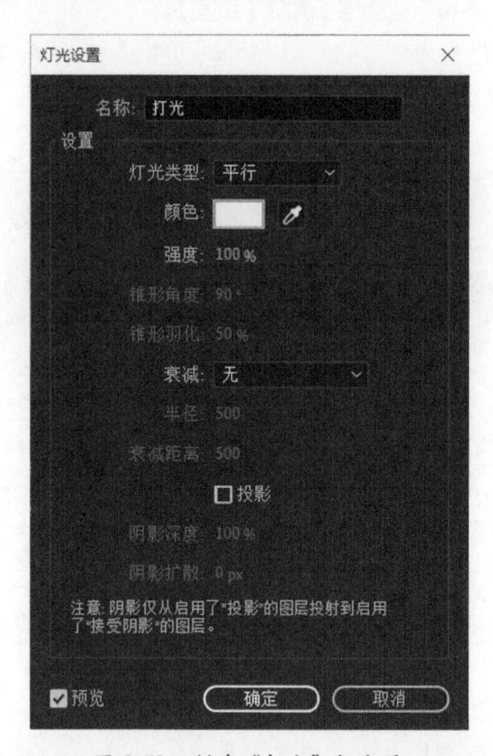

图 9-73　创建“打光”灯光层

将“打光”层放置在“投影”层下。

步骤 18　调节投影颜色及打光亮度。

选择“投影”灯光层，将其【灯光选项】中【阴影深度】设置为 40%。

选择“打光”灯光层，将其【灯光选项】中【强度】设置为70%。

属性设置及画面最终效果如图9-74所示。

图9-74　属性设置及画面最终效果

步骤19　保存文件。按快捷键Ctrl+S，保存当前编辑的文件，在弹出的【另存为】对话框中设置文件名称与保存路径。

步骤20　收集文件。选择【文件】→【整理工程(文件)】→【收集文件】命令，在弹出的【收集文件】对话框中，【收集源文件】设置为对于所有合成；然后单击【收集】按钮，在弹出的【将文件收集到文件夹中】对话框中选择收集文件存放的路径，再单击【保存】按钮，完成文件的收集操作。

第10章　调　　色

【学习目标】

1. 掌握 After Effects 的基本调色方法。
2. 掌握 After Effects 调色插件的使用方法。

【技能要求 / 学习重点】

1. 掌握调色方法及步骤。
2. 掌握风格化调色方法。
3. 掌握 SA Color Finesse3 调色方法及操作步骤。
4. 掌握 Magic Bullet Looks 调色方法及操作步骤。

【核心概念】

颜色校正　色阶　曲线　色相 / 饱和度　SA Color Finesse3　Magic Bullet Looks

运用 After Effects 可以对视频进行调色处理。除了内置的颜色校正滤镜外，After Effects 还具有调色插件，如 SA Color Finesse3、Magic Bullet Looks 等。通过对视频的调色，可以弥补拍摄过程中的光线问题，也可以制作出具有质感的画面效果。本章以案例形式讲解 After Effects 内置颜色校正滤镜和用 SA Color Finesse3、Magic Bullet Looks 插件调色的方法。

10.1　色彩基础及原理

我们生活在五光十色的世界，之所以我们能够看到这五彩缤纷的世界，是因为世界有光。如果是漆黑一片的环境，人是看不到物体的形状和色彩的。

光是一种电磁波。人眼可以感受电磁波波长为 380 ～ 780 的光，而小于或大于这个区间的电磁波，人眼是看不见的。

在客观世界中，人眼可以看到物体及其颜色应该需要具备三个条件：一是具有光源，二是物体本身能够反射光线，三是环境色对物体的影响。

色彩可以分为无彩色、有彩色、金属色和极色。无彩色的颜色指的是黑色、灰色和白色，其基本特征是明度关系；有彩色即除无彩色颜色以外的所有颜色，它有三大特征：明度、色相和纯度，也就是色彩三要素；金属色指的是工业品材料所特有的色彩，其特征是具有金属光感的色彩，如金色、银色等；极色指的是对立的颜色，如黑与白、橙与蓝。

色彩三要素为明度、色相和纯度。明度表示色彩的深浅；色相表示人的视觉能够感知的不同特征的颜色；纯度表示色彩的鲜浊程度，有时也被称为饱和度。

10.2　After Effects 内置调色运用

在影视制作拍摄过程中，由于受到自然环境、拍摄条件、拍摄设备等客观因素的影响，拍摄出的视频画面与真实画面会出现一定偏差，如画面中有偏色、曝光不足或曝光过度等现象。所以在影视后期制作环节中，首先对画面效果进行调色处理，使拍摄的画面还原真实画面，或者制作出不同色调的画面效果。

在调色环节中，对视频画面有三个基本的处理要求：一是画面无偏色；二是画面有正确的颜色纯度和饱和度；三是画面有正确的亮度和对比度。

10.2.1　After Effects 内置颜色校正滤镜简介

After Effects 中提供了颜色校正滤镜，能够基本实现对画面偏色、纯度 / 饱和度、亮度和对比度的处理。After Effects 颜色校正滤镜如图 10-1 所示。

三色调
通道混合器
阴影/高光
CC Color Neutralizer
CC Color Offset
CC Kernel
CC Toner
照片滤镜
Lumetri 颜色
PS 任意映射
灰度系数/基值/增益
色调
色调均化
色阶
色阶（单独控件）
色光
色相/饱和度
广播颜色
亮度和对比度
保留颜色
可选颜色
曝光度
曲线
更改为颜色
更改颜色
自然饱和度
自动色阶
自动对比度
自动颜色
视频限幅器
颜色稳定器
颜色平衡
颜色平衡 (HLS)
颜色链接
黑色和白色

图 10-1　After Effects 颜色校正菜单

【三色调】滤镜：可改变图层的颜色信息，具体方法是将明亮的、黑暗的和中间调像素映射到选择的颜色上。

【通道混合器】滤镜：可通过混合当前的颜色通道来修改颜色通道。常用于创建灰度、棕褐色或其他色调效果。

【阴影 / 高光】滤镜：校正过暗或过亮的局部画面。默认设置适用于修复有逆光问题的画面。【阴影 / 高光】效果前后对比如图 10-2 所示。

CC Color Neutralizer 滤镜：调节图像画面中阴影、中间调和高光。

CC Color Offset 滤镜：通过色彩偏移调整图像中的色彩。

CC Kernel 滤镜：通过 Line1、Line2、Line3 调整画面亮度。

CC Toner 滤镜：通过 Hightlights、Brights、Midtones、Darktones 和 Shadows 进行调色。

【照片滤镜】滤镜：通过冷、暖色调节图像。

【Lumetri 颜色】滤镜：这是一款专业品质的颜色分级和颜色校正工具。该工具用具有创意性的方式调整颜色、对比度和光照。运用【Lumetri 颜色】滤镜中的【创意】→ Look 中 SL BIG LDR 效果前后对比如图 10-3 所示。

【PS 任意映射】滤镜：可将 Photoshop 任意映射文件应用到图层。任意映射可调整图像的亮度水平，将指定的亮度范围重新映射到更暗或更亮的色调。在 Photoshop 的【曲线】面板中，可以为整个图像或单独的通道创建任意映射文件。

【灰度系数 / 基值 / 增益】滤镜：可为每个通道单独调整相应曲线。

图 10-2 【阴影 / 高光】效果前后对比

图 10-3 用 Look 中 SL BIG LDR 效果前后对比

【色调】滤镜：可对图层着色。

【色调均化】滤镜：可改变图像的像素值，以产生更一致的亮度或颜色分量分布。

【色阶】滤镜：调整图像中的阴影、中间调和高光。【色阶】滤镜效果前后对比如图 10-4 所示。

【色阶（单独控件）】滤镜：效果及作用与色阶效果一样。

【色光】滤镜：这是一种功能强大的通用效果，可用于在图像中转换颜色和为其设置动画。使用色光效果，可以为图像巧妙地着色，也可以彻底更改其调色板。

【色相 / 饱和度】滤镜：可调整图像中色相、饱和度和亮度。【色相 / 饱和度】滤镜效果前后对比，如图 10-5 所示。

图 10-4 【色阶】滤镜效果前后对比

图 10-5 【色相 / 饱和度】滤镜效果前后对比

【广播颜色】滤镜：可改变像素颜色值，以保留用于广播电视范围中的信号振幅。

【亮度和对比度】滤镜：调整整个图像的亮度和对比度。【亮度和对比度】滤镜效果前后对比如图 10-6 所示。

【保留颜色】滤镜：除指定需要保留的颜色外，画面中的其余颜色的饱和度将会降低。【保留颜色】滤镜效果前后对比如图 10-7 所示。

图 10-6 【亮度和对比度】滤镜效果前后对比

图 10-7 【保留颜色】滤镜效果前后对比

【可选颜色】滤镜：可选颜色校正是扫描仪和分色程序使用的一种技术，可以有选择地修改任何主要颜色中的印刷色数量，而不会影响其他主要颜色。

【曝光度】滤镜：调整图像的曝光，使之恢复正常。

【曲线】滤镜：调整图像的色调、明暗度。【曲线】滤镜效果前后对比如图 10-8 所示。

【更改为颜色】滤镜：在图像中，选择的颜色更改为使用色相、亮度和饱和度值的其他颜色，同时使其他颜色不受影响。【更改为颜色】滤镜效果前后对比如图 10-9 所示。

图 10-8 【曲线】滤镜效果前后对比

图 10-9 【更改为颜色】滤镜效果前后对比

【更改颜色】滤镜：将选定颜色更改为指定颜色。【更改为颜色】滤镜效果前后对比如图 10-10 所示。

图 10-10 【更改颜色】滤镜效果前后对比

【自然饱和度】滤镜：可调整饱和度，以便在颜色接近最大饱和度时最大限度地减少修剪。与原始图像中已经饱和的颜色相比，原始图像中未饱和的颜色受“自然饱和度”调整的影响更大。

【自动色阶】滤镜：可将图像各颜色通道中最亮和最暗的值映射为白色和黑色，然后重新分配中间的值。结果是高光看起来更亮，阴影看起来更暗。

【自动对比度】滤镜：自动对比度效果可调整整体对比度和颜色混合效果。每种效果都可将图像中最亮和最暗的像素映射为白色和黑色，然后重新分配中间的像素。结果是高光看起来更亮，阴影看起来更暗。

【自动颜色】滤镜：在分析图像的阴影、中间调和高光后，自动颜色效果可调整图像的对比度和颜色。

【视频限幅器】滤镜：通过剪辑层级及剪切前压缩控制图像色域。

【颜色稳定器】滤镜：可用于移除素材中的闪烁，以及均衡素材的曝光和因改变照明情况引起的色移。

【颜色平衡】滤镜：用于校正偏色，可调整图像中的阴影、中间调和高光。

【颜色平衡（HLS）】滤镜：可改变图像中的色相、亮度和饱和度。

【颜色链接】滤镜：可使用一个图层的平均像素值为另一个图层着色。此滤镜效果可用于快速找到与背景图层颜色相匹配的颜色。

【黑色和白色】滤镜：将彩色图像转换为灰度，以便控制如何转换单独的颜色。

10.2.2 After Effects 基本调色命令

调色前后对比效果如图 10-11 所示。

图 10-11 调色前后对比效果

制作步骤如下。

步骤 1 导入素材。在【项目】面板的空白处双击，在弹出【导入文件】对话框中选择“素材 01.png”文件，然后单击【导入】按钮来导入素材文件，如图 10-12 所示。

图 10-12 导入素材文件

步骤 2 新建合成。在【项目】面板中，选择刚导入的“素材 01.png”素材文件，按住鼠标左键不放，将此素材拖曳到【项目】面板中的“新建合成”按钮上，如图 10-13 所示。

步骤 3 用【色阶】命令调色。选择“素材 01.png”层，选择【效果】→【颜色校正】→【色阶】命令，然后在【效果控件】面板中，【通道】设置为 RGB，【输入白色】设置为 220.0。【色阶】参数设置如图 10-14 所示。

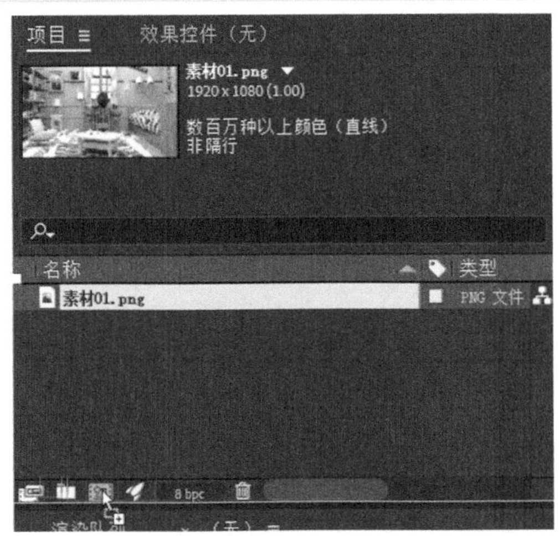

图 10-13 新建合成

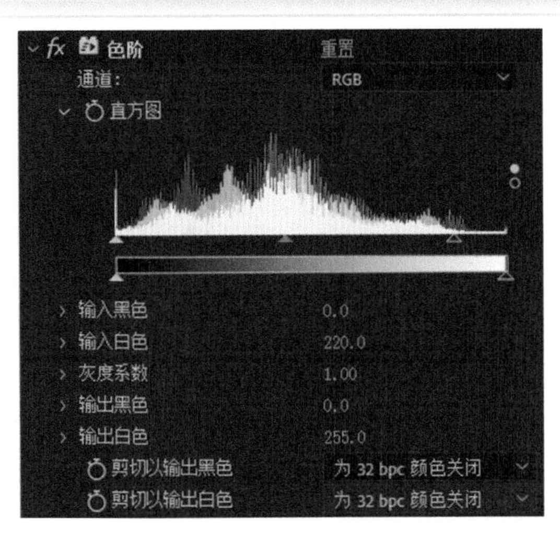

图 10-14 【色阶】参数设置

步骤 4 用【曲线】命令调色。选择“素材01.png”层，选择【效果】→【颜色校正】→【曲线】命令，然后在【效果控件】面板中，【通道】设置为RGB，调整 RGB 曲线。【曲线】参数设置如图 10-15 所示。

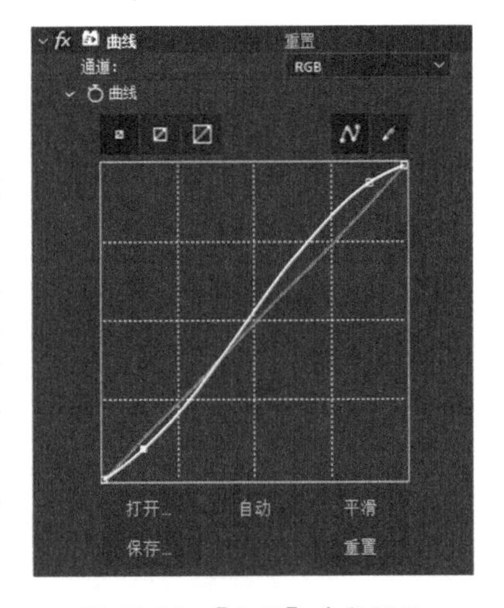

图 10-15 【曲线】参数设置

步骤 5 用【曲线】命令调色。选择“素材01.png”层，选择【效果】→【颜色校正】→【曲线】命令，然后在【效果控件】面板中，【通道】分别设置为 RGB、“红色”及“蓝色”，分别调整 RGB 曲线、红色曲线和蓝色曲线。【曲线】参数设置如图 10-16 所示。

步骤 6 用【色相 / 饱和度】命令调色。选择“素材 01.png”层，选择【效果】→【颜色校正】→【色相 / 饱和度】命令，然后在【效果控件】面板中，设置【主饱和度】为 21。【色相 / 饱和度】参数设置如图 10-17 所示。

至此，完成调色制作。

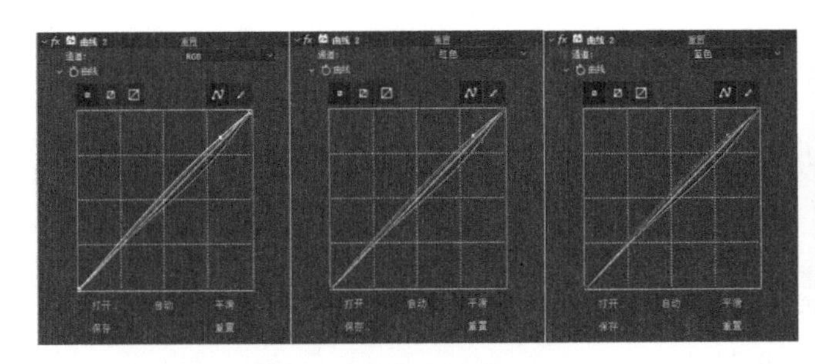

图 10-16 【曲线】参数设置

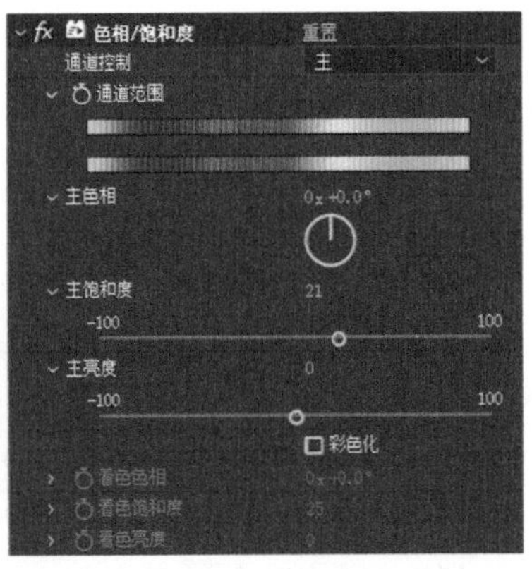

图 10-17 【色相 / 饱和度】参数设置

10.2.3 微电影风格调色

图片调色前后对比效果如图 10-18 所示。

图 10-18 图片调色前后对比效果

制作步骤如下。

步骤 1 导入素材。在【项目】面板的空白处双击，在弹出【导入文件】对话框中选择“素材 02.png”文件，然后单击【导入】按钮，导入素材文件，如图 10-19 所示。

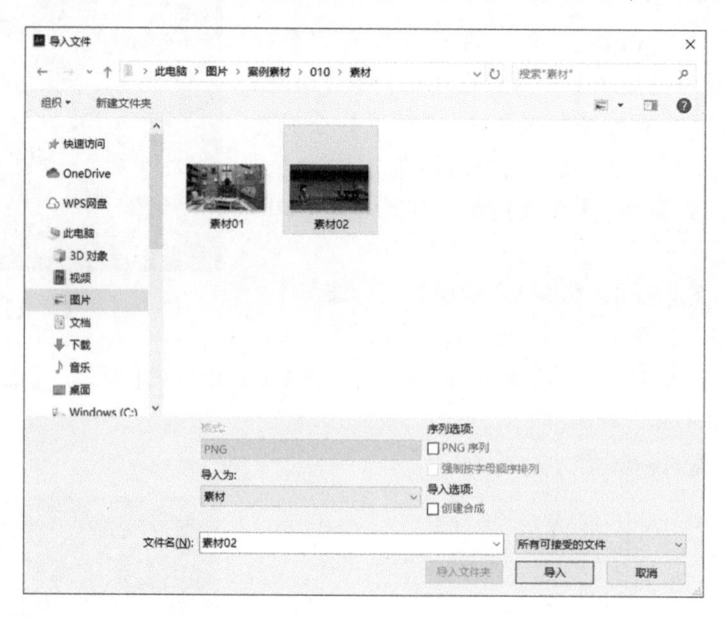

图 10-19 导入素材文件

步骤 2 新建合成。在【项目】面板中，选择刚导入的“素材 02.png”素材文件，按住鼠标左键不放，将此素材拖曳到【项目】面板中的“新建合成”按钮上，如图 10-20 所示。

步骤 3 用【色阶】命令调色。选择“素材 02.png”层，选择【效果】→【颜色校正】→【色阶】命令，然后在【效果控件】面板中，【通道】设置为 RGB，【输入白色】设置为 160.0。【色阶】参数设置如图 10-21 所示。

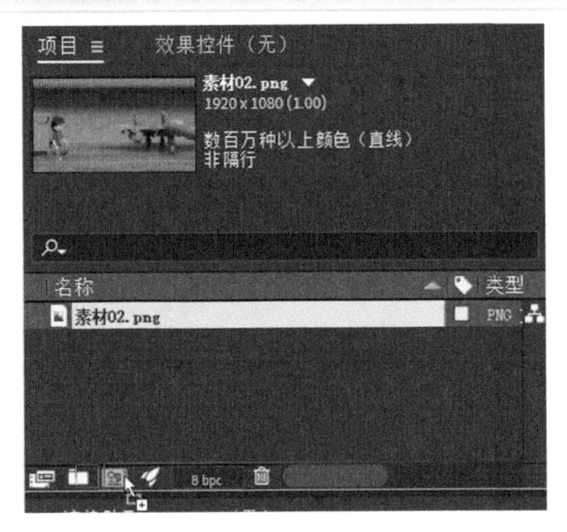

图 10-20　新建合成

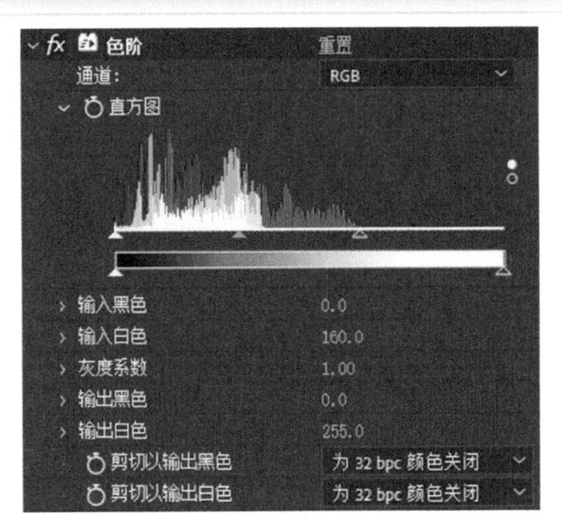

图 10-21　【色阶】参数设置

步骤 4　用【阴影 / 高光】命令调色。选择“素材 02.png”层，选择【效果】→【颜色校正】→【阴影 / 高光】命令，然后在【效果控件】面板中，取消选中【自动数量】，【阴影数量】设为 7，【高光数量】设为 5。【阴影 / 高光】参数设置如图 10-22 所示。

步骤 5　用【颜色平衡 (HLS)】命令调色。选择“素材 02.png”层，选择【效果】→【颜色校正】→【颜色平衡 (HLS)】命令，然后在【效果控件】面板中，设置【饱和度】为 −25.0。【颜色平衡 (HLS)】参数设置如图 10-23 所示。

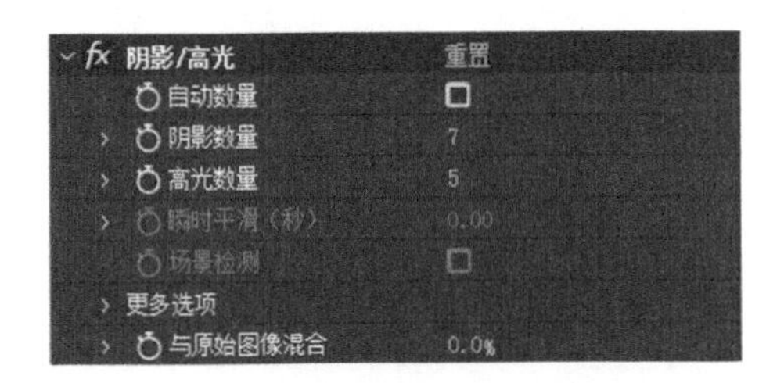

图 10-22　【阴影 / 高光】参数设置

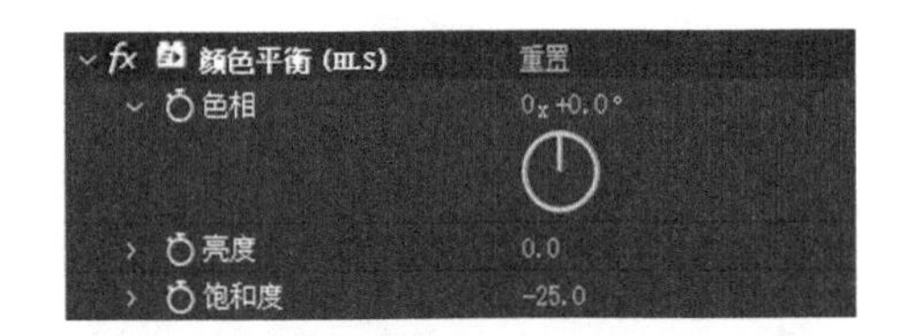

图 10-23　【颜色平衡 (HLS)】参数设置

步骤 6　用【曲线】命令调色。选择“素材 02.png”层，选择【效果】→【颜色校正】→【曲线】命令，然后在【效果控件】面板中，【通道】分别设置为“红色”和“绿色”，再分别调红色曲线和绿色曲线。【曲线】参数设置如图 10-24 所示。

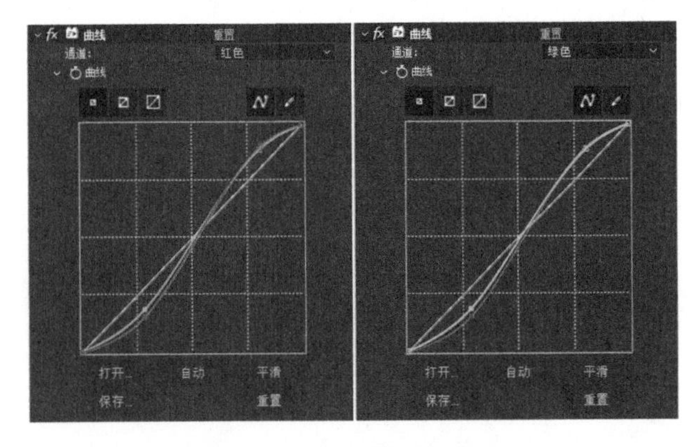

图 10-24　【曲线】参数设置

至此,完成案例制作。

10.3 After Effects 调色插件

10.3.1 SA Color Finesse3 简介

SA Color Finesse3 是针对影片颜色进行精密校正的插件。选择图层,选择【效果】→ Synthetic Aperture → SA Color Finesse3 命令,为所选图层添加该滤镜。SA Color Finesse3 参数设置面板如图 10-25 所示。

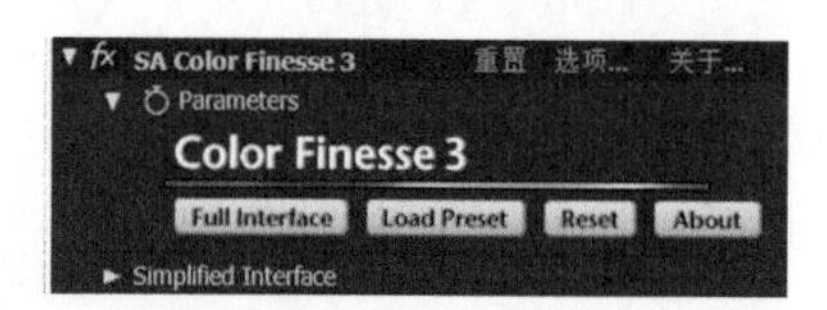

图 10-25 SA Color Finesse3 参数设置面板

该参数设置面板分为 Parameters 和 Simplified Interface 两部分。在对视频进行调色时,一般单击 Full Interface 按钮,进入专业全界面进行调色。Full Interface 界面如图 10-26 所示。

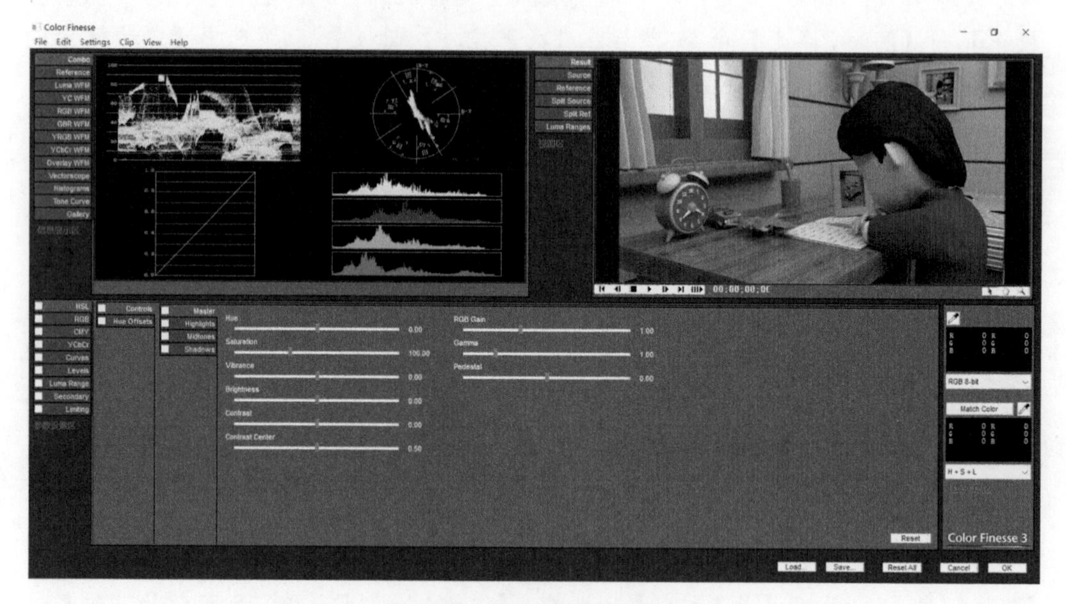

图 10-26 Full Interface 界面

信息显示区:查看不同模式下视频颜色分布区域。

参数设置区:在该区域内对各项参数进行调节。

视图区:显示画面。

色彩信息区:在该区域获取颜色信息。

10.3.2 SA Color Finesse3 调色案例制作

调色前后对比效果如图 10-27 所示。

制作步骤如下。

步骤 1 导入素材。在【项目】面板的空白处双击,在弹出【导入文件】对话框中选择“素材 03.png”文件,然后单击【导入】按钮,导入素材文件,如图 10-28 所示。

图 10-27　调色前后对比效果

步骤 2　新建合成。在【项目】面板中，选择刚导入的“素材 03.png”素材文件，按住鼠标左键不放，将此素材拖曳到【项目】面板中的“新建合成”按钮上，如图 10-29 所示。

图 10-28　导入素材文件

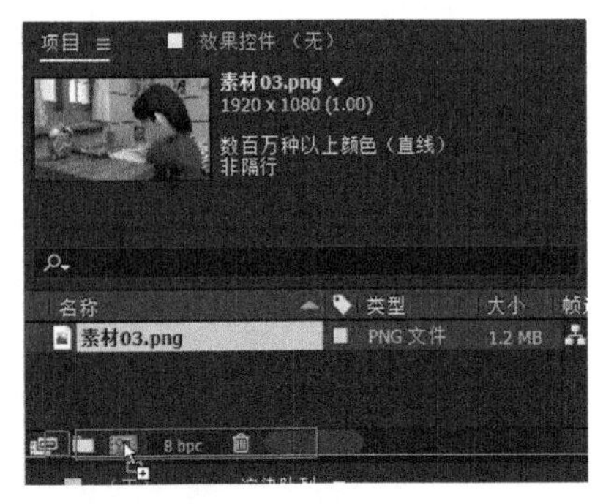

图 10-29　新建合成

步骤 3　选择“素材 03.png”层，选择【效果】→ Synthetic Aperture → SA Color Finesse3 命令，然后在【效果控件】面板中单击 Full Interface 按钮，进入专业全界面进行调色。

步骤 4　RGB 设置。在信息显示区单击 RGB WFM，查看 RGB 颜色分布。在参数设置区选中 RGB → Master，设置 Red Pedestal 为 0.02、Red Gain 为 1.07、Green Pedestal 为 0.01、Green Gain 为 1.07、Blue Pedestal 为 0.01、Blue Gain 为 1.04。RGB 设置如图 10-30 所示。

步骤 5　Levels 设置。在参数设置区选中 Levels → Master，调节 Input，将 Input 的第三个三角向左移。Levels 设置如图 10-31 所示。

步骤 6　HSL 设置。在参数设置区选中 HSL → Hue Offsets，设置 Mater 中 Hue 为 136.69、Strength 为 0.19。设置 Shadows 中 Hue 为 235.88、Strength 为 0.17。设置 Midtones 中 Hue 为 160.53、Strength 为 0.12。设置 Highlight 中 Hue 为 146.03、Strength 为 0.18。HSL 设置如图 10-32 所示。

图 10-30　RGB 设置

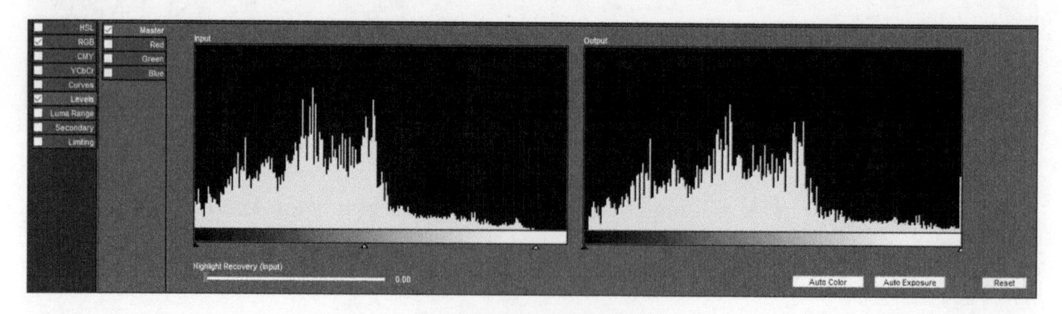

图 10-31　Levels 设置

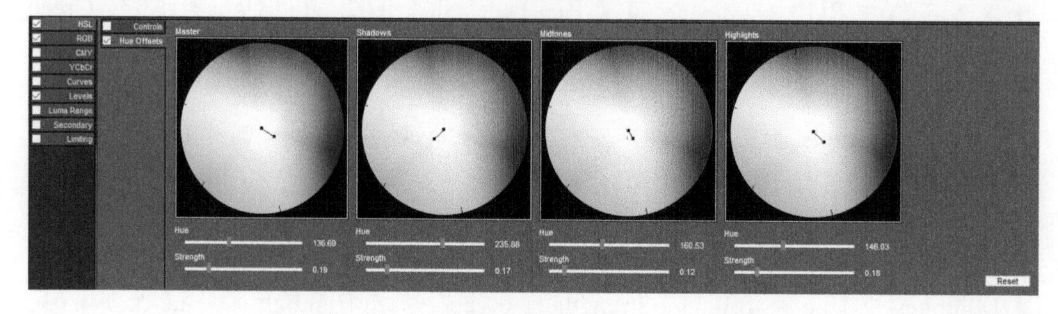

图 10-32　HSL 设置

步骤 7　Curves 设置。在参数设置区选中 Curves → RGB，设置 Mater 和 Green 的曲线。Curves 设置如图 10-33 所示。

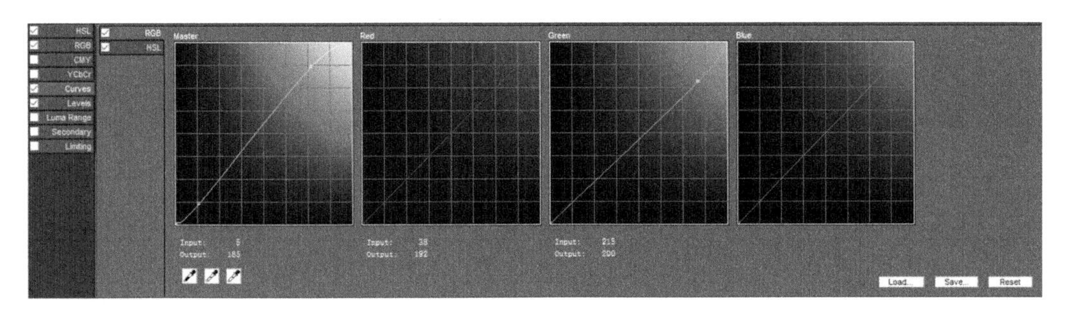

图 10-33　Curves 设置

步骤 8　单击 OK 按钮，完成调色。

10.3.3　Magic Bullet Looks 简介

Magic Bullet Looks 是 Red Giant Magic Bullet Suite 中一款调色插件。选择图层，选择【效果】→ RG Magic Bullet → Looks 命令，为所选图层添加该滤镜。Looks 参数设置面板如图 10-34 所示。

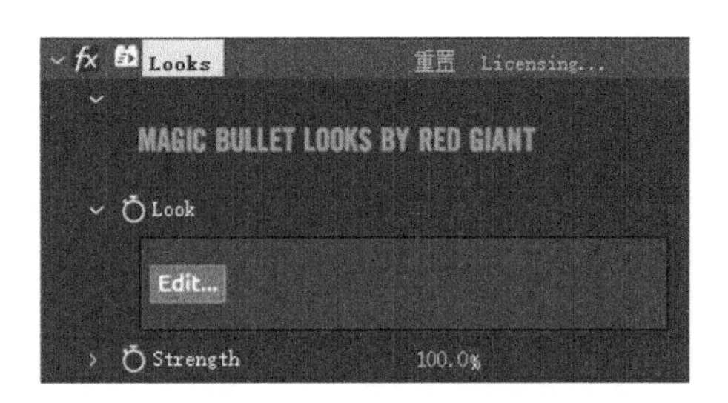

图 10-34　Looks 参数设置面板

该参数设置面板分为 Look 和 Strength 两部分。在对视频进行调色时，单击 Edit 按钮，进入调色界面。Edit 界面如图 10-35 所示。

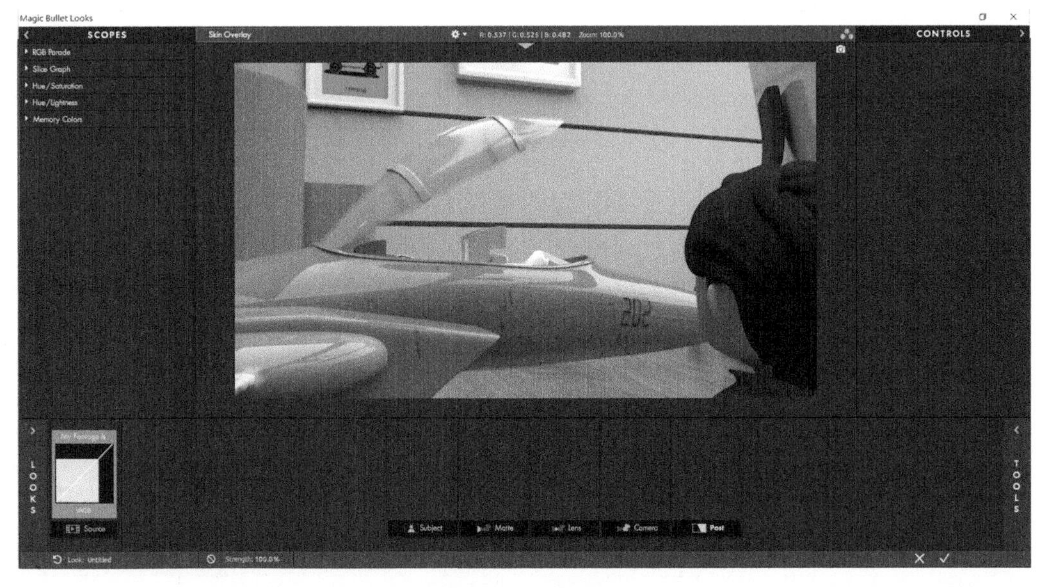

图 10-35　Edit 界面

SCOPES 面板：查看不同模式下视频颜色分布区域。

LOOKS 面板：预设。

TOOLS 面板：调色工具节点。

视图面板：显示画面。

CONTROLS 面板：调整工具节点参数。

10.3.4 RG Magic Bullet Looks 调色案例制作

调色前后对比效果如图 10-36 所示。

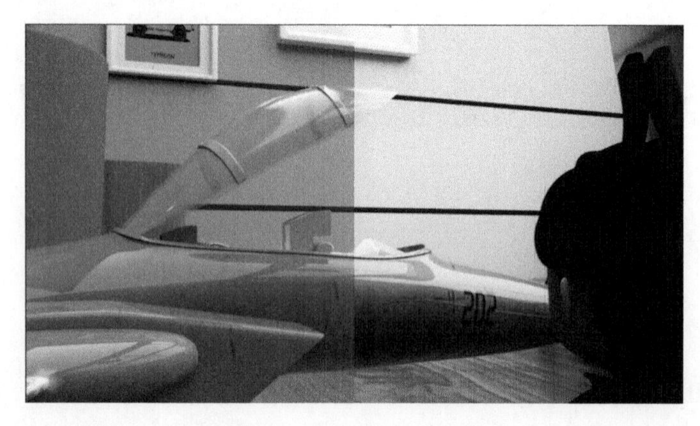

图 10-36 调色前后对比效果

制作步骤如下。

步骤 1 导入素材。在【项目】面板的空白处双击，在弹出【导入文件】对话框中选择“素材 04.png”文件，然后单击【导入】按钮，导入素材文件，如图 10-37 所示。

步骤 2 新建合成。在【项目】面板中，选择刚导入的“素材 04.png”素材文件，按住鼠标左键不放，将此素材拖曳到【项目】面板中的“新建合成”按钮上，如图 10-38 所示。

图 10-37 导入素材文件

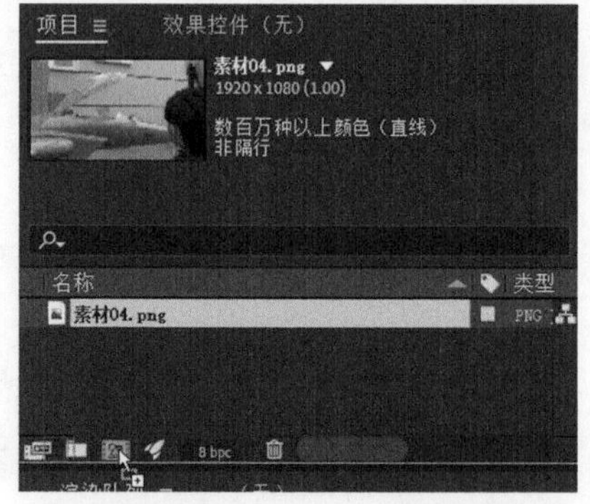

图 10-38 新建合成

步骤 3 选择“素材 04.png”层，选择【效果】→ RG Magic Bullet → Looks 命令，然后在【效果控件】面板中单击 Edit 按钮，进入调色界面。

步骤 4　预设应用。单击 LOOKS 按钮,在弹出的 LOOKS 预设中,选择 Indie 中的 Group House 预设。预设应用效果如图 10-39 所示。

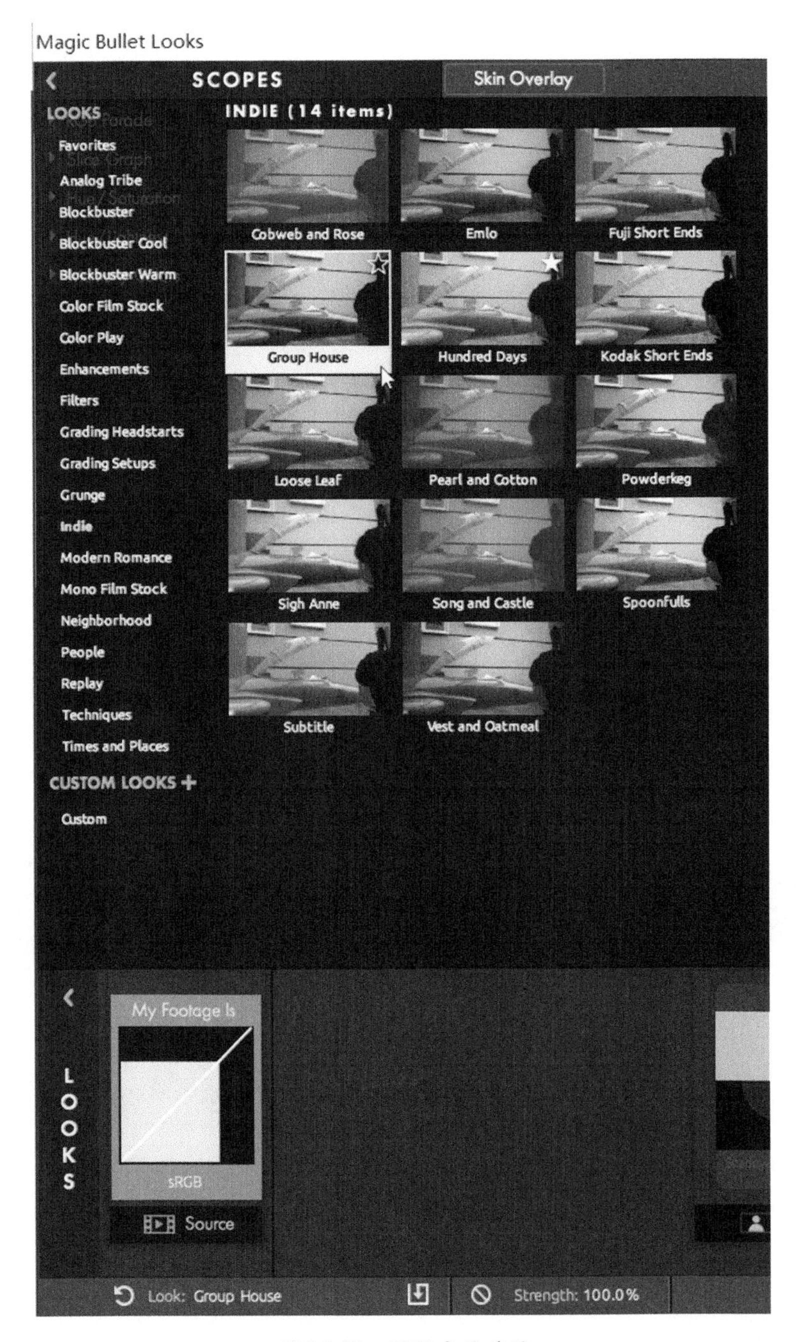

图 10-39　预设应用效果

步骤 5　Exposure 设置。在 TOOLS 面板中选择 Exposure 节点。在 CONTROLS 面板中设置 Exposure 中的 Stops 为 +1.60。Exposure 设置如图 10-40 所示。

步骤 6　Colorista 设置。在 TOOLS 面板中选择 Colorista 节点。在 CONTROLS 面板中设置 Colorista 中的曲线,并设置 RGB 曲线。Colorista 设置如图 10-41 所示。

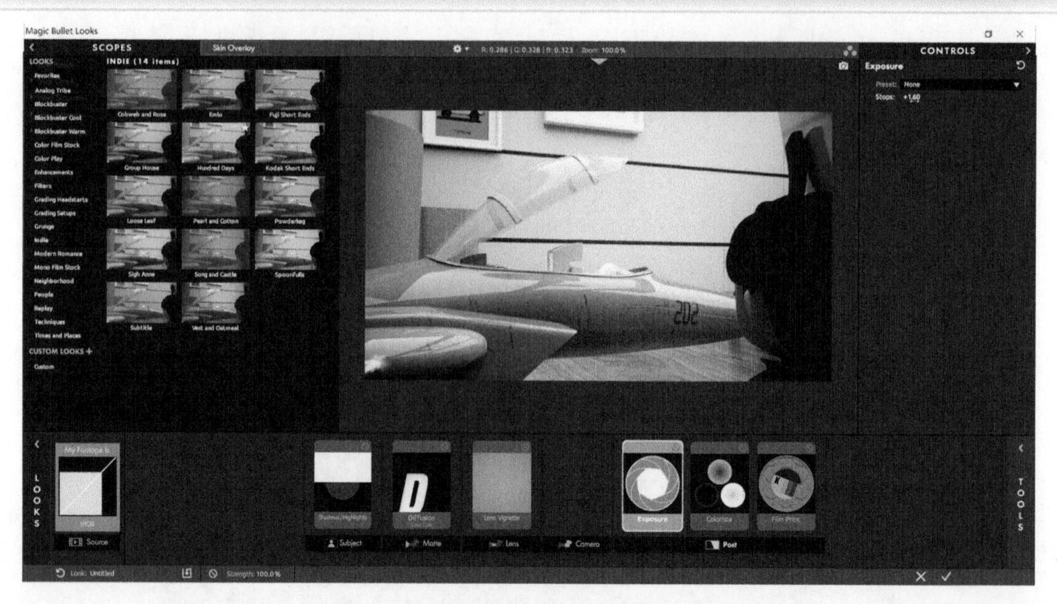

图 10-40　Exposure 设置

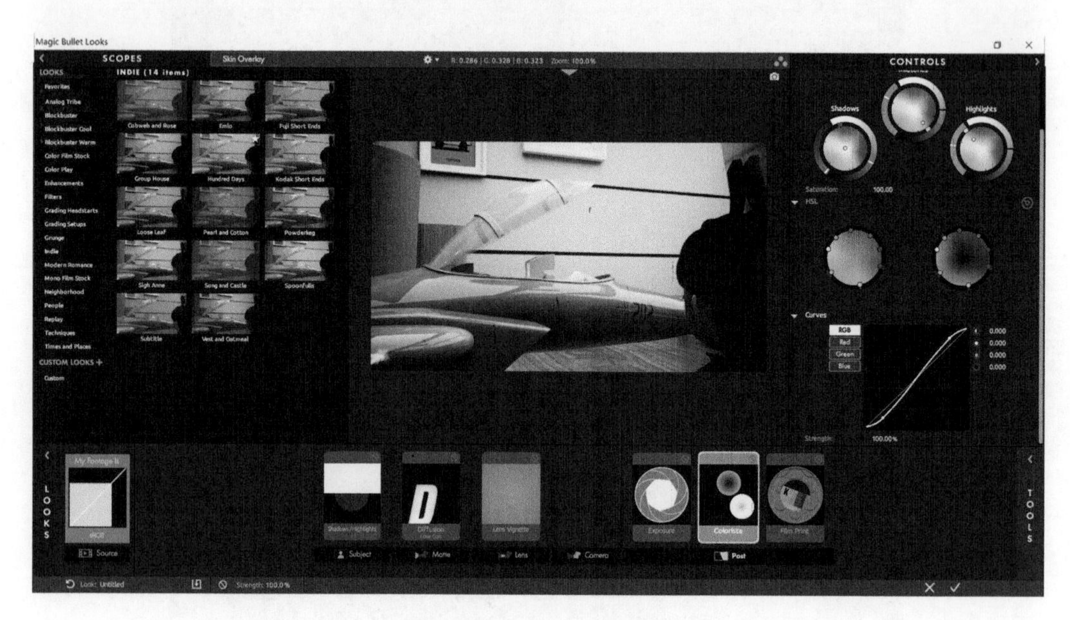

图 10-41　Colorista 设置

步骤 7　单击 OK 按钮,完成调色。

第11章　After Effects特效插件

【学习目标】

掌握 After Effects 插件使用。

【技能要求 / 学习重点】

1．掌握 After Effects 粒子插件的使用。

2．掌握 After Effects 光线插件的使用。

3．掌握 After Effects 三维插件的使用。

【核心概念】

粒子插件　光线插件　三维插件

After Effects 除自身特效滤镜外，还拥有众多插件，如 Red Gaint、BCC、Stardust 等，可以为视频制作者带来更加优秀的特效效果。故在本章中选取使用频率高的 5 款插件——Particular 插件、Form 插件、Stardust 插件、Saber 插件和 Element 3D 插件，通过案例的形式讲解这 5 款插件的基本功能及使用方法。

11.1　案例：Particular 粒子插件

本案例完成效果如图 11-1 所示。

图 11-1　案例完成效果

制作步骤如下。

步骤 1　导入序列帧素材。在【项目】面板的空白处双击，在弹出【导入文件】对话框中选择 layer2_beauty_persp.00000.exr 文件，【序列选项】中选中【OpenEXR 序列】，然后单击【导入】按钮，导入素材文件，如图 11-2 所示。

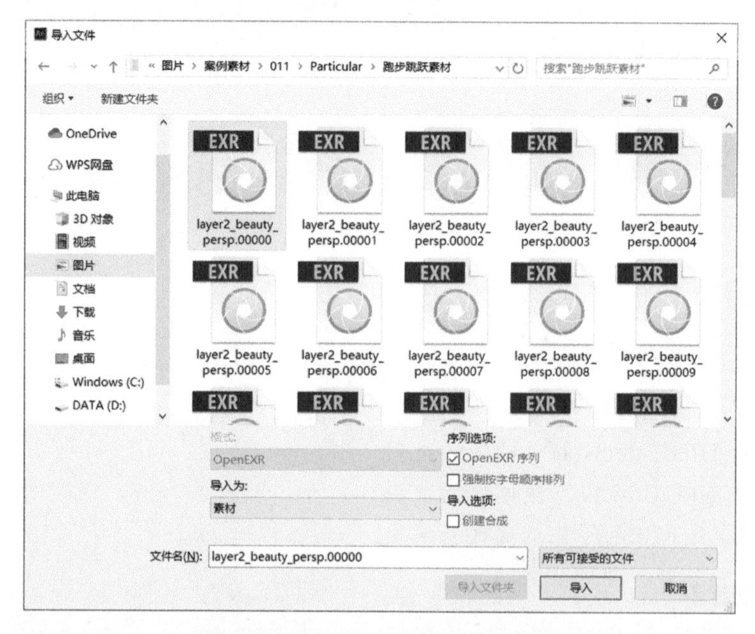

图 11-2　导入图片序列帧素材文件

运用相同的方法，导入 city.jpg 素材。

步骤 2　新建合成。在【项目】面板中，选择刚导入的 layer2_beauty_persp.[00000-00045].exr 素材文件，按住鼠标左键不放，将此素材拖曳到【项目】面板中的“新建合成”按钮上，如图 11-3 所示。

步骤 3　重命名合成。在【项目】面板中，选择刚才所新建的合成，按 Enter 键，将 layer2_beauty_persp 合成重命名为“粒子效果”。

步骤 4　在“粒子效果”合成中，选择 layer2_beauty_persp.[00000－00045].exr 层，按 Enter 键，重命名为“角色”。选择【效果】→【颜色校正】→【色阶】命令，然后【效果控件】面板中将【输入白色】设置为 160.0。【色阶】参数设置如图 11-4 所示。

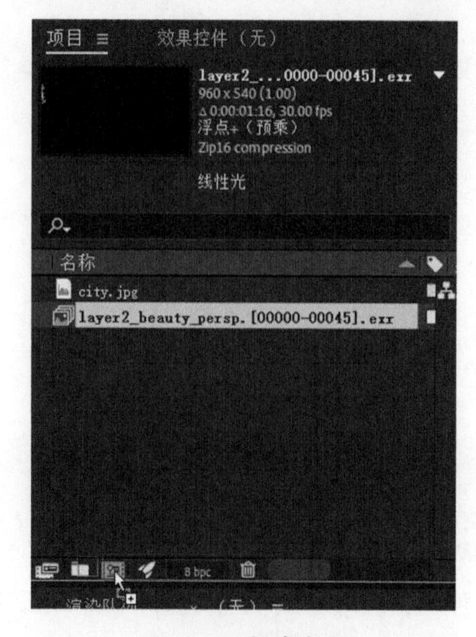

图 11-3　新建合成

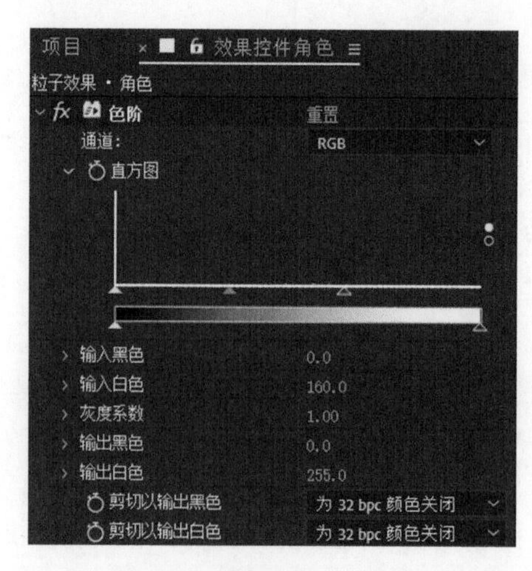

图 11-4　【色阶】参数设置

步骤 5 选择“角色”层,按快捷键 Ctrl+D 复制此层。复制完成后,选择层 2,按 Enter 键将该层重命名为“重影”。复制后图层关系如图 11-5 所示。

图 11-5 复制后图层关系

步骤 6 选择“重影”层,选择【效果】→【时间】→【残影】命令,设置【残影时间 (秒)】为 -0.001、【残影数量】为 6、【起始强度】为 0.55、【衰减】为 0.89、【残影运算符】为【从前至后组合】。【残影】参数设置如图 11-6 所示。

步骤 7 选择“重影”层,选择【效果】→【模糊和锐化】→ CC Radial Fast Blur 命令,设置 Center 为“1582.0,474.0”、Amount 为 85.0。CC Radial Fast Blur 参数设置如图 11-7 所示。

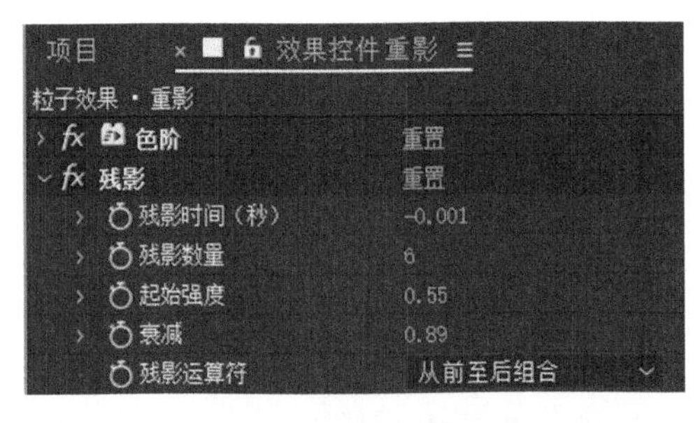

图 11-6 【残影】参数设置

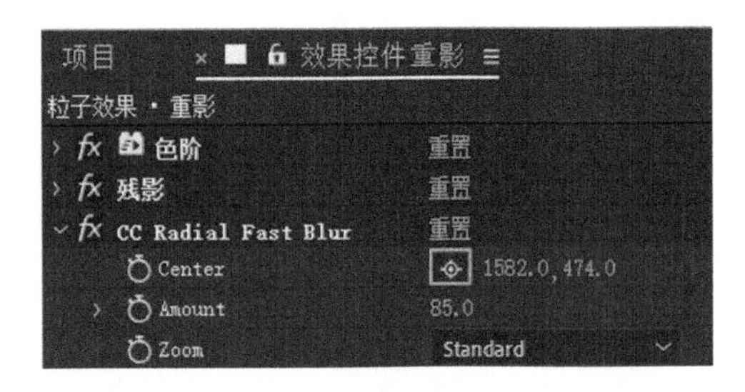

图 11-7 CC Radial Fast Blur 参数设置

将时间指示器移动到 0:00:00:25 处,此时【合成】面板中效果如图 11-8 所示。

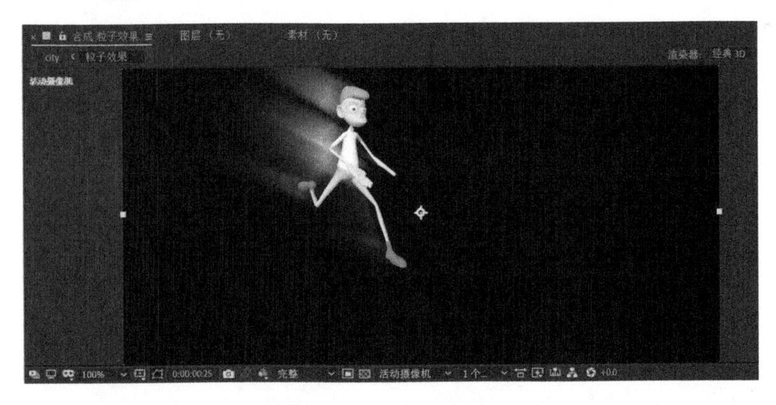

图 11-8 【合成】面板中效果

步骤 8 新建灯光。选择【图层】→【新建】→【灯光】命令,在弹出的【灯光设置】面板中,设置【名称】为 Emitter、【灯光类型】为“点”、【颜色】为“白色 (#FFFFFF)”、【强度】为 100%,然后单击【确定】按钮,创建 Emitter 灯光层。Emitter 灯光层设置如图 11-9 所示。

之后会弹出【警告】对话框,直接单击【确定】按钮。

步骤 9 设置灯光位置关键帧。选择 Emitter 灯光层,按 P 键将 Emitter 灯光层【位置】属性调出。将时间指示器移动到 0:00:00:00 处,在【合成】面板中移动

Emitter灯光，使它对应到角色头部位置处。然后单击【位置】属性前的按钮，在0:00:00:00处设置第一个关键帧。0:00:00:00处Emitter灯光位置如图11-10所示。

将时间指示器移动到0:00:00:05处，在【合成】面板中移动Emitter灯光，使它对应到角色头部位置处，生成第二个关键帧。0:00:00:05处的Emitter灯光位置如图11-11所示。

图11-10　在0:00:00:00处的Emitter灯光位置

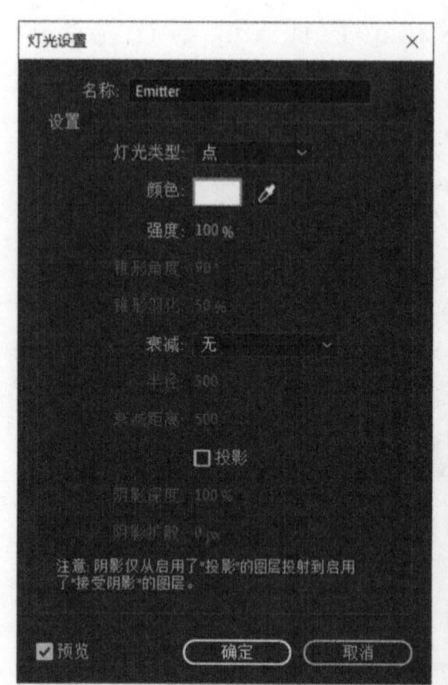

图11-9　Emitter灯光层设置

图11-11　在0:00:00:05处Emitter灯光位置

使用相同的方法，然后依据角色跑步跳跃的高低起伏，移动时间指示器，在后续的时间段中移动Emitter灯光，使它对应角色头部，生成多个关键帧。

选择所有【位置】关键帧，选择【窗口】→【平滑器】命令，以默认参数单击【平滑器】面板中【应用】按钮。

Emitter灯光的【位置】关键帧如图11-12所示。

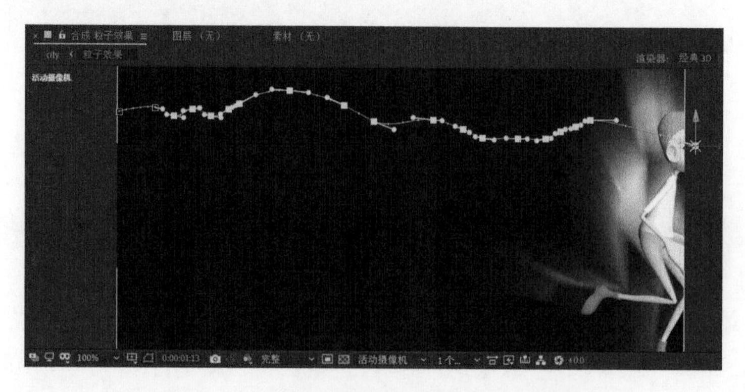

图11-12　Emitter灯光的【位置】关键帧

步骤 10 新建纯色层。选择【图层】→【新建】→【纯色】命令，在弹出的【纯色设置】面板中设置【名称】为 particular，单击【制作合成大小】按钮，【颜色】为“黑色 (#000000)”，然后单击【确定】按钮，创建 particular 纯色层。particular 纯色层设置如图 11-13 所示。

步骤 11 制作光线效果。选择 particular 纯色层，选择【效果】→ RG Trapcode → Particular 命令。设置 Emitter(Master) 中的 Particles/sec 为 1460、Emitter Type 为 Light(s)、Velocity 为 0.0、Velocity from Motion[%] 为 5.0、Emitter Size XYZ 为 18。Emitter(Master) 属性设置如图 11-14 所示。

图 11-13 particular 纯色层设置

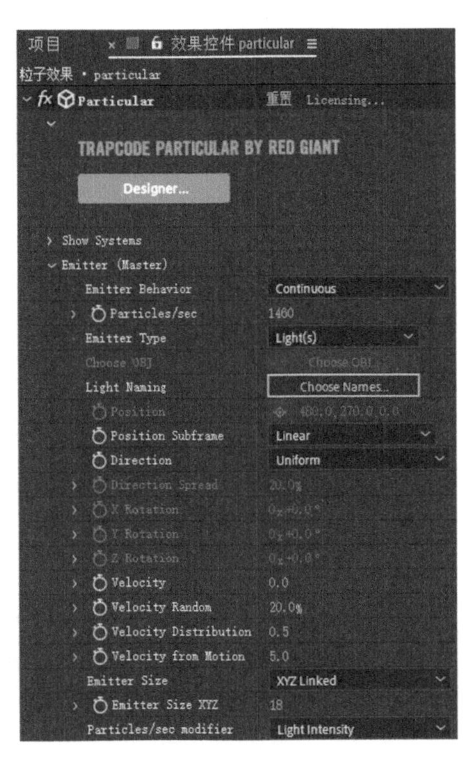

图 11-14 Emitter(Master) 属性设置

设置 Particle(Master) 中的 Life[sec] 为 0.5、Particle Type 为 Streaklet、Size 为 36.0，Size over Life 为 PRESETS 中的 、Opacity 为 4.0、Opacity over Life 为 PRESETS 中的 、Set Color 为 At Start、Color 为“蓝紫色 (#3D5BBF)”、Blend Mode 为 Add。Particle(Master) 属性设置如图 11-15 所示。

将时间指示器 移动到 0:00:00:25 处，此时【合成】面板中光线效果如图 11-16 所示。

步骤 12 制作第二个光效。选择 Emitter 灯光层，按快捷键 Ctrl+D 复制此灯光层，生成 Emitter 2 灯光层。将时间指示器 移动到 0:00:00:00 处，按 P 键调出【位置】属性。选择【位置】属性，然后在【合成】面板中将 Emitter 2 灯光移动到角色面部。移动时间指示器 ，根据角色面部在画面中的位置，修改 Emitter 2 灯光的位置。Emitter 2 灯光的【位置】关键帧如图 11-17 所示。

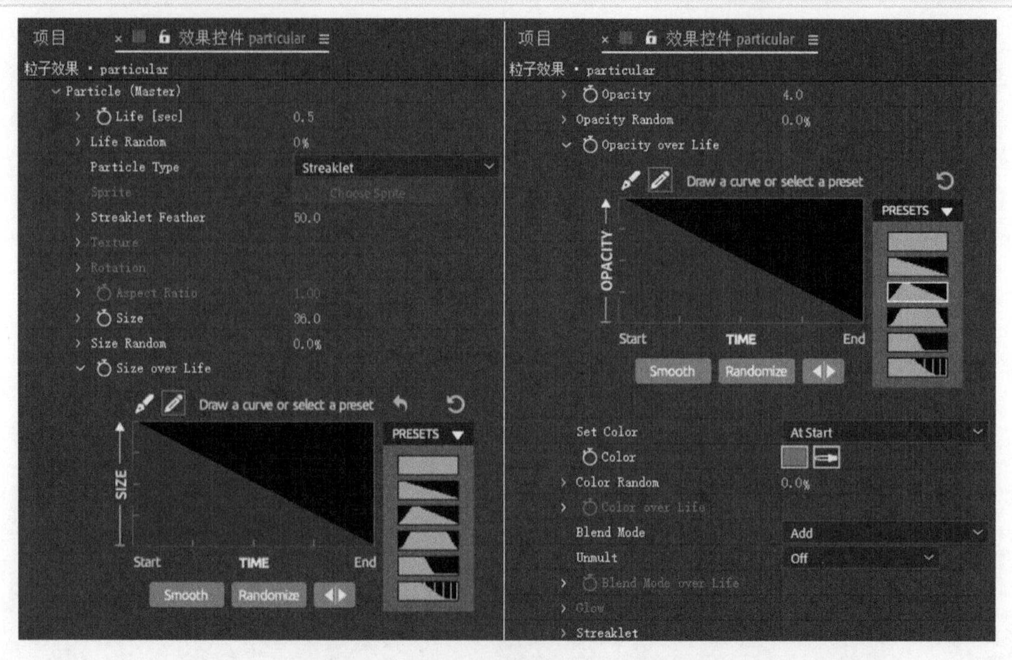

图 11-15　Particle(Master) 属性设置

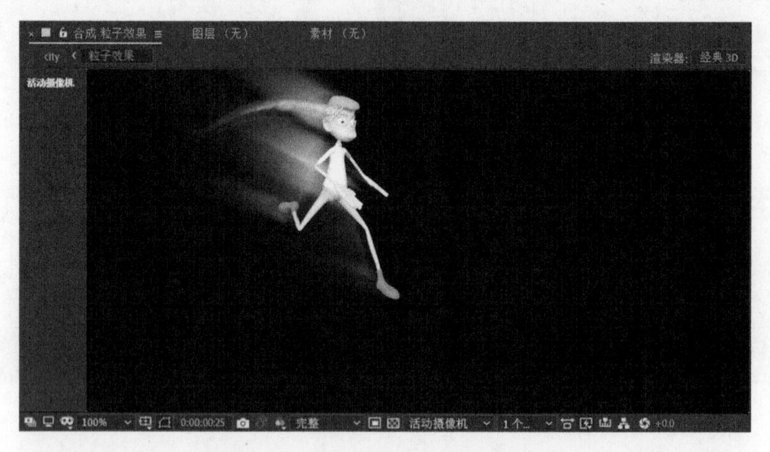

图 11-16　【合成】面板中光线效果

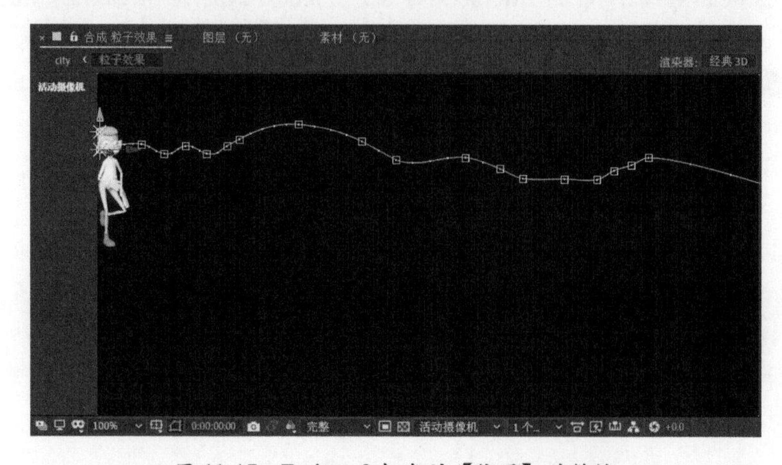

图 11-17　Emitter 2 灯光的【位置】关键帧

步骤 13　制作第三个光效。运用步骤 12 的方法，复制出 Emitter3 灯光层，将 Emitter3 移动到角色腹部。移动时间指示器，根据角色腹部在画面中的位置，修改 Emitter 3 灯光的位置。Emitter 3 灯光的【位置】关键帧如图 11-18 所示。

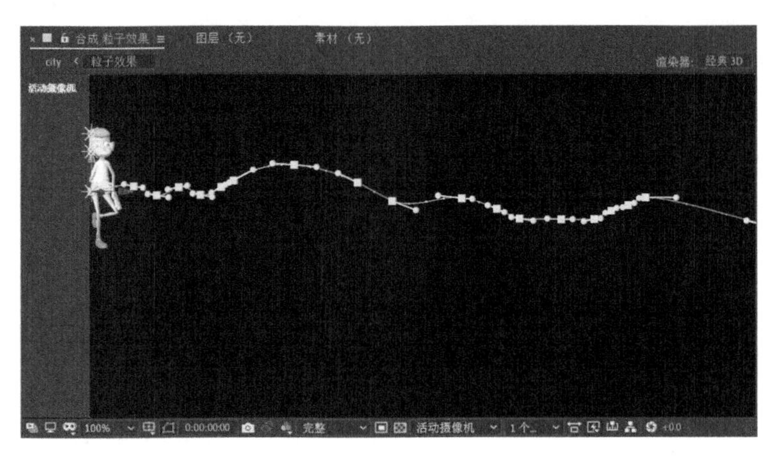

图 11-18　Emitter 3 灯光的【位置】关键帧

步骤 14　制作第四个光效。运用步骤 12 的方法，复制 Emitter4 灯光层。按 P 键调出【位置】属性，然后根据左脚运动，移动时间指示器，在后续的时间段中移动 Emitter 4 灯光，使它对应角色左脚，生成多个关键帧。Emitter4 灯光的【位置】关键帧如图 11-19 所示。

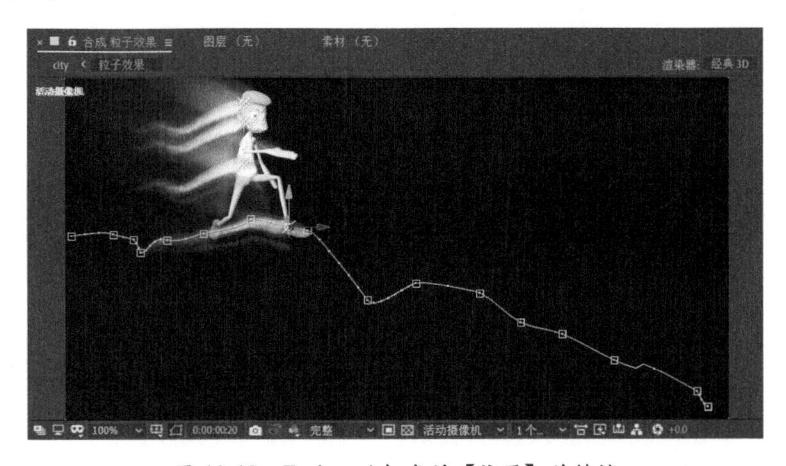

图 11-19　Emitter 4 灯光的【位置】关键帧

步骤 15　制作第五个光效。运用步骤 12 的方法，复制 Emitter5 灯光层。按 P 键调出【位置】属性，然后根据右脚运动，移动时间指示器，在后续的时间段中移动 Emitter 5 灯光，使它对应角色右脚，生成多个关键帧。Emitter 5 灯光的【位置】关键帧如图 11-20 所示。

步骤 16　调整图层顺序。选择 particular 纯色层，将其放置在最底端，如图 11-21 所示。

步骤 17　新建合成。在【项目】面板中，选择刚导入的 city.jpg 素材文件，按住鼠标左键不放，将此素材拖曳到【项目】面板中的“新建合成”按钮上，如图 11-22 所示。

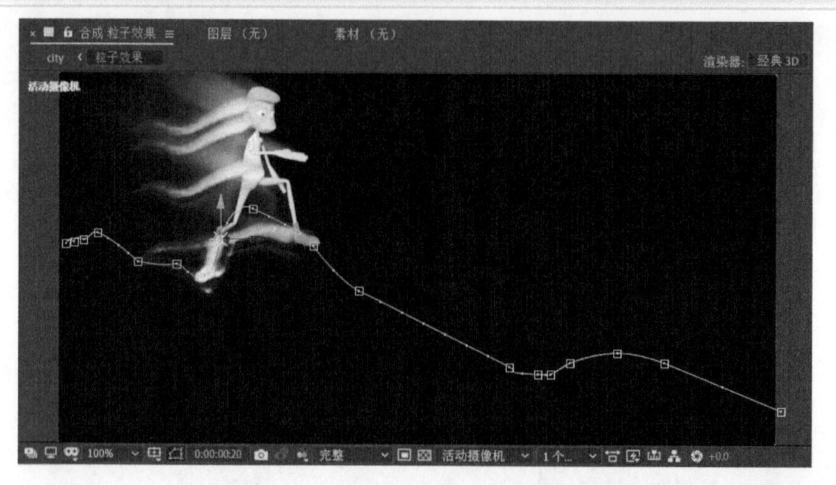

图 11-20 Emitter 5 灯光的【位置】关键帧

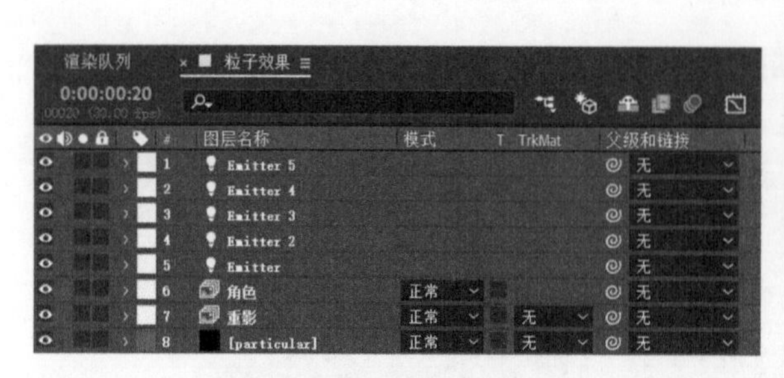

图 11-21 调整图层顺序

图 11-22 新建合成

步骤 18 重命名合成。在【项目】面板中,选择刚才所新建的 city 合成,按 Enter 键,将 city 合成重命名为“最终合成”。

步骤 19 在【项目】面板中双击“最终合成”合成。在【项目】面板中选择“粒子效果”合成,将其拖曳至“最终合成”中,放置在 city.jpg 层上。

在【项目】面板中选择“最终合成”合成,选择【合成】→【合成设置】命令,在弹出的【合成设置】对话框中,将【持续时间】修改为 0:00:01:16。

选择“粒子效果”预合成,选择【效果】→【透视】→【投影】命令,在【效果控件】中设置【不透明度】为 21%、【方向】为 0x－107.0° 。【投影】参数设置如图 11-23 所示。

步骤 20 制作角色影子。在“最终合成”中,选择“粒子效果”预合成,按快捷键 Ctrl+D 复制,然后按 Enter 键对复制出的合成重命名为“粒子效果影子”,并将其放置在“粒子效果”预合成下方。

选择“粒子效果影子”预合成,选择【效果】→【生成】→【填充】命令,在【效果控件】中设置【颜色】为“黑色 (#000000)”。【填充】参数设置如图 11-24 所示。

选择“粒子效果影子”预合成,将图层的 3D 图层图标展开,将其转换为三维图层。按 R 键,设置【方向】属性为“110.0°, 0.0°, 0.0° ”。按 S 键,单击链接按钮,将缩放链接取消,设置【缩放】属性为“100.0, －100.0, 100.0%”,然后单击链接按钮,启动“等比缩放”功能。【缩放】属性及【方向】属性设置如图 11-25 所示。

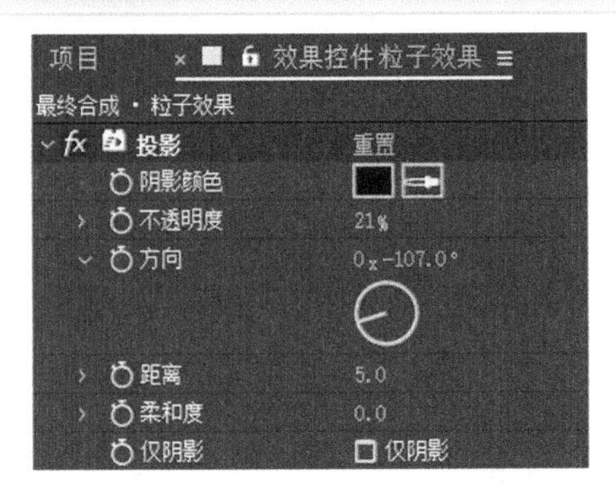

图 11-23 【投影】参数设置

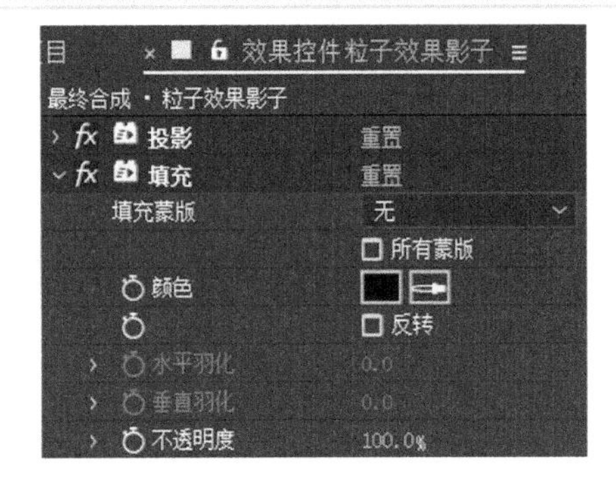

图 11-24 【填充】参数设置

2 粒子效果影子 正常 无 无
缩放 100.0,-100.0,100.0%
方向 110.0°,0.0°,0.0°
X 轴旋转 0x+0.0°
Y 轴旋转 0x+0.0°
Z 轴旋转 0x+0.0°

图 11-25 【缩放】属性及【方向】属性设置

步骤 21 角色影子对位。将时间指示器移动到 0:00:00:22 处，选择“粒子效果影子”预合成，按 P 键，设置【位置】为“480.0,286.0,0.0”。单击【位置】属性前按钮，在 0:00:00:22 处设置第一个关键帧。

将时间指示器移动到 0:00:00:28 处，设置【位置】为“480.0,335.8,18.1”。

将时间指示器移动到 0:00:01:06 处，设置【位置】为“470.0,367.8,29.8”。

【位置】属性关键帧的设置如图 11-26 所示。

图 11-26 【位置】属性关键帧的设置

步骤 22 按空格键预览动画效果，如图 11-27 所示。

图 11-27 预览动画效果

步骤 23　保存文件。按快捷键 Ctrl+S，保存当前编辑文件，在弹出的【另存为】对话框中设置文件名称与保存路径。

步骤 24　收集文件。执行【文件】→【整理工程（文件）】→【收集文件】命令，在弹出的【收集文件】对话框中，【收集源文件】设置为对于所有合成，然后单击【收集】按钮。在弹出的【将文件收集到文件夹中】对话框中，选择收集文件存放的路径，然后单击【保存】，完成文件的收集操作。

11.2　案例：Form 粒子插件

本案例完成效果如图 11-28 所示。

图 11-28　案例完成效果

制作步骤如下。

步骤 1　导入素材。在【项目】面板的空白处双击，在弹出【导入文件】对话框中选择“书桌 .MOV”文件和 city.obj 文件，然后单击【导入】按钮，导入素材文件，如图 11-29 所示。

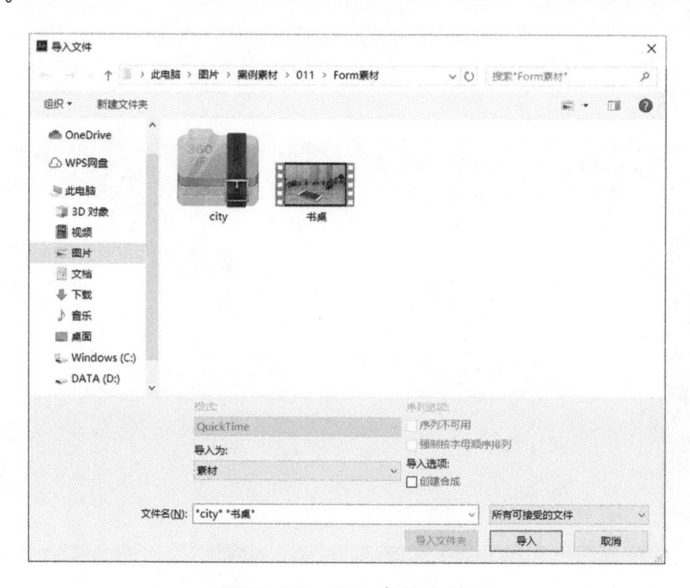

图 11-29　导入素材文件

步骤 2 新建合成。在【项目】面板的空白处右击，在弹出的快捷菜单中选择“新建合成”命令，在弹出的【合成设置】对话框中，设置【合成名称】为“Form 特效”、【宽度】为 1280px、【高度】为 720px、【像素长宽比】为“方形像素”、【帧速率】为“29.97 帧 / 秒”、【持续时间】为 11 秒，单击【确定】按钮。【合成设置】对话框如图 11-30 所示。

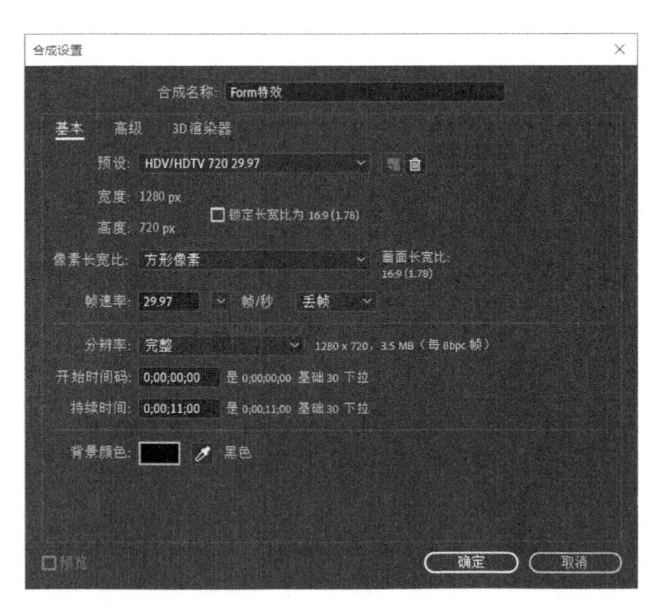

图 11-30 【合成设置】对话框

在【项目】面板中选择“书桌 .MOV”文件和 city.obj 文件，然后拖入“Form 特效”合成中。“Form 特效”合成在【时间轴】面板中的状态如图 11-31 所示。

图 11-31 “Form 特效”合成在【时间轴】面板中的状态

步骤 3 新建纯色层。选择【图层】→【新建】→【纯色】命令，在【纯色设置】对话框中设置【名称】为 Form，单击【制作合成大小】按钮，【颜色】为“黑色 (#000000)”，然后单击【确定】按钮，创建纯色层。【纯色设置】对话框如图 11-32 所示。

将该创建的纯色层放置在 city.obj 层上，即层 1 上。

步骤 4 设置 Form 特效基本参数。选择 Form 层，选择【效果】→ RG Trapcode → Form 命令，为该层添加 Form 插件。

在【效果控件】面板中，设置 Base Form(Master) 中的 Base Form 为 OBJ Model、Position 为“640.0,360.0, －750.0”、OBJ Settings 中的 3D Model 为 2.city.obj、Particle Density 为 30.0%。Base Form(Master) 参数设置如图 11-33 所示。

设置 Particle(Master) 中的 Particle Type 为 Sphere、Size 为 1、Size Random 为 30%、Size Over 为 Radial、Size Curve 为 PRESETS 中的 、Opacity 为 76、Opacity Over

为 Radial、Opacity Curve 为 PRESETS 中的、Set Color 为 Solid Color、Color 为“蓝色 (#1F53E3)”、Blend Mode 为 Add。Particle(Master) 参数设置如图 11-34 所示。

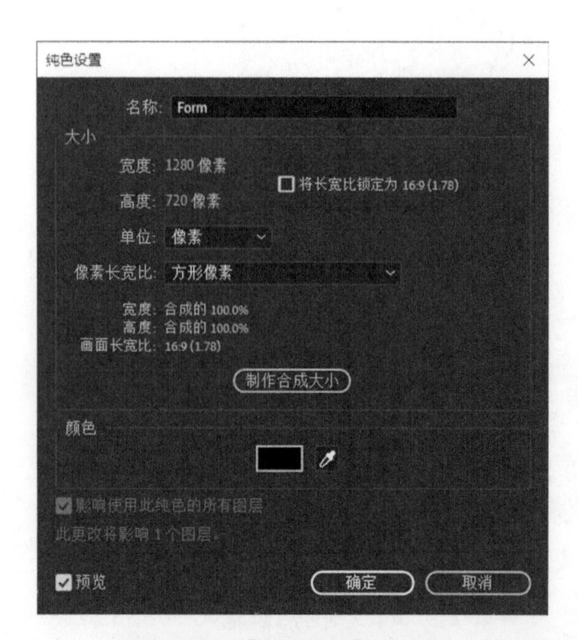

图 11-32 【纯色设置】对话框

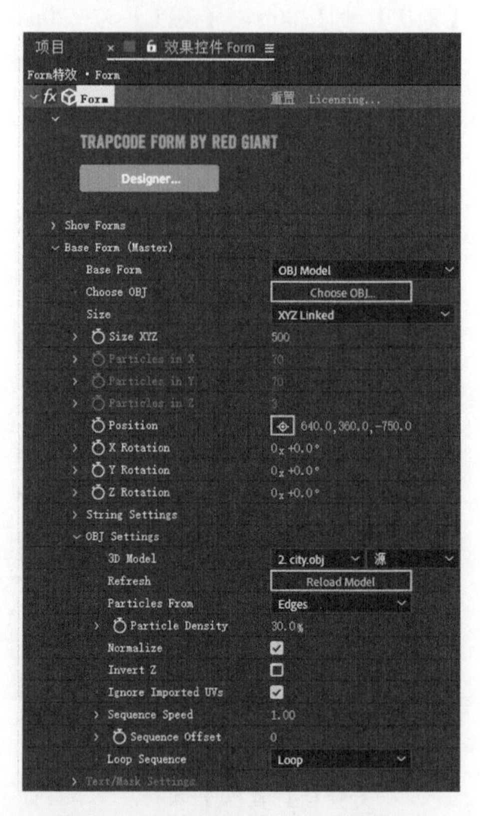

图 11-33 Base Form(Master) 参数设置

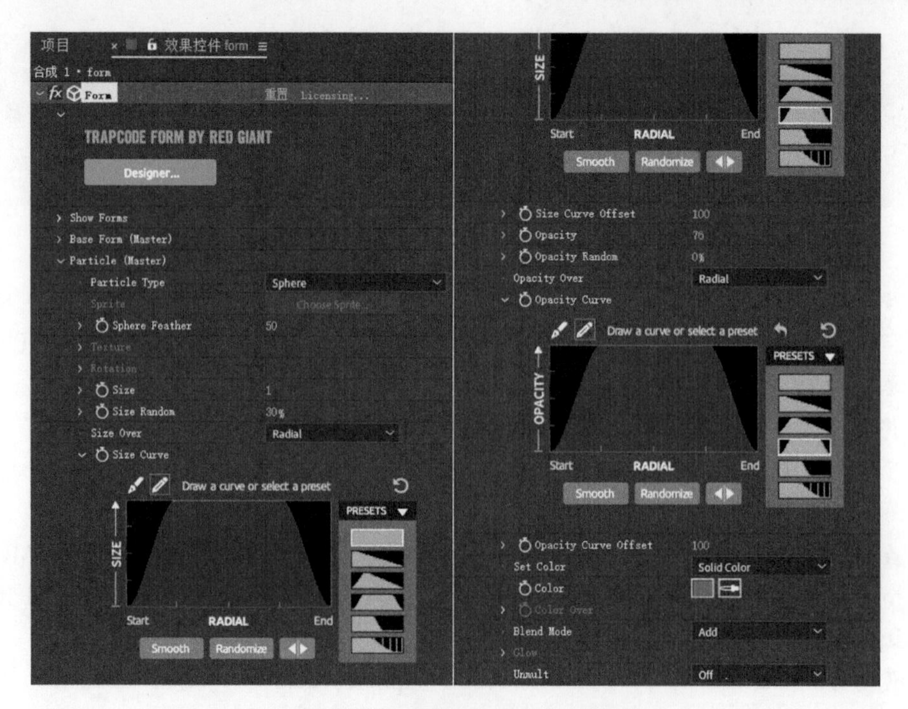

图 11-34 Particle(Master) 参数设置

基本参数设置完成后的效果如图 11-35 所示。

图 11-35　基本参数设置完成后的效果

步骤 5　摄像机跟踪。选择“书桌 .MOV”层，在【跟踪器】面板中单击【跟踪摄像机】按钮。摄像机跟踪完成后，【合成】面板如图 11-36 所示。

图 11-36　摄像机跟踪完成后的【合成】面板

将时间指示器移动到 0:00:05:00 处，在【合成】面板中选取跟踪信息点，然后右击并选择【创建空白和摄像机】命令，如图 11-37 所示。

图 11-37　选取跟踪信息点并创建空白和摄像机

步骤 6　对位 Form 纯色层。选择 Form 纯色层，在【效果控件】面板中设置 Form → Transform(Master) 中的 X Rotation W 为 0x+16.0°、Y Rotation W 为 0x+38.0°、Scale 为 46、X Offset 为 24.0、Y Offset 为 90.0、Z Offset 为 300.0。Transform(Master) 参数设置如图 11-38 所示。

Transform (Master)	
X Rotation W	0x+16.0°
Y Rotation W	0x+38.0°
Z Rotation W	0x+0.0°
Scale	46
X Offset	24.0
Y Offset	90.0
Z Offset	300.0

图 11-38　Transform(Master) 参数设置

步骤 7　完善粒子效果。选择 Form 纯色层，选择【效果】→【风格化】→【发光】命令，添加发光效果，如图 11-39 所示。

图 11-39　添加【发光】效果

选择 Form 纯色层，按快捷键 Ctrl+D，对该层进行复制。按 Enter 键对复制出的层进行重命名，重命名为 Form Radial Fast Blur。将 Form Radial Fast Blur 层放置在 Form 层下，图层顺序如图 11-40 所示。

#	图层名称	模式	TrkMat	父级和链接
1	[跟踪为空 1]	正常		无
2	3D 跟踪器摄像机			无
3	[Form]	正常		无
4	Form Radial Fast Blur	正常	无	无
5	[city.obj]	正常	无	无
6	[书桌.MOV]	正常	无	无

图 11-40　图层顺序

选择 Form Radial Fast Blur 层，选择【效果】→【模糊和锐化】→ CC Radial Fast Blur 命令。在【效果控件】面板中设置 CC Radial Fast Blur 中的 Center 为“540.0,530.0”、Amount 为 90.0。CC Radial Fast Blur 参数设置如图 11-41 所示。

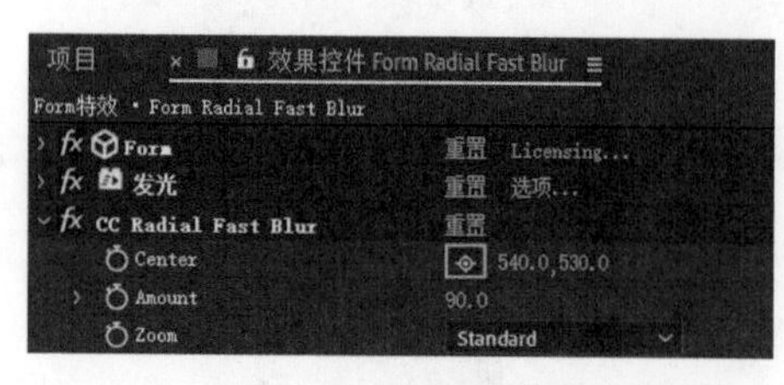

图 11-41　CC Radial Fast Blur 参数设置

步骤 8　按空格键预览动画效果，如图 11-42 所示。

图 11-42　预览动画效果

步骤 9　保存文件。按快捷键 Ctrl+S，保存当前编辑文件。在弹出的【另存为】对话框中设置文件名称与保存路径。

步骤 10　收集文件。选择【文件】→【整理工程（文件）】→【收集文件】命令，在弹出的【收集文件】对话框中，【收集源文件】设置为对于所有合成，然后单击【收集】按钮。在弹出的【将文件收集到文件夹中】对话框中，选择收集文件存放的路径，然后单击【保存】按钮，完成文件的收集操作。

11.3　案例：Stardust 粒子插件

本案例完成效果，如图 11-43 所示。

图 11-43　案例完成效果

制作步骤如下。

步骤 1　新建合成。在【项目】面板的空白处右击，在弹出的快捷菜单中选择"新建合成"命令，在弹出的【合成设置】对话框中，设置【合成名称】为"Stardust 特效"、【宽度】为 960px、【高度】为 540px、【像素长宽比】为"方形像素"、【帧速率】为"25 帧 / 秒"、【持续时间】为 5 秒、单击【确定】按钮，如图 11-44 所示。

再按快捷键 Ctrl+S 保存文件，在弹出的【另存为】对话框中设置文件名称与保存路径。

步骤 2　新建“背景”层。选择【图层】→【新建】→【纯色】命令，在【纯色设置】对话框中设置【名称】为“背景”，单击【制作合成大小】按钮，【颜色】设置为“白色(#FFFFFF)”，然后单击【确定】按钮，创建纯色层。“背景”层设置如图 11-45 所示。

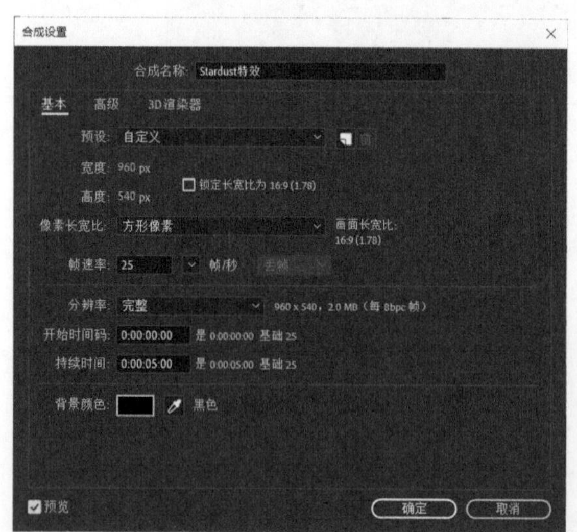

图 11-44　【合成设置】对话框

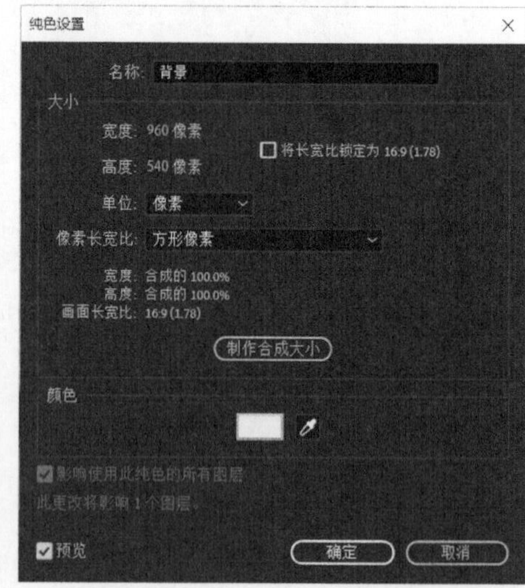

图 11-45　“背景”层设置

步骤 3　新建 stardust 层。选择【图层】→【新建】→【纯色】命令，在【纯色设置】对话框中设置【名称】为 stardust，单击【制作合成大小】按钮，【颜色】设置为“黑色(#000000)”，然后单击【确定】按钮，创建纯色层。stardust 层设置如图 11-46 所示。

步骤 4　新建“杯子”层。选择【图层】→【新建】→【纯色】命令，在【纯色设置】对话框中设置【名称】为“杯子”，单击【制作合成大小】按钮，【颜色】设置为“橙色(#FFCB91)”，然后单击【确定】按钮，创建纯色层。“杯子”层设置如图 11-47 所示。

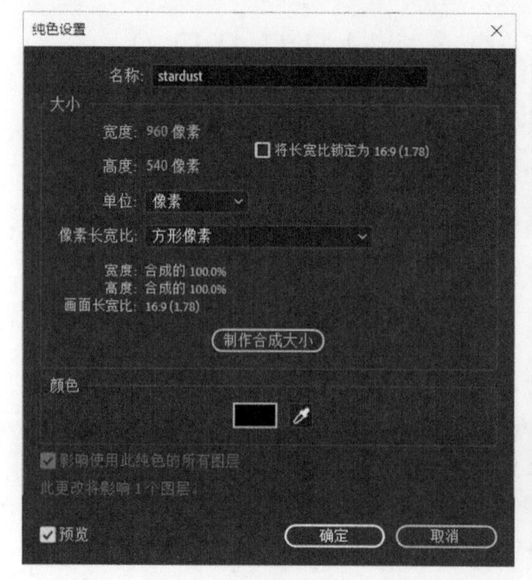

图 11-46　stardust 层设置

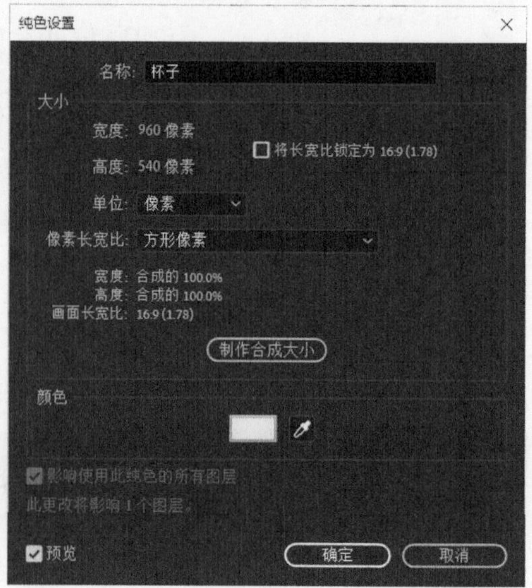

图 11-47　“杯子”层设置

步骤5 制作杯子。将“杯子.ai”文件运用 Adobe Illustrator 打开，如图 11-48 所示。

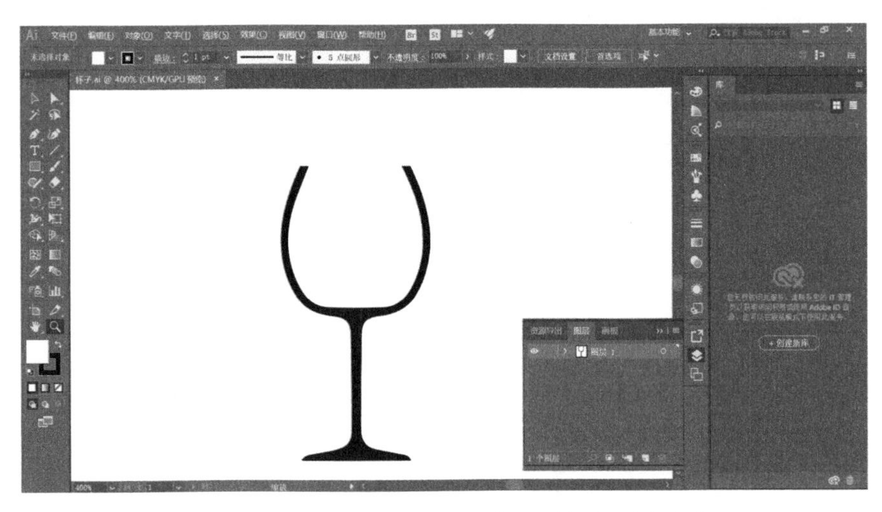

图 11-48 用 Adobe Illustrator 打开“杯子.ai”文件

使用选择工具选择杯子曲线，如图 11-49 所示。

按快捷键 Ctrl+C 复制曲线，然后进入 Adobe After Effects 中，选择“杯子”层，按快捷键 Ctrl+V 粘贴。此时曲线生成蒙版，形成杯子样式。曲线粘贴完成后效果如图 11-50 所示。

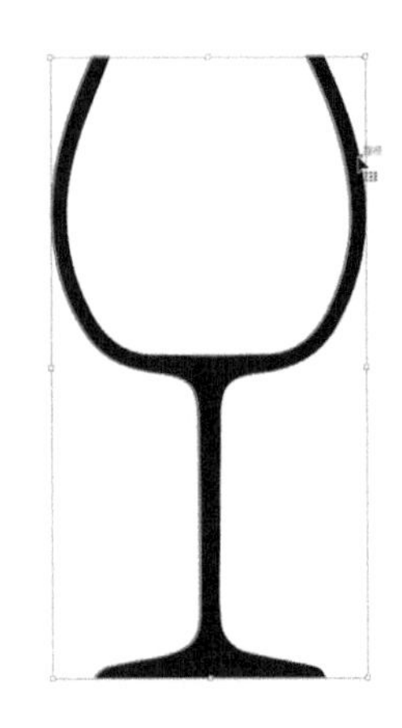

图 11-49 选择杯子曲线

图 11-50 曲线粘贴完成后效果

在【合成】面板中双击蒙版任意一个地方，待出现控制框后，将光标移至控制框中四个角的其中一个角，按快捷键 Ctrl+Shift 并拖动鼠标，拉动控制框，将蒙版拉大，调整杯子大小。大小调整完后，按 Enter 键确定。调整杯子大小效果如图 11-51 所示。

步骤6 设置 Model 节点。选择 stardust 层，选择【效果】→ Superluminal → Stardust 命令，在打开的 Stardust 面板中单击 Model 按钮，创建 Model 节点，如图 11-52 所示。

在【效果控件】面板中，选择 Model 节点，按 Enter 键，然后将该节点重命名为 cup，如图 11-53 所示。

图 11-51　调整杯子大小效果

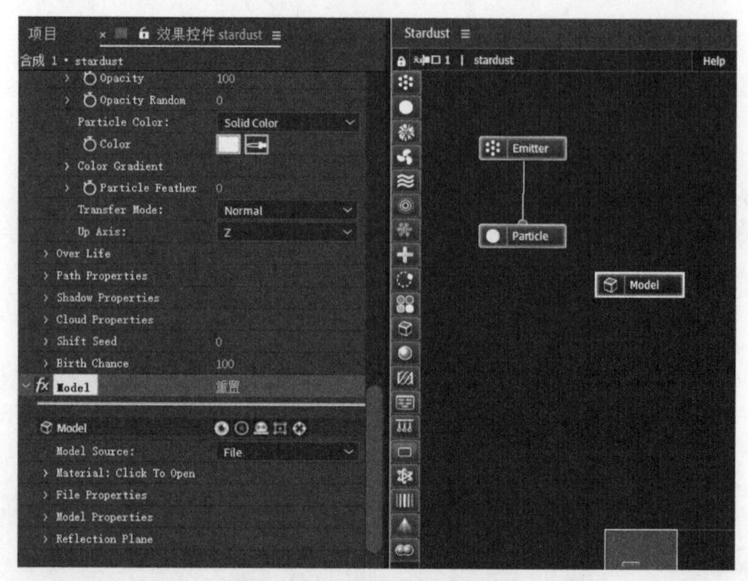

图 11-52　创建 Model 节点

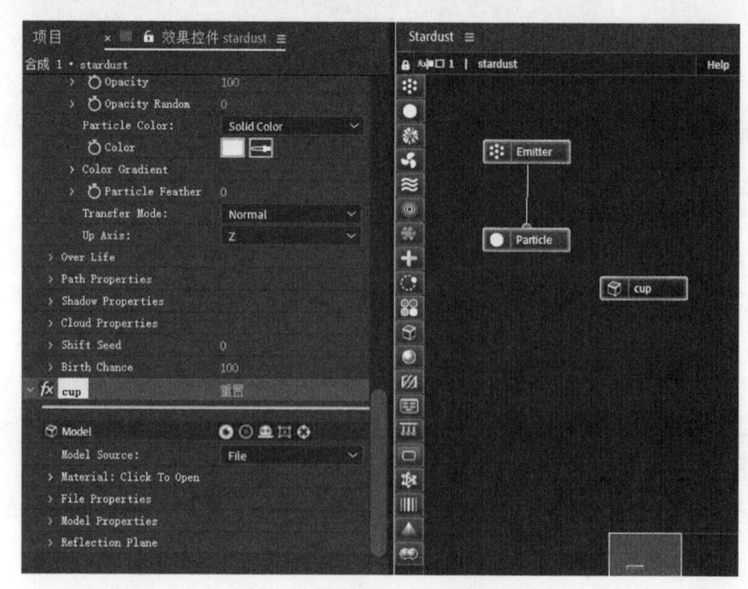

图 11-53　重命名 Model 节点

在 cup 中，设置 Model Source 为 Text/Mask、Extrude Properties → Extrude Layer 为“1. 杯子”、Extrude Properties → Extrude Depth 为 0、Extrude Properties → Bevel Distance 为 0。cup 参数设置如图 11-54 所示。

步骤 7　设置 Particle 节点的 Physical 节点。在 Stardust 面板中单击 Physical 按钮，创建 Physical 节点，如图 11-55 所示。

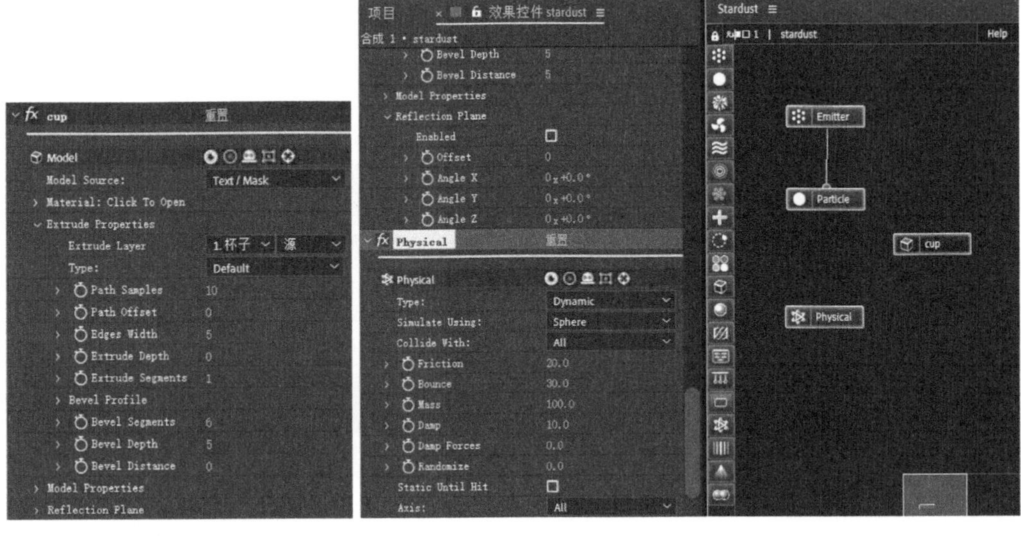

图 11-54　cup 参数设置　　　　图 11-55　创建 Physical 节点

在【效果控件】面板中选择 Physical 节点，按 Enter 键，然后将该节点重命名为 Physical-Particle，如图 11-56 所示。

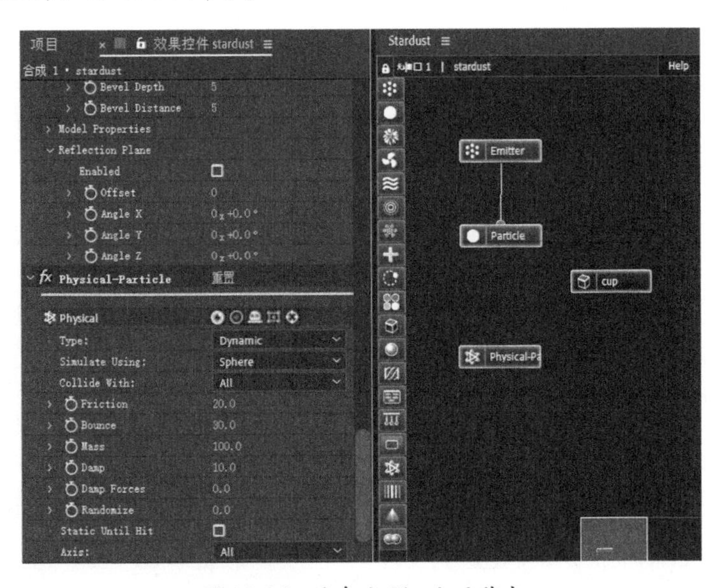

图 11-56　重命名 Physical 节点

在 Stardust 面板中，将光标移动到 Physical-Particle 节点上，当节点边框上端出现圆形时，单击圆形，然后按住鼠标左键不放，拖曳到 Particle 节点上，将两节点进行链接。节点链接过程如图 11-57 所示。

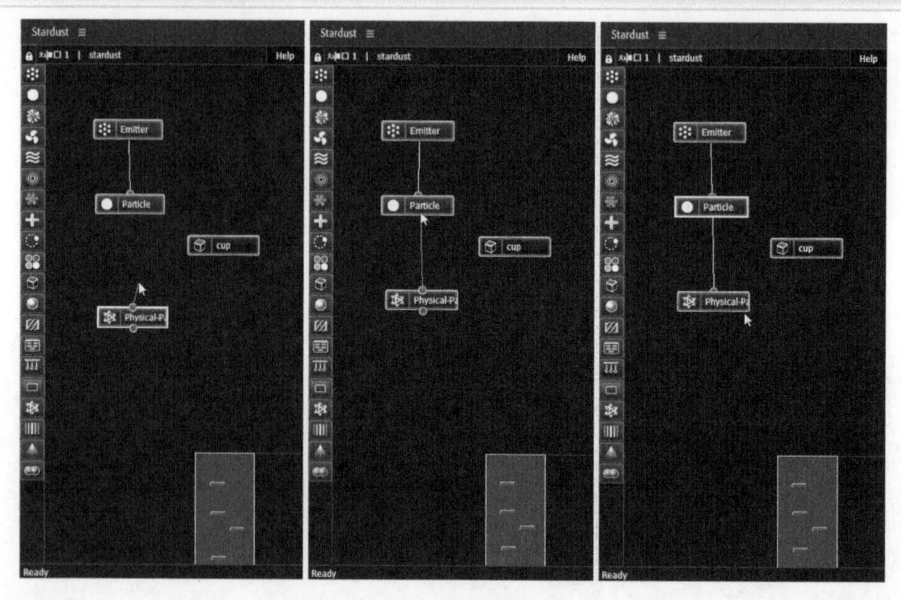

图 11-57　节点链接过程

在 Physical-Particle 中，设置 Type 为 Dynamic、Simulate Using 为 Sphere、Friction 为 0.0、Axis 为 XY。Physical-Particle 参数设置如图 11-58 所示。

步骤 8　设置 cup 节点的 Physical 节点。运用步骤 7 的操作方法，在 Stardust 面板中单击 Physical 按钮，创建 Physical 节点。在【效果控件】面板中，选择新建的 Physical 节点，按 Enter 键，然后将该节点重命名为 Physical-Model。在 Stardust 面板中，将光标移动到 Physical-Model 节点上，当节点边框上端出现圆形时，单击圆形，然后按住鼠标左键不放，拖曳到 cup 节点上，将两节点进行链接。cup 节点的 Physical 节点如图 11-59 所示。

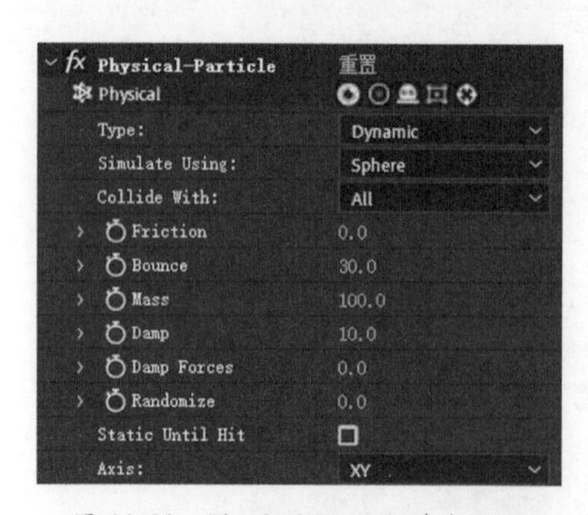

图 11-58　Physical-Particle 参数设置

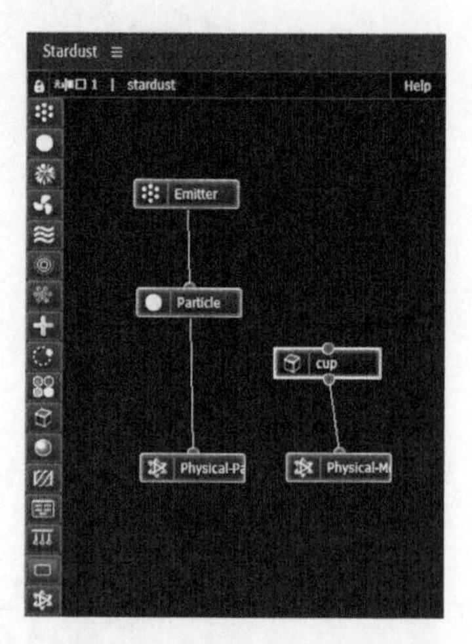

图 11-59　cup 节点的 Physical 节点

在 Physical-Model 中，设置 Type 为 Kinematic、Simulate Using 为 Model、Friction 为 0.0。Physical-Model 参数设置如图 11-60 所示。

步骤 9　设置 Stardust、Emitter、Particle 参数。

设置 Stardust 中的 Physics → Simulation 为 On，Stardust 参数设置如图 11-61 所示。

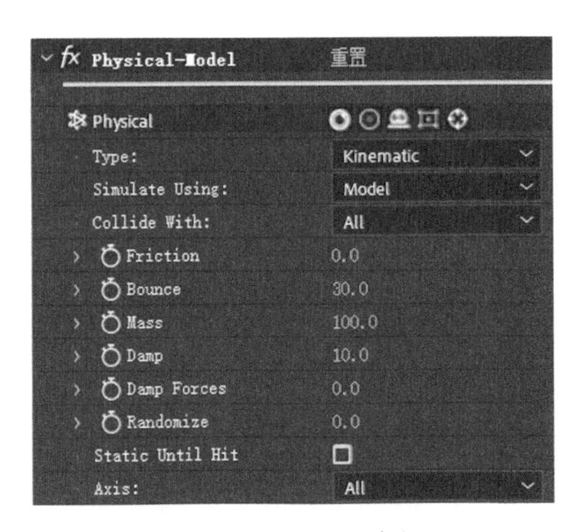

图 11-60 Physical-Model 参数设置

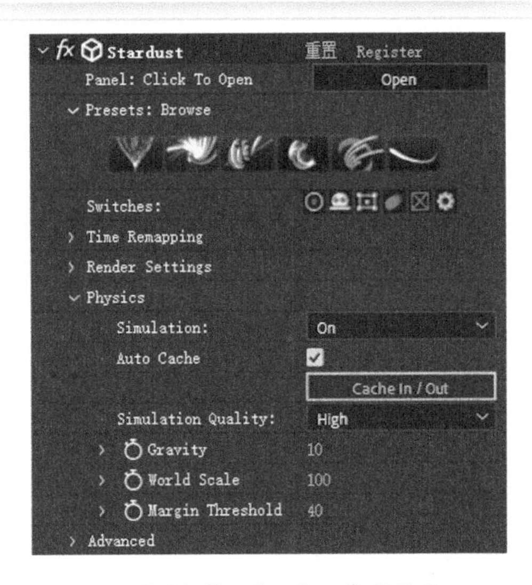

图 11-61 Stardust 参数设置

设置 Emitter 中的 Type 为 Point、Emitting 为 Randomize、Origin XY 为 480.0,0.0。Emitter 参数设置如图 11-62 所示。

设置 Particle 中的 Shape 为 Circle、Life(Seconds) 为 6.000、Particle Properties → Size(Pixels) 为 6、Particle Properties → Size Random 为 50、Particle Properties → Particle Color 为 Random From Gradient，在 Particle Properties → Color Gradient 中单击 Presets 并选择 Color 10。Particle 参数设置如图 11-63 所示。

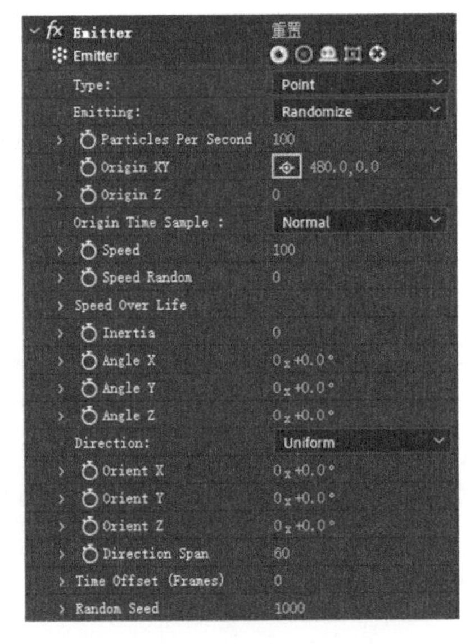

图 11-62 Emitter 参数设置

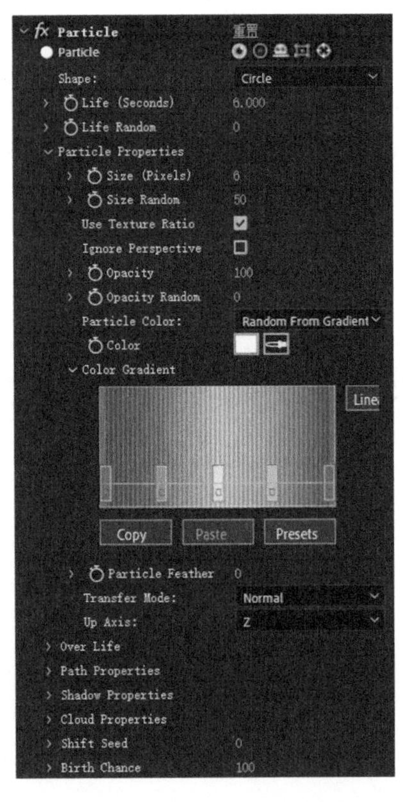

图 11-63 Particle 参数设置

步骤 10　预览碰撞效果。按空格键预览,效果如图 11-64 所示,此时杯子已经与粒子发生碰撞效果。

步骤 11　新建“地面”层。选择【图层】→【新建】→【纯色】命令,在【纯色设置】对话框中设置【名称】为“地面”,单击【制作合成大小】按钮,【颜色】设置为“绿色 (#609994)”,然后单击【确定】按钮,创建纯色层。“地面”层设置如图 11-65 所示。

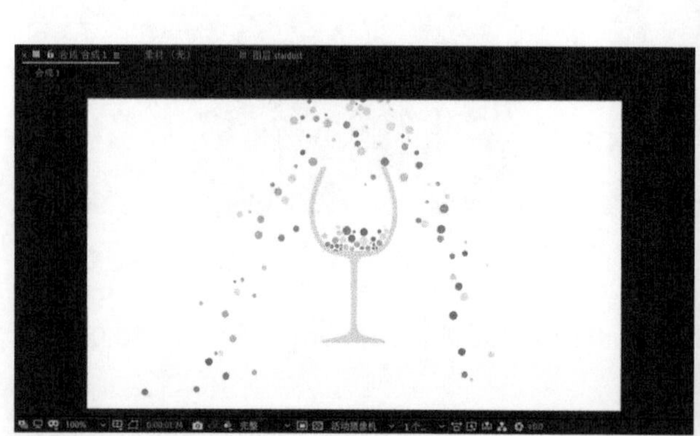

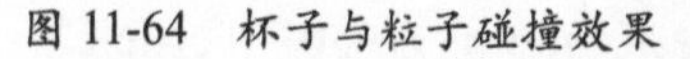

图 11-64　杯子与粒子碰撞效果

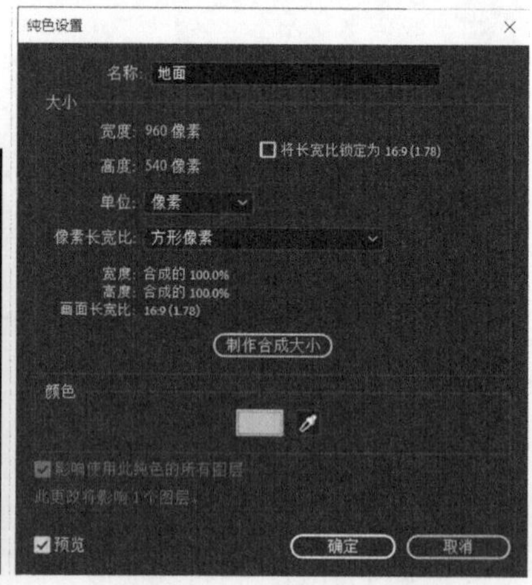

图 11-65　“地面”层设置

在【工具】面板中选择矩形工具,选择“地面”层,然后在【合成】面板中绘制杯子以下区域,形成地面效果。“地面”层蒙版如图 11-66 所示。

将“地面”层放置在“杯子”层下,如图 11-67 所示。

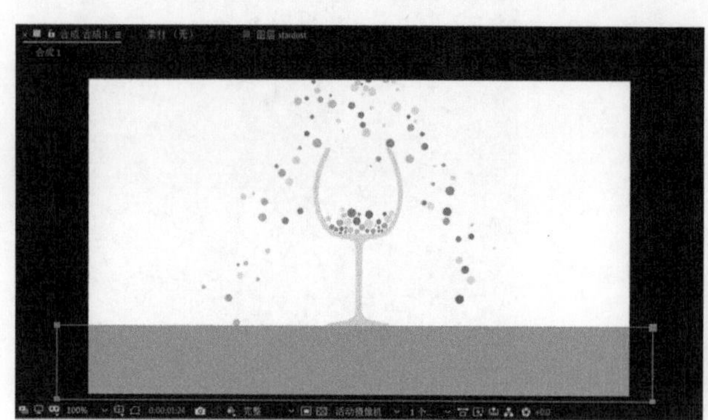

图 11-66　“地面”层蒙版

图 11-67　“地面”层与“杯子”层的关系

步骤 12　制作地面碰撞效果。在 Stardust 面板中单击 Model 按钮,创建 Model 节点。在【效果控件】面板中,选择新建的 Model 节点,按 Enter 键,然后将该节点重命名为 ground,如图 11-68 所示。

在 ground 中,设置 Model Source 为 Text/Mask、Extrude Properties → Extrude Layer 为“2. 地面”、Extrude Properties → Extrude Depth 为 0、Extrude Properties → Bevel Distance 为 0。ground 参数设置如图 11-69 所示。

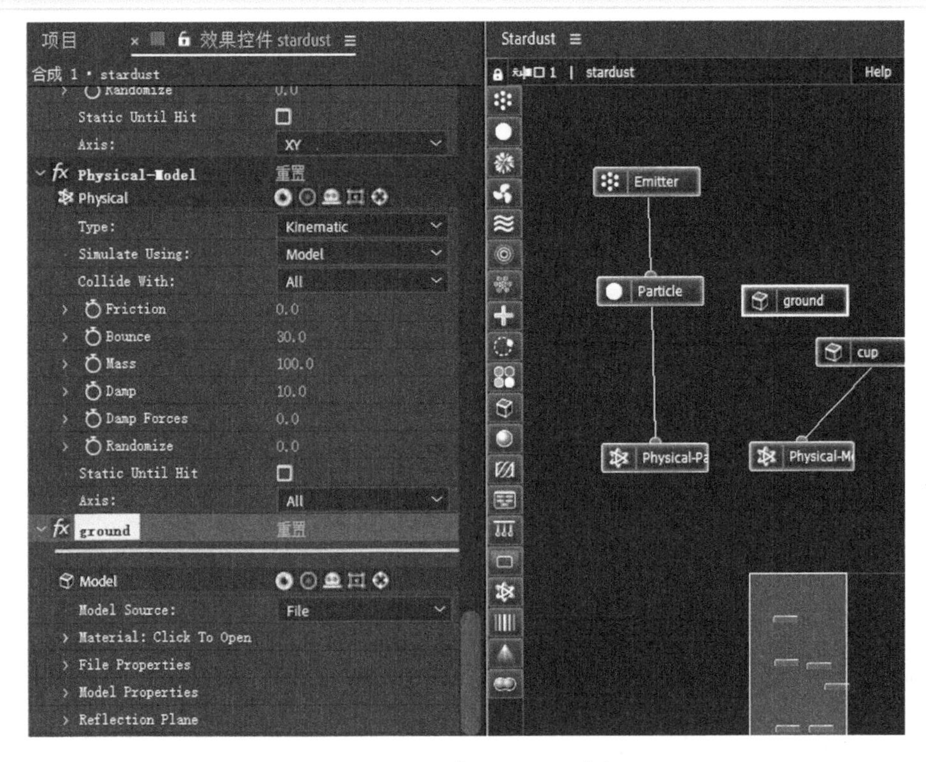

图 11-68　重命名 Model 节点

在 Stardust 面板中，将光标移动到 Physical-Model 节点上，当节点边框上端出现圆形时，单击圆形，然后按住鼠标左键不放，拖曳到 ground 节点上，将两节点进行链接。ground 节点的 Physical 节点如图 11-70 所示。

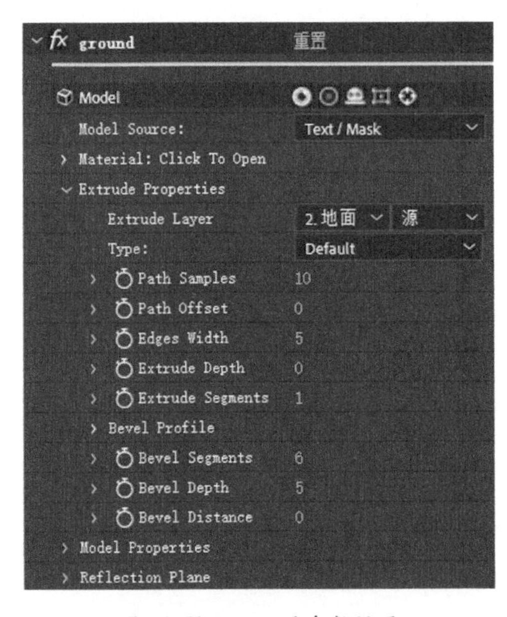

图 11-69　ground 参数设置

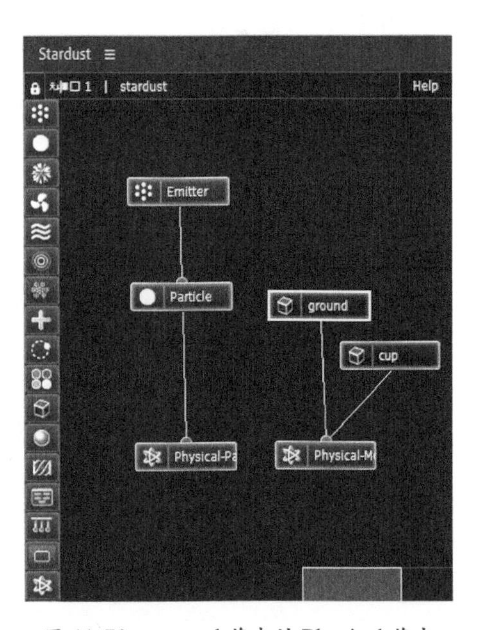

图 11-70　ground 节点的 Physical 节点

按空格键预览，效果如图 11-71 所示，此时杯子、地面与粒子发生碰撞效果。

步骤 13 制作文字层。在【工具】面板中选择横排文字工具T，然后在【合成】窗口中创建 AFTER EFFECTS 文字。在【合成】窗口中双击文字，在【字符】面板中设置【字体系列】为“微软雅黑”、【字体样式】为 Bold、【填充颜色】为“白色 (#FFFFFF)”、【描边颜色】为“黑色 (#000000)”、【字体大小】为“60 像素”、【行距】为“自动”、【字符间距】为 800、【描边宽度】为“10 像素 在描边上填充”、【垂直缩放】为 345%、【水平缩放】为 75%。【字符】面板设置如图 11-72 所示。

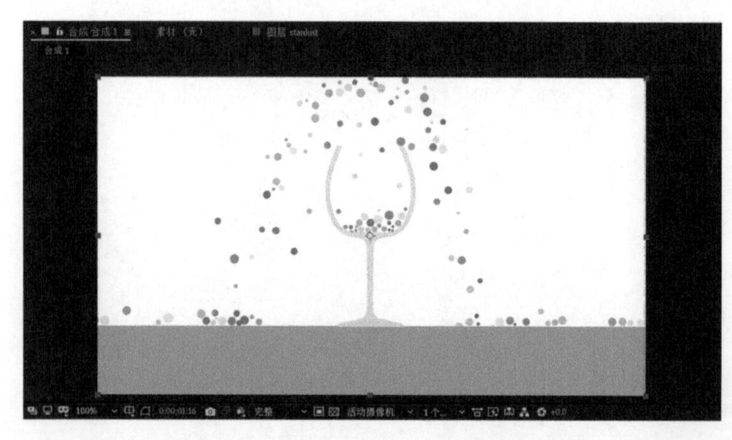

图 11-71 杯子、地面与粒子碰撞效果

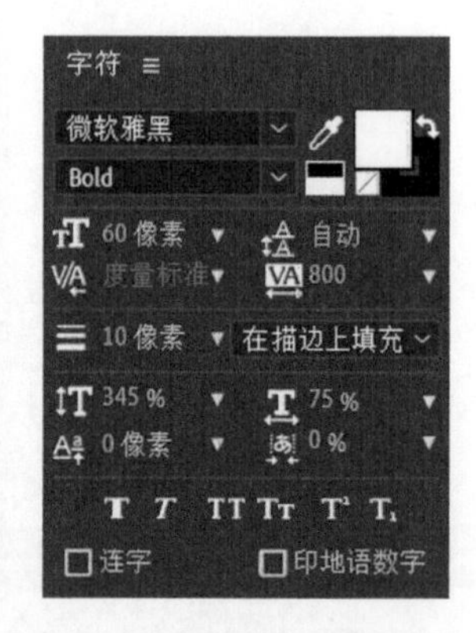

图 11-72 【字符】面板设置

选择 AFTER EFFECTS 文字层，将文字放置在地面上杯子后居中的位置。

AFTER EFFECTS 文字层位于“地面”层之下。图层关系及 AFTER EFFECTS 文字层位置如图 11-73 所示。

图 11-73 图层关系及 AFTER EFFECTS 文字层位置

步骤 14 制作文字碰撞效果。在 Stardust 面板中单击 Model 按钮，创建 Model 节点。在【效果控件】面板中，选择新建的 Model 节点，按 Enter 键，然后将该节点重命名为 text，如图 11-74 所示。

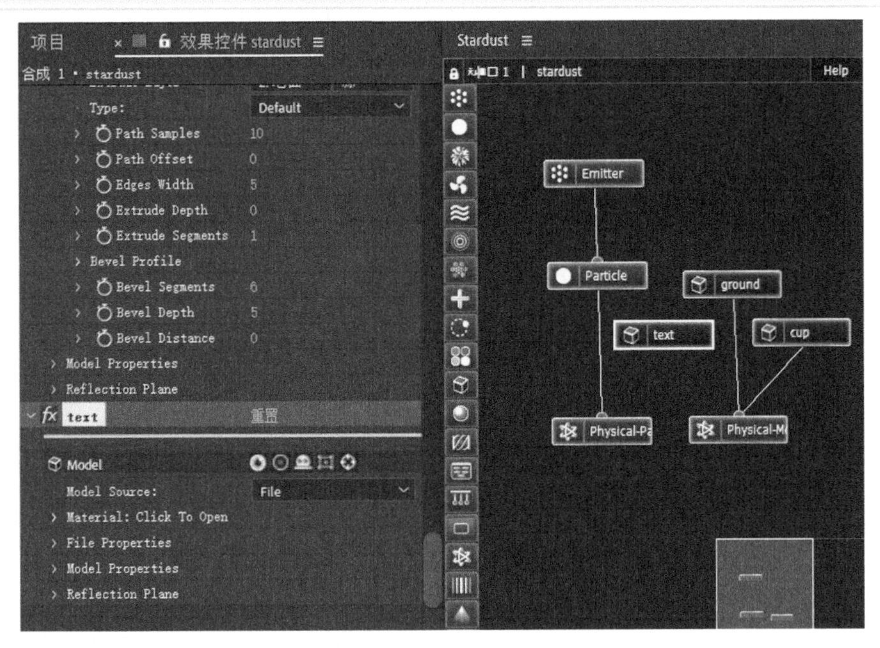

图 11-74 重命名 Model 节点

在 text 中，设置 Model Source 为 Text/Mask、Extrude Properties → Extrude Layer 为 3.AFTER EFFECTS、Extrude Properties → Extrude Depth 为 0、Extrude Properties → Bevel Distance 为 0。text 参数设置如图 11-75 所示。

在 Stardust 面板中，将光标移动到 Physical-Model 节点上，当节点边框上端出现圆形时，单击圆形，然后按住鼠标左键不放，拖曳到 text 节点上，将两节点进行链接。text 节点的 Physical 节点如图 11-76 所示。

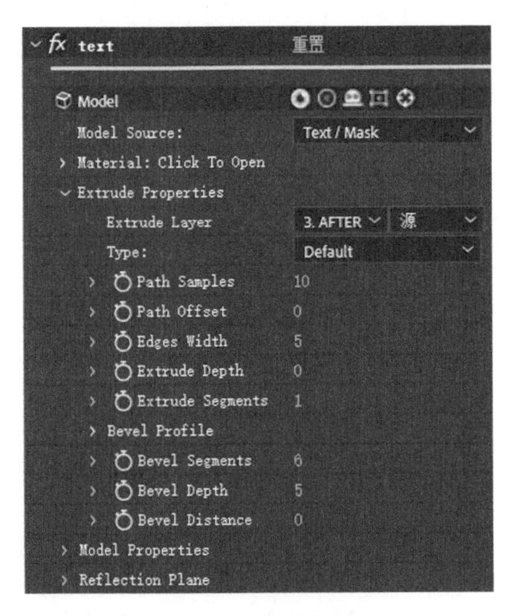

图 11-75 text 参数设置

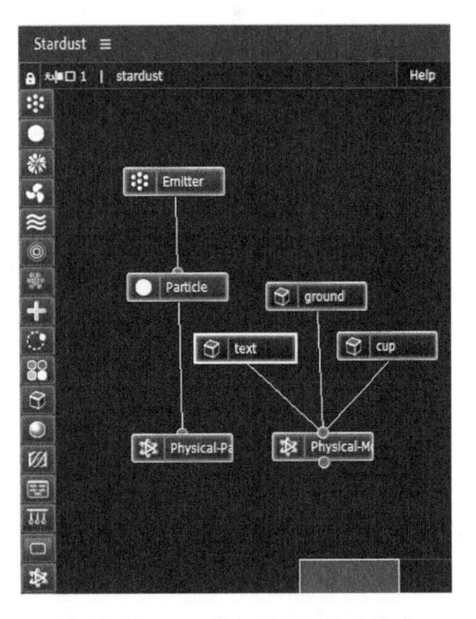

图 11-76 text 节点的 Physical 节点

按空格键预览，效果如图 11-77 所示，此时杯子、地面、文字与粒子发生碰撞效果。

图 11-77　杯子、地面、文字与粒子碰撞效果

步骤 15　保存文件。按快捷键 Ctrl+S，保存当前编辑的文件。

步骤 16　收集文件。选择【文件】→【整理工程（文件）】→【收集文件】命令，在弹出的【收集文件】对话框中，【收集源文件】设置为对于所有合成，然后单击【收集】按钮。在弹出的【将文件收集到文件夹中】对话框中，选择收集文件存放的路径，然后单击【保存】按钮，完成文件的收集操作。

11.4　案例：Saber 光效插件

本案例完成效果，如图 11-78 所示。

图 11-78　案例完成效果

制作步骤如下。

步骤 1　新建 NEON 合成。在【项目】面板的空白处右击，在弹出的快捷菜单中执行新建合成命令，在弹出的【合成设置】对话框中，设置【合成名称】为 NEON、【宽度】为 960px、【高度】为 540px、【像素长宽比】为方形像素、【帧速率】为“30 帧 / 秒”、【持续时间】为 5 秒，单击【确定】按钮，如图 11-79 所示。

步骤 2　新建 NEON 文字层。在【工具】面板中选择横排文字工具 T，然后在【合成】窗口中创建 NEON 文字。在【合成】窗口中双击文字，在【字符】面板中设置【字体系列】为 Bauhaus 93、【字体样式】为 Regular、【填充颜色】为“白色 (#FFFFFF)”、【描边颜色】为“无”、【字体大小】为“150 像素”、【行距】为“自动”、【字符间距】

为 290、【垂直缩放】为 200%、【水平缩放】为 100%。【字符】面板设置如图 11-80 所示。

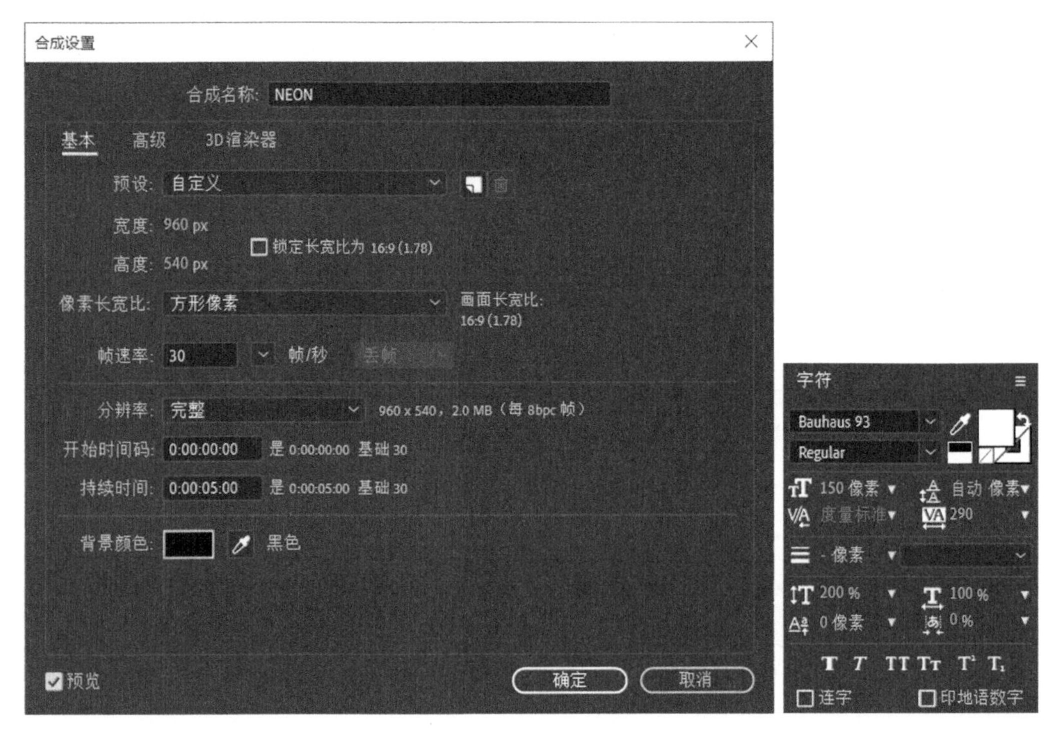

图 11-79 【合成设置】对话框

图 11-80 【字符】面板设置

选择创建的文字层，按 P 键，设置【位置】为“480.0,375.0”。单击视频图标，将该层的显示关闭。文字层【位置】及显示设置如图 11-81 所示。

提示： 文字层放置在画面居中处即可。

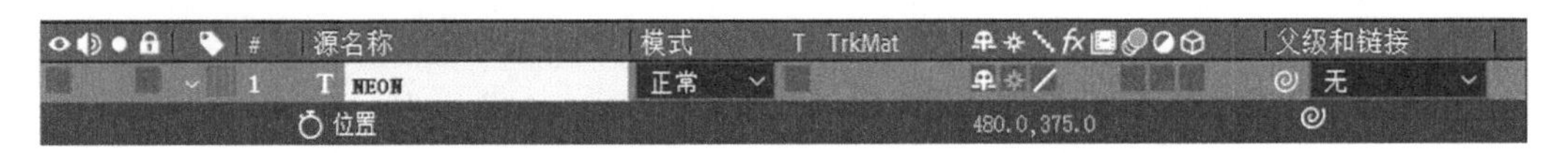

图 11-81 文字层【位置】及显示设置

步骤 3 新建 Saber-Neon 层。选择【图层】→【新建】→【纯色】命令，在【纯色设置】对话框中设置【名称】为 Saber-Neon，单击【制作合成大小】按钮，【颜色】设为“黑色(#000000)”，然后单击【确定】按钮，创建纯色层。Saber-Neon 层设置如图 11-82 所示。

将 Saber-Neon 层放置在 NEON 文字层之上。

步骤 4 制作文字霓虹灯效果。选择 Saber-Neon 层，选择【效果】→ Video Copilot → Saber 命令。在【效果控件】中设置 Preset 为 Neon、Glow Intensity 为 35.0%、Customize Core → Core Type 为 Text Layer、Customize Core → Text Layer 为 2.NEON、Render Settings → Composite Settings 为 Transparent。Saber-Neon 层 Saber 参数设置如图 11-83 所示。

步骤 5 制作文字动画。用 Start Offset 动画制作文字路径动画从无到有的效果，用 Core Size 动画制作文字闪烁效果。

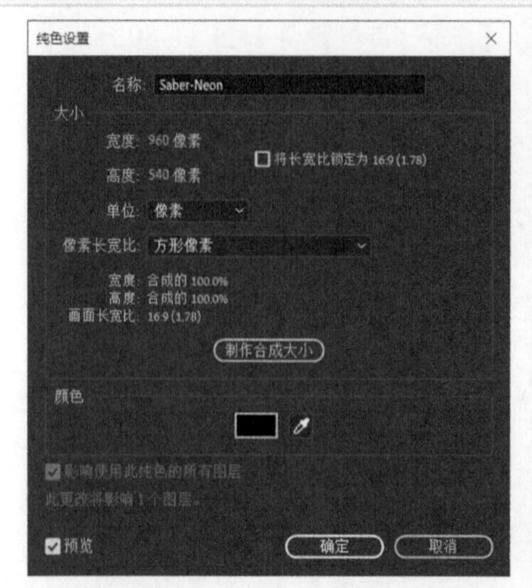

图 11-82　Saber-Neon 层设置

图 11-83　Saber-Neon 层 Saber 参数设置

将时间指示器移动到 0:00:01:00 处，设置 Customize Core → Start Offset 为 100%，单击 Start Offset 属性前的按钮，在 0:00:01:00 处设置 Start Offset 的第一个关键帧。

将时间指示器移动到 0:00:02:00 处，设置 Customize Core → Start Offset 为 0。Start Offset 关键帧设置如图 11-84 所示。

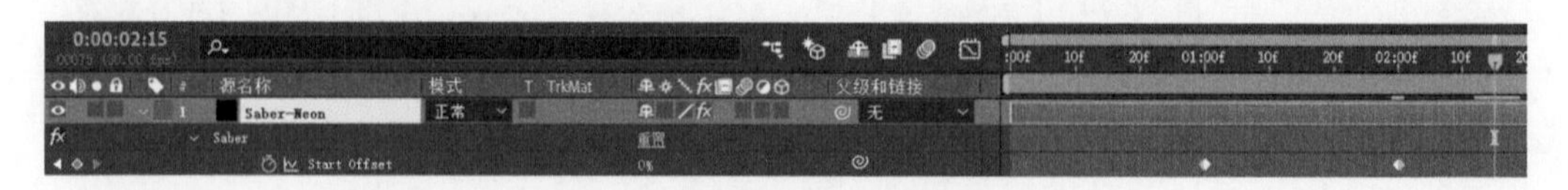

图 11-84　Start Offset 关键帧设置

将时间指示器移动到 0:00:02:00 处，设置 Core Size 为 1.70，单击 Core Size 属性前的按钮，在 0:00:02:00 处设置 Core Size 的第一个关键帧。

将时间指示器移动到 0:00:02:04 处，设置 Core Size 为 0.20。

将时间指示器移动到 0:00:02:07 处，设置 Core Size 为 1.60。

将时间指示器移动到 0:00:02:09 处，设置【Core Size】为 0.20。

将时间指示器移动到 0:00:02:12 处，设置 Core Size 为 1.70。Core Size 关键帧设置如图 11-85 所示。

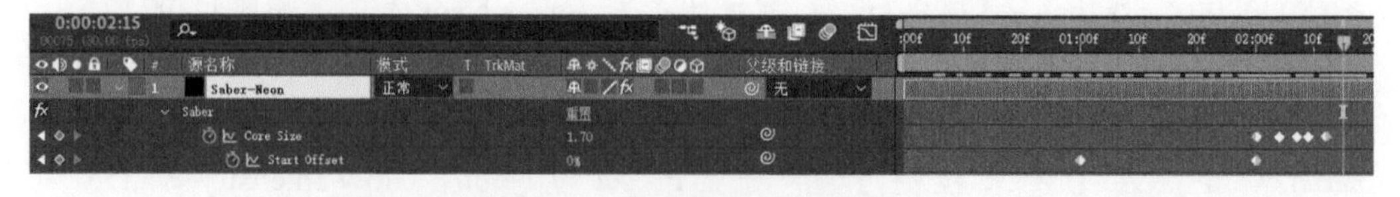

图 11-85　Core Size 关键帧设置

步骤 6　新建 Saber-kuang 层。选择【图层】→【新建】→【纯色】命令，在【纯色设置】对话框中设置【名称】为 Saber-kuang，单击【制作合成大小】按钮，【颜色】设为“黑色 (#000000)”，然后单击【确定】按钮，创建纯色层。Saber-kuang 层设置如图 11-86 所示。

将 Saber-kuang 层放置在 Saber-Neon 层之下。

在【工具】面板中选择矩形工具，选择 Saber-kuang 层，然后在【合成】面板中绘制灯框区域。Saber-kuang 层蒙版如图 11-87 所示。

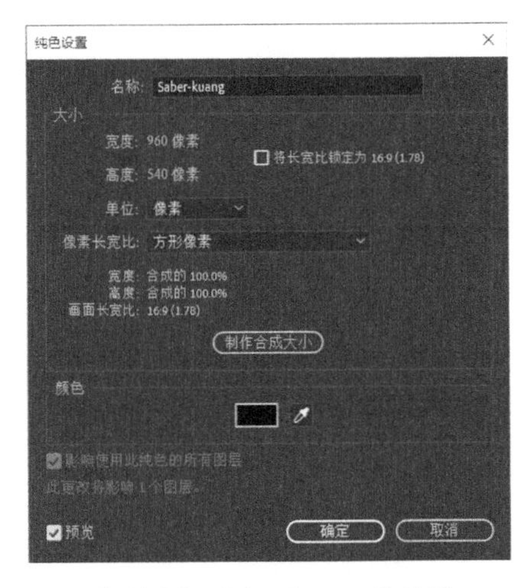

图 11-86　Saber-kuang 层设置

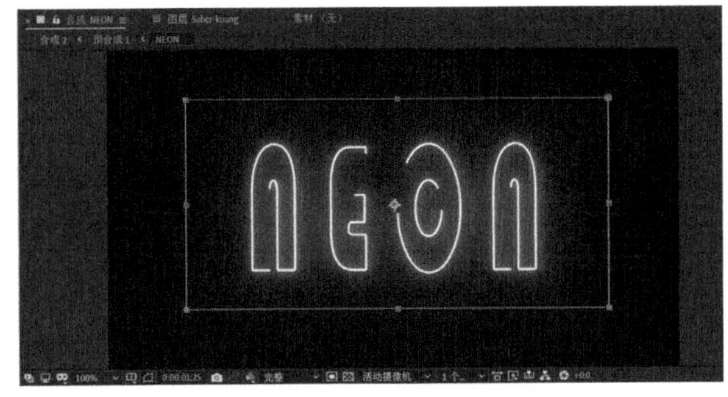

图 11-87　Saber-kuang 层蒙版

步骤 7　制作文字灯框效果。选择 Saber-kuang 层，选择【效果】→ Video Copilot → Saber 命令。在【效果控件】中设置 Preset 为 Neon、Glow Intensity 为 35.0%、Customize Core → Core Type 为 Layer Masks、Render Settings → Composite Settings 为 Transparent。Saber-kuang 层 Saber 参数设置如图 11-88 所示。

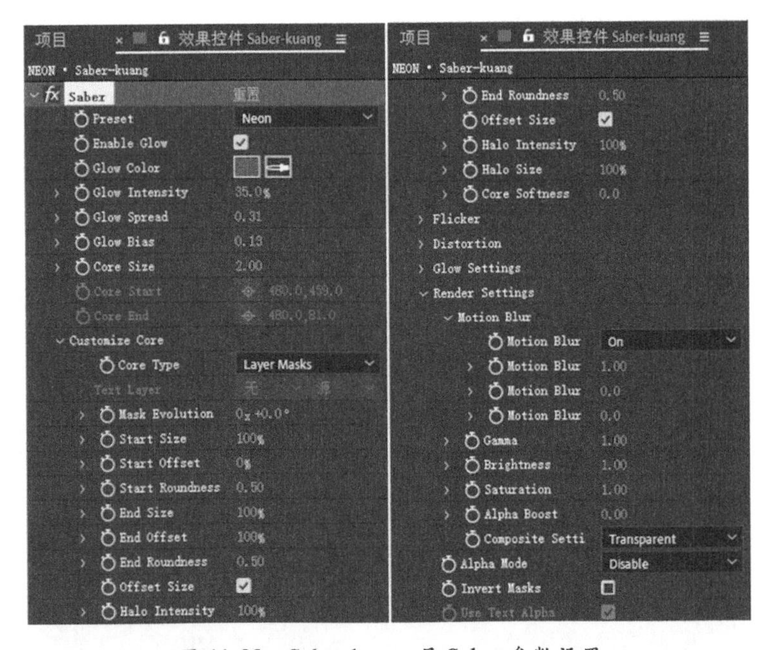

图 11-88　Saber-kuang 层 Saber 参数设置

步骤 8　制作灯框动画。用 Start Offset 动画制作灯框路径动画从无到有的效果，用 Core Size 动画制作灯框闪烁效果。

将时间指示器移动到 0:00:00:00 处，设置 Customize Core → Start Offset 为

100%，单击 Start Offset 属性前的按钮，在 0:00:00:00 处设置 Start Offset 的第一个关键帧。

将时间指示器移动到 0:00:01:00 处，设置 Customize Core → Start Offset 为 0。Start Offset 关键帧的设置如图 11-89 所示。

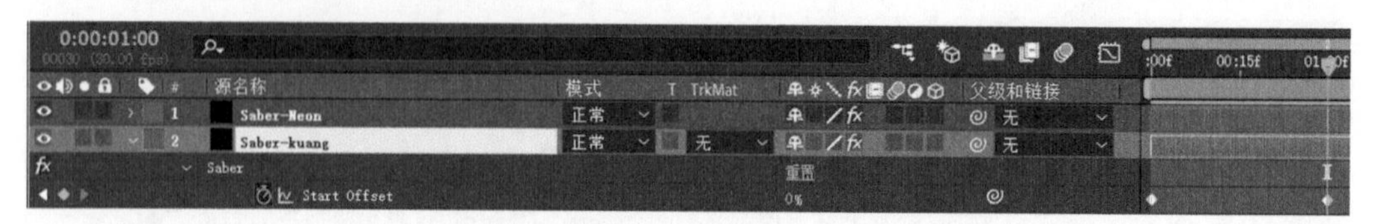

图 11-89　Start Offset 关键帧的设置

将时间指示器移动到 0:00:02:00 处，选择 Saber-Neon 层，按 U 键将关键帧调出。选择 Core Size 属性，按快捷键 Ctrl+C 复制关键帧，然后选择 Saber-kuang 层，按快捷键 Ctrl+V 粘贴关键帧。Core Size 关键帧复制效果如图 11-90 所示。

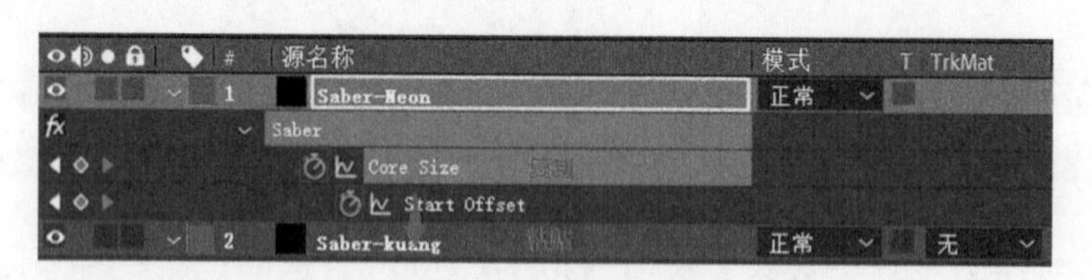

图 11-90　Core Size 关键帧复制效果

步骤 9　新建扫光合成。在【项目】面板的空白处右击，在弹出的快捷菜单中选择“新建合成”命令，在弹出的【合成设置】对话框中，设置【合成名称】为“扫光”、【宽度】为 960px、【高度】为 540px、【像素长宽比】为“方形像素”、【帧速率】为“30 帧 / 秒”、【持续时间】为 5 秒，单击【确定】按钮，如图 11-91 所示。

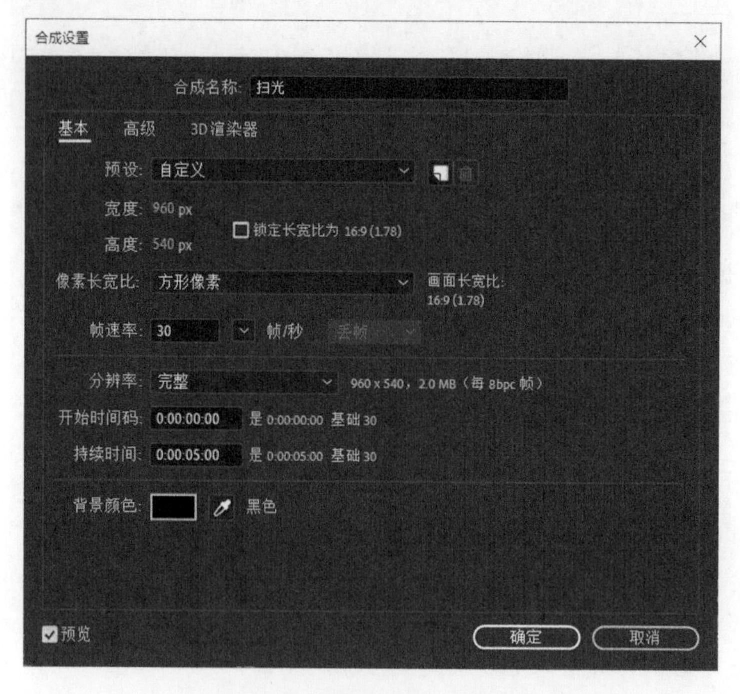

图 11-91　【合成设置】对话框

步骤 10 制作扫光动画效果。在【项目】面板中双击“扫光”合成，然后将 NEON 合成拖曳至“扫光”合成中。

选择 NEON 预合成，选择【效果】→【生成】→ CC Light Sweep 命令，【效果控件】面板中设置 Width 为 131.0、Sweep Intensity 为 99.0、Edge Intensity 为 0.0、Edge Thickness 为 2.10。CC Light Sweep 参数设置如图 11-92 所示。

将时间指示器移动到 0:00:02:20 处，设置 Center 为“942.0,25.0”，单击 Center 属性前的按钮，在 0:00:02:20 处设置 Center 的第一个关键帧。

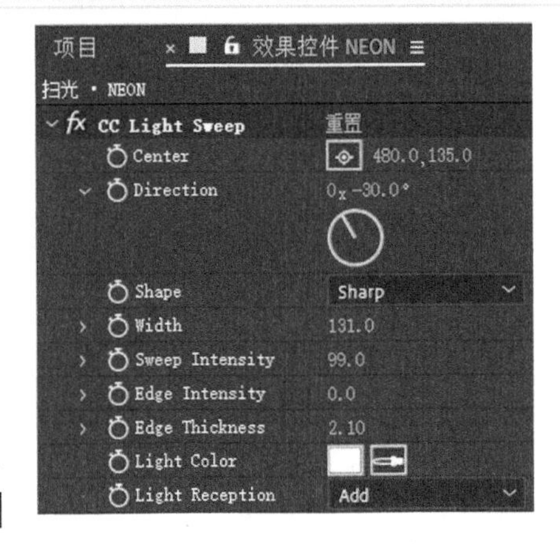

图 11-92 CC Light Sweep 参数设置

将时间指示器移动到 0:00:03:20 处，设置 Center 为“138.0,435.0”。Center 关键帧设置如图 11-93 所示。

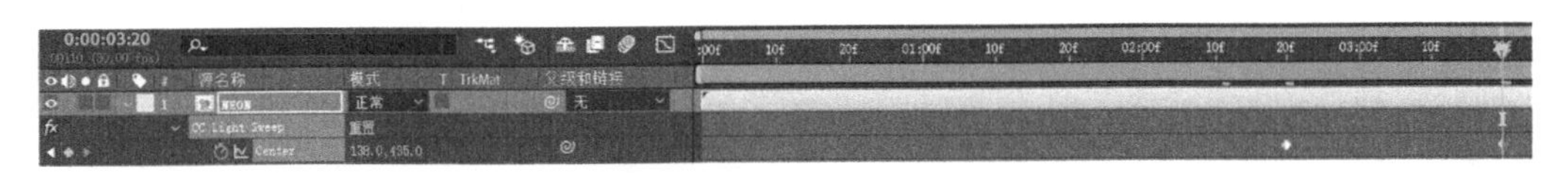

图 11-93 Center 关键帧设置

选择 NEON 预合成，按快捷键 Ctrl+D 复制此合成。选择图层 2，选择【效果】→【生成】→ CC Light Burst 2.5 命令，【效果控件】面板中设置 Intensity 为 210.0、Ray Length 为 15.0、Burst 为 Center，选中 Halo Alpha。CC Light Burst 2.5 参数设置如图 11-94 所示。

将时间指示器移动到 0:00:03:00 处，“扫光”合成效果如图 11-95 所示。

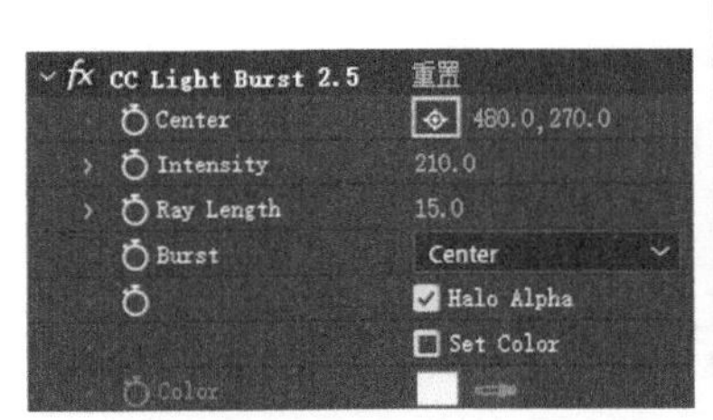

图 11-94 CC Light Burst 2.5 参数设置

图 11-95 “扫光”合成效果

步骤 11 新建 Final 合成。在【项目】面板的空白处右击，在弹出的快捷菜单中选择“新建合成”命令，在弹出的【合成设置】对话框中，设置【合成名称】为 Final、【宽度】为 960px、【高度】为 540px、【像素长宽比】为“方形像素”、【帧速率】为“30 帧 / 秒”、【持续时间】为 5 秒，单击【确定】按钮，如图 11-96 所示。

步骤 12 新建“背景”层。选择【图层】→【新建】→【纯色】命令，在【纯色设置】对话框中设置【名称】为“背景”，单击【制作合成大小】按钮，【颜色】设为“黑

色 (#000000)”，然后单击【确定】按钮，创建纯色层。“背景”层设置如图 11-97 所示。

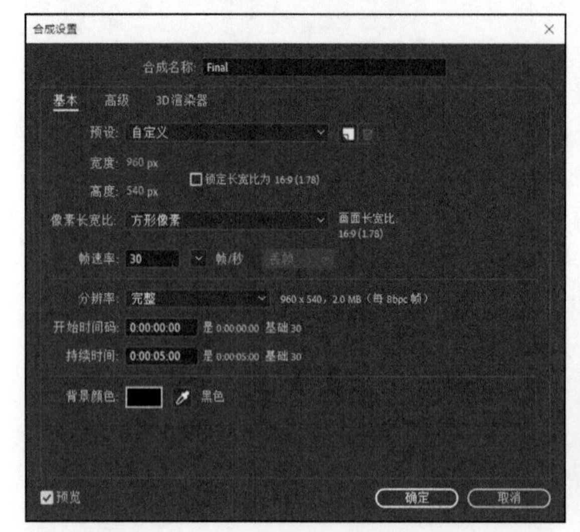

图 11-96　Final 合成对应的【合成设置】对话框

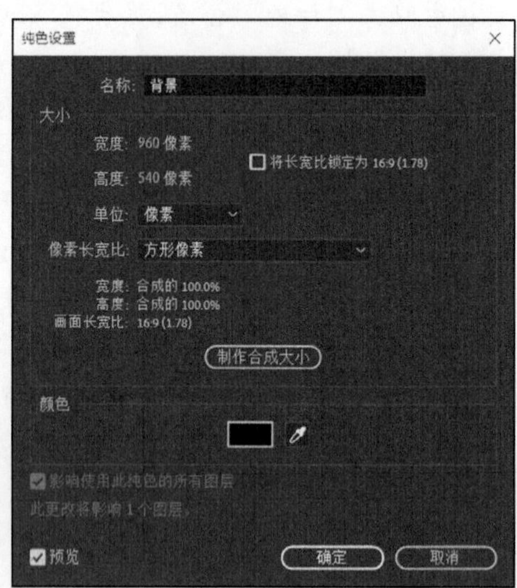

图 11-97　“背景”层设置

选择“背景”层，选择【效果】→【生成】→【四色渐变】命令，在【效果控件】中设置【位置和颜色】中“点 1”为“908.0,44.0”，设置【颜色 1】为“深紫色 (#2C0B2F)”，设置“点 2”为 62.0,66.0，设置【颜色 2】为“深蓝色 (#110927)”，设置“点 3”为 96.0,486.0，设置【颜色 3】为“深紫色 (#2A022A)”，设置“点 4”为 864.0,486.0，设置【颜色 4】为“深蓝色 (#0E0E1B)”。“背景”层【四色渐变】参数设置如图 11-98 所示。

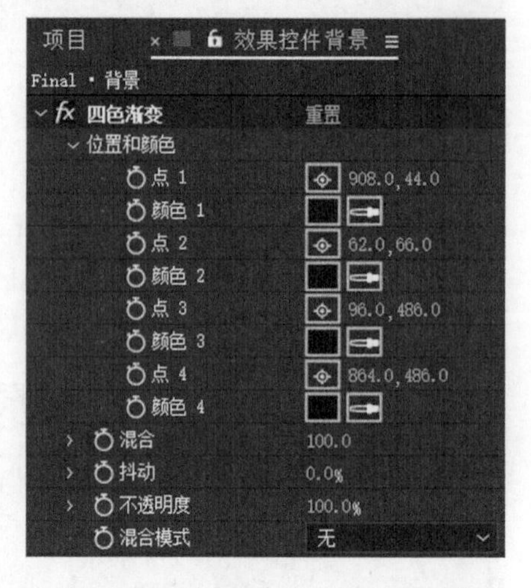

图 11-98　“背景”层【四色渐变】参数设置

步骤 13　在【项目】面板中选择“扫光”合成，将其拖入 Final 合成中。单击图层的 3D 图层图标，将“扫光”合成图层转换成三维图层。

按快捷键 Ctrl+D 复制此层，按 Enter 键重命名为“扫光投影”。图层关系如图 11-99 所示。

#	图层名称	模式	T TrkMat	父级和链接
1	扫光投影	正常		无
2	[扫光]	-	无	无
3	[背景]	正常	无	无

图 11-99　图层关系

选择“扫光投影”预合成，选择【效果】→【模糊和锐化】→ CC Radial Fast Blur 命令，在【效果控件】面板中设置 Amount 为 65.0、Zoom 为 Darkest。CC Radial Fast Blur 参数设置如图 11-100 所示。

选择“扫光投影”预合成，按 R 键，设置【方向】为“270.0°,0.0°,0.0°”。按 P 键，设置【位置】为“480.0,468.0, −96.0”。“扫光投影”层的【位置】及【方向】属性如图 11-101 所示。

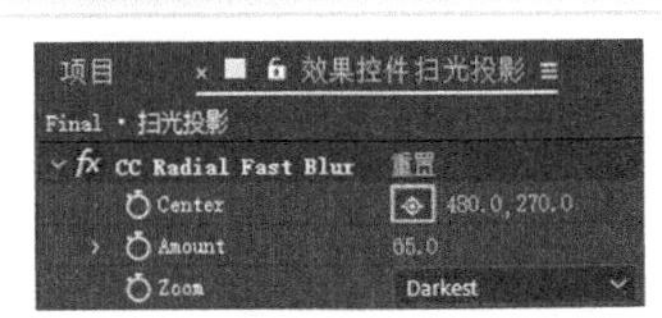

图 11-100　CC Radial Fast Blur 参数设置

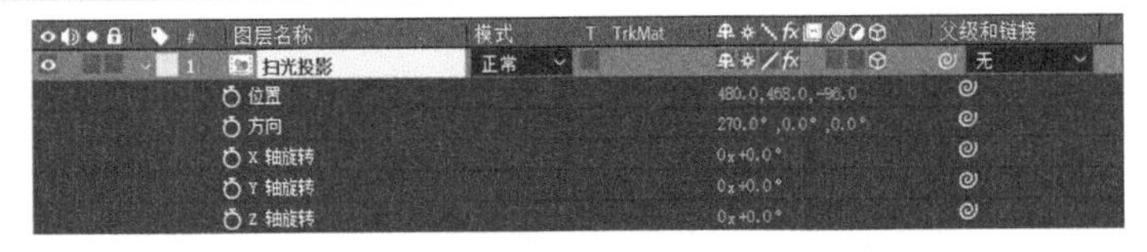

图 11-101　“扫光投影”层的【位置】及【方向】属性

将时间指示器移动到 0:00:03:00 处，【合成】面板画面效果如图 11-102 所示。

图 11-102　【合成】面板画面效果

步骤 14　制作摄像机动画。选择【图层】→【新建】→【摄像机】命令，以默认参数单击【确定】按钮，生成“摄像机 1”层。

将时间指示器移动到 0:00:00:00 处，设置【位置】为“480.0,270.0, −3600.0”。单击【位置】属性前的按钮，在 0:00:00:00 处设置第一个关键帧。

将时间指示器移动到 0:00:00:24 处，设置【位置】为“480.0,270.0, −3108.0”。【位置】关键帧设置如图 11-103 所示。

图 11-103　【位置】关键帧设置

步骤 15　按空格键预览动画效果，如图 11-104 所示。

步骤 16　保存文件。按快捷键 Ctrl+S，保存当前编辑文件，在弹出的【另存为】对话框中设置文件名称与保存路径。

步骤 17　收集文件。执行【文件】→【整理工程（文件）】→【收集文件】命令，在弹出的【收集文件】对话框中，【收集源文件】设置为对于所有合成。然后单击【收集】按钮，在弹出的【将文件收集到文件夹中】对话框中，选择收集文件存放的路径，再单击【保存】按钮，完成文件的收集操作。

图 11-104　预览动画效果

11.5　案例：Element 3D 插件

本案例完成效果如图 11-105 所示。

图 11-105　案例完成效果

制作步骤如下。

步骤 1　导入素材。在【项目】面板的空白处双击，在弹出【导入文件】对话框中选择“书桌 .MOV”文件，然后单击【导入】按钮，导入素材文件，如图 11-106 所示。

步骤 2　创建书桌合成。在【项目】面板中选择“书桌 .MOV”素材文件，按住鼠标左键不放，将此素材拖曳到【项目】面板中的“新建合成”按钮上，如图 11-107 所示。

步骤 3　新建 Final 合成。在【项目】面板的空白处右击，在弹出的快捷菜单中选择“新建合成”命令，在弹出的【合成设置】对话框中，设置【合成名称】为 Final、预设为 HDV/HDTV 720 29.97、【宽度】为 1280px，【高度】为 720px、【像素长宽比】为“方形像素”、【帧速率】为“29.97 帧 / 秒”、【持续时间】为 0:00:11:25，单击【确定】按钮，如图 11-108 所示。

图 11-106　导入素材文件

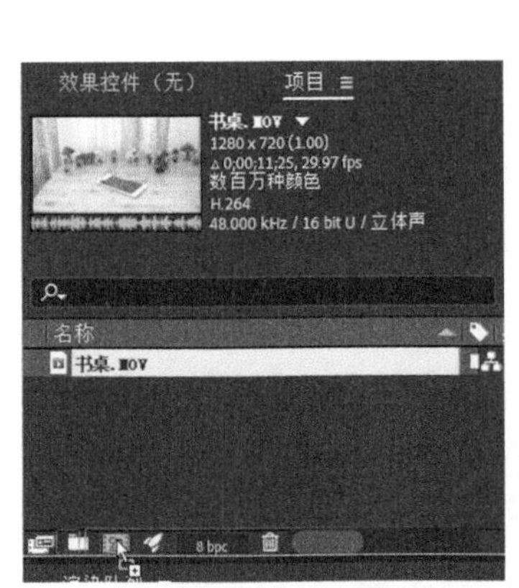

图 11-107　新建合成

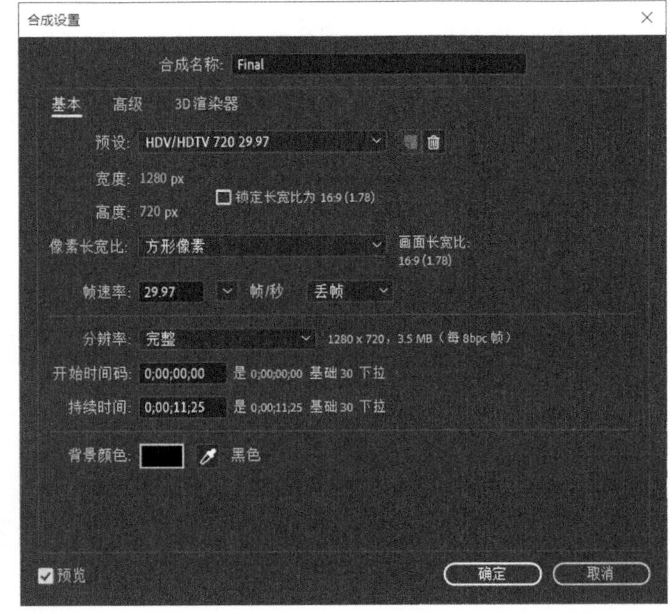

图 11-108　Final 合成的【合成设置】对话框

步骤 4　跟踪摄像机。在【项目】面板中双击 Final 合成，然后在【项目】面板中将“书桌”合成拖曳到 Final 合成中。

选择“书桌”预合成，在【跟踪器】面板中单击【跟踪摄像机】按钮。摄像机跟踪完成后，【合成】面板如图 11-109 所示。

将时间指示器移动到 0:00:05:00 处，在【合成】面板中选取跟踪信息点，然后右击并选择【创建空白和摄像机】命令，如图 11-110 所示。

图 11-109　摄像机跟踪完成后的【合成】面板

图 11-110　选取跟踪信息点创建空白和摄像机

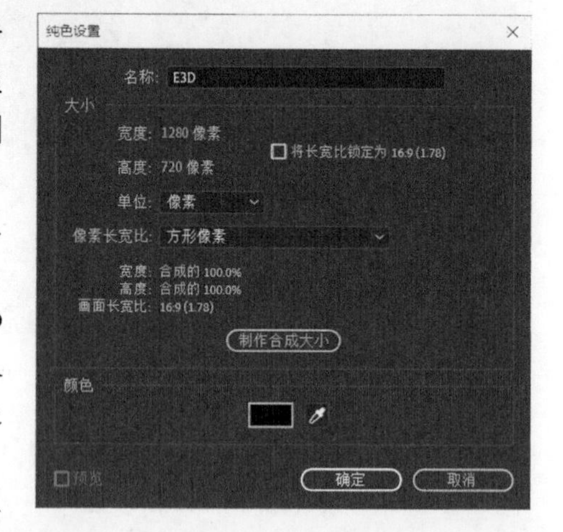

图 11-111　E3D 层设置

步骤 5　新建 E3D 层。选择【图层】→【新建】→【纯色】命令，在【纯色设置】对话框中设置【名称】为 E3D，单击【制作合成大小】按钮，【颜色】设为“黑色 (#000000)”，然后单击【确定】按钮，创建纯色层。E3D 层设置如图 11-111 所示。

选择 E3D 层，选择【效果】→ Video Copilot → Element 命令，在【效果控件】面板中单击 Scene Interface → Scene Setup 按钮，进入 Scene Setup 界面，如图 11-112 所示。

步骤 6　创建内部模型。创建圆环模型，单击 CREATE 按钮，选择圆环模型，如图 11-113 所示。

在 Scene 面板中选择 Tube Model，按 Enter 键，在弹出的 Rename Model 中重命名为“内部”，然后单击 OK 按钮，如图 11-114 所示。

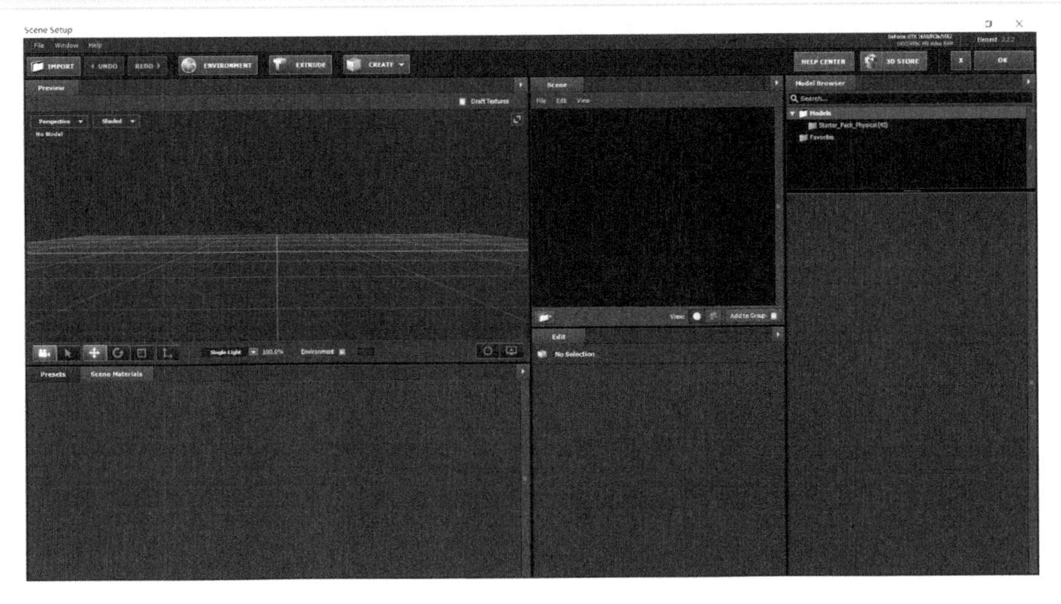

图 11-112　Scene Setup 界面

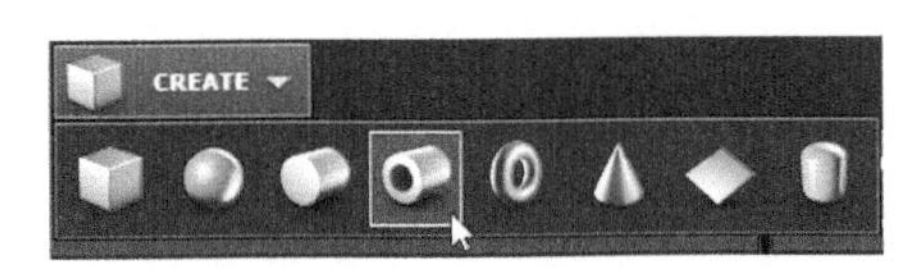

图 11-113　创建圆环

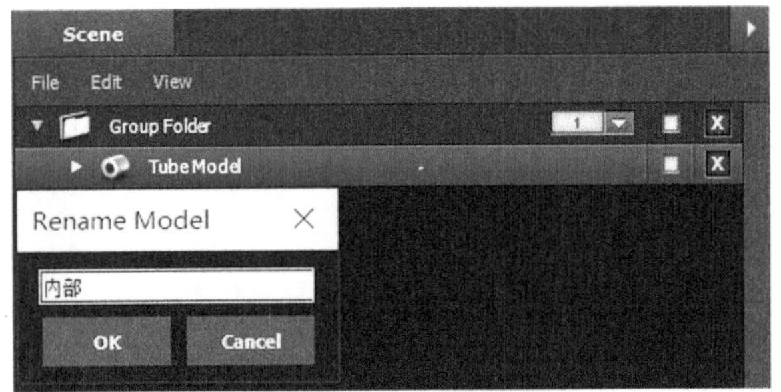

图 11-114　重命名圆环

在 Edit 面板中，设置 Tube 中 Height 为 1.5、Radius 为 0.80、Internal Radius 为 99.0%、Sides 为 4，选中 No Smoothing。设置 Transform 中的 Position XYZ 为 0.00, – 0.75,0.00、Orientation 为 “0.0° , 45.0° , 0.0° ”。Edit 面板参数设置如图 11-115 所示。

将光标放置在 Preview 面板空白部分，按 W 键，然后再按住左键拖动鼠标进行视图的旋转，设置好的“内部”模型如图 11-116 所示。

步骤 7　外部模型创建。在 Scene 面板中选择“内部”模型，按快捷键 Ctrl+D 复制此模型。选择复制的模型，按 Enter 键将此复制模型重命名为“外部遮罩”。此时 Scene 面板中内容如图 11-117 所示。

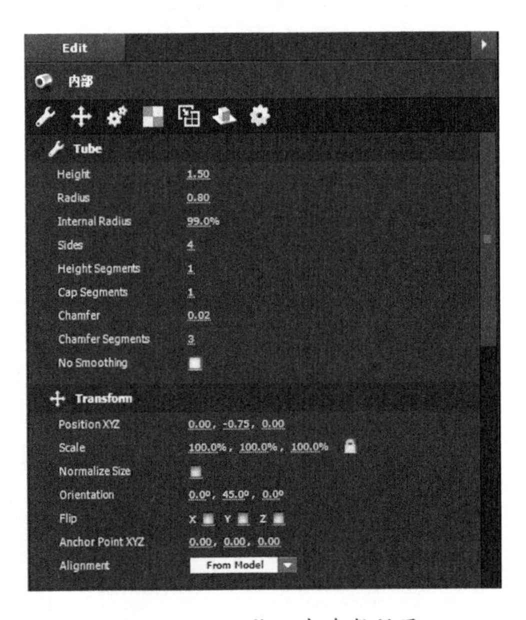

图 11-115　Edit 面板参数设置

在Scene面板中选择“外部遮罩”模型，在Edit面板中设置Tube中Radius为0.81。Edit面板参数设置如图11-118所示。

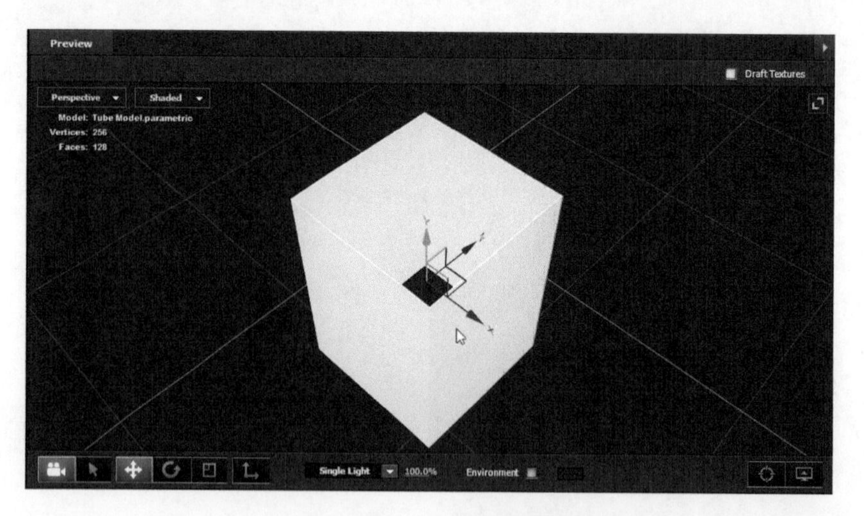

图11-116 “内部”模型

图11-117 Scene面板中内容

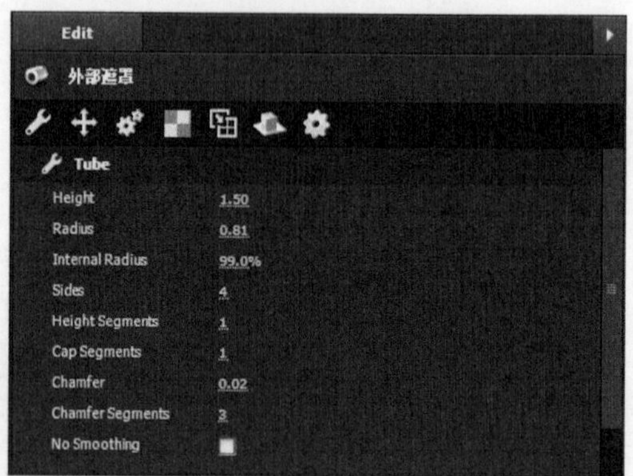

图11-118 Edit面板参数设置

步骤8 创建顶部遮罩模型。创建立方体模型，单击CREATE键，选择立方体模型，如图11-119所示。

在Scene面板中选择Box Model，按Enter键，在弹出的Rename Model中将其重命名为“顶部遮罩”，然后单击OK按钮，如图11-120所示。

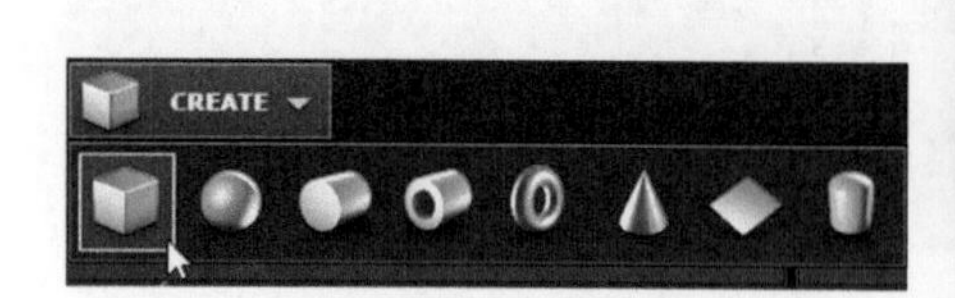

图11-119 创建立方体

图11-120 重命名立方体

在 Edit 面板中，设置 Box 中 Size XYZ 为“1.00,0.01,1.00”，设置 Transform 中 PositionXYZ 为“0.00, －0.01,0.00”、Scale 为“115.0%,115.0%,115.0%”。Edit 面板参数设置如图 11-121 所示。

在 Scene 面板中选择“顶部遮罩”，然后右击，选择 Auxiliary Animation → Channel 1 命令，如图 11-122 所示。将“顶部遮罩”模型放入 Channel 1 中。

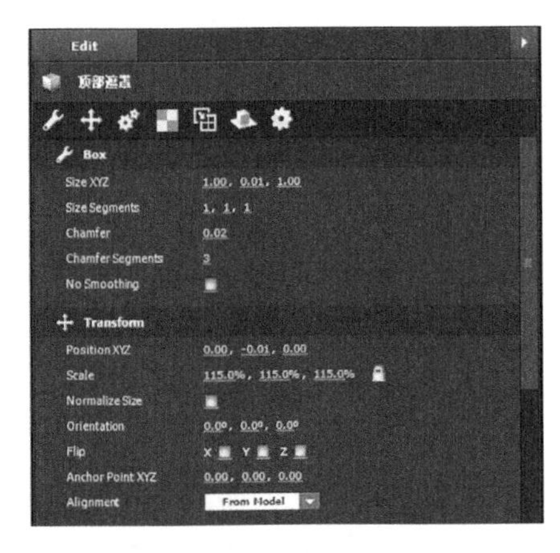

图 11-121　Edit 面板参数设置

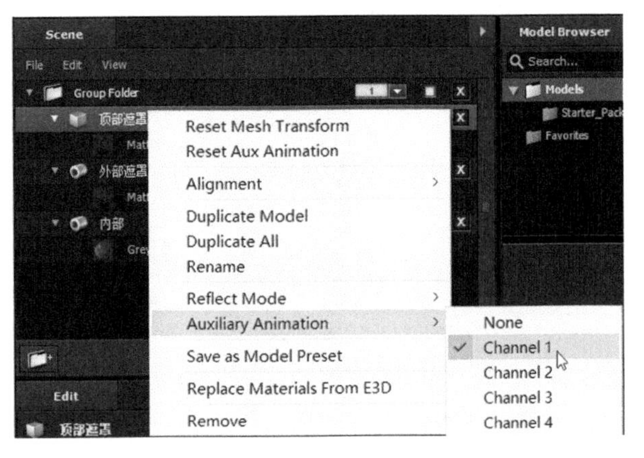

图 11-122　将“顶部遮罩”模型放入 Channel 1 中

整体搭建模型如图 11-123 所示。

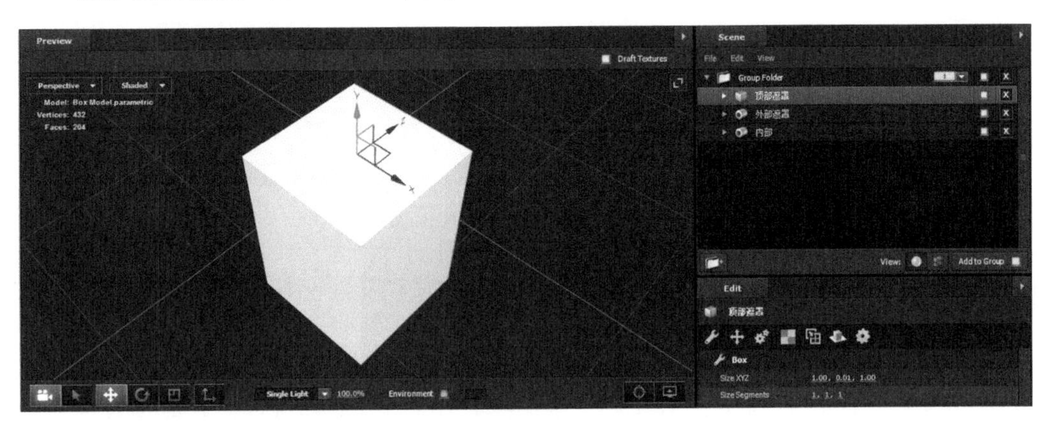

图 11-123　整体搭建模型

步骤 9　设置材质。在 Scene 面板中选择“顶部遮罩”模型，然后在 Presets 面板中，选择 Materials → Physical 中的 Matte_Shadow 材质球并双击，将该材质球赋予“顶部遮罩”模型。

在 Scene 面板中选择“外部遮罩”模型，然后在 Presets 面板中，选择 Materials → Physical 中的 Matte_Shadow 材质球并双击，将该材质球赋予“外部遮罩”模型。

在 Scene 面板中选择“内部”模型，然后在 Presets 面板中，选择 Materials → Physical 中的 Grey 材质球并双击，将该材质球赋予“内部”模型。

指定材质后，Scene 面板中各模型材质如图 11-124 所示。

单击 OK 按钮，退回到 After Effects 界面。

步骤 10　放置模型位置。将时间指示器移动到 0:00:06:00 处，选择 E3D 层，

在【效果控件】面板中，单击 Group 1 → Group Utilities 中的 Create 按钮，如图 11-125 所示。

图 11-124　Scene 面板中各模型材质

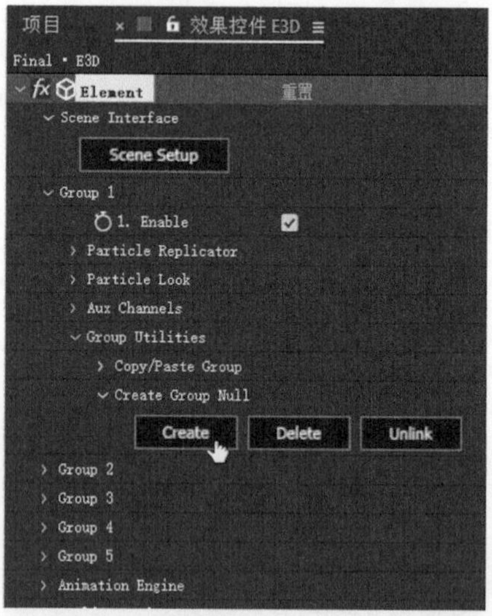

图 11-125　单击 Group 1 中的 Create 按钮

接着会生成 Group 1 Null 层，如图 11-126 所示。

图 11-126　Group 1 Null 层

选择“跟踪为空 1”层，按 P 键将【位置】属性调出，然后选择 Group 1 Null 层，按 P 键将【位置】属性调出。

选择“跟踪为空 1”层的【位置】属性，按快捷键 Ctrl+C，然后选择 Group 1 Null 层的【位置】属性，按快捷键 Ctrl+V。将“跟踪为空 1”层的【位置】属性数值复制给 Group 1 Null 层的【位置】属性，完成【位置】属性的复制及粘贴，如图 11-127 所示。

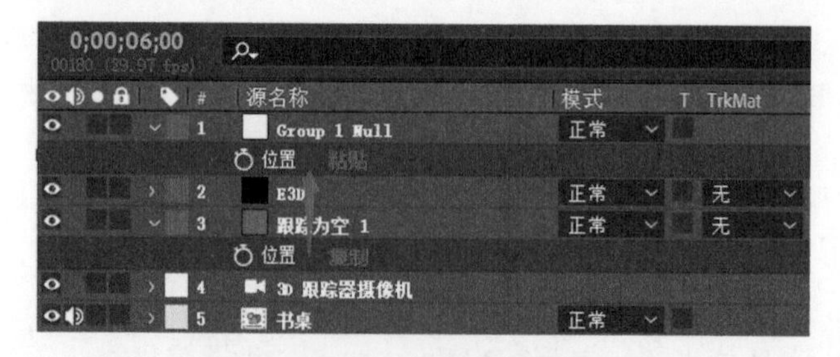

图 11-127　【位置】属性的复制及粘贴

继续调节模型位置。选择 Group 1 Null 层，按 A 键，设置【锚点】为“−195.0,596.0,471.0”。按 R 键，设置【方向】为“199.0°，0.0°，0.0°”。Group 1 Null 层位置设置如图 11-128 所示。

提示：参数设置根据实际情况可能会有所不同，但是基本的思想为将模型放置在画面的适当处。

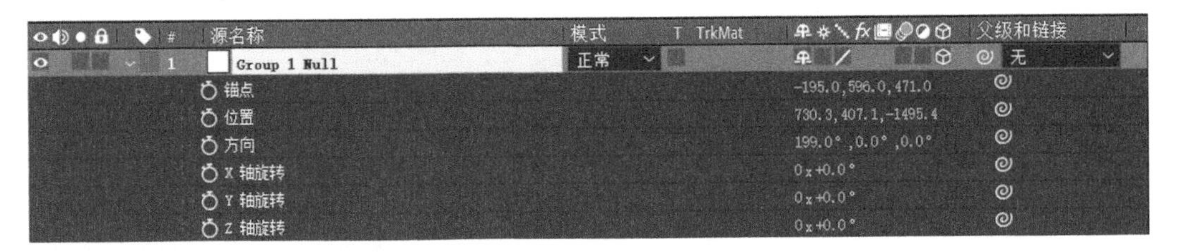

图 11-128 设置 Group 1 Null 层的位置

此时模型位置如图 11-129 所示。

图 11-129 模型位置

步骤 11 制作桌面降升降动画。将时间指示器移动到 0:00:04:00 处，设置 Group 1 → Aux Channels → Channel 1 → Position 中的“1.CH1.Position Y”为 1.50，单击“1.CH1.Position Y”属性前的按钮，在 0:00:04:00 处设置第一个关键帧。

将时间指示器移动到 0:00:06:00 处，设置“1.CH1.Position Y”为 0.00。

将时间指示器移动到 0:00:08:00 处，设置“1.CH1.Position Y”为 1.50，如图 11-130 所示。

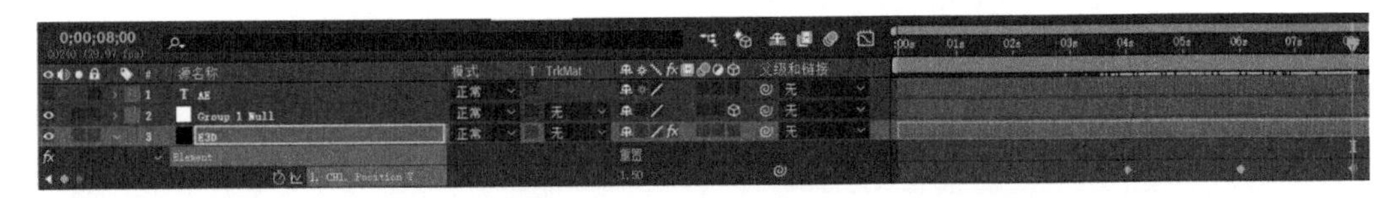

图 11-130 设置“1.CH1.Position Y”关键帧

桌面升降效果如图 11-131 所示。

画面中有瑕疵部分。选择 E3D 层，在【效果控件】面板中单击 Scene Interface → Scene Setup 按钮，进入 Scene Setup 界面选择“顶部遮罩”，然后在 Edit 中将 Size XYZ 修改为“1.00，0.02，1.00”。

步骤 12 制作文字层。选择【图层】→【新建】→【文本】命令，然后输入 AE。在【字符】面板中设置【字体系列】为 Franklin Gothic Heavy、【字体样式】为 Regular、【填充颜色】为“白色 (#FFFFFF)”、【字体大小】为“80 像素”、【行距】为“自动”、

【字符间距】为 400、【垂直缩放】为 300%、【水平缩放】为 100%。【字符】面板设置效果如图 11-132 所示。

图 11-131 桌面升降效果

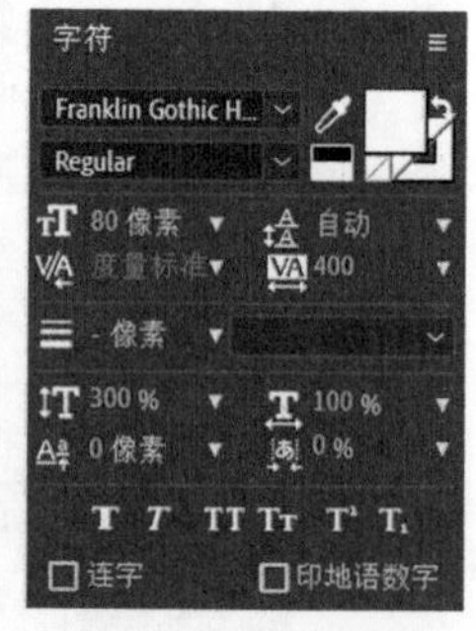

图 11-132 【字符】面板设置效果

选择 AE 文字层，单击视频图标，将该层的显示关闭。AE 文字层显示设置如图 11-133 所示。

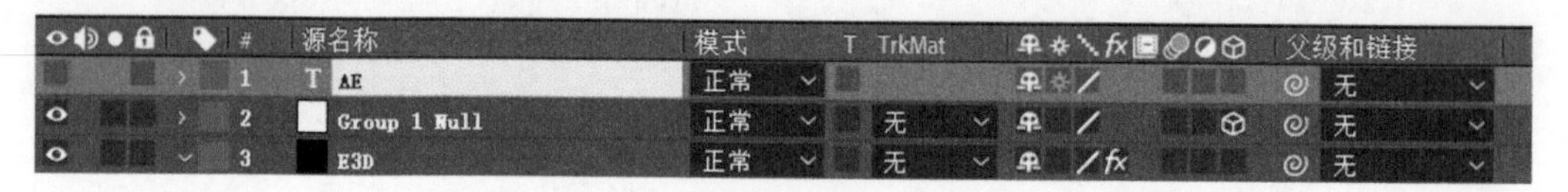

图 11-133 AE 文字层显示设置

步骤 13 制作文字模型。选择 E3D 层，在【效果控件】面板中设置 Custom Layers → Custom Text and Masks → Path Layer 1 为“1.AE”，如图 11-134 所示。

在【效果控件】面板中单击 Scene Interface → Scene Setup 按钮，进入 Scene Setup 界面。

单击 EXTRUDE 按钮，如图 11-135 所示。创建文字挤压。

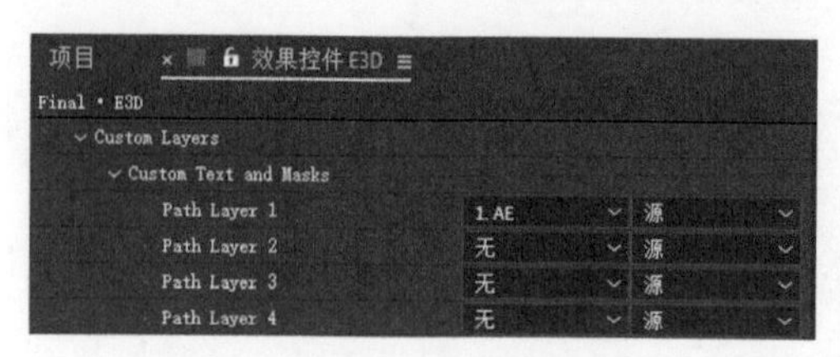

图 11-134 设置 Path Layer 1

图 11-135 挤压文字

在 Scene 面板中选择 Extrusion Model，按 Enter 键，在弹出的 Rename Model 中重命名为“文字”，然后单击 OK 按钮，如图 11-136 所示。

在 Edit 面板中，设置 Transform 中 Position XYZ 为“0.00,0.30,0.00”，如图 11-137 所示。

在 Scene 面板中选择“文字”模型，然后右击，执行 Auxiliary Animation → Channel 2 命令，如图 11-138 所示，将“文字”模型放入 Channel 2 中。

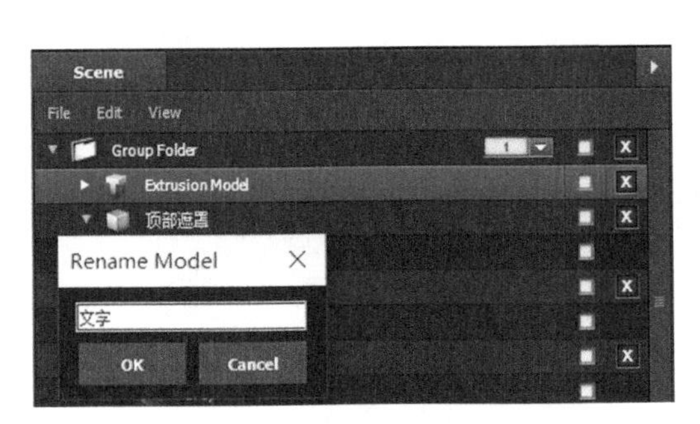

图 11-136　重命名过程

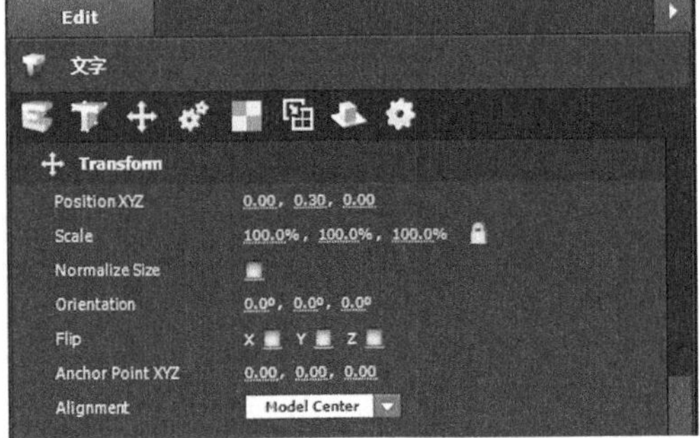

图 11-137　设置 Edit 面板参数

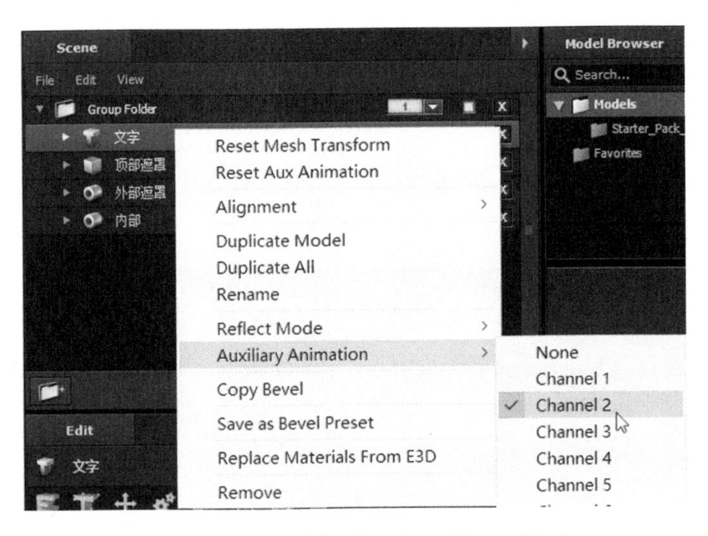

图 11-138　“文字”模型放入 Channel 2 中

步骤 14　设置样式。在 Scene 面板中选择“文字”模型，然后在 Presets 面板中选择 Bevels → Physical 中的 Gold_Stripes 并双击，将该样式赋予“文字”模型，如图 11-139 所示。

图 11-139　设置导角样式

文字模型最终效果如图 11-140 所示。

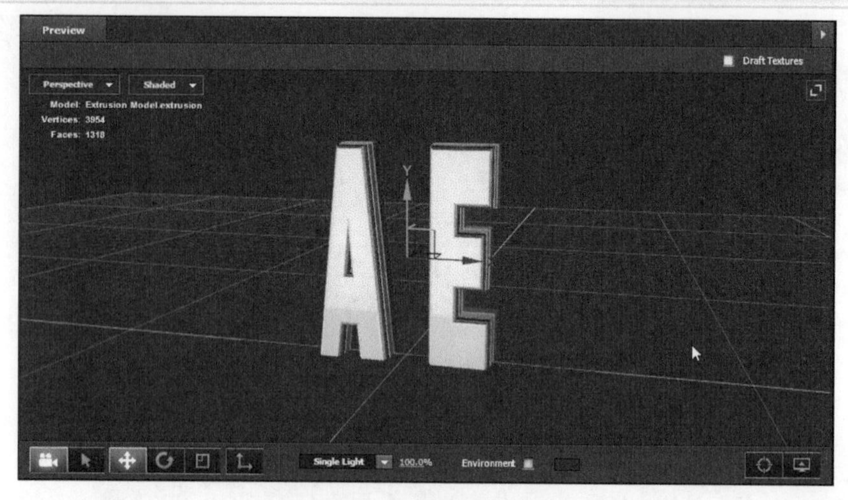

图 11-140　文字模型最终效果

步骤 15　设置环境贴图。在 Presets 面板中，选择 Environment → V1_Environment 中的 Lobby 并双击，如图 11-141 所示，设置环境贴图。

图 11-141　设置环境贴图

单击 OK 按钮，退回到 After Effects 界面。

步骤 16　制作文字升起动画。选择 E3D 层，在【效果控件】面板中设置 Group 1 → Aux Channels → Channel 2 → Rotation 中的“1.CH2.Rotation X”为 0x+180.0°，如图 11-142 所示。

将时间指示器移动到 0:00:05:00 处，设置 Group 1 → Aux Channels → Channel 2 → Position 中的“1.CH2.Position Y”为 0.00。单击“1.CH2.Position Y”属性前的按钮，在 0:00:05:00 处设置第一个关键帧。

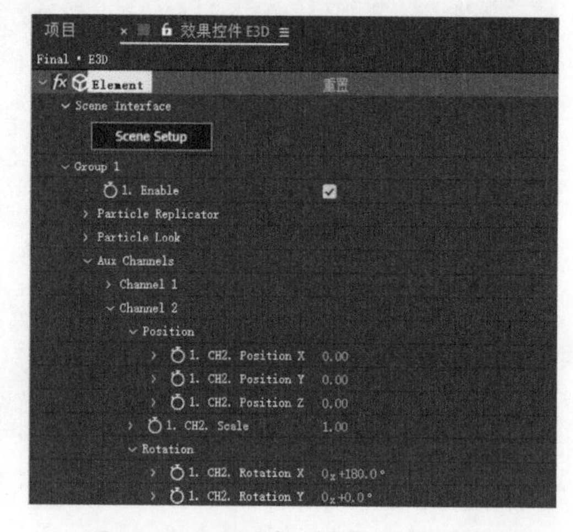

图 11-142　设置“1.CH2.Rotation X”

将时间指示器移动到0:00:08:00处，设置“1.CH2.Position Y”为2.13，如图11-143所示。

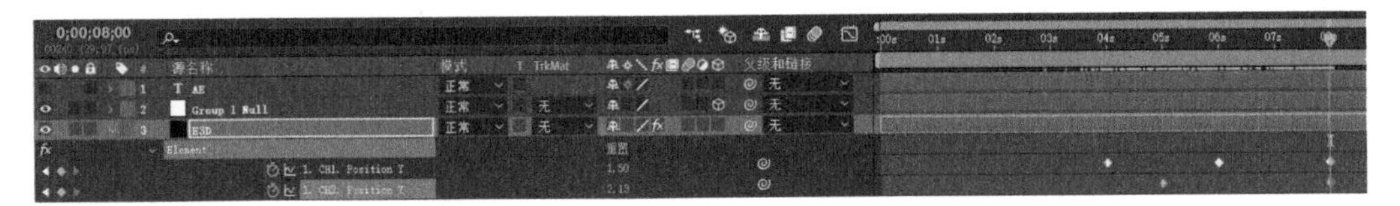

图 11-143　设置“1.CH2.Position Y”关键帧

整体升起效果如图11-144所示。

图 11-144　整体升降效果

步骤 17　渲染设置。选择E3D层，在【效果控件】面板中，设置Render Settings→Physical Environment中的Exposure为1.80、Gamma为0.80、Lighting Influence为45.0%，设置Render Settings→Physical Environment→Rotate Environment中的Y Rotation Environment为0x+48.0°。Physical Environment参数设置如图11-145所示。

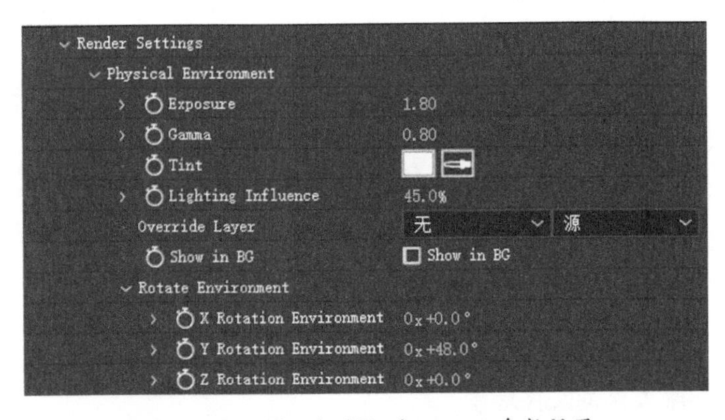

图 11-145　Physical Environment参数设置

设置Render Settings→Lighting中的Add Lighting为360。设置Render Settings→Lighting→Additional Lighting→Rotation中的X Rotation Lighting为0x－50.0°，设置Y Rotation Lighting为0x+180.0°，设置Z Rotation Lighting为0x+35.0°。Lighting参

数设置如图 11-146 所示。

设置 Render Settings → Ambient Occlusion 中 Enable AO 为选中状态。设置 Render Settings → Ambient Occlusion → SSAO 中的 SSAO Quality Preset 为 High、SSAO Intensity 为 1.4、SSAO Radius 为 0.1。Ambient Occlusion 参数设置如图 11-147 所示。

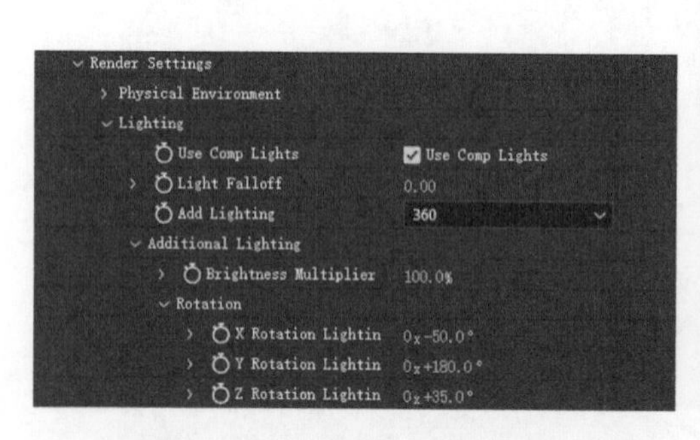

图 11-146　Lighting 参数设置

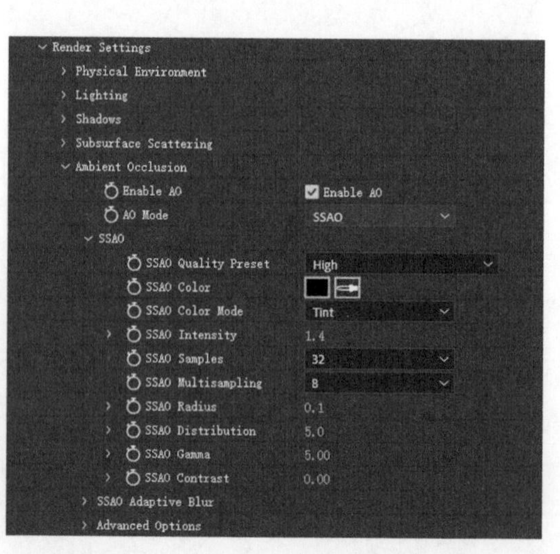

图 11-147　Ambient Occlusion 参数设置

步骤 18　按空格键预览动画效果，如图 11-148 所示。

图 11-148　预览动画效果

步骤 19　保存文件。按快捷键 Ctrl+S，保存当前编辑文件。在弹出的【另存为】对话框中设置文件名称与保存路径。

步骤 20　收集文件。执行【文件】→【整理工程（文件）】→【收集文件】命令，在弹出的【收集文件】对话框中，【收集源文件】设置为对于所有合成。然后单击【收集】按钮，在弹出的【将文件收集到文件夹中】对话框中，选择收集文件存放的路径，然后单击【保存】按钮，完成文件的收集操作。

参 考 文 献

[1] 安娜,魏良. After Effects 基础与实例 [M]. 上海：上海交通大学出版社，2014.

[2] 魏良,安娜. Affer Effects 影视特效制作 [M]. 上海：上海交通大学出版社，2015.

[3] 徐琦. After Effects 7.0 影视特效与电视包装 [M]. 北京：人民邮电出版社，2007.

[4] 周建国. After Effects CS3 影视特效制作实例精讲 [M]. 北京：人民邮电出版社，2009.

[5] 李涛. Adobe After Effects CC 高手之路 [M]. 北京：人民邮电出版社，2017.